Sustainable Development Goals (SDG) – Umsetzung in Praxis, Lehre und Entscheidungsprozessen

Reihe herausgegeben von: Silvio Beier, Bauhaus-Universität Weimar, Weimar, Deutschland

Peter Hense, Bochum, Deutschland

Claudia Klümper, Emsbüren, Deutschland

Stefan Lechtenböhmer, Kassel Institute for Sustainability, Universität Kassel, Kassel, Deutschland

Christa Reicher, Aachen, Deutschland

Diese Buchreihe beleuchtet die UN-Nachhaltigkeitsziele hinsichtlich ihrer wissenschaftlichen Aspekte, disziplinären Verknüpfungen und Bedeutung für die Lehre sowie Transfer in die Gesellschaft. Kerngerüst bilden die Ziele „Gesundheit und Wohlergehen", „Sauberes Wasser und Sanitäreinrichtungen", „Bezahlbare und saubere Energie", „Industrie, Innovation und Infrastruktur", „Nachhaltige Städte und Gemeinden", „Maßnahmen zum Klimaschutz". Die sechs Ziele bilden das Fundament, deren Betrachtung im Vordergrund steht und den jeweiligen Ausgangspunkt für die weiteren Überlegungen bildet. Klar ist, dass diese sechs, aber insgesamt alle 17 Ziele, nicht isoliert betrachtet werden können. Insgesamt sind die Ziele vor dem Hintergrund einer Reaktion allgemeiner globaler Veränderungen zu sehen. Viele Ziele sind in Europa mit eigenen Themen behaftet, was die technischen Voraussetzungen oder eine internationale Koordination betrifft, und in den Ländern der EU durch den Klimawandel mit eigenen Vorzeichen versehen. Daher will diese Reihe vorausdenken, Probleme frühzeitig erkennen und benennen. Lösungen sollen konkretisiert werden und auf Ihre Praxistauglichkeit überprüft werden.

Sabine Büttner · Uwe Handmann · Wolfgang Irrek
Hrsg.

Transformation zur Circular Economy

Kleine und mittlere Unternehmen im Wandel begleiten

Hrsg.
Sabine Büttner
Prosperkolleg e.V.
Bottrop, Deutschland

Uwe Handmann
Institut Informatik
Hochschule Ruhr West
Bottrop, Deutschland

Wolfgang Irrek
Institut Energiesysteme und Energiewirtschaft
Hochschule Ruhr West
Bottrop, Deutschland

ISSN 2731-9083   ISSN 2731-9091 (electronic)
Sustainable Development Goals (SDG) – Umsetzung in Praxis, Lehre und Entscheidungsprozessen
ISBN 978-3-658-43337-6   ISBN 978-3-658-43338-3 (eBook)
https://doi.org/10.1007/978-3-658-43338-3

Die Deutsche Nationalbibliothek verzeichnet diese Publikation in der Deutschen Nationalbibliografie; detaillierte bibliografische Daten sind im Internet über https://portal.dnb.de abrufbar.

© Der/die Herausgeber bzw. der/die Autor(en), exklusiv lizenziert an Springer Fachmedien Wiesbaden GmbH, ein Teil von Springer Nature 2024
Das Werk einschließlich aller seiner Teile ist urheberrechtlich geschützt. Jede Verwertung, die nicht ausdrücklich vom Urheberrechtsgesetz zugelassen ist, bedarf der vorherigen Zustimmung des Verlags. Das gilt insbesondere für Vervielfältigungen, Bearbeitungen, Übersetzungen, Mikroverfilmungen und die Einspeicherung und Verarbeitung in elektronischen Systemen.
Die Wiedergabe von allgemein beschreibenden Bezeichnungen, Marken, Unternehmensnamen etc. in diesem Werk bedeutet nicht, dass diese frei durch jedermann benutzt werden dürfen. Die Berechtigung zur Benutzung unterliegt, auch ohne gesonderten Hinweis hierzu, den Regeln des Markenrechts. Die Rechte des jeweiligen Zeicheninhabers sind zu beachten.
Der Verlag, die Autoren und die Herausgeber gehen davon aus, dass die Angaben und Informationen in diesem Werk zum Zeitpunkt der Veröffentlichung vollständig und korrekt sind. Weder der Verlag noch die Autoren oder die Herausgeber übernehmen, ausdrücklich oder implizit, Gewähr für den Inhalt des Werkes, etwaige Fehler oder Äußerungen. Der Verlag bleibt im Hinblick auf geografische Zuordnungen und Gebietsbezeichnungen in veröffentlichten Karten und Institutionsadressen neutral.

Planung/Lektorat: Daniel Froehlich
Springer ist ein Imprint der eingetragenen Gesellschaft Springer Fachmedien Wiesbaden GmbH und ist ein Teil von Springer Nature.
Die Anschrift der Gesellschaft ist: Abraham-Lincoln-Str. 46, 65189 Wiesbaden, Germany

Wenn Sie dieses Produkt entsorgen, geben Sie das Papier bitte zum Recycling.

Geleitworte

Es ist das größte, herausforderndste und spannendste Projekt unserer Zeit, das sich unter den erschwerten Bedingungen einer Stapelkrisenzeit vollzieht: Die Art, wie wir leben und arbeiten, wie wir produzieren und konsumieren, ändert sich fundamental. Die große Menschheitsaufgabe, die der Klimawandel uns stellt, um ein Leben in den planetaren Grenzen zu ermöglichen, heißt: Transformation. Der Umgang mit Ressourcen ist dabei ein zentraler Ansatzpunkt. Das Zeitalter des fossil geprägten linearen Wirtschaftens geht zu Ende, die Zukunft wird der Zirkulären Wirtschaft gehören.

Auch wenn in der Regel von „der Transformation" die Rede ist, so vollzieht sich der große Wandel in (mindestens) zwei Dimensionen. Es gilt, den zweiten Teil der doppelten Transformation – den Übergang zur digitalen Gesellschaft – für den ersten Teil – den Weg Richtung Klimaneutralität – in Beziehung zu setzen: Die Zirkuläre Wirtschaft ist ohne digitale Tools und Technologie-Sprünge nicht möglich – beide Dimensionen bedingen einander.

Und eine weitere Verbindung ist relevant: Ökologische Notwendigkeit und ökonomische Rationalität fallen bei der Transformation zusammen: Ein Denken und Handeln in möglichst geschlossenen Kreisläufen bedeutet Zukunftsfähigkeit in beiden Perspektiven. Neben die Effizienz muss der effektive Einsatz von Rohstoffen und Energie treten, der dem Klimaschutz dient, Wirtschaftskreisläufe stabilisiert und damit auch unseren Wohlstand sichert. Wir verstehen Circular Economy als ein gesamtgesellschaftliches Konzept und als ein industriepolitisches Innovations- und Ermöglichungsprogramm.

Das vorliegende Buch setzt daher zu Recht kein Fragezeichen hinter seinen Titel, sondern sinnbildlich vielmehr ein Ausrufezeichen – eines, das die enormen Chancen betont, die in der Transformation zur Circular Economy liegen, und eines, das mit kluger Analyse und „handfestem" Rat motivieren möchte, den Weg zu beschreiten.

Dass die Etablierung einer Kreislaufwirtschaft im Industrieland Nordrhein-Westfalen kein Sprint, sondern ein gehobener Mittelstreckenlauf sein wird, kein „Nebenbei-Projekt", sondern ein tiefgreifender Wandel, liegt auf der Hand. Einige Zahlen zur Wirtschaftsstruktur mögen dies noch einmal verdeutlichen.

Mit rund 794 Mrd. € im Jahr 2022 erwirtschaftete Nordrhein-Westfalen 20,5 % des deutschen Bruttoinlandsproduktes (BIP) und liegt damit deutlich an der Spitze aller Bundesländer. Mit rund 5 % Anteil am europäischen BIP (EU-27) ist unser Land zudem eine der bedeutendsten Wirtschaftsregionen Europas und liegt mit seiner Wirtschaftskraft vor anderen europäischen Staaten wie Schweden, Polen oder Belgien.

Insbesondere mit der Metropole Ruhr und Südwestfalen verfügt Nordrhein-Westfalen über die stärksten Industrieregionen Europas. 15,2 % der Erwerbstätigen in unserem Land sind im Industriesektor beschäftigt. Die nordrhein-westfälische Industrie trägt rund 26,0 % zur Bruttowertschöpfung des Landes bei – 18,9 % zur Bruttowertschöpfung Deutschlands.

17 der 50 umsatzstärksten deutschen Unternehmen haben ihren Sitz in Nordrhein-Westfalen. Neben großen Industrieunternehmen von Weltrang finden sich hier Dutzende kleinerer „Hidden Champions", die in ihren Geschäftsfeldern führend sind.

Das ist Ausdruck des starken und prägenden nordrhein-westfälischen Mittelstands: Knapp 700.000 kleine und mittlere Unternehmen (KMU) bilden das wirtschaftliche Rückgrat der Region. Sie stellen 99,2 % aller Unternehmen des Landes. 51,9 % der abhängig Beschäftigten und über 70,9 % der Auszubildenden sind in mittelständischen Unternehmen tätig. Das Handwerk ist mit mehr als 190.000 Unternehmen in Nordrhein-Westfalen vertreten und mit rund 1,2 Mio. Beschäftigten zugleich ein wichtiger Arbeitgeber im Lande.

Das ist Nordrhein-Westfalen in (ausgewählten) Zahlen, die nur in kleinen Ansätzen widerspiegeln, welches Gewicht, welche große Vielfalt und Stärke unser Land aufbringt, wenn sein Transformationsbeitrag „gewogen" wird.

Die Vielfalt hat aber nicht nur eine gleichsam quantitative Dimension, bei der das Viele nebeneinander steht. Nordrhein-westfälische Vielfalt bestätigt den klassischen Sinnspruch, nach dem „alles mit allem zusammenhängt". Nordrhein-westfälische Vielfalt ist verbundene Vielfalt. Dazu gehören die weitgehend intakten Wertschöpfungsketten im Land, die bei der Etablierung zirkulären Wirtschaftens ihre Stärke ausspielen können. Und dazu gehört die wechselseitig impulsgebende Dichte von Industrie, KMU, Start-ups und Wissenschaft, bei der das, was der eine an Lösung findet, den anderen inspiriert, es gleich (oder noch besser) zu tun, darauf aufzusetzen oder gemeinsam etwas weiterzuentwickeln. Als Landesregierung werden wir mit einer Kreislaufwirtschaftsstrategie die Kooperation und Kollaboration für die zirkuläre Transformation befördern und ganz im Sinne der skizzierten Stärke die Kräfte bündeln.

Aus dieser Stärke erwächst eine enorme Innovationskraft – gerade im Bereich der Zirkulären Wertschöpfung. Am Beispiel einer unserer Regionen, am Beispiel Nordrhein-Westfalens in Gänze aufzuzeigen, wie der Weg zur Kreislaufwirtschaft gestaltet werden kann, wie der Einstieg auf die „Kreisbahn" der Circular Economy gelingt, ist also ein lohnenswertes Unterfangen. Der vorliegende Sammelband bietet Analyse, schafft Vorbilder mit Best-Practice-Beispielen und zeigt Möglichkeiten für den „Anpack" mit Instrumenten und Verfahren. Er mag daher Verständnis, Strategie und Motivation mehren und für die Transformation hin zur Kreislaufwirtschaft und Klimaneutralität in Stellung bringen.

Düsseldorf, Mai 2023

Mona Neubaur, Ministerin für Wirtschaft, Industrie, Klimaschutz und Energie des Landes Nordrhein-Westfalen

Die Notwendigkeit einer Transformation zur Circular Economy ist mittlerweile eine weitestgehend akzeptierte Tatsache: Sowohl aus einer ökologischen als auch aus einer sozio-ökonomischen Perspektive führt kein Weg mehr an der zirkulären Wirtschaft vorbei. Weder werden wir die gesetzlich definierten Klimaschutzziele erreichen noch den dramatischen Verlust an Artenvielfalt stoppen, wenn die aktuelle extrem ressourcenverschwenderische „Wegwerfgesellschaft" nicht überwunden wird. Genauso erkennen immer mehr Unternehmen, dass ihre zukünftige Wettbewerbsfähigkeit an der Entwicklung zirkulärer Geschäftsmodelle hängen wird, die sie unabhängiger machen von unsicheren Rohstoffimporten und immer stärkeren Preisschwankungen – das simple „Produzieren, Nutzen, Wegwerfen" wird sehr bald genauso gut, aber billiger in anderen Teilen der Welt mit niedrigeren Umwelt- und Sozialstandards funktionieren.

Nordrhein-Westfalen bietet für diese Transformation die im Prinzip idealen Voraussetzungen: Für die meisten der zentralen Wertschöpfungsketten finden sich hier die notwendigen Akteure für die Entwicklung zirkulärer Innovationen – von der Rohstoffindustrie über die Logistik bis hin zu einer hochdifferenzierten Recyclingwirtschaft. Hinzu kommt in einer weltweit einmaligen Dichte eine Forschungslandschaft, die aus unterschiedlichen Perspektiven zur Circular Economy forscht. Im Prinzip findet sich in NRW also jedes notwendige Spezialwissen im Radius von einer Stunde Bahnfahrt.

Betrachtet man diese Potenziale, ist der Blick auf den in der Vergangenheit erreichten Fortschritt allerdings ernüchternd: Die meisten Sektoren sind noch linear dominiert, was sich u. a. in einer im Vergleich zu Bayern oder Baden-Württemberg niedrigen Rohstoffproduktivität niederschlägt, die sich in den letzten zehn Jahren nur um ca. 10 % erhöht hat (Statistische Ämter des Bundes und der Länder o. J.). Es gibt in NRW eine fast schon unüberschaubare Vielzahl hoch innovativer Pilotprojekte zu spezifischen zirkulären Geschäftsmodellen oder hochwertigen Recyclingmethoden – in der Regel liegen die Herausforderungen aber in der Skalierung und der flächendeckenden Umsetzung. Noch ist NRW keine Kreislaufwirtschaft und davon auch noch weit entfernt – die tatsächliche Dimension der Herausforderung wird vielen erst langsam bewusst.

Einige der zentralen Hemmnisse, die dieses Auseinanderfallen von Potenzialen und Praxis erklären können, hat die Studie im Auftrag des NRW-Wirtschaftsministeriums *NRW 2030 – Von der fossilen Vergangenheit zur zirkulären Zukunft* beschrieben (Wilts et al. 2022): NRW ist geprägt von einer Wirtschaftsstruktur mit einem hohen Anteil an kleinen und mittleren Unternehmen, die als Zulieferer für global agierende Konzerne arbeiten, z. B. im Automobilsektor. Innovationsprozesse sind damit häufig geprägt durch Vorgaben durch die OEMs, die es möglichst präzise und schnell umzusetzen gilt – die Entscheidung über Veränderungen des Geschäftsmodells finden häufig außerhalb NRWs statt und bedürfen damit besonderer Überzeugungsarbeit. Gleichzeitig sind die Unternehmen oft überfordert angesichts der Komplexität des Themas Circular Economy und den sich daraus ergebenden möglichen Ansatzpunkten: Anders als andere Bundesländer fehlt es in NRW noch an einer klaren Governancestruktur und einer Profilbildung, die sich aus einer strategischen Analyse von Stärken und Schwächen in NRW abgeleitet hätte.

Vor diesem Hintergrund hat das Prosperkolleg in den letzten Jahren ganz entscheidende Impulse für die Übersetzung von Forschungserkenntnissen in die Praxis geliefert: Über eine Vielzahl von Vernetzungsaktivitäten, Webinaren und praxisorientierten Publikationen wurde eine ganze Region dafür sensibilisiert, Circular Economy als strategische Chance zu begreifen und gemeinsam mit unterschiedlichen Akteuren entlang der Wertschöpfungskette konkrete Schritte in die Umsetzung zu gehen. Mit dem *Circular Digital Economy Lab* wurde dabei ein strategisches Zukunftsthema aufgegriffen, das zu den zentralen „Ermöglichern" dieser Transformation gehören wird: die Verknüpfung der Megatrends Digitalisierung und Kreislaufwirtschaft durch eine Kopplung von Stoff- und Informationsflüssen. Die Circular Economy wird im Kern eine datengetriebene Wirtschaft sein müssen, wenn die Komplexität ganzer geschlossener Stoffkreisläufe erfolgreich gemanagt werden soll – und genau hier könnte sich NRW ein Alleinstellungsmerkmal erarbeiten: an der Schnittstelle von Künstlicher Intelligenz und Logistikstrukturen, Big Data Analytics und der Bereitstellung von Informationen zur zukünftigen Verfügbarkeit von Sekundärrohstoffen oder Industrie 4.0 und Remanufacturing.

Gemeinsam mit anderen Akteuren des *Runden Tischs Zirkuläre Wertschöpfung NRW* hat sich das Prosperkolleg damit der eigentlichen zentralen Herausforderung gestellt: dem Faktor Zeit. Circular Economy als Leit- und Koordinationsprinzip der Wirtschaft wird sich irgendwann auch in NRW durchsetzen, davon ist angesichts der Impulse aus Brüssel auszugehen. Wenn NRW davon im globalen Wettbewerb der Industriestandorte aber tatsächlich profitieren möchte, bedarf es einer massiven Beschleunigung der Transformationsgeschwindigkeit: Andernfalls werden die neuen Arbeitsplätze und zirkulären Gewinne in den Niederlanden oder China realisiert werden, wo seit Jahren sehr strategisch auf die Circular Economy gesetzt wird. Mit dem jetzt begonnenen Entwicklungsprozess einer Kreislaufwirtschaftsstrategie für NRW bietet sich die Chance, noch viel stärker als bisher die möglichen Synergien in den Fokus zu nehmen – sowohl zwischen den Stufen der Wertschöpfungsketten, zwischen Unternehmen und Wissenschaft und dort zwischen verschiedenen Disziplinen. Hier hat das Prosperkolleg die Blaupause entwickelt, wie sich solche schnell formulierten Ansprüche in ganz konkrete Aktivitäten übersetzen lassen.

Wuppertal, Juni 2023

Prof. Dr. Henning Wilts, Leiter der Abteilung Kreislaufwirtschaft am Wuppertal Institut für Klima, Umwelt, Energie und Professor für Circular Economy (Vertretungsprofessur) an der HafenCity Universität Hamburg

Vorwort

Das Thema „Circular Economy" ist für die einen ein Fremdwort, für die anderen ein gesamtgesellschaftliches Konzept, eine Wirtschafts- und Lebensweise, die dringend erforderlich ist, um Ressourcen zu schonen, die schädlichen Umweltwirkungen der Rohstoffgewinnung zu vermeiden und die Klimaziele zu erreichen. Circular Economy ist vor allem aber auch ein industriepolitisches Innovationskonzept, das Veränderungen von Produkten, Geschäftsmodellen und Produktionsprozessen in den Wertschöpfungsnetzwerken erfordert und daher in besonderem Maße produzierende Unternehmen in Industrie und Gewerbe betrifft. Während einige größere Unternehmen bereits erste Schritte einer zirkulären Wertschöpfung gegangen sind, stehen gerade kleine und mittlere Unternehmen vor vielfältigen Herausforderungen, aber auch Chancen, auf die damit einhergehenden Anforderungen zu reagieren oder proaktiv ihre Wettbewerbsfähigkeit zu steigern. Daher entstand die Idee, in einem handlungsorientierten Forschungs- und Transferansatz zu erforschen und zu erproben, was die Transformation zur Circular Economy für die mittelständische Wirtschaft bedeuten und wie diese auf ihrem Weg zu einer Circular Economy unterstützt werden kann.

Initiiert und gefördert durch das Wirtschaftsministerium des Landes Nordrhein-Westfalen startete im Juni 2019 das Projekt *Prosperkolleg* mit seinen Teilprojekten *Transformationsforschung zur zirkulären Wertschöpfung* und *Roll-out der Erkenntnisse*. Das Projekt endete im März 2024. Der Namensteil „Prosper" knüpft an die Industriegeschichte des Ruhrgebiets an: 1863 fasst die Arenbergsche AG für Bergbau und Hüttenbetrieb ihren Grubenfeldbesitz unter dem Namen „Prosper" zusammen. Namenspatron war Herzog Prosper Ludwig von Arenberg. Heute ist dies ein Name, der durch ehemalige Bergbaustandorte in der Emscher-Lippe-Region verankert ist und gleichzeitig für „Prosperität" steht, für den Aufschwung, der mit einer nachhaltigen Transformation von Wirtschaft und Gesellschaft verbunden sein kann. Der Namensteil „Kolleg" steht zudem für gemeinschaftliches Arbeiten und Lernen auf Augenhöhe. Qualifizierung ist schließlich auch ein Schlüssel für Strukturwandel und Innovation.

Das Buch fasst wesentliche Ergebnisse dieses Projekts zusammen, das im Folgenden einfach kurz als „Prosperkolleg" bezeichnet wird. Das Buch richtet sich an alle, die Interesse an einem nachhaltigen Transformationsprozess zur Circular Economy in der mittelständischen Wirtschaft haben. Mit Wissenschaftlerinnen und Wissenschaftlern möchten wir unsere Erkenntnisse zu Ausgangssituation, Herausforderungen, Chancen, Bedingungen und Möglichkeiten teilen, den Transformationsprozess voranzubringen. Sowohl Lehrende in technischen als auch Lehrende in wirtschaftlichen Fächern finden Kernbotschaften zu wesentlichen Aspekten des Transformationsprozesses und Material aus der praktischen Erprobung von Circular-Economy-Ansätzen in Unternehmen, die sie in anwendungsorientierte Lehrformate einbringen können. Entscheiderinnen und Entscheider in Politik und Verbänden mögen Hinweise erhalten, an welchen Stellschrauben und mit welchen Strukturen und Impulsen der Transformationsprozess unterstützt werden kann. Und schließlich bietet das Buch Anregungen für Verantwortliche in der Wirtschaft, den einen oder anderen Schritt zur Circular Economy zu gehen.

Wir danken den Herausgeber*innen der Springer-Buchreihe „Sustainable Development Goals (SDG) – Umsetzung in Praxis, Lehre und Entscheidungsprozessen" und dabei insbesondere Prof. Dr. Stefan Lechtenböhmer von der Universität Kassel und dem Verlag der Springer Fachmedien Wiesbaden GmbH, eines der ersten Werke in dieser spannenden Reihe zur Umsetzung von Nachhaltigkeitszielen gestalten zu dürfen.

Das Buch wäre nicht möglich gewesen ohne die Förderung des Prosperkolleg-Projekts durch das Ministerium für Wirtschaft, Industrie, Klimaschutz und Energie des Landes Nordrhein-Westfalen. Ein besonderer Dank gilt an dieser Stelle den Ministern Garrelt Duin und Prof. Dr. Andreas Pinkwart und der Ministerin Mona Neubaur, die das Projekt von Anfang an aktiv unterstützt haben, sowie Reinhold Rünker, ständiger Vertreter der Leitung der Abteilung Wirtschaftspolitik und Leiter des Referats III.1 „Neue Wirtschaftstrends und neue wirtschaftspolitische Instrumente", und seinem Team für die kontinuierliche Begleitung und die zahlreichen wertvollen Impulse für unsere Arbeit. Danken möchten wir auch der Bezirksregierung Münster, die immer ansprechbar war und stets wertvolle Hinweise gab, wenn wir formale Fragen zur Umsetzung und Abwicklung des Projekts hatten.

Ein ganz besonderer Dank gilt natürlich dem hervorragenden Prosperkolleg-Projektteam, mit dem die Zusammenarbeit jederzeit große Freude gemacht hat und stets hochinteressant war. Die einzigartige Kooperation von Wissenschaft, lokaler und regionaler Wirtschaftsförderung und Effizienz-Agentur NRW im Rahmen eines handlungsorientierten Forschungs- und Transferansatzes hat es möglich gemacht, für Theorie und Praxis relevante Entwicklungen und Erkenntnisse hervorzubringen und gleichzeitig bereits Umsetzungsschritte in der Praxis anzustoßen. Mitglieder des Prosperkolleg-Teams und seiner Leitung waren im Projektverlauf Teens Alintemelathil, Nermeen Abou Baker, Beatrice Beitz, Joachim Beyer, Andreas Bracht, Sabine Büttner, Linda Dierke, Benjamin Drüen, Mike Duddek, Prof. Dr.-Ing. Saulo H. Freitas Seabra da Rocha, Svenja Grauel, Anna Groeneveld, Dirk Grudzinski, Manuel Grundmann, Prof. Dr.-Ing. Uwe Handmann, Ines Haydn, Irina Heisig, Carina Hermandi, Prof. Dr. Wolfgang Irrek, Dr. Peter Jahns, Julia Jakobi, Peter Karst, Dorothee Lauter, Julian Mast, Fabian Mehl, Katrin Moskopp, Michel Neuhaus, Stefan Opitz, Jan-Christopher Przybilla, Dr. Klaus Rammert-Bentlage, Tina Steinmetzger, Paul Szabó-Müller, Julia Toups, Namican Tüleyli, Nadine Uebachs, Christiane Voigtländer, Friederike von Unruh, Ingmar Waszkowiak, Stefan Werntges, Jacqueline Westerhoff, Nils Westerveld, Sabine Wißmann, Robert Zaczek und Kinga Zyzniewski. Darüber hinaus haben einige studentische Hilfskräfte das Projekt unterstützt.

Ein großer Dank gilt schließlich allen Mitwirkenden im Netzwerk *CEresearchNRW* und am *Runden Tisch Zirkuläre Wertschöpfung NRW* für den befruchtenden Austausch und viele Hinweise und Anregungen zu und für unsere Arbeit. Wir sind überzeugt, dass der Diskurs innerhalb der Wissenschaft, zwischen Wissenschaft und Praxis und mit Transferorganisationen notwendig ist, um exzellente Lösungsansätze im großen Handlungsfeld der Circular Economy zu entwickeln, die schließlich zu einer breiten Umsetzung und dem Erreichen wesentlicher Nachhaltigkeitsziele führen.

Sabine Büttner
Wolfgang Irrek
Uwe Handmann
Bottrop, Deutschland
Juni 2023

Inhaltsverzeichnis

I Einleitung

1 Das Prosperkolleg im Kontext der Nachhaltigkeitstransformation 3
Sabine Büttner, Uwe Handmann, Wolfgang Irrek und Friederike von Unruh
1.1 Einleitung 4
1.2 Circular Economy – Umsetzung von Nachhaltigkeitszielen 4
1.3 Circular Economy in Forschung und Transfer 8
1.4 Motivation für das Forschungs- und Transferprojekt Prosperkolleg 9
1.5 Das Prosperkolleg – Ziele und Vorgehen 10
1.6 Aufbau des Buchs 14
  Literatur 15

2 Circular Economy in der Region voranbringen 19
Michel Neuhaus, Joachim Beyer, Fabian Mehl, Carina Hermandi und Janne Rosenbaum
2.1 Relevanz der Circular Economy in der Region 20
2.2 Regionalwirtschaftliche Voraussetzungen für Transformationsprozesse 21
2.3 Instrumente der Wirtschaftsförderung 25
2.4 Prosperkolleg – ein Beispiel moderner Wirtschaftsförderung 31
  Literatur 34

II Grundlagen

3 Circular Economy als Kernstrategie der Klimaneutralität 39
Stefan Lechtenböhmer
3.1 Grundstoffindustrie – Die „Upstream"-Perspektive der Ressourcennutzung 40
3.2 Möglicher Beitrag der Circular Economy zur Treibhausgasminderung in der Grundstoffindustrie 45
3.3 Zusammenfassung 47
  Literatur 49

4 Circular Economy zwischen Ressourcenschonung und Abfallrecycling 51
Friederike von Unruh, Julian Mast und Wolfgang Irrek
4.1 Einleitung 52
4.2 Begrifflichkeiten rund um das zirkuläre Wirtschaften 52
4.3 Motivationen für zirkuläres Handeln 58
4.4 Umsetzung zirkulärer Ansätze durch R-Strategien 61
4.5 Schlussbemerkung 64
  Literatur 64

III Instrumente & Verfahren

5 Unternehmen motivieren 69
Carina Hermandi, Manuel Grundmann und Wolfgang Irrek
5.1 Chancen und Veränderungsnotwendigkeiten für Unternehmen 70
5.2 Spezielle Herausforderungen für KMU 71
5.3 Instrumente und Hilfsmittel zur Unterstützung von KMU 76
5.4 Unterstützungsangebote des Prosperkollegs 77
5.5 Fazit: Unternehmen erfolgreich motivieren 81
Literatur 82

6 Potenzialcheck Circular Economy 85
Carina Hermandi, Linda Dierke, Manuel Grundmann und Stefan Opitz
6.1 Einleitung 86
6.2 Aufbau des Potenzialchecks Circular Economy 88
6.3 Erstgespräch 89
6.4 Circularity Matrix 90
6.5 Maßnahmenentwicklung 94
6.6 Weitervermittlung 95
Literatur 96

7 Circular Design – Produkte und Geschäftsmodelle gestalten 97
Stefan Opitz, Linda Dierke und Jana Rödiger
7.1 Die Bedeutung von Design für die Circular Economy 98
7.2 Was ist Circular Design? 100
7.3 Zirkuläres Produktdesign 101
7.4 Zirkuläre Geschäftsmodelle 103
7.5 Umsetzung von Circular Design 106
7.6 Praxisbeispiele 109
Literatur 110

8 Circular Digital Economy Lab 113
Uwe Handmann, Saulo H. Freitas Seabra da Rocha und Sabine Büttner
8.1 Herausforderungen des Elektroschrott-Recyclings 114
8.2 Interdisziplinärer Lösungsansatz 114
Literatur 117

9 Robotisierte Verfahrenstechnik in der Circular Economy 119
Mike Duddek, Benjamin Drüen und Saulo H. Freitas Seabra da Rocha
9.1 Einleitung 120
9.2 Materialzusammensetzung von Elektroschrotten am Beispiel eines Akkuschraubers 120
9.3 Aktuelles Recycling von Elektroschrotten in der EU 121
9.4 Methodik CDEL – Fraktionierung 124
9.5 Zusammenfassung 132
Literatur 133

10	**KI-basierte Unterstützung beim automatisierten Elektroschrott-Recycling**	135
	Nermeen Abou Baker und Uwe Handmann	
10.1	Einleitung	136
10.2	Elektroschrott-Recycling: Smartphones als Fallstudie	136
10.3	Künstliche Intelligenz als Enabler	139
10.4	Transferlernen	142
10.5	Fazit und Ausblick	146
	Literatur	147

IV Management & Qualifizierung

11	**Innovationsmanagement in der Circular Economy**	151
	Julian Mast und Wolfgang Irrek	
11.1	Innovation durch Stakeholderintegration	152
11.2	Innovationstypen und ihre Bedeutung	154
11.3	Innovations-Ökosysteme	155
11.4	Orchestrieren durch dynamische Fähigkeiten	158
11.5	Integration in bestehende Managementsysteme	160
	Literatur	163

12	**Qualifizierung für die Circular Economy – ein Train-the-Trainer-Konzept**	167
	Paul Szabó-Müller und Uwe Handmann	
12.1	Einleitung	168
12.2	Analyse zum Train-the-Trainer-Konzept	169
12.3	Entwicklung des Train-the-Trainer-Konzepts	172
12.4	Erprobung des Train-the-Trainer-Konzepts	173
12.5	Evaluation	177
12.6	Erkenntnisse und Ausblick	178
	Literatur	180

V Transformationsprozess

13	**Politische Steuerung der Transformation – Beispiel Zirkuläres NRW**	183
	Reinhold Rünker und Florian Klein	
13.1	Einführung	184
13.2	Möglichkeiten von Landespolitik	185
13.3	Grenzen von Landespolitik	192
13.4	Fazit	195
	Literatur	196

14	**Kompetenzzentrum Circular Economy mit regionaler Hub-Struktur**	199
	Sabine Büttner, Wolfgang Irrek und Uwe Handmann	
14.1	Transformationsprozess zur Circular Economy in NRW	201
14.2	Pilotprojekte und Initiativen der Transformationsunterstützung	203
14.3	Bedarfe von Unternehmen und weiteren Zielgruppen	204
14.4	Das Modell der Kompetenzzentren	207
14.5	Kompetenzzentrum Circular Economy NRW	210
14.6	Fazit und Ausblick	215
	Literatur	216
15	**Regionale Transformation zur Circular Economy**	219
	Paul Szabó-Müller und Julian Mast	
15.1	Quintupel-Helix als konzeptioneller und praktischer Rahmen	220
15.2	Online-Veranstaltung des Prosperkollegs am 27.10.2022	222
15.3	Impulsvortrag: Regionale Innovation und Nachhaltigkeitstransformation	223
15.4	Circular Policy	224
15.5	Circular Science	226
15.6	Circular Society, Cities & Regions	229
15.7	Circular Business	230
15.8	Abschlussstatements	233
15.9	Fazit	234
	Literatur	235

VI Zusammenfassung

16	**Transformation zur Circular Economy kompakt**	239
	Wolfgang Irrek, Uwe Handmann und Sabine Büttner	
16.1	Die Transformation zur Circular Economy als Teil einer nachhaltigen Entwicklung	240
16.2	Der handlungsorientierte, regionale Forschungs- und Transferansatz des Prosperkollegs	240
16.3	Unterstützung für Unternehmen auf dem Weg zur Circular Economy	241
16.4	Innovationen für die Circular Economy und das Circular Digital Economy Lab	242
16.5	Weitergehende Unterstützung des Transformationsprozesses zur Circular Economy	243
17	**English Summary**	245
	Wolfgang Irrek, Uwe Handmann und Sabine Büttner	
17.1	The Transformation to the Circular Economy as Part of Sustainable Development	246
17.2	Prosperkolleg's Action-Oriented, Regional Research and Transfer Approach	246
17.3	Support for Companies on the Way to the Circular Economy	247
17.4	Innovations for the Circular Economy and the Circular Digital Economy Lab	248
17.5	Further Support for the Transformation Process Towards the Circular Economy	249

Serviceteil
Stichwortverzeichnis ... 253

Herausgeber- und Autorenverzeichnis

Über die Herausgeber*innen

Sabine Büttner
ist wissenschaftliche Mitarbeiterin im Verein Prosperkolleg e.V. Nach über zehn Jahren beruflicher Tätigkeit im Bereich der nutzerzentrierten Konzeption digitaler Anwendungen hat sie ihren Schwerpunkt in Richtung Nachhaltigkeit verlagert. Im Rahmen des Prosperkollegs entwickelte sie Verstetigungskonzepte, war redaktionell für die Veröffentlichungen des Projekts verantwortlich und übernahm Projektleitungsaufgaben. Ihr besonderes Interesse gilt der Rolle von Verbraucher*innen in der Circular Economy.

Prof. Dr.-Ing. Uwe Handmann
ist Professor für Neuroinformatik an der Hochschule Ruhr West sowie Gastprofessor an der Babeș-Bolyai-Universität in Cluj-Napoca und erster Vorsitzender des Vereins Prosperkolleg e.V. Sein Lehr- und Forschungsgebiet ist seit über 25 Jahren Digitalisierung und Künstliche Intelligenz (KI). Er hat eine Vielzahl von Forschungsprojekten in diesem Bereich durchgeführt und dabei theoretische Grundlagen in die Praxis überführt. Ein Schwerpunkt seiner Arbeit liegt aktuell im Bereich der digitalen Circular Economy, wo Digitalisierung und KI interdisziplinär in das Themenfeld Circular Economy eingebracht werden.

Prof. Dr. Wolfgang Irrek
ist Professor am Institut Energiesysteme und Energiewirtschaft der Hochschule Ruhr West in Bottrop. Als gelernter Industriekaufmann und Diplom-Ökonom lehrt und forscht er insbesondere zu den Transformationsprozessen, Marktentwicklungen und politisch-administrativen Rahmenbedingungen in den Bereichen Klimaschutz und Circular Economy. Ein weiterer Schwerpunkt sind aktuelle Fragen der Energiewirtschaft und Energiewende, Energieeffizienz und Energiedienstleistungen. Von 1995 bis 2010 war er für das Wuppertal Institut für Klima, Umwelt, Energie tätig. Wolfgang Irrek ist Gründungsmitglied und zweiter Vorsitzender des Vereins Prosperkolleg e.V., der den Transfer wissenschaftlicher Erkenntnisse in die Praxis zum Ziel hat.

Über die Autorinnen und Autoren

Nermeen Abou Baker
promoviert über Transferlernen in der Künstlichen Intelligenz (KI) am Institut für Informatik der Hochschule Ruhr West. Im Circular Digital Economy Lab des Prosperkollegs beschäftigte sie sich mit der Umsetzung der Digitalisierung durch die Entwicklung von Methoden zur KI-basierten Objekterkennung mit verschiedenen Sensoren zur Unterstützung automatisierter Recyclingprozesse.

Joachim Beyer
war bis Februar 2024 Geschäftsführer der WiN Emscher-Lippe GmbH, der regionalen Wirtschaftsförderung der Emscher-Lippe Region. Er war außerdem in viele kommunale Beiräte berufen und nebenberuflich als Geschäftsführer des ChemSite e.V. tätig. Als studierter Sozial- und Erziehungswissenschaftler trug er in den ersten 12 Berufsjahren als Bereichsleiter und GmbH-Geschäftsführer Verantwortung in großen Einrichtungen der beruflichen Bildung in NRW. Nebenberuflich war er 15 Jahre lang Lehrbeauftragter an der Universität Münster. 1997 wechselte er in die Geschäftsleitung der Wirtschaftsförderung Dortmund mit den inhaltlichen Schwerpunkten Lokale Ökonomie, Arbeit und Region und war lange Jahre Mitglied der Fachkommission Wirtschaftsförderung des Deutschen Städtetages.

Sabine Büttner
siehe Herausgeber*innen

Linda Dierke
entwickelt bei der Effizienz-Agentur NRW als Leiterin des Geschäftsfeldes „Entwicklung und Kooperationen" neue Themen und Angebote im Bereich Circular Economy und Ressourceneffizienz für KMU in NRW. Um eine breite Umsetzung dieser Themen zu gewährleisten, stärkt sie Kooperationen zu wichtigen strategischen Partnern. In ihrer täglichen Arbeit und im Prosperkolleg unterstützte sie Unternehmen bei der Entwicklung eigener Circular-Economy-Ansätze.

Benjamin Drüen
hat ein Bachelorstudium in der Mechatronik absolviert und ergänzt sein Studium durch ein Masterstudium im technischen Produktionsmanagement. Im Circular Digital Economy Lab des Prosperkollegs entwickelte er Lösungen zur Robotisierung verfahrenstechnischer Prozesse.

Mike Duddek
promoviert am Institut Energiesysteme und Energiewirtschaft zum Thema robotisierte Fraktionierung von Elektrokleingeräten. Im Circular Digital Economy Lab des Prosperkollegs entwickelte er Verfahren zum robotisierten Recycling von Elektroschrotten.

Prof. Dr.-Ing. Saulo H. Freitas Seabra da Rocha
ist Professor am Institut Energiesysteme und Energiewirtschaft der Hochschule Ruhr West in Bottrop mit dem Lehrgebiet Umwelt- und Verfahrenstechnik. Nach Beendigung seines Metallurgiestudiums an der Universität Federal de Minas Gerais promovierte er am Lehr- und Forschungsgebiet für Kokereiwesen der RWTH Aachen zum Thema „Untersuchungen zur Brikettierung von Hüttenreststoffen zum erneuten Einsatz im Hochofen zur Eisen- und Stahlerzeugung". Er arbeitet und forscht im Bereich alternativer Brennstoffe, Biomasserverarbeitung, Verwertungskonzepte für Reststoffe und robotisierte Verfahrenstechnik. Im Projekt Prosperkolleg konzeptionierte und leitete er das Circular Digital Economy Lab.

Manuel Grundmann
war wissenschaftlicher Mitarbeiter an der Hochschule Ruhr West und betreute am Institut Informatik Digitalisierungsthemen für mehr Nachhaltigkeit in mittelständischen Unternehmen. Zuvor war er mehrere Jahre als Senior Engineer in industrieller Forschung und Entwicklung tätig.

Prof. Dr.-Ing. Uwe Handmann
siehe Herausgeber*innen

Carina Hermandi
ist studierte Wirtschaftspsychologin. Sie arbeitet als wissenschaftliche Mitarbeiterin an der Hochschule Ruhr West. Im Prosperkolleg war sie für die Ansprache von Unternehmen sowie die Evaluation der Maßnahmen in der Unternehmenszusammenarbeit zuständig. Darüber hinaus war sie 10 Jahre in der Wirtschaft u. a. in den Bereichen Change Management, Marketing und Vertrieb sowie Projektmanagement tätig. Ihr wissenschaftliches Interesse gilt dem Thema zirkuläres Konsument*innenverhalten.

Prof. Dr. Wolfgang Irrek
siehe Herausgeber*innen

Herausgeber- und Autorenverzeichnis

Dr. Florian Klein
ist Referent im Ministerium für Wirtschaft, Industrie, Klimaschutz und Energie des Landes Nordrhein-Westfalen. Er befasst sich dort mit Grundsatzfragen der Innovationspolitik sowie der Transformation der Wirtschaft. Vorab war er im Centrum für Angewandte Wirtschaftsforschung der Universität Münster sowie im Vorstandsstab der Bank für Sozialwirtschaft AG tätig. Nebenberuflich vermittelt er an der Fliedner Fachhochschule betriebswirtschaftliche Grundlagen.

Prof. Dr. Stefan Lechtenböhmer
ist seit September 2023 Professor für Sustainable Technology Design an der Universität Kassel. Zuvor war er seit 1995 am Wuppertal Institut für Klima, Umwelt, Energie tätig, seit 2010 als Leiter der Abteilung Zukünftige Energie- und Industriesysteme. Als Geograf und Volkswirt arbeitet er seit vielen Jahren an Szenario- und Systemanalysen zur Energie- und Industrietransformation. Er war maßgeblich an der Entwicklung der Initiative IN4climate.NRW beteiligt und leitete deren wissenschaftlichen Teil SCI4climate.NRW. International ist er u. a. als Professor an der Universität Lund, als Mitglied der Steuerungsgruppe des G7 Low Carbon Society Research Network und als nationaler Experte für die Klimarahmenkonvention tätig.

Julian Mast
promoviert am Institut Energiesysteme und Energiewirtschaft der Hochschule Ruhr West zum Thema zirkuläre Transformation von Unternehmen. Aus betriebswirtschaftlicher Sicht untersucht er, welche Schlüsselkompetenzen und -fähigkeiten Unternehmen benötigen, um innovative, zirkuläre Produkte oder Geschäftsmodelle zu entwickeln und erfolgreich auf dem Markt etablieren zu können.

Fabian Mehl
hat ein Masterstudium in Kommunikationsmanagement absolviert und beschäftigte sich im Rahmen seiner Masterarbeit mit einem Thema aus dem Kontext der Nachhaltigkeitskommunikation. Im Prosperkolleg war er für Öffentlichkeitsarbeit und Vernetzungsaktivitäten verantwortlich.

Michel Neuhaus
hat ein Studium der Wirtschaftsgeografie absolviert und ist in der regionalen Wirtschaftsförderung tätig. Als Projektmitarbeiter bei der WiN Emscher-Lippe GmbH lagen seine Tätigkeitsschwerpunkte im Prosperkolleg in den Bereichen Unternehmensansprache, Öffentlichkeitsarbeit und Veranstaltungsorganisation.

Stefan Opitz
ist studierter Logistikingenieur und arbeitet als Ressourceneffizienzberater mit Schwerpunkt Circular Design bei der Effizienz-Agentur NRW. Im Prosperkolleg unterstützte er mit Informations- und Beratungsangeboten die Entwicklung und Umsetzung von Circular-Design-Maßnahmen in produzierenden Betrieben in NRW und koordiniert bei der Effizienz-Agentur NRW u. a. den deutschen CIRCO Hub, eines von elf international vernetzten Circular-Design-Kompetenzzentren.

Jana Rödiger
studiert im Master Sustainability Management und ist bei der Effizienz-Agentur NRW im Bereich Circular Economy tätig. In ihrer täglichen Arbeit assistiert sie bei Ressourceneffizienzberatungen sowie Circular-Economy-Projekten. In Workshop-Formaten unterstützt sie Unternehmen bei der Entwicklung konkreter zirkulärer Geschäftsmodell- und Designstrategien.

Janne Rosenbaum
ist Studentin der Energie- und Umwelttechnik an der Hochschule Ruhr West. Als studentische Hilfskraft im Prosperkolleg unterstützte sie die Recherchearbeit zur Entwicklung neuer Werkzeuge und Vorgehensmodelle für die betriebliche Umsetzung zirkulärer Ansätze.

Reinhold Rünker
ist Ständiger Vertreter der Abteilungsleitung Wirtschaftspolitik im Ministerium für Wirtschaft, Industrie, Klimaschutz und Energie. Bereits 2015 etablierte er ein Verständnis von Circular Economy als industriepolitisches Innovationskonzept. Seitdem konnte er zahlreiche Impulse für die Transformation zu einer zirkulären Wirtschaft setzen. Wichtig ist dem gelernten Bankkaufmann und Wirtschaftshistoriker dabei immer, vom Anfang eines Produktes aus zu denken. Vor seinem Wechsel nach Nordrhein-Westfalen war der gebürtige Münsterländer Leiter des Ministerbüros im Thüringer Wirtschaftsministerium.

Paul Szabó-Müller
ist wissenschaftlicher Mitarbeiter im Institut für Informatik der Hochschule Ruhr West. Im Prosperkolleg betreute er den Bereich Qualifizierung und übernahm ab März 2023 Projektleitungsaufgaben. Seine inhaltlichen Schwerpunkte liegen in den Bereichen Digitalisierung, Qualifizierung, Vernetzung und Verstetigung. Als Wirtschaftsgeograf interessiert ihn insbesondere, wie man die regionale Transformation zur Nachhaltigkeit steuern und wie eine „transformative" Strukturpolitik diesen Prozess befördern kann.

Friederike von Unruh
studierte Betriebswirtschaftslehre in Münster, Vilnius, Marburg und Dallas. Als wissenschaftliche Mitarbeiterin der Hochschule Ruhr West erarbeitete sie im Prosperkolleg zirkuläre Lösungsansätze für kleine und mittelständische Unternehmen, leitete das Forschungsnetzwerk und übernahm zeitweise die Projektleitung.

Autorenverzeichnis

Nermeen Abou Baker   Institut Informatik, Hochschule Ruhr West, Bottrop, Deutschland

Joachim Beyer   WiN Emscher Lippe GmbH, Herten, Deutschland

Sabine Büttner   Prosperkolleg e.V., Bottrop, Deutschland

Linda Dierke   Effizienz-Agentur NRW, Duisburg, Deutschland

Benjamin Drüen   Institut Energiesysteme und Energiewirtschaft, Hochschule Ruhr West, Bottrop, Deutschland

Mike Duddek   Institut Energiesysteme und Energiewirtschaft, Hochschule Ruhr West, Bottrop, Deutschland

Prof. Dr.-Ing. Saulo H. Freitas Seabra da Rocha   Institut Energiesysteme und Energiewirtschaft, Hochschule Ruhr West, Bottrop, Deutschland

Manuel Grundmann   Deloitte, Duisburg, Deutschland

Prof. Dr.-Ing. Uwe Handmann Institut Informatik, Hochschule Ruhr West, Bottrop, Deutschland

Carina Hermandi Institut Energiesysteme und Energiewirtschaft, Hochschule Ruhr West, Bottrop, Deutschland

Prof. Dr. Wolfgang Irrek Institut Energiesysteme und Energiewirtschaft, Hochschule Ruhr West, Bottrop, Deutschland

Dr. Florian Klein Ministerium für Wirtschaft, Industrie, Klimaschutz und Energie des Landes Nordrhein-Westfalen, Düsseldorf, Deutschland

Prof. Dr. Stefan Lechtenböhmer Kassel Institute for Sustainability, Universität Kassel, Kassel, Deutschland

Julian Mast Institut Energiesysteme und Energiewirtschaft, Hochschule Ruhr West, Bottrop, Deutschland

Fabian Mehl WiN Emscher Lippe GmbH, Herten, Deutschland

Michel Neuhaus AGIT mbH, Aachen, Deutschland

Stefan Opitz Effizienz-Agentur NRW, Duisburg, Deutschland

Jana Rödiger Effizienz-Agentur NRW, Duisburg, Deutschland

Janne Rosenbaum Hochschule Ruhr West, Bottrop, Deutschland

Reinhold Rünker Ministerium für Wirtschaft, Industrie, Klimaschutz und Energie des Landes Nordrhein-Westfalen, Düsseldorf, Deutschland

Paul Szabó-Müller Institut Informatik, Hochschule Ruhr West, Bottrop, Deutschland

Friederike von Unruh Institut Energiesysteme und Energiewirtschaft, Hochschule Ruhr West, Bottrop, Deutschland

Einleitung

Inhaltsverzeichnis

Kapitel 1   Das Prosperkolleg im Kontext
             der Nachhaltigkeitstransformation – 3
             *Sabine Büttner, Uwe Handmann, Wolfgang Irrek
             und Friederike von Unruh*

Kapitel 2   Circular Economy in der Region
             voranbringen – 19
             *Michel Neuhaus, Joachim Beyer, Fabian Mehl,
             Carina Hermandi und Janne Rosenbaum*

Das Prosperkolleg im Kontext der Nachhaltigkeitstransformation

Sabine Büttner, Uwe Handmann, Wolfgang Irrek und Friederike von Unruh

Inhaltsverzeichnis

1.1 Einleitung – 4

1.2 Circular Economy – Umsetzung von Nachhaltigkeitszielen – 4
1.2.1 Circular Economy und SDGs – 4
1.2.2 Forschungsperspektiven – 5
1.2.3 Interdependenzen und Zielkonflikte – 7

1.3 Circular Economy in Forschung und Transfer – 8

1.4 Motivation für das Forschungs- und Transferprojekt Prosperkolleg – 9

1.5 Das Prosperkolleg – Ziele und Vorgehen – 10
1.5.1 Handlungsorientierter, agiler Forschungs- und Transferansatz – 10
1.5.2 Regionaler Fokus – 11
1.5.3 Projektaktivitäten – 12
1.5.4 Beitrag zur Transformationsforschung – 13
1.5.5 SDG-Bezüge des Prosperkollegs – 13

1.6 Aufbau des Buchs – 14

Literatur – 15

© Der/die Autor(en), exklusiv lizenziert an Springer Fachmedien Wiesbaden GmbH, ein Teil von Springer Nature 2024
S. Büttner et al. (Hrsg.), *Transformation zur Circular Economy*, Sustainable Development Goals (SDG) – Umsetzung in Praxis, Lehre und Entscheidungsprozessen, https://doi.org/10.1007/978-3-658-43338-3_1

1.1 Einleitung

Wie kann die Umsetzung einer nachhaltigen Entwicklung gelingen? Vor dieser Herausforderung stehen Wirtschaft und Gesellschaft, die gleichzeitig Megatrends wie eine rasche Digitalisierung und viele weitere Anforderungen bewältigen müssen. Der Übergang von einer linearen Wirtschaft zu einer Circular Economy stellt eine bedeutende Strategie im Umsetzungsprozess zu einer nachhaltigen Entwicklung dar. Das Forschungs- und Transferprojekt *Prosperkolleg – Transformationsforschung zur zirkulären Wertschöpfung und Roll-out der Erkenntnisse* hat in einem handlungsorientierten Forschungs- und Transferansatz untersucht und erprobt, wie der Transformationsprozess zu einer Circular Economy insbesondere bei kleinen und mittleren Unternehmen in der Emscher-Lippe-Region und darüber hinaus gelingen kann.

1.2 Circular Economy – Umsetzung von Nachhaltigkeitszielen

Circular Economy bezeichnet eine Lebens- und Wirtschaftsweise, bei der Produkte und Dienstleistungen so konzipiert werden, dass der Materialeinsatz reduziert oder ganz vermieden wird. Darüber hinaus werden die hergestellten Produkte und Komponenten möglichst lange genutzt, repariert oder aufgewertet und am Ende ihres Lebenszyklus wiederverwendet oder recycelt. Roh- und Werkstoffe werden nach einer Nutzungsphase zu wertvollen Inputs für neue, vielfältige, möglichst abfallfreie und schadstoffarme Wertschöpfungsnetzwerke. Letztlich geht es beim Konzept der Circular Economy um eine nachhaltige Wirtschaftsweise, die sukzessive zu einer möglichst weitgehenden Entkopplung des Wirtschaftswachstums von der Entnahme von Primärrohstoffen führt.

Mit anderen Worten: Zirkulär zu wirtschaften bedeutet im Gegensatz zur Linearwirtschaft, Materialien, Produkte und Komponenten so lange wie möglich im Kreislauf zu führen. Im vorliegenden Buch wird hierfür primär der englische Begriff „Circular Economy" verwendet, der den gesamten Produktlebenszyklus sowie das gesamte Wertschöpfungsnetzwerk bezeichnet. Der deutsche Begriff „Kreislaufwirtschaft" wird dagegen bewusst vermieden, da er häufig mit dem Kreislaufwirtschaftsgesetz (KrWG) in Verbindung gebracht wird, das eher als Abfall- und Recyclinggesetz gesehen wird. Auf diese und weitere Begrifflichkeiten zur Circular Economy, ihre Unterschiede und Gemeinsamkeiten, wird in ▶ Kap. 4 näher eingegangen.

1.2.1 Circular Economy und SDGs

Zur Umsetzung welcher Ziele einer nachhaltigen Entwicklung (Sustainable Development) trägt die Circular Economy aber nun konkret bei? Zunächst ist festzuhalten, dass die Circular Economy keinen expliziten Niederschlag bei der Formulierung der 17 Nachhaltigkeitsziele (Sustainable Development Goals – SDGs) gefunden hat. Die SDGs wurden 2015 von den Vereinten Nationen (UN – United Nations) verabschiedet, um bis 2030 Frieden, Achtung der Menschenwürde, Wohlstand und Sicherung der natürlichen Ressourcen auf globaler Ebene zu erreichen. Sie berücksichtigen alle drei Dimensionen der Nachhaltigkeit – Soziales, Umwelt, Wirtschaft – und richten sich an staatliche, zivilgesellschaftliche, wissenschaftliche und wirtschaftliche Akteure. Um die 17 Ziele zu konkretisieren und Indikatoren ableiten zu können, wurden insgesamt 169 Unterziele definiert, deren Erreichen anhand von 231 verschiedenen Indikatoren gemessen wird (vgl. United Nations o. J.; BMZ o. J.). Die deutsche Bundesregierung nutzt 143 Indikatoren der Zeitreihe 91111-0001 des Statistischen Bundesamtes, um die nachhaltige Entwicklung Deutschlands zu überprüfen (Statistisches Bundesamt 2023, Stand: 18.06.2023).

Auch wenn die Circular Economy in den SDGs nicht benannt wird, zahlt sie als Handlungskonzept dennoch auf zahlreiche Ziele direkt oder indirekt ein. Aus Sicht der EU ist sie daher ein wichtiges Werkzeug zur Erreichung der 17 Ziele. Nur zwei Monate nach der Publikation der SDGs veröffentlichte die EU-Kommission den ersten Aktionsplan der EU für Kreislaufwirtschaft, in dem explizit auf die SDGs Bezug genommen wird: *„This action plan will be instrumental in reaching the Sustainable Development Goals (SDGs) by 2030, in particular Goal 12 of ensuring sustainable consumption and production patterns."* (European Commission 2015) Auch in weiteren Verordnungen und Richtlinien zur Circular Economy bezieht sich die EU-Kommission auf die SDGs (vgl. Rodríguez-Antón et al. 2021).

1.2.2 Forschungsperspektiven

Der Zusammenhang zwischen den SDGs und der Circular Economy ist Gegenstand wissenschaftlicher Untersuchungen, wobei umfassende Studien nach Einschätzung von Dong et al. (2021) eher begrenzt sind bzw. die Arbeiten zu recht unterschiedlichen Einschätzungen kommen können (vgl. Rodríguez-Antón et al. 2021). Die hier herangezogene Literatur zeigt, dass die konstatierten Bezüge stark davon abhängen, welche Circular-Economy-Prinzipien die Autor*innen jeweils zugrunde legen und wie der Untersuchungsrahmen abgesteckt ist. Da beide Konzepte – SDGs und Circular Economy – in sich nicht homogen bzw. einheitlich definiert sind, sind sowohl der Grad ihrer Umsetzung als auch ihr Verhältnis zueinander nur bedingt messbar (Rodríguez-Antón et al. 2021).

Im Fokus der Arbeiten von Schröder et al. (2018) steht die Relevanz zirkulärer Praktiken für das Erreichen der SDGs in Entwicklungsländern. Dazu wurden die 169 Unterziele mit den in der Literatur ermittelten Circular-Economy-Strategien abgeglichen und einem fünfstufigen Schema zugeordnet, das die „Stärke" des Beitrags zur Erreichung der SDGs kategorisiert. Die zum Vergleich herangezogenen Strategien sind unter anderem Design, Reuse, Refurbishment, Remanufacturing, Repair, Product Sharing und industrielle Symbiose. Die relevantesten Beiträge zirkulärer Strategien und Praktiken wurden so identifiziert für SDG 6 (Sauberes Wasser und Sanitäreinrichtungen), SDG 7 (Bezahlbare und saubere Energie), SDG 8 (Menschenwürdige Arbeit und Wirtschaftswachstum), SDG 12 (Nachhaltiger Konsum und Produktion) und SDG 15 (Leben an Land). Eine direkte Beziehung ist beispielsweise für Unterziel 4 von SDG 8 zu sehen (Entkopplung von Wirtschaftswachstum und Umweltzerstörung durch Ressourceneffizienz), das durch die zirkulären Strategien Repair, Remanufacturing, Recycling, industrielle Symbiose und Lieferketten mit geschlossenen Kreisläufen unterstützt wird. Auf Konsumseite zahlen neue Geschäftsmodelle, basierend auf Second-Hand-Märkten, Produktservicesystemen und lokalen Märkten, darauf ein.

Rodríguez-Antón et al. (2021) hingegen haben die Circular-Economy-Initiativen der EU und ihre Implementierung in den Mitgliedsländern der Union untersucht. Der Grad der Umsetzung wird in der Studie anhand von Eurostat-Daten zu neun zentralen Indikatoren bewertet (u. a. Abfallaufkommen pro Kopf, Recyclingraten, Einsatz sekundärer Rohstoffe, Beschäftigung in der Circular Economy) und zu den SDGs und deren Umsetzungsgrad gemäß *SDG Index and Dashboards Report 2018* in Bezug gesetzt. Die Autor*innen kommen zu dem Ergebnis, dass es signifikante Beziehungen zwischen den Indikatoren für die Umsetzung der Circular Economy und dem Grad der Einhaltung der SDGs in der EU gibt, und zwar für die SDGs 3, 6, 7, 8, 9, 10, 11, 12, 13, 14, 15, 16 und 17 (zur Rolle der Circular Economy für den Klimaschutz vgl. auch ▶ Kap. 2). Hier sind allerdings erhebliche Unterschiede zwischen den Mitgliedstaaten zu beobachten, was darauf zurückzuführen ist, dass nationale Verpflichtungen unterschiedlich konsequent auf der regionalen oder lokalen Ebene umgesetzt werden.

Nachhaltigkeitsindikatoren in Deutschland, die explizit den Umgang mit Materialien zum Gegenstand haben, sind die Gesamtrohstoffproduktivität und der Rohstoffeinsatz insgesamt sowie bezogen auf den Konsum privater Haushalte (Statistisches Bundesamt 2023, Stand: 18.06.2023). Ein Beispiel für die Verankerung von SDGs in der Region ist die Nachhaltigkeitsstrategie des Landes NRW, die auf die SDGs 8 und 12 explizit Bezug nimmt (s. ▶ Kap. 13).

Für die Lehre
Die Messbarkeit der Zielerreichung der Nachhaltigkeitsziele wie auch des Fortschritts der Circular Economy basiert auf der Definition von Indikatoren (Was wird gemessen, um die Zielerreichung zu überprüfen?) und einer zuverlässigen Grundlage statistischer Daten. 2017 wurde ein Set von 231 Indikatoren zu den SDGs festgelegt (United Nations 2023). Die deutsche Bundesregierung misst das Erreichen einer nachhaltigen Entwicklung Deutschlands anhand von 143 Indikatoren (Statistisches Bundesamt 2023, Stand: 18.06.2023).

Der jüngste Bericht der Vereinten Nationen über den Status der SDGs ist der *SDG Report 2022* (United Nations 2022). Hier wird deutlich, dass die COVID-19-Pandemie in vielen Feldern zu Rückschritten bei der Zielerreichung geführt hat. Im *Extended Report* lassen sich differenzierte Daten und ihre Quellen zu den einzelnen Zielen abrufen. Für viele Länder und Indikatoren ist die Datenlage allerdings lückenhaft.

Im *Circularity Gap Report* (Circle Economy 2023) wird seit 2018 jährlich der Grad der Zirkularität der globalen Wirtschaft über den Anteil der Rohstoffe ermittelt, die nach dem Ende ihrer Nutzung wieder als Sekundärmaterialien in den Wirtschaftskreislauf einfließen. Da der weltweite Ressourcenverbrauch schneller steigt als die Nutzung von Sekundärrohstoffen, sinkt dieser Anteil kontinuierlich. Während er 2018 noch 9,1 % betrug, lag er 2023 nur noch bei 7,2 %.

1.2.3 Interdependenzen und Zielkonflikte

Als Querschnittsthema über viele Wirkungsbereiche, Wirtschaftssektoren und Akteure hinweg kann die Circular Economy Interdependenzen zwischen den Entwicklungszielen aufdecken und Synergien schaffen. Verbesserungen in Ziel 6 (Sauberes Wasser und Sanitäreinrichtungen) und 7 (Bezahlbare und saubere Energie) durch zirkuläre Maßnahmen können sich zum Beispiel positiv auf Ziel 3 (Gesundheit) auswirken. Fortschritte bei Ziel 4 (Hochwertige Bildung) sind wiederum eine wichtige Voraussetzung für innovative Circular-Economy-Lösungen, die qualifizierte Fachkräfte erfordern (Schröder et al. 2018: 87, 91). Die Verlängerung der Produktlebensdauer – eine wichtige zirkuläre Strategie – hat positive Effekte auf alle umweltbezogenen SDGs, aber auch mögliche negative Effekte auf die ökonomisch orientierten Ziele 8 und 9, sofern die wirtschaftlichen Verluste auf Unternehmensseite durch längere Produktnutzung nicht durch neue Geschäftsmodelle kompensiert werden (Dong et al. 2021: 250).

Zirkuläre Strategien rufen also auch Zielkonflikte mit oder zwischen SGDs hervor oder verstärken sie. So können Verbesserungen beim Abfallmanagement und höhere Recyclingquoten in Entwicklungsländern – wo sie häufig in Händen eines großen informellen Sektors liegen – mit zusätzlichen Gefährdungen für die Gesundheit der Arbeitnehmer*innen einhergehen, insbesondere beim stark wachsenden Abfallstrom Elektroschrott (Schröder et al. 2018: 88). Auch kann die Rückführung und Wiederaufbereitung von Produkten, Komponenten oder Materialien zu zusätzlichen Transportströmen und Energieeinsätzen führen, die den Energie- und Klimaschutzzielen, d. h. den SDGs 7 und 13 zuwiderlaufen.

Die Bezugnahme auf die SDGs deckt aber auch blinde Flecken im Konzept der Circular Economy auf: Die soziale Dimension der Nachhaltigkeit (SDG 3: Gesundheit, SDG 5: Geschlechtergleichheit, SDG 4: Bildung) wird im Diskurs um die Circular Economy selten explizit adressiert (mit Ausnahme der Schaffung von Arbeitsplätzen, vgl. Schröder et al. 2018), ebenso wenig das Ziel einer global gerechten Entwicklung. Während sich die Circular Economy stark auf den Ressourcenerhalt und die Entkopplung von Wachstum und Ressourcenverbrauch konzentriert, häufig aus der Perspektive einer technologisch hoch entwickelten Wirtschaft und Gesellschaft, spielen die Fragen, wie denn die so gesicherten Ressourcen verteilt werden und welchen Beitrag sie zu einem „guten Leben" für alle leisten, kaum eine Rolle. Außerdem findet die Tatsache, dass einige zirkuläre Praktiken wie Reparatur und Refurbishment gerade in weniger wohlhabenden Ländern weit verbreitet sind und eigene Wirtschaftszweige bilden (Schröder et al. 2018: 80), noch wenig Beachtung in Europa. Ein Blick über den Tellerrand kann spannende Lösungen aufzeigen und helfen, die Rollenverteilung in global verzweigten Wertschöpfungsketten kritisch zu hinterfragen.

Zweifellos ist die Circular Economy ein wichtiges Instrument zur Umsetzung der *Sustainable Development Goals*, nicht zuletzt angesichts des Ressourcenhungers einer weiter wachsenden Weltbevölkerung. Strategien und Maßnahmen müssen aber stets daraufhin überprüft werden, inwieweit sie zur Umsetzung von Nachhaltigkeitszielen auch tatsächlich beitragen.

> **Hinweis für Entscheidungsprozesse**
>
> Die *Sustainable Development Goals* dienen zunehmend auch Unternehmen als Bezugsrahmen für die Entwicklung ihrer Nachhaltigkeitsstrategie. Der SDG-Kompass, entwickelt von der Global Reporting Initiative (GRI), dem UN Global Compact und dem World Business Council for Sustainable Development (WBCSD), liefert hierfür einen praktischen Leitfaden sowie Hinweise auf Indikatoren zur Messung der Zielerreichung.
> ▶ https://sdgcompass.org/

1.3 Circular Economy in Forschung und Transfer

Abfragen bei Google Scholar zeigen, dass die Anzahl an Veröffentlichungen pro Jahr rund um das Thema Circular Economy stark zugenommen hat: Erhält man für das Jahr 2018 ungefähr 15.400 Ergebnisse bei Eingabe des Suchbegriffs „circular economy", sind es 2020 etwa 34.300 und 2022 schon ungefähr 41.200 Ergebnisse (Abfrage am 14.04.2023). Auch im politischen Diskurs hat das Thema durch den im März 2020 von der EU-Kommission verabschiedeten *Circular Economy Action Plan* stark an Bedeutung gewonnen. Unternehmen müssen sich darauf einstellen, zukünftig zirkulärer zu wirtschaften. Durch eine größere Unabhängigkeit von schwankenden Rohstoffpreisen und -verfügbarkeiten ebenso wie durch die Chancen zirkulärer Innovationen und neuer Geschäftsmodelle verspricht der Wandel wirtschaftliche Vorteile.

Vor diesem Hintergrund bietet die Circular Economy ein breites, aufstrebendes Feld für die Forschung und den Transfer wissenschaftlicher Erkenntnisse in die Praxis, welches oft auch transdisziplinär untersucht wird (Sauvé et al. 2016). Die Stakeholder der Circular Economy stammen aus zahlreichen Disziplinen wie Ingenieurwesen, Umweltwissenschaften, Wirtschaftswissenschaften, Jura, Soziologie (Wilderer und Wimmer 2022), bringen ihre jeweilige fachliche Perspektive mit ein und agieren in interdisziplinären Verbünden. Auch das Forschungsnetzwerk *CEresearchNRW* des Prosperkollegs zeigt, wie unterschiedlich die Fragestellungen und thematischen Schwerpunkte in der Forschung rund um die Circular Economy sind: Neben der Grundlagenforschung zu Definitionen und Konzeptabgrenzungen gibt es Studien, die Barrieren und Hindernisse sowie politische Rahmenbedingungen beim Übergang zur Circular Economy erforschen. Einige Forschungsarbeiten legen ihren Fokus auf bestimmte Branchen, wie etwa auf die Textilindustrie, andere sind eher technologisch ausgerichtet, z. B. auf digitale Technologien als Enabler für zirkuläres Wirtschaften. Zudem werden zirkuläre Strategien und Geschäftsmodelle sowie deren Implementierung untersucht und unterschiedliche Perspektiven beleuchtet, wie die der kleinen und mittleren Unternehmen (KMU) oder der Konsument*innen und Nutzenden (Prosperkolleg 2023a). Ghisellini et al. (2016) zeigen, dass viele Studien länderbezogen sind oder einen regionalen Fokus haben.

Warum bedarf es angesichts der wachsenden Anzahl veröffentlichter Studien eines weiteren Buchs zur Circular Economy, das zudem regional auf die Emscher-Lippe-Region bzw. auf das Bundesland Nordrhein-Westfalen (NRW) fokussiert ist?

1.4 Motivation für das Forschungs- und Transferprojekt Prosperkolleg

Rohstoffe und Flächen werden in einer dynamisch wachsenden Weltwirtschaft knapp, die biologische Vielfalt zunehmend eingeschränkt. Schon heute stehen 20 Rohstoffe auf der Liste der „kritischen" Rohstoffe, die eine große wirtschaftliche Bedeutung besitzen. Sie weisen ein hohes Risiko auf, internationale Abhängigkeiten zu verstärken, mit hieraus folgenden wirtschaftlichen und sozialen Verwerfungen, Versorgungsengpässen und zusätzlichen Kostenbelastungen für die Wirtschaft. Die Inanspruchnahme von Ressourcen ist zudem über die gesamte Wertschöpfungskette hinweg immer mit Belastungen für Mensch und Umwelt verbunden, von der Entnahme und Aufbereitung über die Verarbeitung und Nutzung bis hin zur Schadstoff- und Abfallproblematik bei der Entsorgung. Die Nutzung natürlicher Ressourcen übersteigt teilweise schon jetzt die Regenerationsfähigkeit der Erde deutlich.

Eine Circular Economy ist aber nicht nur dringend erforderlich, um die genannten Nachhaltigkeitsziele umzusetzen, die planetaren Grenzen einzuhalten, Ressourcen zu schonen, die schädlichen Umweltwirkungen der Rohstoffgewinnung zu vermeiden und die Klimaziele zu erreichen. Circular Economy ist vor allem auch ein industriepolitisches Innovationskonzept, das eine Veränderung von Produkten, Geschäftsmodellen und Produktionsprozessen in den Wertschöpfungsnetzwerken erfordert. Es betrifft daher insbesondere produzierende, d. h. Material be- oder verarbeitende Unternehmen in Industrie und Gewerbe. Während einige größere Unternehmen bereits erste Schritte in Richtung einer zirkulären Wertschöpfung gegangen sind, stehen gerade KMU vor vielfältigen Herausforderungen, aber auch Chancen, auf die damit verbundenen Anforderungen zu reagieren oder proaktiv ihre Wettbewerbsfähigkeit zu steigern.

Daher entstand die Idee, in einem handlungsorientierten Forschungs- und Transferansatz zu erforschen und zu erproben, was die Transformation zur Circular Economy für die mittelständische Wirtschaft bedeutet und wie sie auf diesem Weg unterstützt werden kann.

Dass die Wertschöpfungsprozesse der Unternehmen und ihre Veränderung dabei im Mittelpunkt stehen, drückt sich auch im Begriff „zirkuläre Wertschöpfung" aus, der Teil des Titels des Projekts ist, dessen Erkenntnisse im vorliegenden Buch zusammengefasst werden. *Zirkuläre Wertschöpfung* wurde als industriepolitisches Innovationskonzept vom Wirtschaftsministerium des Landes Nordrhein-Westfalen entwickelt: Es betont, in Kreisläufen zu denken, Werte zu kreieren und zu sichern und den kreativen Prozess, Neues zu schaffen (Rünker 2017). Da der Begriff „Circular Economy" allerdings deutlich bekannter ist, wird dieser im Folgenden bevorzugt verwendet.

Initiiert und gefördert durch das Ministerium für Wirtschaft, Industrie, Klimaschutz und Energie des Landes Nordrhein-Westfalen (MWIKE.NRW), startete das Forschungs- und Transferprojekt *Prosperkolleg* mit seinen Teilprojekten „Transformationsforschung zur zirkulären Wertschöpfung" und „Roll-out der Erkenntnisse" im Juni 2019 und endete im März 2024. Projektbeteiligte waren die Hochschule Ruhr West, die WiN Emscher-Lippe GmbH und die Wirtschaftsförderung der Stadt Bottrop, die Effizienz-Agentur NRW und der Verein Prosperkolleg e.V. Der Name *Prosperkolleg* setzt sich zusammen aus dem Verb „prosperieren", was eine *günstige Entwicklung* oder *gedeihen* bedeutet, und dem Wort „Kolleg". Das Kolleg bezeichnet ursprünglich eine akademische *Lehrveranstaltung* oder *Institution*, meint hier jedoch die Gemeinschaft verschiedener Akteure, die benötigt wird, um die Transformation voranzutreiben. Im Folgenden wird vereinfachend vom „Prosperkolleg" gesprochen, wenn das Projekt dieser Kooperationspartner mit seinen beiden Teilprojekten gemeint ist.

Ausgangsannahme des Prosperkollegs war, dass das Konzept einer Circular Economy dann erfolgreich umgesetzt werden kann, wenn unternehmerischer Erfolg mit einer nachhaltigen Umsetzung neuer Produktions- und Dienstleistungskonzepte verbunden ist. Triebfeder dieses ökonomischen Wandlungsprozesses ist die Sicherung der Wettbewerbsfähigkeit, die den langfristigen wirtschaftlichen Erfolg eines Unternehmens gewährleistet. Somit führt eine Betrachtung der Stoffströme zu wirtschaftlichen Potenzialen. Dies kann beispielsweise durch den Austausch von Materialien in der Produktion (Redesign), verlängerte Produktnutzung, die intelligente Zerlegung von Produkten am Lebensende in möglichst sortenreine Fraktionen oder durch die Vermarktung und Wiedernutzung von Rest- und Nebenprodukten erfolgen.

Für die erfolgreiche Umsetzung solcher Strategien und Maßnahmen ist oft eine inter- und transdisziplinäre Herangehensweise erforderlich, inklusive der Unterstützung durch Möglichkeiten der Digitalisierung. Gerade die Verbindung von Digitalisierung, Nachhaltigkeit und Circular Economy erzeugt eine starke Synergie, die transformative Veränderungen ermöglicht. Durch den Einsatz digitaler Technologien wie dem Internet der Dinge (IoT), Big-Data-Analysen und künstlicher Intelligenz (KI) können Unternehmen den gesamten Lebenszyklus von Produkten überwachen, optimieren und verbessern. Dies führt zu einem effizienteren Ressourcenmanagement, einer erhöhten Transparenz entlang der Lieferkette und einer besseren Kundenbindung und kann dazu beitragen, negative Umweltauswirkungen zu minimieren. Gleichzeitig bietet die Digitalisierung neue Geschäftsmöglichkeiten für Unternehmen, die innovative Lösungen für eine nachhaltige Circular Economy entwickeln.

Der Transformationsprozess erfordert neue Denkansätze und Rahmenbedingungen in Unternehmen und Wertschöpfungsnetzwerken sowie bei den Konsument*innen. Der Umsetzungsprozess hin zur Circular Economy wird in der notwendigen Breite nur erfolgreich umgesetzt werden können, wenn die vorhandenen Potenziale, gesellschaftlichen Notwendigkeiten und Lösungsansätze identifiziert und verbreitet, den relevanten Entscheidungsträger*innen bewusst gemacht, gute Praxisbeispiele zur Nachahmung beworben, Umsetzungskompetenzen erlangt sowie zirkulär arbeitende Netzwerke und neue Geschäftsmodelle initiiert werden.

1.5 Das Prosperkolleg – Ziele und Vorgehen

1.5.1 Handlungsorientierter, agiler Forschungs- und Transferansatz

Hier setzte das Prosperkolleg an. In Zusammenarbeit mit verschiedenen Stakeholdern und Vertreter*innen aus der unternehmerischen Praxis erprobte das Projekt Wege zur Transformation von einer linearen Wirtschaftsweise hin zu einer zirkulären

Wertschöpfung. Dazu wurden Unternehmens- und Forschungsnetzwerke aufgebaut, um die Grundprinzipien und Strategien der Circular Economy in die Breite zu tragen. Durch ein bedarfsgerechtes (Weiter-)Bildungsangebot sowie konkrete Instrumente und Lösungsansätze sollten Unternehmen befähigt und unterstützt werden, Veränderungsschritte zu gehen. Ziel des Projekts war es, Antworten auf die Frage zu finden: Wie kommt die Idee der Circular Economy in die Köpfe verantwortlicher Personen in der Wirtschaft und welche Veränderungen in der Gestaltung von Produkten, Verfahrensweisen, Geschäftsmodellen und Wertschöpfungsnetzwerken sind notwendig?

Das Prosperkolleg verfolgte dabei den handlungsorientierten Forschungsansatz der Aktionsforschung: Die Aktionsforschung betrachtet das Studieren von Handlungen im Kontext realer Probleme als ein Mittel, um sowohl die Wissenschaft voranzubringen als auch praktische Bedürfnisse zu erfüllen (Weismann 1983). Das iterative Vorgehen der Aktionsforschung – in Zyklen aus Analyse, Entwicklung, Erprobung und Evaluation – ermöglicht es, die gesteckten Ziele zu erreichen, aber gegebenenfalls auch Maßnahmen anzupassen und den Plan zu überarbeiten.

Um anpassungsfähig zu sein, nutzte das Prosperkolleg das agile Projektmanagement-Rahmenwerk *Scrum*, das von Schwaber and Sutherland für die Entwicklung komplexer Produkte konzipiert und selbst kontinuierlich optimiert wurde. Scrum verfolgt einen iterativen, inkrementellen Ansatz, um den Wert der zu entwickelnden Produkte zu optimieren und nach jeder Iteration (Sprint) ein Inkrement, also ein marktfähiges Teilprodukt, an die Kund*innen liefern zu können (Schwaber und Sutherland 2020). Scrum und Nachhaltigkeitstransformationsprojekte passen insofern gut zusammen, als die Transformation zur Circular Economy komplex, langfristig und von ungewissem Ausgang ist. Das Scrum-Framework unterstützt Anpassungen an sich verändernden Rahmenbedingungen, kontinuierliche Feedbackschleifen und die Kommunikation im Team (von Unruh et al. 2022).

1.5.2 Regionaler Fokus

Scheelhaase und Zinke (2016) haben aufgezeigt, dass es in Nordrhein-Westfalen bereits einige Unternehmen gibt, die zirkuläre Ansätze innerbetrieblich umsetzen oder die Cradle-to-Cradle-Zertifizierung von EPEA erworben haben. Aufgrund der Ausgangssituation der Unternehmen und der Branchenstruktur in Nordrhein-Westfalen (NRW) sehen Scheelhaase und Zinke (2016: 49) *„eine sehr gute Ausgangsvoraussetzung für eine zirkuläre Wertschöpfung in NRW"*.

Entsprechend setzte das Prosperkolleg in NRW an, legte aber einen besonderen regionalen Fokus auf die Emscher-Lippe-Region im nördlichen Ruhrgebiet. Die Region umfasst die kreisfreien Städte Bottrop und Gelsenkirchen sowie den Kreis Recklinghausen mit seinen zehn Kommunen. Sie befindet sich in einem tiefgreifenden Wandel: 2018 wurde in Bottrop das letzte Steinkohlebergwerk in Deutschland, die Zeche Prosper-Haniel, geschlossen. Wo früher der Steinkohlebergbau Arbeitsplätze bot, prägen heute viele kleine und mittlere, aber auch einige größere Industrie- und Dienstleistungsunternehmen das Bild. Gleichzeitig entsteht hier aber auch Raum für nachhaltige und innovative Ideen. Das Prosperkolleg mit dem *Circular Digital Economy Lab* (CDEL) siedelte seinen Arbeitsort am Zechenstandort Prosper III in Bottrop an, um vor Ort zirkuläre, zukunftsfähige Lösungen zu erarbeiten.

Rund 990.000 Menschen leben in der Emscher-Lippe-Region. Über die Hälfte der sozialversicherten Beschäftigten sind im Dienstleistungssektor angestellt; die beiden Sektoren Handel, Gastgewerbe und Verkehr sowie das produzierende Gewerbe haben ähnlich hohe Beschäftigtenzahlen. Die Landwirtschaft macht keinen nennenswerten Anteil in der Emscher-Lippe-Region aus (WiN Emscher-Lippe GmbH 2023, s. auch ▶ Kap. 2).

1.5.3 Projektaktivitäten

Die Zielgruppen des Prosperkollegs waren vorrangig Unternehmer*innen und Fachkräfte aus der Region, aber auch Forschende und Berater*innen sowie weitere Akteure. Da insbesondere viele KMU Unterstützung bei der Entwicklung und Umsetzung zirkulärer Strategien benötigen, hat das Prosperkolleg verschiedene Angebote für Unternehmen konzipiert, in der Praxis erprobt und evaluiert. Zunächst machte das Prosperkolleg auf das Themenfeld der Circular Economy aufmerksam: Um für die Circular Economy zu sensibilisieren und zu begeistern, wurden Einführungsveranstaltungen und Web-Seminare durchgeführt, aber auch regelmäßig Newsletter versendet oder Social-Media-Kanäle und die Projekt-Website bespielt. Auf Basis von Erkenntnissen aus der Unternehmensarbeit wurde der sogenannte *Potenzialcheck* entworfen: Mithilfe einer *Circularity Matrix* können Unternehmen Potenziale für das zirkuläre Wirtschaften individuell für ihren Betrieb bzw. ein Produkt identifizieren. Darauf aufbauend werden ihnen Strategien zur Umsetzung in priorisierten Handlungsfeldern an die Hand gegeben (s. ▶ Kap. 6). Ferner ist es wichtig, Unternehmen durch Qualifizierungsangebote und Berater*innen zu unterstützen, ein zirkuläres Mindset zu erlangen und Ansätze der Circular Economy in ihrem eigenen Unternehmen zu entdecken. Zu diesem Zweck hat das Prosperkolleg ein dreistufiges Train-the-Trainer-Konzept entwickelt und mit Berater*innen aus ganz Deutschland erprobt (s. ▶ Kap. 12).

Am Standort Prosper III wurde ein Circular Digital Economy Lab (CDEL) errichtet, welches informations- und verfahrenstechnische Kompetenzen miteinander verknüpft, um neue Wege des Elektroschrott-Recyclings aufzuzeigen. „*Kern des CDELs ist eine modulare, vernetzte und auf verschiedene Produkte flexibel anpassbare, digitalisierte Demontage- und Verwertungslinie. Dabei werden Alt-Produkte, wie zum Beispiel ein Akkuschrauber, automatisch erkannt, möglichst optimal zerlegt, effektiv in Reststoffe getrennt und neuen Produktionswegen zugeführt.*" (Prosperkolleg 2023b) (s. ▶ Kap. 8).

Aufgrund der Interdisziplinarität des Forschungsfelds der Circular Economy hat das Prosperkolleg das Forschungsnetzwerk *CEresearchNRW* aufgebaut, um Forschende aus unterschiedlichen Fachbereichen sowie Interessierte miteinander zu vernetzen. In monatlichen Web-Seminaren können sich die Teilnehmenden zu Fragestellungen der Circular Economy austauschen und neue Kontakte für Projekte und Forschungsvorhaben knüpfen. Um auf zukünftige politische Entscheidungen vorzubereiten, initiierte das Forschungsnetzwerk eine spezielle Web-Seminar-Reihe zum *EU Circular Economy Action Plan*, welche in sieben Veranstaltungen die zentralen, im Action Plan behandelten Produktwertschöpfungsketten genauer unter die Lupe genommen hat.

Ein besonderes Highlight der Projektlaufzeit war der *Circular Economy Hotspot 2022*, das „Gipfeltreffen" der Circular Economy, im September 2022. Die Stadt Bottrop veranstaltete dieses internationale Event in Kooperation mit dem Prosperkolleg und der Unterstützung des Ministeriums für Wirtschaft, Industrie, Klimaschutz und Energie des Landes Nordrhein-Westfalen, um die Circular-Economy-Aktivitäten in der Region sichtbar zu machen und die Transformation hin zur Circular Economy weiter voranzutreiben.

1.5.4 Beitrag zur Transformationsforschung

Der *Wissenschaftliche Beirat der Bundesregierung Globale Umweltveränderungen* (WBGU) (2011) beschreibt den anstehenden Wandel in Politik, Wirtschaft und Gesellschaft als eine „Große Transformation" (S. 87), um den Herausforderungen unserer Zeit wie Klimawandel, Wasserknappheit oder Urbanisierung zu begegnen. Da die Probleme häufig miteinander verwoben und verbunden sind und langfristig gedachte Lösungen erfordern, spricht man auch von „persistenten Problemen" (Wittmayer und Höscher 2017: 38). Rotmans (2005) beschreibt persistente Probleme als komplex, unsicher, kompliziert zu managen aufgrund einer großen Anzahl an beteiligten Akteuren und schwer greifbar. Die Forschung zu Nachhaltigkeitstransitionen sind deshalb transdisziplinärer Natur (Köhler et al. 2019) und sollten gesellschaftliche Akteure in partizipativen Prozessen einbeziehen. Köhler et al. (2019) sehen das Forschungsfeld der Nachhaltigkeitstransitionen als breiter und interdisziplinärer als bei anderen Übergangsprozessen, denn der Fokus wird nicht auf eine Dimension oder soziale Gruppe gelegt, sondern das große Ganze wird betrachtet.

Wittmayer und Höscher (2017) unterscheiden bei den Ergebnissen der Transformationsforschung zwischen direkten Ergebnissen, direkten Auswirkungen und langfristigen Auswirkungen gesellschaftlicher Art. Betrachtet man nun das Prosperkolleg, können direkte Ergebnisse in Form von Aktivitäten und Forschungserkenntnissen vorgewiesen werden. Direkte oder gar langfristige gesellschaftliche Auswirkungen der Aktivitäten sind dagegen kaum messbar. Insbesondere die Effekte von Sensibilisierungs- und Vernetzungsaktivitäten sind schwer zu erfassen. Forschungs- und Transferprojekte können aber durchaus allgemeine Impulse in Richtung Wirtschaft, Gesellschaft und Politik geben oder konkrete Ergebnisse und Lösungsansätze in abgegrenzten Forschungsfeldern beitragen, wie dies im CDEL der Fall ist. Bedingungen eines erfolgreichen Transformationsgeschehens lassen sich ebenfalls „im Kleinen" erforschen, wie ▶ Kap. 5 für die Ansprache von Unternehmen zeigt.

1.5.5 SDG-Bezüge des Prosperkollegs

Das Prosperkolleg, in dessen Zentrum der Transfer von Wissen und Praktiken der Circular Economy in Richtung KMU stand, trug mit den bearbeiteten Themenfeldern schwerpunktmäßig zum SDG 12 (Nachhaltiger Konsum und Produktion) bei. Die Arbeit mit KMU – von der Sensibilisierung bis zum Aufzeigen von Potenzialen in verschiedenen betrieblichen Handlungsfeldern – zahlte dabei insbesondere auf die Unterziele 12.2 (Nachhaltige und effiziente Nutzung der natürlichen Ressourcen) und 12.5 (Abfallaufkommen durch Vermeidung, Verminderung, Wiederverwertung und Wiederverwendung deutlich verringern) ein, die eng an zentrale Strategien der zirkulären Wertschöpfung angelehnt sind. In geringerem Maße wirkten einzelne Aktivitäten des Prosperkollegs, die andere Zielgruppen adressieren, ebenfalls im Sinne von SDG 12 (z. B. 12.7: Nachhaltige Beschaffung; 12.8: Bewusstsein der Verbraucher*innen für nachhaltigen Konsum stärken).

Mit seinen Aktivitäten im Bereich der Qualifizierung leistete das Prosperkolleg einen Beitrag zu SDG 4 (Hochwertige Bildung), vornehmlich zu Unterziel 4.7 (Alle Lernenden sollen Fähigkeiten für die Förderung der nachhaltigen Entwicklung erwerben). Konkret stand der Wissenstransfer an Berater*innen im Zentrum, die als Multiplikator*innen in Richtung Unternehmen und weiterer Zielgruppen wirken (s. ▶ Kap. 12). Nicht zuletzt flossen die im Projekt bearbeiteten Themen auch in die Lehre an der Hochschule Ruhr West ein, und es entstanden Studienarbeiten, etwa zu einzelnen Fragestellungen des CDEL.

Das Prosperkolleg zielte auf die praxisnahe Transformationsunterstützung im regionalen Rahmen. Über die SDGs lassen sich diese Bestrebungen in einen weiteren Kontext setzen und wichtige Bezüge über den geografisch beschränkten Wirkungsrahmen hinaus ziehen.

1.6 Aufbau des Buchs

Der Aufbau des vorliegenden Buchs orientiert sich an den Schwerpunkten der Projektarbeit des Prosperkollegs und spannt dabei den Bogen von den regionalen Voraussetzungen über die Arbeit mit Unternehmen bis hin zur Reflexion der Gestaltbarkeit von Transformationsprozessen.

Im einleitenden ersten Teil folgt hier ein Beitrag, der das vorrangige Wirkungsgebiet des Prosperkollegs, die Region Emscher-Lippe im nördlichen Ruhrgebiet, charakterisiert. Die Besonderheiten als strukturschwache, vom Bergbau geprägte Region werden beschrieben und die relevanten *Change Agents* sowie deren Zusammenwirken im Rahmen einer Regional- und Wirtschaftsförderung mit dem Ziel der Initiierung von Transformationsprozessen vorgestellt.

Teil zwei vermittelt Grundlagen und ordnet das Konzept der Circular Economy ein. Zum einen werden die Potenziale der Circular Economy für den Klimaschutz im Vergleich verschiedener Strategien zur Treibhausgasminderung für die energieintensive Grundstoffindustrie aufgezeigt. Zum anderen werden unterschiedliche Ansätze und Begrifflichkeiten wie Circular Economy, Kreislaufwirtschaft und Cradle to Cradle erläutert und die sogenannten R-Strategien als Umsetzungsstrategien vorgestellt.

Der dritte und umfangreichste Teil des Buchs stellt die Werkzeuge, Ansätze und Verfahren vor, die das Prosperkolleg in der Arbeit mit Unternehmen und im eigenen Demonstrationslabor entwickelt und erprobt hat. Das reicht von den Erkenntnissen, wie Unternehmen erfolgreich für die Circular Economy sensibilisiert werden können, über Instrumente zum Erschließen von „zirkulären Handlungsfeldern", die Rolle von Circular Design und neuen Geschäftsmodellen bis zu den Ansätzen von Verfahrenstechnik und Informatik zur automatisierten Elektroschrott-Zerlegung.

Dass Innovationsmanagement und Qualifizierung wichtige Bausteine für die Transformation sind, macht der vierte Teil deutlich. Zunächst diskutiert ein Beitrag die Rolle von Innovationen für die Circular Economy und plädiert für die Integration entsprechender Prozesse in bestehende Managementsysteme. Anschließend wird das im Prosperkolleg entwickelte Train-the-Trainer-Konzept vorgestellt, das Berater*innen Grundlagenwissen zur Circular Economy vermittelt und damit Multiplikator*innen für den weiteren Wissenstransfer schult.

Der abschließende fünfte Teil fragt nach Bedingungen und Wegen für einen erfolgreichen Wandel. Zunächst werden die Möglichkeiten und Grenzen der politischen Steuerung des Prozesses diskutiert, anschließend das Modell eines Kompetenzzentrums Circular Economy für NRW als Instrument der Verankerung und des Transfers in die Breite skizziert. Der abschließende Beitrag stellt die Quintessenz einer (digitalen) Podiumsrunde zur Leitfrage „Wie wird die Transformation zur Circular Economy in der Region zum Erfolg?" vor und versammelt Antworten aus den Perspektiven von Wissenschaft, Politik, Wirtschaft und Gesellschaft.

Kernbotschaften
- Die Circular Economy ist ein wichtiger Strategieansatz für Ressourcenschonung und Klimaschutz und damit zur Umsetzung der Nachhaltigkeitsziele der Vereinten Nationen (UN Sustainable Development Goals).
- Das Konzept der Circular Economy mit seinen vielfältigen Dimensionen rückt zunehmend ins Interesse der Wissenschaft und wird als komplexes Querschnittsthema interdisziplinär erforscht.
- Mit einem handlungsorientierten Forschungs- und Transferansatz untersuchte das geförderte Projekt Prosperkolleg Transformationsprozesse hin zu einer zirkulären Wertschöpfung (Circular Economy) in einer spezifischen Region (Emscher-Lippe).
- Der Fokus lag dabei auf kleinen und mittleren Unternehmen des verarbeitenden Gewerbes, wobei jedoch die Betrachtung des Wertschöpfungsnetzwerks sowie die Einbeziehung aller relevanten Akteure als wichtige Erfolgsfaktoren zu betrachten sind.
- Das Spektrum der Projektaktivitäten reichte von der Sensibilisierung und Potenzialerschließung in der Zusammenarbeit mit Unternehmen über die Vernetzung von Akteuren und die Schulung von Multiplikator*innen bis hin zur Entwicklung digital gestützter automatisierter Verfahren zum Elektroschrott-Recycling in einem Demonstrationslabor.

Literatur

BMZ (o. J.): SDG 12: Nachhaltige/r Konsum und Produktion. Online verfügbar unter https://www.bmz.de/de/agenda-2030/sdg-12, zuletzt geprüft am 10.02.2023.

Circle Economy (2023): The circularity gap report 2023. Unter Mitarbeit von Matthew Fraser, Laxmi Haigh und Alvaro Conde Soria. Amsterdam. Online verfügbar unter https://assets.website-files.com/5e185aa4d27bcf348400ed82/63ecb3ad94e12d3e5599cf54_CGR%202023%20-%20Report.pdf, zuletzt geprüft am 12.04.2023.

Dong, Liang; Liu, Zhaowen; Bian, Yuli (2021): Match Circular Economy and Urban Sustainability: Re-investigating Circular Economy Under Sustainable Development Goals (SDGs). In: *Circular Economy and Sustainability* 1, S. 243–256. https://doi.org/10.1007/s43615-021-00032-1.

European Commission (2015): Communication from the Commission to the European Parliament, The Council, The European Economic and Social Committee and the Committee of the Regions. Closing the loop-An EU action plan for the Circular Economy. COM/2015/0614 final. Online verfügbar unter https://eur-lex.europa.eu/legal-content/EN/TXT/?uri=CELEX:52015DC0614, zuletzt geprüft am 10.02.2023.

Feldhoff, Thomas; Schneider, Helmut (2022): Einführung und theoretische Rahmung. In: Feldhoff, Thomas; Schneider, Helmut (Hrsg.): Georessourcen. Transformationen, Konflikte, Kooperationen. Berlin, Heidelberg: Springer, S. 1–30.

Fröhling, Magnus (2022): Recommendations for Action of the Symposium. In: Reichwald, Ralf; Fröhling, Magnus; Herbst-Gaebel, Birgit; Molls, Michael; Wilderer, Peter A. (Hrsg.): Circular Economy. München: TUM.University Press (TUM Insights), S. 29–43.

Ghisellini, Patrizia; Cialani, Catia; Ulgiati, Sergio (2016): A review on circular economy: the expected transition to a balanced interplay of environmental and economic systems. In: *Journal of Cleaner Production* 114, S. 11–32. https://doi.org/10.1016/j.jclepro.2015.09.007.

Kirchherr, Julian; Reike, Denise; Hekkert, Marko (2017): Conceptualizing the circular economy: An analysis of 114 definitions. In: *Resources, Conservation and Recycling* 127, S. 221–232. https://doi.org/10.1016/j.resconrec.2017.09.005.

Köhler, Jonathan; Geels, Frank W.; Kern, Florian; Markard, Jochen; Onsongo, Elsie; Wieczorek, Anna et al. (2019): An agenda for sustainability transitions research: State of the art and future directions. In: *Environmental Innovation and Societal Transitions* 31, S. 1–32. https://doi.org/10.1016/j.eist.2019.01.004.

Prosperkolleg (2023a): Virtuelles Forschungsnetzwerk. Forschung rund um die Circular Economy. Unter Mitarbeit von Friederike von Unruh, Julian Mast und Paul Szabó-Müller. Online verfügbar unter https://www.prosperkolleg.de/virtuelles-forschungsnetzwerk/, zuletzt geprüft am 19.04.2023.

Prosperkolleg (2023b): Circular Digital Economy Lab. Digitalisierung und robotergestützte Verfahren für die Verwertung nutzbar machen. Unter Mitarbeit von Nermeen Abou Baker, Mike Duddek, Jacqueline Westerhoff und Benjamin Drüen. Online verfügbar unter: https://www.prosperkolleg.de/circular-digital-economy-lab/, zuletzt geprüft am 29.06.2023.

Rodríguez-Antón, José M.; Rubio-Andrada, Luis; Celemín-Pedroche, María Soledad et al. (2021): From the circular economy to the sustainable development goals in the European Union: an empirical comparison. In: *International Environmental Agreements* 22, S. 67–95 (2022). https://doi.org/10.1007/s10784-021-09553-4.

Rotmans, Jan (2005): Societal innovation. Between dream and reality lies complexity. Rotterdam: DRIFT, Erasmus Universiteit Rotterdam (Inaugural addresses research in management series, EIA-2005-026-ORG).

Rünker, Reinhold (2017): Intelligente Industrie durch zirkuläre Wertschöpfung. Bonn: Friedrich Ebert Stiftung (WISO direkt, 08/2017).

Scheelhaase, Tanja; Zinke, Guido (2016): Potenzialanalyse einer zirkulären Wertschöpfung im Land Nordrhein-Westfalen. Online verfügbar unter https://broschuerenservice.nrw.de/files/download/pdf/potenzialanalyse-mweimh-2016-web-pdf_von_potenzialanalyse-bericht_vom_mwide_2361.pdf, zuletzt geprüft am 05.07.2023.

Schröder, Patrick; Anggraeni, Kartika; Weber, Uwe (2018): The Relevance of Circular Economy Practices to the Sustainable Development Goals. In: *Journal of Industrial Ecology*, S. 77-95. https://doi.org/10.1111/jiec.12732.

Schwaber, Ken; Sutherland, Jeff (2020): The Scrum Guide: the definitive guide to scrum: the rules of the game. Online verfügbar unter https://scrumguides.org, zuletzt geprüft am 12.04.2023.

Sauvé, Sébastien; Bernard, Sophie; Sloan, Pamela (2016): Environmental sciences, sustainable development and circular economy: Alternative concepts for trans-disciplinary research. In: *Environmental Development* 17, S. 48–56. https://doi.org/10.1016/j.envdev.2015.09.002.

Statistisches Bundesamt (2023): Indikatoren zur nachhaltigen Entwicklung: Deutschland, Jahre [Zeitreihe 91111-0001]. Online verfügbar unter https://www-genesis.destatis.de/, zuletzt geprüft am 05.07.2023.

United Nations (2023): SDG Indicators. Global indicator framework for the Sustainable Development Goals and targets of the 2030 Agenda for Sustainable Development. Online verfügbar unter https://unstats.un.org/sdgs/indicators/indicators-list/, zuletzt geprüft am 30.06.2023.

United Nations (2022): SDG Report 2022. Online verfügbar unter https://unstats.un.org/sdgs/report/2022/, zuletzt geprüft am 30.06.2023.

United Nations (o. J.): The 17 Goals. Online verfügbar unter https://sdgs.un.org/goals, zuletzt geprüft am 05.07.2023.

von Unruh, Friederike; Szabó-Müller, Paul; Grauel, Svenja (2022): Using agile management (Scrum) for sustainable transformation projects. In: Leal Filho, W., Azul, A.M., Doni, F., Salvia, A.L. (eds): *Handbook of Sustainability Science in the Future*. https://doi.org/10.1007/978-3-030-68074-9_63-1.

Weisman, Gerald D. (1983): Environmental programming and action research. In: *Environment and Behavior* 15 (3), S. 381-408. https://doi.org/10.1177/0013916583153006.

WiN Emscher-Lippe GmbH (2023): Zahlen der Wirtschaftsregion Emscher-Lippe. Online verfügbar unter https://www.emscher-lippe.de/zahlen-der-wirtschaftsregion-emscher-lippe/#toggle-id-8, zuletzt geprüft am 12.04.2023.

Wilderer, Peter A.; Wimmer, Manuela (2022): Sustainability requires Circular Economy. In: Reichwald, Ralf; Fröhling, Magnus; Herbst-Gaebel, Birgit; Molls, Michael; Wilderer, Peter A. (Hrsg.): Circular Economy. München: TUM.University Press (TUM Insights), S. 47–60.

Wissenschaftlicher Beirat der Bundesregierung Globale Umweltveränderungen (2011): Welt im Wandel. Gesellschaftsvertrag für eine Große Transformation; Hauptgutachten. 2., veränd. Aufl. Berlin: Wiss. Beirat der Bundesregierung Globale Umweltveränderungen (WBGU).

Wittmayer, Julia; Hölscher, Katharina (2017): Transformationsforschung. Definitionen, An-sätze, Methoden. Hrsg. v. Umweltbundesamt. Dessau-Roßlau (Umweltforschungsplan des Bundesministeriums für Umwelt, Naturschutz, Bau und Reaktorsicherheit).

Circular Economy in der Region voranbringen

Michel Neuhaus, Joachim Beyer, Fabian Mehl, Carina Hermandi und Janne Rosenbaum

Inhaltsverzeichnis

2.1 Relevanz der Circular Economy in der Region – 20

2.2 Regionalwirtschaftliche Voraussetzungen für Transformationsprozesse – 21

2.3 Instrumente der Wirtschaftsförderung – 25
2.3.1 Beeinflussende Trends – 26
2.3.2 Rolle der Wirtschaftsförderung – 26
2.3.3 Stakeholdermanagement – 27
2.3.4 Koordinierung und Netzwerkarbeit – 28
2.3.5 Projekte und Programme – 28
2.3.6 Wissens- und Technologietransfer – 29
2.3.7 Weitere Ansätze lokaler Wirtschaftsförderung – 30

2.4 Prosperkolleg – ein Beispiel moderner Wirtschaftsförderung – 31

Literatur – 34

© Der/die Autor(en), exklusiv lizenziert an Springer Fachmedien Wiesbaden GmbH, ein Teil von Springer Nature 2024
S. Büttner et al. (Hrsg.), *Transformation zur Circular Economy*, Sustainable Development Goals (SDG) – Umsetzung in Praxis, Lehre und Entscheidungsprozessen,
https://doi.org/10.1007/978-3-658-43338-3_2

2.1 Relevanz der Circular Economy in der Region

Die Emscher-Lippe-Region ist Teil des nördlichen Ruhrgebiets und umfasst die Städte Bottrop und Gelsenkirchen sowie den Kreis Recklinghausen. Die Region befindet sich in einem – den wirtschaftsstrukturellen Bedingungen der letzten Jahre geschuldeten – Veränderungsprozess. Mit der Schließung der letzten Zeche Prosper-Haniel im Jahr 2018 hat sie sich endgültig vom Bergbau verabschiedet.

Auf die anstehenden Herausforderungen der Transformation hat die Region unter anderem mit einer Bündelung von wirtschaftsfördernden Aktivitäten geantwortet. Mit der WiN Emscher-Lippe GmbH ist eine Organisationsstruktur vorhanden, die von den kommunalen Gebietskörperschaften zur Strukturverbesserung genutzt und von weiteren wirtschaftsfördernden Akteuren wie beispielsweise dem Amt für Wirtschaftsförderung und Standortmanagement der Stadt Bottrop unterstützt wird. Heute werden vor allem Themen im Zusammenhang mit Digitalisierung, Wasserstoff, Nachhaltigkeit und Fachkräftesicherung bearbeitet. Aktuelle Schwerpunkte, wie die Energiesicherung, führen außerdem dazu, dass dezentrale Konzepte und somit auch regionale Wirtschaftskreisläufe verstärkt in den Fokus geraten.

Seit mehreren Jahren gibt es außerdem Bemühungen zur Förderung der Circular Economy. Schon heute zeigt sich, dass die Entwicklungsarbeit in diesem Bereich Früchte trägt und die Region sich zunehmend dem Thema öffnet. Hilfreich ist die Erkenntnis, dass gerade im Zusammenspiel mit anderen technologisch fordernden Themenschwerpunkten Mehrwerte für den regionalen Wirtschaftsraum geschaffen werden können. Wird das Thema „Fachkräfte" hinzugenommen, zeigen sich in der Verbindung mit technologischer Entwicklung und deren Implementierung in die vorhandene Wirtschaftsstruktur die zentralen Elemente einer modern aufgestellten, kommunal übergreifenden Wirtschaftsförderung, die die ihr zugemessenen Aufgaben bei einer regionalen Entwicklung wahrnehmen kann.

Dabei können auch die Rolle und das Potenzial der vor Ort präsenten und in erreichbarer Nähe liegenden Bildungseinrichtungen, insbesondere die der Hochschulen, verstärkt genutzt werden. Ihnen kommt als „Lernlabore" für junge Menschen und als Ankerpunkte für stetige Entwicklung auch in der Zusammenarbeit mit Unternehmen eine wachsende Bedeutung zu.

Zusammenfassend beschreibt der Beitrag zunächst die Wirtschafts- und Branchenstruktur der Region und charakterisiert das Gesamtbild der Potenziale und Herausforderungen (u. a. die teilweise ausgedünnte Bildungslandschaft und die gesamtgesellschaftliche Krisensituation), insbesondere im Hinblick auf die Transformationsfähigkeit in Richtung Circular Economy.

Anschließend wird thematisiert, welche Anforderungen an eine moderne Wirtschaftsförderung als Teil der Regionalentwicklung gestellt werden und unter welchen Bedingungen kommunale oder regionale Akteure der Wirtschaftsförderung ihre Stärken im Transformationsprozess in Kooperation mit Wirtschaft und Wissenschaft entfalten können: Wenn sie sich nicht nur als Ad-hoc-Promotoren des eigenen Wirtschaftsstandorts und eines lebenswerten Umfelds begreifen, sondern sich vielmehr als Stifter von Zusammenarbeit zur Sicherung von Vor-Ort-Handlungsfähigkeit zum mittel- und langfristig angelegten kommunalen beziehungsweise regionalen Wohl sehen.

Als Praxisbeispiel für zukunftsorientierte Wirtschaftsförderung wird im abschließenden Teil dieses Beitrags die Rolle der WiN Emscher-Lippe GmbH in der

Projektstruktur des Fördervorhabens Prosperkolleg (s. ▶ Kap. 1) skizziert. Gleichzeitig wird eruiert, welche allgemeingültigen Erkenntnisse sich für die alltägliche Arbeit wirtschaftsfördernder Akteure im Feld der regionalen Strukturentwicklung aus dem Engagement der WiN Emscher-Lippe GmbH ableiten lassen.

2.2 Regionalwirtschaftliche Voraussetzungen für Transformationsprozesse

Nordrhein-Westfalen ist eine der wirtschaftlich stärksten Regionen in Deutschland und Europa. Eine gute Voraussetzung, um überproportional von der Circular Economy profitieren zu können, ist die große Bedeutung des produzierenden und verarbeitenden Gewerbes mit einer hohen Rohstoffabhängigkeit. Zudem ist die Unternehmensstruktur geprägt durch einen großen Anteil an mittelständischen, inhabergeführten Unternehmen, die sich durch eine hohe Anpassungsfähigkeit und Bereitschaft zum Umbau zur zirkulären Wertschöpfung auszeichnen. Kleine und mittlere Unternehmen (KMU) stellen das Rückgrat der produzierenden Wirtschaft auch in der Emscher-Lippe-Region dar, weshalb ihnen bei der Implementierung zirkulärer Ansätze vor allen Dingen in der Zukunft eine besondere Bedeutung zukommt (Büttner et al. 2022; Wirtschaft.NRW 2022).

Die Region ist Teil des nördlichen Ruhrgebiets und liegt an den Flüssen Emscher und Lippe (s. ◘ Abb. 2.1), welche namensgebend sind. Sie umfasst die zehn Städte des Kreises Recklinghausen sowie die kreisfreien Städte Bottrop und Gelsenkirchen.

◘ Abb. 2.1   Emscher-Lippe-Region. (Quelle: Emscher-Lippe 2016)

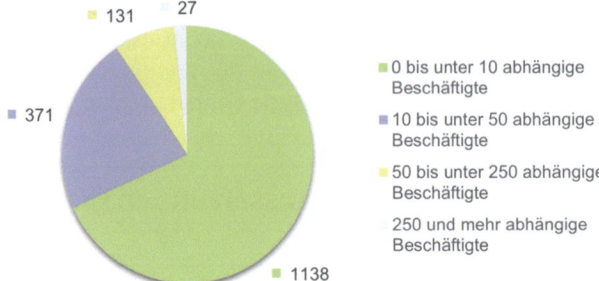

Abb. 2.2 Unternehmensgrößen im verarbeitenden Gewerbe der Emscher-Lippe-Region 2020. (Quelle: eigene Darstellung, Datengrundlage IT.NRW (2022))

Mit einer Fläche von 96.586 ha ist sie Wohn- und Lebensraum für knapp 1 Mio. (990.238, Stand 2021) Menschen. Die Region besitzt einen hochverdichteten, industriellen Ballungskern im Süden und einen eher ländlich geprägten Raum im Norden (WiN Emscher-Lippe GmbH 2019).

Die Unternehmenslandschaft ist geprägt von KMU. Lediglich 1,6 % der Unternehmen im verarbeitenden Gewerbe weisen eine Beschäftigtenzahl von 250 Mitarbeitenden und mehr auf (Abb. 2.2). Besonders herausfordernd für KMU ist die Tatsache, dass sie im Vergleich zu großen Unternehmen weit weniger personelle wie finanzielle Ressourcen zur Verfügung haben, um einen Transformationsprozess stemmen zu können. Sie konzentrieren sich nicht selten auf Marktnischen, produzieren häufig geringere Stückzahlen und stehen unter einem besonderen Kosten- und Wettbewerbsdruck. Gleichzeitig bringen KMU aber strukturelle Eigenschaften mit, die sich positiv auf die Innovations- und Transformationsfähigkeit auswirken: Betriebliche Hierarchien sind flacher, Bindungen persönlicher und Entscheidungswege kürzer. Das befähigt sie zu schnelleren Entscheidungen und formlosen Absprachen in einer vernetzten Organisationsstruktur (Schöllhammer et al. 2017: 15).

Als Wirtschaftsstandort steht die Emscher-Lippe-Region vor großen Herausforderungen: Überdurchschnittlich hohe Arbeitslosenquoten bei gleichzeitig niedrigen Beschäftigungsquoten, stagnierende Bevölkerungszahlen, der Abbau von Arbeitsplätzen aufgrund des Kohlerückzugs bis 2018 und die sich wieder verschärfende Verschuldungssituation der kommunalen Haushalte werden die Region auch in Zukunft in ihrer Entwicklungsfähigkeit stark beeinflussen (WiN Emscher-Lippe GmbH 2019).

Während die Industrie im Jahr 1990 noch mehr als 53 % der Arbeitsplätze in der Region bot, sind es heute nur noch 28 %. Diese Zahlen belegen in augenfälliger Form den fortgeschrittenen Rückgang des Industriebesatzes, auch in dieser Region. Stark ausgeprägt bleibt regional das breite Spektrum industrieller Dienstleistungen mit unmittelbarer Anbindung an das produzierende und verarbeitende Gewerbe. Allerdings bestimmen heute mehr und mehr wachsende Wirtschaftszweige wie der Bereich der öffentlichen und privaten Dienstleistungen, der Handel und das Baugewerbe das Bild (WiN Emscher-Lippe GmbH 2019).

Den Kommunen der Emscher-Lippe-Region wird kaum Zukunftspotenzial zugeschrieben. Im Zukunftsatlas von Prognos (Prognos AG 2022) belegt die Stadt Bottrop im bundesweiten Vergleich Rang 342, der Kreis Recklinghausen Rang 311 und die Stadt Gelsenkirchen Rang 393 von insgesamt 401 analysierten Kreisen und kreisfreien Städten. Die Region Emscher-Lippe ist daher auch Fördergebiet der *Gemeinschaftsaufgabe zur Verbesserung der regionalen Wirtschaftsstruktur* (GRW) in den Zeiträumen 2014–2021 sowie 2022–2027. Die Menschen in der Region sehen sich mit erheblichen strukturellen Herausforderungen konfrontiert: Ein unterdurchschnittliches Einkommens- und Beschäftigungsniveau sowie das im interregionalen Vergleich langsamere Wirtschaftswachstum der Region sind zentrale Beispiele dafür. Im Vergleich der NRW-Regionen liegt die Emscher-Lippe-Region bei der Entwicklung der sozialversicherungspflichtigen Beschäftigten (eigene Analyse nach Daten der Bundesagentur für Arbeit, IT.NRW 2022) weit hinter dem Landesschnitt, was sich auch in einer verhältnismäßig geringen Wirtschaftskraft (eigene Analyse nach Daten der Bundesagentur für Arbeit, IT.NRW 2022) und einem niedrigen verfügbaren Einkommen (eigene Analyse nach Daten der Bundesagentur für Arbeit, Arbeitskreis Volkswirtschaftliche Gesamtrechnungen der Länder, IT.NRW 2022) niederschlägt.

Zudem wandern junge Menschen mit Potenzial nicht selten in andere Regionen ab, weil sie vor Ort keine Perspektiven für ihre berufliche Entwicklung sehen. Das bringt auch spezifische Herausforderungen für die Unternehmen in der Region mit sich. Die Verfügbarkeit und die Bindung von Fachkräften sind Schlüsselelemente, um als Wirtschaftsregion langfristig erfolgreich zu sein. Sie sind eine zentrale Herausforderung für die Bewältigung des strukturellen Wandels in der Emscher-Lippe-Region (WiN Emscher-Lippe GmbH 2021a).

Dieser Fachkräftemangel zeigt sich in der Emscher-Lippe-Region insbesondere im Hinblick auf die Beschäftigten in wissensintensiven Branchen. Als wissensintensive Branchen gelten dabei die forschungsintensive verarbeitende Industrie und Dienstleistungsbereiche mit einem hohen Anteil hoch qualifizierter Beschäftigter (Legler und Frietsch 2007). Die nachfolgende Grafik (◘ Abb. 2.3) konzentriert sich daher auf Beschäftigte in den WZ-Klassen Druckereien, Kokerei u. Mineralölverarbeitung, Chem. Industrie, Pharmazeutische Erzeugnisse, Elektroindustrie, Maschinenbau, Fahrzeugbau, Energie- und Wasserversorgung,

◘ **Abb. 2.3** Anteil der sozialversicherungspflichtig Beschäftigten in wissensintensiven Branchen (am Arbeitsort). (Quelle: eigene Darstellung (Datengrundlage GIB.NRW und Bundesagentur für Arbeit))

Information und Kommunikation, Finanz- und Versicherungsdienstleistungen, Unternehmensnahe Dienstleistungen, Erziehung und Unterricht sowie Gesundheits- und Veterinärwesen.

◘ Abb. 2.3 verdeutlicht, dass es der Emscher-Lippe-Region im Vergleich zu Nachbarregionen nicht gelingt aufzuholen. Das Vorhandensein von hoch qualifizierten Beschäftigten ist jedoch Grundvoraussetzung, um Innovationsfähigkeit und Aktivitäten in Forschung und Entwicklung (F&E) in der Region perspektivisch zu gewährleisten.

Dies belegt auch der *Innovationsbericht Mittelstand 2020* (KfW 2021) anhand der Innovatorenquote im Mittelstand, also jenen Unternehmen, die Produkt- und Prozessinnovationen hervorbringen. Bereits seit rund anderthalb Jahrzehnten ist diese Quote im gesamten Bundesgebiet rückläufig. Im Vergleich zum Höchststand (2004–2006) sank der Anteil innovativer Mittelständler bis 2019 um knapp die Hälfte (minus 49 %). Auffällig ist, dass die gesamtwirtschaftlichen Innovations- und F&E-Ausgaben im Vergleichszeitraum nahezu stetig stiegen. Schlussfolgernd nimmt die Innovationstätigkeit in der Breite der Wirtschaft ab, wohingegen sich die Innovationsanstrengungen auf immer weniger und hauptsächlich große Unternehmen konzentrieren. Entscheidenden Einfluss auf die Intensität der Innovationsaktivitäten hat abermals die Verfügbarkeit von qualifizierten Fachkräften. Die Gewährleistung dieser Verfügbarkeit stellt in der Emscher-Lippe-Region in der Zukunft eine besondere Herausforderung dar.

Gerade hier versuchen wirtschaftsfördernde Akteure mit dem Prosperkolleg Wege zu eröffnen, indem es dem vielfältig aufgestellten Mittelstand der Emscher-Lippe-Region die Möglichkeit gibt, am Innovationsgeschehen zu partizipieren und dadurch Leistungs- und Wettbewerbsfähigkeit zu erhalten und auszubauen. Auf die Ausgestaltung dieser Unterstützung im Hinblick auf die regionsspezifischen Herausforderungen wird im Folgenden näher eingegangen.

Gleichzeitig verfügt die Emscher-Lippe-Region über spezifische Potenziale hinsichtlich der Voraussetzungen und Entwicklungsperspektiven der Umweltwirtschaft, insbesondere mit Blick auf die Circular Economy. Dies hat eine im Auftrag der WiN Emscher-Lippe GmbH 2016 von der Prognos AG und der EPEA GmbH – Part of Drees & Sommer durchgeführte Studie im Vorfeld des Prosperkolleg-Projekts untersucht (Scheelhaase et al. 2016). Die Studie kam zu dem Schluss, dass die Leitmärkte Chemie, Energie und Kreislaufwirtschaft eine zentrale Stellung innerhalb des Wertschöpfungsgefüges der Emscher-Lippe-Region einnehmen.

Da eine ganzheitliche Produktverantwortung im Sinne der Circular Economy bereits mit dem Design und der Auswahl entsprechender Grundstoffe und Rohmaterialien beginnt, kommt der chemischen Industrie eine tragende Rolle zu. Die Chemie- und Kunststoffindustrie hat in der Emscher-Lippe-Region, insbesondere mit dem Chemiepark Marl und dem Verbundstandort Gelsenkirchen-Scholven, einen hohen Stellenwert.

Idealerweise überführt die Entsorgungsbranche am Ende des Gebrauchs Produkte und Teilkomponenten durch Recycling in neue Wertstoffe. Auf diese Weise können Entsorger mit der produzierenden Industrie kooperieren und sie beraten, damit das Produktdesign bereits hinsichtlich der Recyclingfähigkeit der fertigen Produkte optimiert werden kann. Die Emscher-Lippe-Region verfügt aufgrund der ansässigen Entsorgungs- und Recyclingunternehmen, gepaart mit den stoffstromspezi-

Circular Economy in der Region voranbringen

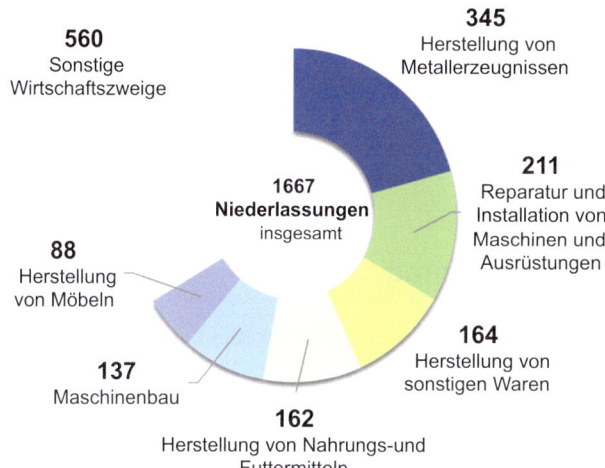

● Abb. 2.4 Emscher-Lippe-Region, produzierendes Gewerbe nach Niederlassungen (2020). (Quelle: eigene Darstellung, Datengrundlage (IT.NRW 2022))

fischen Kompetenzen der Hochschule Ruhr West und der Westfälischen Hochschule, über hervorragende Potenziale, um sich als Vorreiter im Bereich der zirkulären Wertschöpfung zu positionieren.

Für eine physische Vernetzung der Wertschöpfungsketten weist die Emscher-Lippe-Region geografische und (verkehrs-)infrastrukturelle Vorteile auf. Dies ist unter dem Aspekt des Material- und Stoffstrommanagements von zentraler Bedeutung.

Darüber hinaus sind viele in der Region ansässige Unternehmen im produzierenden Gewerbe oder damit verbundenen Wirtschaftszweigen tätig und zeichnen sich durch eine hohe Rohstoffabhängigkeit sowie eine große Energie- und Rohstoffintensität aus. Aufgrund gestiegener Rohstoffpreise sind diese Betriebe oftmals besonders engagiert, wenn Materialkreisläufe geschlossen und Ressourcen geschont werden können. Die größten Wirtschaftszweige (im verarbeitenden Gewerbe), gemessen an den Niederlassungen 2020, sind die Herstellung von Metallerzeugnissen, die Reparatur und Installation von Maschinen und Ausrüstungen, die Herstellung von Waren, die Produktion von Nahrungs- und Futtermitteln, Maschinenbau und der Möbelbau (s. ● Abb. 2.4). Durch ihre regionale Bedeutung als Branchen mit der größten Anzahl an Niederlassungen sind diese ausschlaggebend für die erfolgreiche Transformation des verarbeitenden Sektors hin zu erhöhter Kreislauffähigkeit.

2.3 Instrumente der Wirtschaftsförderung

Neben regionsspezifischen Herausforderungen haben sich die Anforderungen an kommunale und regionale Wirtschaftsförderungseinrichtungen als Teil eines Instrumentenkataloges der Regionalentwicklung insgesamt in den vergangenen Jahren stark gewandelt. Dies liegt in erster Linie daran, dass auch die Anforderungen und Bedingungen für die Kundengruppen der Wirtschaftsförderung, allen voran die der Unternehmen, einem stetigen Wandel unterliegen. Stember (2020: 27) beschreibt dieses Umfeld und die damit verbundenen Veränderungsprozesse durch das Akronym „VUKA". Dies steht stellvertretend für die Begriffe Volatilität, Unsicherheit, Komplexität und Ambiguität und veranschaulicht eindrücklich die beschleunigte Veränderungsdynamik. Diese Dynamik wird aktuell noch durch die Auswirkungen der Corona-Pandemie und des Ukraine-Kriegs verstärkt.

2.3.1 Beeinflussende Trends

Die Veränderungsprozesse werden durch verschiedene Megatrends getrieben (vgl. Stember 2020: 27; Wagner-Endres et al. 2021: 13 ff.), wie Nachhaltigkeit und das Wachstum neuer grüner Märkte, neue Governance- und Kooperationsformen, die Wirtschaft 4.0 einhergehend mit den Auswirkungen und Herausforderungen der Digitalisierung sowie damit verbundene prozessbezogene und strukturelle Innovationen. Eine Antwort lokaler und regionaler Akteure, insbesondere auf Herausforderungen im Kontext der Digitalisierung, bilden unter anderem Konzepte zu *Smart Cities* oder *Smart Regions*.

Stember (2020: 27) skizziert den demografischen Wandel als weiteres Spannungsfeld, das nicht nur Unternehmen die Gewinnung von Fachkräften erschwert, sondern auch direkten Einfluss auf die Wirtschaftsförderungen hat, da sie zunehmend selbst von Fachkräftemangel betroffen sind und sein werden. Gleichzeitig spielen teilweise gegenläufige Trends in der Raumentwicklung, etwa die wachsende Urbanisierung und Verdichtung von Ballungsräumen, eine neue Bewertung des ländlichen Raumes sowie eine veränderte Denkweise in Bezug auf das Zusammenwirken und die Partizipation an Prozessen von Staat, Öffentlichkeit und Verwaltung eine entscheidende Rolle.

Merten et al. (2019a: 11) erweitern diese Liste von Trends um verschiedene Zukunftsthemen, welche die Ausgestaltung von Kommunen, Regionen und Wirtschaftsräumen und entsprechend unterstützenden Maßnahmen ebenfalls tiefgreifend beeinflussen. Von besonderer Bedeutung ist hier das Oberthema Nachhaltigkeit, darunter im Speziellen die Felder „Energie & Dekarbonisierung" (eng verbunden mit CO_2-freiem Wirtschaften), „Mobilität & Verkehr", „nachhaltige Flächennutzung", „Anpassung an den Klimawandel und dessen Folgen", „nachhaltige Stoffströme & Ressourcenverbrauch" sowie „urbane Gesundheit" (vgl. WBGU 2016).

Das Thema Circular Economy wird durch die Punkte „nachhaltige Stoffströme & Ressourcenverbrauch" sowie „CO_2-freies Wirtschaften" direkt adressiert und verdeutlicht, dass es sich dabei ebenfalls um ein zentrales Zukunftsthema handelt. Merten et al. (2019a: 12) beschreiben die Veränderungsprozesse, welche damit einhergehen, als große Transformation in Richtung einer nachhaltigen und klimaverträglichen Gesellschaft und ziehen Parallelen zur industriellen Revolution im 19. Jahrhundert.

2.3.2 Rolle der Wirtschaftsförderung

Infolge dieser sich überlagernden Veränderungsprozesse sind viele Institutionen aus dem Kosmos der Wirtschaftsförderung stark gefordert. Oftmals bedarf es auf der unternehmerischen Seite an Fokussierung und Orientierung, um die verschiedenen Trendthemen und damit verbundene Potenziale und Herausforderungen für sich richtig einordnen und strukturieren zu können. Die aktuellen Krisenlagen (Corona-Pandemie, Rohstoff- und Energieknappheit, Ukraine-Krieg, Fachkräfte-Situation) wirken wie ein Brennglas, verstärken Probleme und erhöhen den Transformationsdruck.

Wirtschaftsförderung muss dementsprechend versuchen, in diesem gewandelten Anforderungssetting ihre Rolle in der Transformation zu definieren, um dadurch als überholt angesehene Handlungs- und Denkweisen aufzubrechen und Transformationsprozesse im Regionalbezug anzuregen. Sie bewegt sich dabei nach Wagner-Endres et al. (2021: 23) jedoch grundsätzlich in einem Dreiklang aus Dienstleistung, politischem und hoheitlichem Auftrag. Unternehmen und weitere Akteure müssen bei den vielschichtigen technologischen, gesellschaftlichen und wirtschaftlichen Veränderungsprozessen begleitet und unterstützt werden (Vogelsang und Stember 2021: 103), um Regionen positiv zu entwickeln und Wettbewerbsfähigkeit erhalten und ausbauen zu können. Dafür bedarf es auch neu gedachter Instrumente der Wirtschaftsförderung, die u. a. ein hohes Maß an Flexibilität sowie an fachlicher und administrativer Steuerungskompetenz erfordern.

Einen guten Überblick über die Notwendigkeit, Wirtschaftsförderung aus kommunaler Sicht als Investition in die wirtschaftlich-raumbezogene Entwicklung zu sehen, und eben nicht nur als konsumtive, freiwillige Aufgabe des kommunalen Haushalts, gibt Kleinschneider (2023: 132 ff.). Wirtschaftsförderungen sind tendenziell allzuständig, müssen sich aufgrund begrenzter Ressourcen konzentrieren und können dann Entwicklungsthemen in einen Vor-Ort-Zusammenhang stellen, neue Verbindungen schaffen und besonders in den Themenfeldern Gründungsförderung, Innovationsförderung und Fachkräftesicherung langfristig angelegte Impulse setzen.

2.3.3 Stakeholdermanagement

Essenziell zur Bewältigung der Herausforderung und Initiierung von regionalen Wachstumseffekten sind die Beziehungen und Kooperationen zu und mit verschiedenen Anspruchsgruppen der Wirtschaftsförderung. Diese müssen nach Vogelsang und Stember (2021: 104) in einem entsprechenden „Stakeholder-Management" gebündelt, neu gedacht und systematisch verankert werden. Im Rahmen solcher Managementstrukturen werden die unterschiedlichen Anspruchsgruppen nicht nur aktiv betreut und unterstützt, sondern es werden auch bedeutsame Fragen zu den oben genannten Herausforderungen und Verantwortlichkeiten adressiert. Wirtschaftsförderung bildet dabei einen wichtigen Knotenpunkt innerhalb dieser regionalen Managementstrukturen und bringt Akteure aus Wirtschaft, Wissenschaft, Zivilgesellschaft und Politik themengetrieben zusammen. In einem zunehmend vernetzten und komplexer werdenden Wertschöpfungsgefüge helfen das Wissen um regionale Strukturen und Gegebenheiten sowie die über Jahre aufgebauten Netzwerke bei der Initiierung von Kooperationen. Gleichzeitig stellt in diesem Zuge die *„Förderung heterogen zusammengesetzter Wertschöpfungsketten eine Zukunftsaufgabe der regionalen Wirtschaftsförderung"* dar. Die beteiligten Akteure müssen *„auf Basis eines strategischen Innovationsmonitorings"* in neuen Wertschöpfungsnetzwerken zusammengeführt werden (Heinze et al. 2021: 137). Die Wirtschaftsförderung kann hier sensibilisierend und anbahnend tätig werden, da sie auf regionaler Ebene eine gute Übersicht über handelnde Akteure, sowohl in Wirtschaft als auch Wissenschaft und Politik hat. Gleichzeitig verfügt sie über umfassende Einblicke in die Förderlandschaft, die den Unternehmen selbst in diesem Umfang oftmals nicht zur Verfügung stehen. Wichtig sind auch Beziehungen zu weiteren kommunalen Akteuren, wie Energieversorgern, die insbesondere in Zeiten der Energiekrise eine zentrale Position in der Sicherstellung regionaler Wertschöpfung innehaben.

Im Zuge immer stärker globalisierter Wettbewerbe und Lieferketten, die in der Corona-Pandemie bereits Schwachstellen offenbarten, rasanter Produktinnovationen und Erschließung neuer Märkte sowie neuer Technologien, prognostizieren Vogelsang und Stember (2021: 117) einen weiteren Anstieg der Vielfalt und Ansprüche von Interessensgruppen an Wirtschaftsförderungen. Diese Interessensgruppen lassen sich dabei grob in vier große Kategorien unterteilen. Dazu zählen Politik, Unternehmen, Verwaltungen sowie Verbände (Vogelsang und Stember 2021: 103–104). Im Sinne einer begleitenden und vorausschauenden Wirtschafts- und Strukturpolitik fällt dem kommunalen Akteur Wirtschaftsförderung die Bearbeitung dieser Anspruchsstruktur zu.

2.3.4 Koordinierung und Netzwerkarbeit

Wirtschaftsförderung muss demnach mehr und mehr eine initiierende Rolle einnehmen und sich als Impulsgeber und Schlüsselakteur für die Chancenwahrnehmung bei Kooperationen sowie die Bildung von strategischen Allianzen und Partnerschaften verstehen (Vogelsang und Stember 2021: 117).

In der Emscher-Lippe-Region wurden hierzu bereits im Rahmen des Handlungskonzepts Umbau 21 verschiedene Strukturen geschaffen und Konzepte erprobt. Die WiN Emscher-Lippe GmbH versteht sich als Akteur in einem regionalen Wirtschaftsförderungsnetzwerk und konzentriert sich auf die Themenfelder Technologie, Nachhaltigkeit, Energie, Digitalisierung und Fachkräfte, die sich allesamt in den bereits skizzierten Herausforderungen und Megatrends wiederfinden.

Durch ihre Gesellschafterstruktur als Public-Private-Partnership (PPP) ist die WiN Emscher-Lippe GmbH nahe am Geschehen in der Praxis und in der gesamten Emscher-Lippe-Region fest verankert. Neben den zwölf Städten der Region sowie dem Kreis Recklinghausen sind derzeit 21 private Unternehmen, Banken und Organisationen, die sich als Teil der Region verstehen, an der WiN Emscher-Lippe GmbH beteiligt.

2.3.5 Projekte und Programme

Im Detail sind die einzelnen Bereiche durch Projekte und eigene Programme gefüllt, die an dieser Stelle lediglich genannt und deren Aufbau, Auftrag und Struktur nicht weiter thematisiert werden. Das 2016 ins Leben gerufene Projekt *Smart Networks* diente als Grundstein für das Netzwerk *SMART REGION Emscher-Lippe*, in dem sich digitale Unternehmen, Kommunen, Hochschulen und weitere Institutionen und Organisationen der zusammengeschlossen haben, um die Digitalisierung in der Emscher-Lippe-Region voranzutreiben. Die Wasserstoffkoordination stellt einen regionalen und überregionalen Anknüpfungspunkt für den Ausbau des Wasserstoff-Netzwerks in der Region dar. Hierfür bildet die 2021 entwickelte Wasserstoff-Roadmap (WiN Emscher-Lippe GmbH 2021b) die Basis. Das vom MWIKE (Ministerium für Wirtschaft, Industrie, Klimaschutz und Energie des Landes Nordrhein-Westfalen) geförderte Projekt Prosperkolleg (s. ▶ Kap. 1), befasst sich mit der Weiterentwicklung der Circular Economy und ihrer regionalen Transferfähigkeit. Für die Interessen der Unternehmen in regionalen Chemieclustern ist die WiN Emscher-Lippe GmbH als geschäftsführende Instanz des Chemsite e.V. tätig. Für die Bereiche Bildung und Qualifizierung werden Netzwerkkontakte und Expertise angeboten, die sich in der Regionalagentur Emscher-Lippe bündeln. Diese wird durch das Arbeitsministerium NRW kofinanziert und dient auch als Dienstleister für kleine und mittlere Unternehmen rund um die Themen Fachkräftegewinnung, Ausbildung, Frauenförderung und Qualifizierung. Daraus ergibt sich ein Gesamtkonzept von Themen, die voneinander abhängig sind und miteinander gedacht werden müssen, um so Regionalentwicklung positiv gestalten zu können. Die Projekte eint dabei, dass die Vernetzung von Wissenschaft und Praxis mit Politik und Verwaltung und weiteren Stakeholdern, auch über die Grenzen der einzelnen Projekte hinaus, ein zentraler Baustein für das Gelingen von Transformationsprozessen ist.

2.3.6 Wissens- und Technologietransfer

Das Feld Wissens- und Technologietransfer wurde bislang von der WiN Emscher-Lippe GmbH nur in geringem Umfang gemeinsam mit Bildungseinrichtungen, insbesondere den Hochschulen vor Ort bearbeitet. Dabei liegt hier ein enormes Potenzial, um beispielsweise (unternehmerische) Innovationen anzuregen, denen nach Stember (2021: 270) eine zentrale Rolle beim Ausbau regionaler Wertschöpfungsstrukturen zukommt.

Prozess- als auch produktbezogene Innovationen bilden die Grundlage für Wettbewerbsfähigkeit und sind Voraussetzung für die Schaffung und den Erhalt von Arbeitsplätzen, einer regionalen Prosperität sowie allgemein für wirtschaftliches Entwicklungspotenzial innerhalb der Region. Die Förderung von Innovationsprozessen, möglichst in einem Open-Innovation-Kontext, in Zusammenarbeit mit Hochschulen und weiteren interdisziplinären Akteuren, wird zu einer zentralen Aufgabe der Wirtschaftsförderung (Stember 2021: 270).

Ausgangspunkte dieser Innovationen im Wirtschaftsförderungskontext können Kompetenzzentren (vgl. im Kontext der Circular Economy Büttner et al. 2022: 3), aber auch sogenannte „Labs" sein (Stember 2021: 270). Diese Einrichtungen schaffen einen Raum, um verschiedenste Akteure mit unterschiedlichen Innovations-, Forschungs- und Interessenschwerpunkten zusammenzubringen und ermöglichen den Austausch von Wissen und Ideen. Dadurch werden Innovationsprozesse offener gestaltet und mehr Möglichkeiten zur Partizipation regionaler Akteure kreiert (Stember 2021: 271).

Wirtschaftsförderungseinrichtungen in der Region Emscher-Lippe konnten bereits an verschiedenen Stellen Erfahrungen in der Zusammenarbeit mit Hochschulen vor Ort sammeln. Das zeigen u. a. die Reallabore am Standort Prosper III in Bottrop. So arbeiten dort das Amt für Wirtschaftsförderung und Standortmanagement der Stadt Bottrop und die ortsansässigen wissenschaftlichen Institutionen eng zusammen, um das wissenschaftliche Netzwerk in der Region weiterzuentwickeln (Stadt Bottrop 2021). Das *Circular Digital Economy Lab* (CDEL) der Hochschule Ruhr West im Rahmen des Projekts Prosperkolleg, in das auch die WiN Emscher-Lippe GmbH involviert ist, ist ein Demonstrationslabor, in dem innovative Verfahren zur Ressourceneinsparung und Abfallvermeidung getestet und umgesetzt sowie komplett neue Verfahren entwickelt werden (s. ▶ Kap. 8). Im *FabLab* der Hochschule Ruhr West sind die Möglichkeiten zur Forschung und für Tüfteleien, oft projektunabhängig, breit gefächert. In einer ruhigen, aber wissenschaftsfreundlichen Atmosphäre stehen den Forschenden, Studierenden und allen Experimentierfreudigen 3D-Drucker, Foliencutter oder auch hochmoderne Laser-Schneidegeräte zur Verfügung (Stadt Bottrop 2021).

Die genannten Labs spielen im Kontext der regionalen Innovationsdynamik eine entscheidende Rolle, da sie Ausgangspunkt für Forschungs- und Entwicklungsprozesse jenseits der traditionellen Institutionen und Verfahrensweisen sind. Sie fördern die Wettbewerbsfähigkeit des Unternehmensbesatzes vor Ort und bieten die Chance, die regionale Resilienz zu stärken. Daher sind sie auch im Kosmos der Wirtschaftsförderung von Relevanz (Stember 2021: 272).

Die Arbeit in den beiden Laboren ist gleichzeitig ein wichtiger Beitrag, um insbesondere kleinen und mittleren Unternehmen eine Teilhabe am Innovationsgeschehen zu eröffnen. Wie bereits in ▶ Abschn. 2.2 erwähnt, ist insbesondere der Anteil innovativer mittelständischer Unternehmen bundesweit in den vergangenen Jahren rückläufig. Unternehmen, die selbst keine Forschungs- und Entwicklungsabteilung unterhalten (können), haben die Chance, im Rahmen projektorientierter Allianzen ihre Produkte und Prozesse zu innovieren.

2.3.7 Weitere Ansätze lokaler Wirtschaftsförderung

Weitere wirtschaftsfördernde Akteure in der Emscher-Lippe-Region haben bereits strategische Allianzen gebildet, um den aktuellen Herausforderungen zu begegnen:

Das Amt für Wirtschaftsförderung und Standortmanagement der Stadt Bottrop erprobte mit dem Konzept *Bottrop 2018+ – Auf dem Weg zu einer nachhaltigen und resilienten Wirtschaftsstruktur* praxisnah gemeinsam mit wissenschaftlichen Partnern Ansätze der partizipativen Wirtschaftsförderung. Es wurde die Transition städtischer Wirtschaftsstrukturen mit dem Ziel einer nachhaltigen und resilienten Entwicklung des urbanen Raums in den Blick genommen. Dabei wurden partizipative Governance-Modelle auf den Bereich der Wirtschaftsförderung übertragen. Bei der Konzipierung des Vorhabens stellten die Nachhaltigkeitstransformation sowie der Resilienz-Ansatz wichtige Orientierungspunkte dar, um den Grundstein für eine zukunftsfähige Entwicklung lokaler Wirtschaftsstrukturen zu legen (Merten et al. 2019b: 19).

Ein ähnliches Beispiel für die Stärkung der lokalen Wirtschaftsförderung durch Kooperationen mit regionalen und überregionalen Partnern ist das Projekt *Innovation City Bottrop*, das zwischen 2010 und 2020 lief (vgl. ICM 2021). Erklärtes Ziel war es, die CO_2-Emissionen im Pilotgebiet mit 70.000 Einwohner*innen innerhalb von 10 Jahren durch klimagerechten Stadtumbau und der Sanierung unterschiedlichster Gebäude zu halbieren. Das Projekt wurde unter anderem mit dem *European Energy Award* ausgezeichnet (vgl. ICM 2021). Durch den Erfolg als Innovation City konnte die Stadt Bottrop eine Vorreiterrolle im Bereich des klimagerechten Stadtumbaus einnehmen. Längerfristiges Ziel ist es, Bottrop zu einer klimaneutralen Stadt zu machen und dabei auch zirkuläre Kriterien zu implementieren. Solche Kooperationen lassen neue Netzwerke entstehen und können klein- und mittelständischen Unternehmen helfen, nachhaltiger und innovativer zu wirtschaften. So kann ein ähnlicher Effekt wie bei den Reallaboren erzielt werden.

Auch in anderen Bereichen sind lokale wirtschaftsfördernde Ansätze in der Region etabliert. So zum Beispiel im Bereich der Bildung und Fachkräfteentwicklung. Exemplarisch dafür steht das Projekt *Zukunftsbande* der GLS Treuhand aus Bochum. Schülerinnen und Schüler der Jahrgangsstufen 9 und 10 sollen mit älteren, erfahrenen Auszubildenden und Studierenden an persönlichen Zielen und Zukunftsperspektiven arbeiten (GLS Treuhand 2022). Die geschulten Zukunftscoaches, die den Sprung in die Ausbildung oder in ein Studium bereits geschafft haben, sollen den Jugendlichen die Zukunftschancen aufzeigen und mit ihnen die berufliche Richtung und Möglichkeiten festmachen. Seit 2016 nahmen bereits 240 Schülerinnen und Schüler von zwölf Schulen sowie 120 Zukunftscoaches aus 25 Unternehmen, drei Hochschulen und zwei Berufskollegs teil (GLS Treuhand 2022). Um die Durchdringung der Region mit Zukunftsthemen zu verbessern und zukünftige Fachkräfte zu sensibilisieren, engagierte sich auch die WiN Emscher-Lippe GmbH im Rahmen des Projektes und stellt u. a. regelmäßig im Zuge von Trainingsveranstaltungen ihre Arbeit in wegweisenden Handlungsfeldern wie der Circular Economy vor.

2.4 Prosperkolleg – ein Beispiel moderner Wirtschaftsförderung

Das Prosperkolleg bildet eine bis zum Projektbeginn in der Region nicht vorhandene strategische Allianz aus Wirtschaft und Wissenschaft, um das Themenfeld der Circular Economy systematisch zu fördern und Potenziale zu heben. Bereits im Zuge der vorausgegangenen Initiative *cirC²ess* (WiN Emscher-Lippe GmbH 2016) wurde die regionalwirtschaftliche Bedeutung des Themas für die Region und damit verbundene Chancen deutlich. Die Initiative, welche als Teilprojekt des Umbau21-Prozesses (WiN Emscher-Lippe GmbH 2015) aufgesetzt war, entwickelte das Konzept der zirkulären Wertschöpfung mit und leitete bereits erste Schritte ein, um regionale Unternehmen für das Thema zu sensibilisieren und den Weg für weitere Projekte der Circular Economy in der Region zu ebnen.

Die WiN Emscher-Lippe GmbH fungiert innerhalb dieser Allianz als Knotenpunkt und Schnittstelle zu weiteren regionalen Akteuren. Sie übernimmt eine wichtige Rolle in der Sensibilisierung, Ansprache und Vernetzung relevanter Akteursgruppen untereinander und mit entsprechenden Expertinnen und Experten in den verschiedenen Schwerpunktbereichen des Prosperkollegs, wobei ihr das Wissen um regionale Strukturen, verschiedene Stakeholder-Gruppen sowie Akteursbeziehungen innerhalb der Region zugutekommt. Diese Rolle ist beispielgebend für ein Engagement von Wirtschaftsförderungen in vergleichbar angelegten Projektvorhaben.

Eine ähnliche Rolle nimmt auch die Wirtschaftsförderung der Stadt Bottrop ein, jedoch mit Fokus auf die kommunalen Wirtschaftsakteure und Stakeholder. Sie bildet eine wichtige Schnittstelle zu politischen Entscheidern, um das Thema dort zu platzieren und voranzutreiben.

Die WiN Emscher-Lippe GmbH stellt im Gesamtprojektkonzept Prosperkolleg ein Bindeglied zwischen Akteuren aus der Wissenschaft und der regionalen Unternehmenslandschaft dar und bringt verschiedene Instrumente einer modernen Wirtschaftsförderung zur Wirkung. Dazu zählen die sensibilisierende und sichernde Begleitung bei vielschichtigen technologischen, gesellschaftlichen und wirtschaftlichen Veränderungsprozessen, die Initiierung und Unterstützung des Wissens- und Technologietransfers, die Förderung von Innovationsprozessen, die Bildung und Koordinierung strategischer, themengetriebener Allianzen und Partnerschaften sowie die damit verbundene Etablierung eines geeigneten Stakeholder-Managements.

Dadurch wird ein Beitrag zum Transfer der Forschungsergebnisse und ein Roll-Out in die Praxis gewährleistet, um den Transformationsprozess der Region in Richtung Zirkularität zu unterstützen oder dafür überhaupt erst Grundlagen zu schaffen und so eine Durchdringung zu ermöglichen. Dieser Transfer erfolgt in einem Dreiklang aus Hochschule, Unternehmen und der Region verpflichteten Einrichtungen. Ansprache, Motivation und Begleitung der Unternehmen wird von der WiN Emscher-Lippe GmbH initiiert und koordiniert. Durch die regionale Bündelung wird der Organisation hier eine Sonderrolle zuteil, denn sie übernimmt Aufgaben, die von den kommunalen Wirtschaftsförderungseinrichtungen so in diesem Umfang nicht geleistet werden können.

Die WiN Emscher-Lippe GmbH versteht sich darüber hinaus als Initiatorin und Ermöglicherin von Kooperationen zwischen Wirtschaft und Wissenschaft zur Steigerung der F&E-Aktivitäten und Realisierung von produkt- und prozessbezogenen Innovationen in der Region. Sie verfügt unter anderem über regionsspezifisches Wissen, unternehmensspezifische Zugänge und Vernetzungen in der Region. Der Projektverlauf bot die Gelegenheit, im Sinne von korrespondierenden Säulen Anforderungen aus dem Unternehmensalltag in die Transformationsforschung der Hochschule einzuspeisen.

Daher lag ein Hauptaugenmerk der Arbeit der WiN Emscher-Lippe GmbH auf der Sensibilisierung und Begeisterung für unternehmensgetriebene Ansätze zur Transformation in Richtung Zirkularität. Neben der Schaffung von Netzwerkstrukturen und Plattformen zum Erfahrungsaustausch über Herausforderungen der wirtschaftlichen Transformation agiert die WiN Emscher-Lippe GmbH als Netzwerkerin in der bottom-up entstandenen Unternehmensinitiative *TTZ – Transform to Zero* und trug zu einer engen Verbindung der Initiative mit dem Prosperkolleg bei.

Gleichzeitig trägt sie das Thema in die Breite der Region und bringt das Wissen um die Circular Economy in die Köpfe handelnder Personen. Dabei nehmen die lokalen Wirtschaftsförderungseinrichtungen eine wichtige Multiplikator-Rolle ein, für die sie durch das Prosperkolleg sensibilisiert und qualifiziert werden. So können Beiträge geleistet werden, regionale Wertschöpfungsketten nachhaltig und resilienter zu gestalten.

Sie nimmt daher auch eine „bewegende" Rolle im regionalen Innovationsprozessgeschehen ein. Mit dem Circular Digital Economy Lab (CDEL) wurde in der Emscher-Lippe Region ein Ort geschaffen, an dem Innovationen, die im Zusammenhang mit der Circular Economy stehen, erprobt und zur Marktreife geführt werden können. Da finanzielle und personelle Ressourcen häufig einen Engpass aufseiten der KMU darstellen, motiviert die WiN Emscher-Lippe GmbH, Ideen der Unternehmen in förderfähige Konzepte zu überführen. Perspektivisch ergeben sich dadurch Möglichkeiten, indem gerade lokale Wirtschaftsförderungen im Zusammenspiel mit Wissenschaft und Technologie-Scouts eine wichtige Rolle bei der Standortentwicklung übernehmen können.

Dadurch schlägt die WiN Emscher-Lippe GmbH eine wichtige Brücke und verbindet hochschulgetriebene Transformationsforschung mit unternehmensbezogenen Entwicklungsmöglichkeiten. Mit dem Prosperkolleg wurden dafür geeignete Transferstrukturen geschaffen. Solch spezifische Strukturen und Handlungsansätze weiterzuentwickeln, ist eine der zentralen Herausforderungen in der Zukunft.

Die Aktivitäten, die im Prosperkolleg erprobt wurden, werden bei der WiN Emscher-Lippe GmbH in einen vielfältigen Umbauprozess für die gesamte Region eingefügt und mit Bemühungen in den Bereichen Wasserstoff, Digitalisierung und Fachkräfte parallelisiert. So wird der Beitrag zur Regionalentwicklung deutlich. Dieses regional-institutionelle Set an thematischen Schwerpunktsetzung erlaubt es der WiN Emscher-Lippe GmbH, Ansätze für eine ganzheitliche Transformation der Region in Richtung Resilienz, Nachhaltigkeit und Zukunftsfähigkeit zu verfolgen.

Als regional verortete Wirtschaftsförderungsgesellschaft ist die WiN Emscher-Lippe GmbH in diesem Prozess als Change- und Innovation-Manager für die Region tätig. Sie leistet auf diese Weise einen Beitrag für das Gelingen von Transformationsprozessen in Wirtschaft und Zivilgesellschaft der Region.

Kernbotschaften
- Moderne Wirtschaftsförderung hat den Anspruch, kompetenter Ansprechpartner für regionale Wirtschaftsakteure bei vielschichtig angelegten technologischen, gesellschaftlichen und wirtschaftlichen Veränderungsprozessen zu sein.
- Wirtschaftsakteuren werden Orientierungsangebote gemacht, indem Handlungschancen bei innovativen Themen wie der Circular Economy aufgezeigt werden. Ergänzt wird dieses Angebot durch einen Überblick über regulatorische Vorgaben und fördermitteltechnische Möglichkeiten.
- Erfahrungswerte und praxisrelevante Kontakte und Inhalte werden geteilt, indem konsequent Plattformen für den Austausch der Unternehmen untereinander geschaffen werden.
- Gleichzeitig zählen die Initiierung und Unterstützung des Wissens- und Technologietransfers, die „Bewegung" von Innovationsprozessen, zum Verständnis einer modernen Wirtschaftsförderung. Dies gelingt vor allem durch die Vernetzung mit regional verorteten Einrichtungen.
- Die Begleitung der Fachkräftesicherung und -entwicklung, die Bildung und Koordinierung strategischer, themengetriebener Allianzen sowie die damit verbundene Etablierung eines geeigneten Stakeholder-Managements werden immer bedeutsamer, um den aktuellen Herausforderungen beggenen zu können.

Literatur

Büttner, Sabine; Irrek, Wolfgang; Handmann, Uwe (2022): Kompetenzzentrum CE.Hub.NRW. Den Wandel zu einer nachhaltigen und kreislauffähigen Wirtschaft voranbringen. RETHINK. Impulse zur zirkulären Wertschöpfung 2022/07. Online verfügbar unter https://prosperkolleg.ruhr/wp-content/uploads/2022/12/20221219_rethink_kompetenzzentrum-cehubnrw.pdf, zuletzt geprüft am 05.07.2023.

Emscher-Lippe (2016): Karte der Emscher-Lippe Region. Online verfügbar unter https://de.m.wikipedia.org/wiki/Datei:Karte_der_Emscher-Lippe-Region.jpg, zuletzt geprüft am 14.05.2024. (Diese Datei ist lizenziert unter der Creative-Commons-Lizenz „Namensnennung – Weitergabe unter gleichen Bedingungen 4.0 international".)

GLS Treuhand (2022): Zukunftsbande – Hier geht's lang. Online verfügbar unter https://www.zukunftsbande.de, zuletzt geprüft am 14.05.2024.

Heinze, Rolf; Bogumil, Jörg; Beckmann, Fabian; Gerber, Sascha (2021): Vernetzung als Innovationsmotor – das Beispiel Westfalen. Online verfügbar unter https://www.researchgate.net/publication/335110318_Vernetzung_als_Innovationsmotor_-das_Beispiel_Westfalen, zuletzt geprüft am 14.05.2024.

ICM (2021): Innovation City Management GmbH. Abschlussbilanz Innovation City Ruhr. Online verfügbar unter https://www.emscher-lippe.de/wp-content/uploads/2023/07/ICM_Magazin_2021.pdf, zuletzt geprüft am 14.05.2024.

Information und Technik NRW (2022): Statistisches Unternehmensregister-System (URS), Servicebündel Wirtschaft, Unternehmen und Arbeit 2020.

KfW (2021): KfW-Innovationsbericht Mittelstand 2020. Online verfügbar unter https://www.kfw.de/PDF/Download-Center/Konzernthemen/Research/PDF-Dokumente-Innovationsbericht/KfW-Innovationsbericht-Mittelstand-2020.pdf, zuletzt geprüft am 14.05.2024.

Kleinschneider, Heiner (2023): Rückenwind für Wirtschaftsförderung. Wissen, Strategien, Einblicke. Stadtlohn: Wirtschaft aktuell Verlag.

Legler, Harald; Frietsch, Rainer (2007): Neuabgrenzung der Wissenswirtschaft – forschungsintensive Industrien und wissensintensive Dienstleistungen (NIW/ISI-Listen 2006). Studien zum deutschen Innovationssystem Nr. 22-2007 des Niedersächsischen Instituts für Wirtschaftsforschung e.V. und des Fraunhofer-Instituts für System- und Innovationsforschung vom Juni 2006, hrsg. vom Bundesministerium für Bildung und Forschung. Berlin. Online verfügbar unter https://publica-rest.fraunhofer.de/server/api/core/bitstreams/5f0039a1-521d-4e9d-962b-3074636ca3f2/content, zuletzt geprüft am 14.05.2024.

Merten, Thomas; Schmid, Johannes; Seipel, Nils; Rabadjieva, Maria; Terstriep, Judtih (2019a): Warum müssen lokale Wirtschaftsstrukturen transformiert werden? In: Merten et al. (Hrsg.): Lokale Wirtschaftsstrukturen transformieren. Online verfügbar unter https://www.wirtschaftsstrukturen.de/media/01_warum_muessen_lokale_wirtschaftsstrukturen_transformiert_werden.pdf, zuletzt geprüft am 14.05.2024.

Merten, Thomas; Seipel, Nils; Rabadjieva, Maria; Terstriep, Judith (2019b): Bottrop2018+ – Auf dem Weg zu einer nachhaltigen und resilienten Wirtschaftsstruktur. In: Merten et al. (Hrsg.): Lokale Wirtschaftsstrukturen transformieren. Online verfügbar unter https://www.wirtschaftsstrukturen.de/media/02_bottrop_2018_-_auf_dem_weg_zu_einer_nachhaltigen_und_resilienten_wirtschaftsstruktur.pdf, zuletzt geprüft am 14.05.2024.

Prognos AG (2022): Prognos Zukunftsatlas Deutschlandkarte 2022. Online verfügbar unter https://www.prognos.com/de/zukunftsatlas-2022-download, zuletzt geprüft am 14.05.2024.

Scheelhaase, Tanja; Koch, Tom; Jonas, Niklas; Dörendahl, Esther; Lühr, Oliver; Mehnert, Marlene; Karst, Peter; Rammert-Bentlage, Klaus (2016): Schlussbericht: Potenziale der Umweltwirtschaft in der Emscher-Lippe Region. Online verfügbar unter https://www.emscher-lippe.de/wp-content/uploads/2021/01/20161208-Schlussbericht_UW.EL_.pdf, zuletzt geprüft am 14.05.2024.

Schöllhammer, Oliver; Volkwein, Malte; Kuch Benjamin; Hesping, Steffen (2017): Digitalisierung im Mittelstand – Entscheidungsgrundlagen und Handlungsempfehlungen. Eine Studie des Fraunhofer IPA im Auftrag von Südwestmetall. Online verfügbar unter https://www.ipa.fraunhofer.de/de/Publikationen/studien/studie-digitalisierung-im-mittelstand.html, zuletzt geprüft am 14.05.2024.

Stadt Bottrop (2021): Zweiter Standort der HRW eingeweiht. Online verfügbar unter https://www.bottrop.de/wirtschaft/aktuelles/hrw-eroeffnet-standort-prosper-iii.php, zuletzt geprüft am 14.05.2024.

Stember, Jürgen (2020): Wirtschaft 4.0: Die Digitalisierung in der Wirtschaft und die Folgen für die Wirtschaftsförderung. In: Stember, Jürgen; Vogelgesang, Matthias; Pongratz, Philip; Fink, Alexander (Hrsg.): Handbuch Innovative Wirtschaftsförderung. Wiesbaden: Springer Gabler. https://doi.org/10.1007/978-3-658-21404-3_7.

Stember, Jürgen (2021): Wirtschaftsförderung: Innovatorische Unterstützung durch Hochschul-Kompetenzzentren und Labs. In: Stember, Jürgen; Vogelgesang, Matthias; Pongratz, Philip; Fink, Alexander (Hrsg.): Handbuch Innovative Wirtschaftsförderung. Wiesbaden: Springer Gabler. https://doi.org/10.1007/978-3-658-33592-2_25.

Vogelgesang, Matthias; Stember, Jürgen (2021): Netzwerke, Ebenen und Organisationen der Wirtschaftsförderung. In: Stember, Jürgen; Vogelgesang, Matthias; Pongratz, Philip; Fink, Alexander (Hrsg.): Handbuch Innovative Wirtschaftsförderung. Wiesbaden: Springer Gabler. https://doi.org/10.1007/978-3-658-33592-2_44.

Wagner-Endres, Sandra; Scheller, Hendrik; Peters, Oliver; Gieseler, Hanna; Wolf, Ulrike (2021): Innovationsfähigkeit der Wirtschaftsförderung. Akteure – Instrumente – Handlungsansätze. Berlin: Deutsches Institut für Urbanistik. Online verfügbar unter https://repository.difu.de/items/a39935bd-79c9-4596-8c5a-aa4caf0160c0, zuletzt geprüft am 14.05.2024.

WBGU (Hrsg.) (2016): Der Umzug der Menschheit: die transformative Kraft der Städte. Berlin: Wissenschaftlicher Beirat der Bundesregierung Globale Umweltveränderungen.

WiN Emscher-Lippe GmbH (Hrsg.) (2015): Integriertes Handlungskonzept für die Emscher-Lippe-Region. Dachkonzept für den Umbau 21. Online verfügbar unter https://www.emscher-lippe.de/wp-content/uploads/2021/01/2015-05-11_Integriertes_Handlungskonzept_ELR.pdf, zuletzt geprüft am 14.05.2024.

WiN Emscher-Lippe GmbH (Hrsg.) (2016): Die Suche nach den Lücken in der Wertschöpfung. Online verfügbar unter https://www.emscher-lippe.de/die-suche-nach-den-luecken-in-der-wertschoepfung/, zuletzt geprüft am 02.02.2023.

WiN-Emscher-Lippe GmbH (Hrsg.) (2019): Integriertes Handlungskonzept für die Emscher-Lippe-Region: Dachkonzept für den Umbau 21. Online verfügbar unter http://masterplan-bildung.ruhr/wp-content/uploads/2019/05/5.2-Integriertes_Handlungskonzept_fu%CC%88r-die-ELR_Dachkonzept-fu%CC%88r-den-Umbau-21.pdf, zuletzt geprüft am 14.05.2024.

WiN Emscher-Lippe GmbH (Hrsg.) (2021a): Anforderungen an das Personalmanagement in der Emscher-Lippe-Region – mit 16 Unternehmensbeispielen. Online verfügbar unter https://www.emscher-lippe.de/29-06-21-umbau21-studie-anforderungen-an-das-personalmanagement/, zuletzt geprüft am 14.05.2024.

WiN Emscher-Lippe GmbH (Hrsg.) (2021b): Roadmap für die Wasserstoffregion Emscher-Lippe. Online verfügbar unter https://www.emscher-lippe.de/wp-content/uploads/2021/07/win-h2-roadmap.pdf, zuletzt geprüft am 14.05.2024.

Wirtschaft.NRW (Hrsg.) (2022): Daten und Fakten zur Wirtschaft in NRW/Daten und Fakten zum Mittelstand in NRW. Online verfügbar unter https://www.wirtschaft.nrw/mittelstandspolitik, zuletzt geprüft am 05.07.2023.

Grundlagen

Inhaltsverzeichnis

Kapitel 3   Circular Economy als Kernstrategie
              der Klimaneutralität – 39
              Stefan Lechtenböhmer

Kapitel 4   Circular Economy zwischen Ressourcenschonung
              und Abfallrecycling – 51
              *Friederike von Unruh, Julian Mast
              und Wolfgang Irrek*

Circular Economy als Kernstrategie der Klimaneutralität

Stefan Lechtenböhmer

Inhaltsverzeichnis

3.1 Grundstoffindustrie – Die „Upstream"-Perspektive der Ressourcennutzung – 40

3.2 Möglicher Beitrag der Circular Economy zur Treibhausgasminderung in der Grundstoffindustrie – 45

3.3 Zusammenfassung – 47

Literatur – 49

© Der/die Autor(en), exklusiv lizenziert an Springer Fachmedien Wiesbaden GmbH, ein Teil von Springer Nature 2024
S. Büttner et al. (Hrsg.), *Transformation zur Circular Economy*, Sustainable Development Goals (SDG) – Umsetzung in Praxis, Lehre und Entscheidungsprozessen,
https://doi.org/10.1007/978-3-658-43338-3_3

3.1 Grundstoffindustrie – Die „Upstream"-Perspektive der Ressourcennutzung

Die Grundstoffindustrie besteht aus den Industriezweigen, die aus Rohstoffen wie Erzen, Kalkstein, Mineralöl, Erdgas oder Zellstoff Grundstoffe, beispielsweise Stahl, Zement, Glas, Kunststoffe, Papier oder Aluminium herstellen. Diese Grundstoffe werden dann in den weiterverarbeitenden Industrien eingesetzt, um vor allem Investitionsgüter herzustellen. Zentrale Einsatzbereiche dieser Ressourcen sind etwa die Bauindustrie für Zement, Stahl, Glas und Kunststoffe und die Automobilindustrie für Stahl und andere Metalle, Kunststoffe und Glas (vgl. Lechtenböhmer et al. 2016 und Joas et al. 2019).

Die ◘ Abb. 3.1 zeigt, wie sich 2019 die weltweiten CO_2-Emissionen nach Sektoren aufteilten. Dabei fällt auf, dass insbesondere die Grundstoffindustrien ein hohes Gewicht aufweisen. Allein die Stahlindustrie, die Zementindustrie und die chemische Industrie emittierten direkt (d. h. im Scope 1) etwa 18 % der weltweiten CO_2-Emissionen. Hinzu kommen noch indirekte Emissionen aus dem externen Stromeinsatz (Scope 2), der insbesondere in der chemischen Industrie hoch ist. Da noch immer ein Großteil der weltweit eingesetzten Energie aus fossilen Quellen stammt, weisen die hohen CO_2-Emissionen unmittelbar auch auf den hohen Energieeinsatz in der Grundstoffindustrie hin.

Grund für diesen großen Emissionsanteil und den hohen Energieeinsatz allein dieser drei Industriezweige ist die Tatsache, dass sie – anders als viele andere Industrien – primäre Rohstoffe umwandeln. Diese Prozesse, bei denen meist unter hohen Temperaturen oder über Elektrolyseverfahren z. B. Metalle aus Erzgesteinen extra-

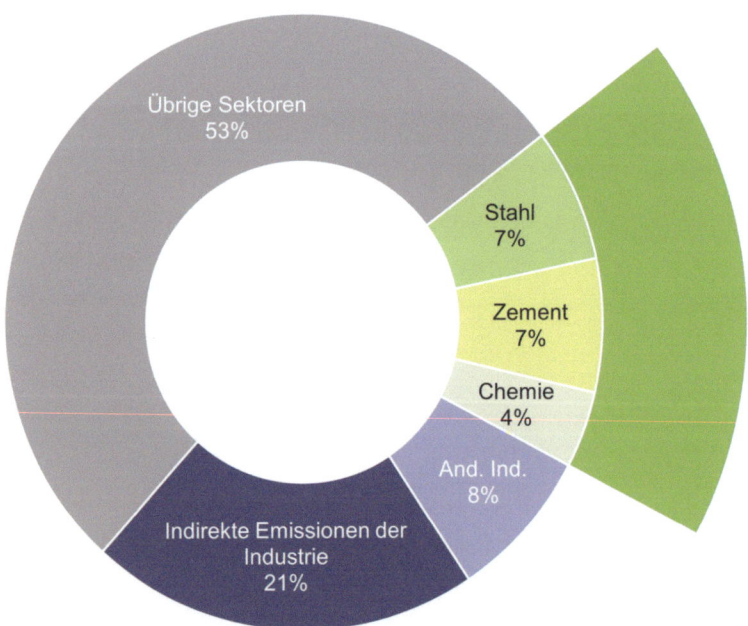

◘ **Abb. 3.1** Globale CO_2-Emissionen nach Sektoren. (Quelle: eigene Abbildung, nach Daten der IEA (ETP 2020), einschließlich Prozessemissionen)

hiert werden, sind rein physikalisch extrem energieintensiv. Dies gilt ebenfalls für die Petrochemie, die aus Mineralölprodukten chemische Grundstoffe herstellt. Anders als in den meisten anderen Grundstoffindustrien enthält die Ressource Mineralöl allerdings selbst sehr viel fossile Energie, sodass ein Teil des eingesetzten Mineralöls ausreicht, um die benötigte Prozessenergie z. B. in den Crackern der chemischen Industrie bereitzustellen. Da Kunststoffe und viele andere chemische Produkte auch stofflich auf Mineralölbasis hergestellt werden, emittieren sie, sofern sie am Ende ihrer Nutzungsphase in der Müllverbrennung entsorgt werden, dann entsprechend hohe Mengen an fossilem CO_2 (Scope 3).

Dieser hohe Energiebedarf der Grundstoffindustrien ist hauptsächlich bedingt durch die Umwandlung sogenannter primärer Rohstoffe, d. h. von Ressourcen, die im Bergbau oder der Erdölförderung „primär" aus der Erdkruste entnommen werden. Viele Grundstoffe, darunter vor allem die Metalle, aber auch Glas und in geringerem Maße Kunststoffe, werden allerdings auch aus Sekundärrohstoffen hergestellt. Sekundärrohstoffe wurden bereits aus Primärrohstoffen zu Grundstoffen verarbeitet und dann typischerweise in Produkten eingesetzt. Produktionsreste, Verschnitte, aber auch nicht mehr benötigte Produkte werden am Ende ihres Lebenszyklus typischerweise rezykliert und stehen dann als Einsatzstoffe für die Herstellung neuer Grundstoffe zur Verfügung. Typische Beispiele sind Schrott aus einem Altfahrzeug oder Altglas. Beide lassen sich wieder zu neuen Grundstoffen, also Stahl oder Glas, verarbeiten. Die Herstellung von Grundstoffen aus rezyklierten Reststoffen über die Recycling- oder Sekundärroute ist häufig sehr viel material- und emissionseffizienter als die Primärproduktion. Beim Recycling von Metallen lassen sich häufig zwischen 80 und 95 % der Energie und der Treibhausgasemissionen gegenüber primär gewonnenen Stoffen einsparen. Beim chemischen Recycling von Kunststoffen sind es rund 50 % Ersparnis, das nicht immer einsetzbare physikalische Recycling ist sogar noch deutlich energieeffizienter. Zement dagegen lässt sich bislang nur zu geringen Prozentsätzen aus dem Beton rezyklieren. Die Wiedernutzung der stückigen Bestandteile sowie der Sandfraktion des Betons verringert vor allem die Extraktion neuer Materialien wie Sand und Kies, reduziert die Treibhausgasemissionen aber nur wenig, da diese überwiegend bei der Zementherstellung entstehen.

◨ Abb. 3.2 verdeutlicht einen idealtypischen Materialzyklus: Sowohl Primärmaterialien, die bergbaulich gewonnen werden, als auch Sekundärmaterialien, die aus dem Recycling stammen, werden zu Grundstoffen verarbeitet. Diese werden dann, oft über verschiedene Schritte, die von unterschiedlichen Unternehmen an unterschiedlichen Standorten durchgeführt werden, in Endprodukte wie Maschinen, Fahrzeuge, Gebäude und Infrastrukturen, aber auch Verpackungen weiterverarbeitet. Diese Endprodukte werden anschließend für sehr unterschiedlich lange Zeiträume genutzt – von wenigen Wochen bei Verpackungsmaterialien bis zu Jahrzehnten bei Fahrzeugen oder auch vielen Jahrzehnten bei Gebäuden und Infrastrukturen. Am Ende ihrer Lebensdauer, während der die Produkte möglicherweise von mehreren Besitzenden genutzt wurden, werden sie entsorgt. Über das Recycling der Entsorgungswirtschaft gelangen die in den Produkten „gespeicherten" Materialien als Sekundärrohstoffe dann wieder zurück in die Grundstoffherstellung. An dieser Stelle ist die Abbildung allerdings idealisiert. In der gängigen Praxis sind die Recyclingkreisläufe der meisten Materialien nicht komplett geschlossen. Während bei Metallen und Glas typischerweise mehr als 80 % der Materialien als

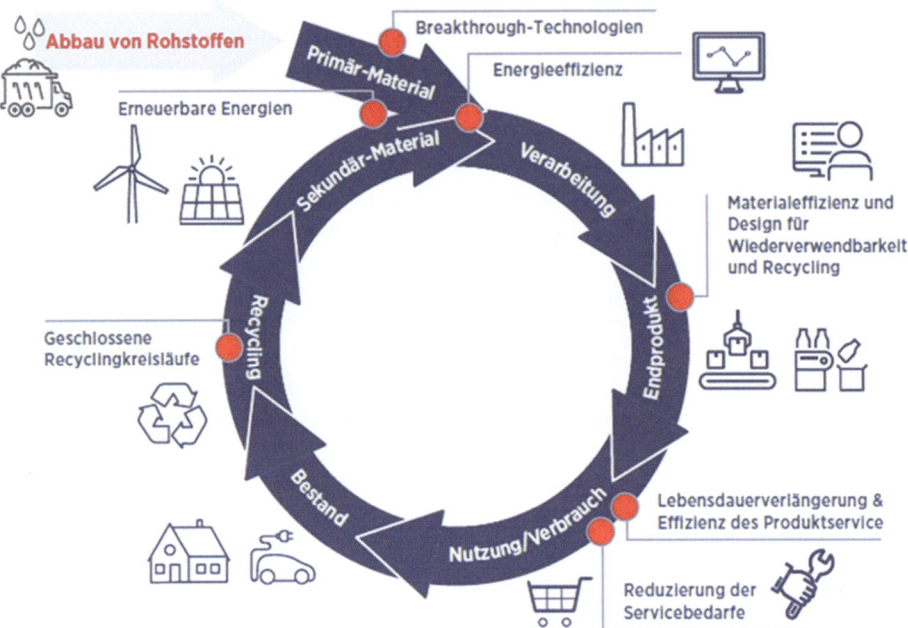

◘ **Abb. 3.2** Treibhausgasminderungsoptionen entlang eines idealisierten Ressourcenkreislaufs. (Quelle: Lechtenböhmer und Fischedick (2020), angepasst)

Sekundärrohstoffe genutzt werden, liegt dieser Anteil bei Kunststoffen deutlich niedriger und ist bei Beton bisher noch gering (s. o.). Hinzu kommt, dass nicht alle Sekundärmaterialien dieselbe Qualität aufweisen wie Primärmaterialien. Verunreinigungen durch unerwünschte andere Metalle wie Kupfer im Stahlschrott oder durch organische Stoffe in Plastik schränken derzeit vielfach den Einsatzbereich sekundärer Materialien ein. Ebenfalls schwerer zu recyceln sind Verbundwerkstoffe, etwa bei Lebensmittelverpackungen wie Getränkekartons oder im Baubereich, bei denen verschiedene Materialien so miteinander kombiniert werden, dass sie im Recycling nicht oder nur mit unverhältnismäßigem Aufwand wieder getrennt werden können. Ein entsprechendes Design der jeweiligen Produkte, das deren – möglichst sortenreine – Auftrennung beim Recycling bereits mitdenkt und im Design berücksichtigt, ist ein wichtiges Strategieelement zur Steigerung der Recyclingquoten (s. u.).

Die Punkte in ◘ Abb. 3.2 zeigen die zentralen Anknüpfungspunkte, um die Energieeinsätze und Treibhausgasemissionen entlang des Ressourcenkreislaufs zu verringern. Die ersten drei Punkte beziehen sich dabei vor allem auf die eingesetzten Technologien und Energieträger.

- Die extrem energieintensive Umwandlung von Primärmaterialien beruht heute noch fast vollständig auf fossilen Energiequellen. Häufig deshalb, weil diese nicht nur die Reaktionsenergie, sondern auch den Kohlenstoff zur Reduktion z. B. von Metallerzen zur Verfügung stellen. Grundsätzlich existieren aber Technologien, die es ermöglichen, den Aufschluss und die Reduktion der Erze auch auf der Basis erneuerbarer Energien mit massiv verringerten Treibhausgasemissionen bereitzustellen. Diese Technologien sind heute jedoch meist noch nicht breit am

Markt verfügbar. Sie stellen zudem oft technologische Durchbrüche dar, die die Produktionsweise der Grundstoffindustrie radikal verändern. Die wichtigste Charakteristik dieser *Breakthrough-Technologien* ist, dass sie Grundstoffe (eventuell nur weitestgehend) ohne fossile Energie und damit weitgehend ohne die Erzeugung von Treibhausgasemissionen erzeugen können. Ihr Energiebedarf ist aber – bedingt durch die physikalischen Gesetze der Stoffumwandlung – meist nicht signifikant geringer als der der konventionellen fossilen Technologien. Das heißt, sie benötigen in großem Umfang erneuerbare Energien. Ebenso ist es denkbar, Industrieprozesse weiterhin fossil zu betreiben, aber das CO_2 abzutrennen und geologisch zu speichern. Allerdings sind die entsprechenden Technologien bislang ebenfalls noch nicht kommerziell verfügbar. Daneben hat diese Technologie als End-of-Pipe-Lösung den Nachteil zusätzlicher fossiler Energiebedarfe.

— Während im vorhergehenden Punkt vor allem die grundlegenden Veränderungen technologischer Stoffumwandlungsprozesse im Mittelpunkt stehen, geht es im nächsten Punkt um die Veränderung des Energieträgereinsatzes. Die meisten Breakthrough-Technologien mit einem Energieträgerwechsel kombiniert. Der Einsatz erneuerbarer Energien anstelle fossiler Energien ist daher der zweite große Hebel zur Treibhausgasemissionsminderung. Erneuerbare Energien können zum einen direkt, d. h. in Form von Solar- oder Geothermie sowie Biomasse zur Wärmeversorgung von Industrieprozessen eingesetzt werden. Diese Optionen sind allerdings häufig sehr lokal und vielfach nicht im benötigten Volumen verfügbar, um die immensen Energiebedarfe einzelner Grundstoffindustriestandorte zu erfüllen. Insbesondere mit den immensen Kostensenkungen der erneuerbaren Stromerzeugung aus Photovoltaik und Wind sind erneuerbar erzeugter Strom und aus erneuerbarem Strom hergestellter Wasserstoff die Energieträger, die primär zur klimaneutralen Energieversorgung genutzt werden und auf denen auch die meisten der genannten Breakthrough-Technologien beruhen. Erneuerbar hergestellter Strom und andere regenerative Energien lassen sich allerdings nicht nur in der Grundstoffindustrie, sondern in allen Schritten des Ressourcenkreislaufs überall dort, wo Energie genutzt wird, einsetzen. Hierbei können häufig, etwa in der Niedertemperaturwärmeerzeugung und im Verkehr durch den Einsatz von Wärmepumpen bzw. Elektromotoren, zusätzlich hohe Energieeinsparungen erzielt werden, da die strombasierten Technologien oft sehr viel effizienter sind als fossile.

— Aber auch über die Effizienzgewinne durch den Energieträgerwechsel hinaus finden sich in vielen Anwendungsbereichen noch deutliche Energieeinsparpotenziale, die durch entsprechende Maßnahmen identifiziert und großflächig erschlossen werden sollten. Dies reduziert direkt die Treibhausgasemissionen bzw. den Bedarf an erneuerbaren Energien, die ebenfalls nicht unbegrenzt zur Verfügung stehen.

Die übrigen vier Punkte stellen Hebel zur Verringerung des Ressourcenbedarfs dar. Sie wirken indirekt auf die Treibhausgasemissionen, indem sie den Bedarf an den sehr energieintensiven Primärrohstoffen deutlich verringern und ggf. an anderen Stellen die Effizienz erhöhen. Diese vier Punkte sind die zentralen Strategien der Circular Economy. Sie werden teilweise synonym auch als Material- oder Ressourceneffizienz im weiteren Sinne bezeichnet.

- Bereits in der Herstellung von Gebäuden, Maschinen, Anlagen, Geräten sowie weiteren Produkten kann durch entsprechend optimiertes Design der Materialeinsatz zur Erzielung der gewünschten Funktion oft deutlich reduziert werden. Das Design von Produkten ist zudem wichtig für die Haltbarkeit und oft entscheidend für die spätere Rezyklierbarkeit. Eine gute Trennbarkeit verschiedener Materialien ist ein wichtiger Schlüssel zur späteren Rezyklierbarkeit. Außerdem entsteht ein nicht zu vernachlässigender Teil des Schrotts bereits in der Herstellung von Produkten. Durch materialsparendes Design von Herstellungsprozessen kann schon in dieser Stufe der Materialeinsatz direkt verringert werden.
- Wenn es gelingt, Produkte so zu designen, dass sie lange genutzt werden können, reparierfähig sind und so eine hohe Lebensdauer erreichen, reduziert sich prinzipiell der Bedarf an benötigten Produkten bezogen auf ihren Nutzen und es lassen sich indirekt Ressourceneinsätze einsparen. Unter diesen Punkt fallen auch Sharing-Systeme, mit denen dieselbe Dienstleistung (z. B. Nutzung eines Pkw durch mehrere Haushalte) mit weniger Pkw erreicht werden kann.
- Einen noch weitergehenden Effekt hätte die Reduzierung der Servicebedarfe. Wenn beispielsweise weniger Auto gefahren wird, werden – insbesondere wenn diese gemeinschaftlich genutzt werden – effektiv auch weniger Autos benötigt, mit entsprechenden Effekten auf den Ressourcenbedarf.
- Am Ende der Nutzungsdauer eines Produkts – egal, wie effizient dieses war – kommt es schließlich darauf an, es so vollständig wie möglich als Sekundärmaterial wieder dem Stoffkreislauf zur Verfügung zu stellen. Neben einem entsprechenden Design der Produkte für bessere Rezyklierbarkeit (s. o.) liegt hierin eine Herausforderung für die Recyclingwirtschaft.

Die geschilderten Strategien zur Treibhausgasemissionsminderung ergänzen sich insgesamt entlang der Wertschöpfungskette. Allerdings kann es auch Konstellationen geben, in denen sich einzelne Strategieelemente widersprechen wie zum Beispiel Materialeffizienz und Langlebigkeit. Im folgenden Abschnitt werden drei Szenarien dargestellt, die die Treibhausgasemissionsminderungen durch unterschiedliche Kombinationen der geschilderten Strategien quantifizieren.

> **Hinweis für Entscheidungsprozesse**
>
> - Die Wirkungen der Circular Economy auf Energieeinsatz und Treibhausgasemissionen erstrecken sich auf die gesamte Nutzungskette der Materialien.
> - Während wichtige Hebel der Circular Economy auf der Ebene der Nutzung von Produkten liegen (z. B. Carsharing, Reduktion des Wohnflächenbedarfs pro Kopf), entstehen die Emissionsminderungen ganz überwiegend in der Primärmaterialproduktion.
> - Aus der Sicht derjenigen, die Maßnahmen der Circular Economy umsetzen, handelt es sich damit meist um Emissionsminderungen im Scope 3, also bei den – meist über mehrere Stufen – vorgelagerten Materialherstellern. Bei Kunststoffen können zusätzlich noch signifikante Emissionsminderungen durch die vermiedene Verbrennung im nachgelagerten Scope 3 hinzu kommen.

Circular Economy als Kernstrategie der Klimaneutralität

- Um die Emissionsminderungswirkungen ergriffener Maßnahmen der Circular Economy zu quantifizieren, sollten Produktlebenszyklusanalysen (LCA) durchgeführt werden.

3.2 Möglicher Beitrag der Circular Economy zur Treibhausgasminderung in der Grundstoffindustrie

Allein die europäische Grundstoffindustrie emittierte 2015, wie die ◘ Abb. 3.3 zeigt, deutlich mehr als eine halbe Milliarde Tonnen CO_2. Die produzierten Grundstoffe entsprachen dabei in etwa dem Bedarf in Europa. Allerdings werden sowohl große Mengen an Grundstoffen nach Europa eingeführt als auch ausgeführt (vgl. z. B. Lechtenböhmer et al. 2016).

Eine Studie von *Material Economics* untersuchte, wie die im vorhergehenden Abschnitt skizzierten Strategien zur Treibhausgasminderung im Bereich des Energieeinsatzes der Grundstoffindustrie sowie die zur Intensivierung der Circular Economy miteinander kombiniert werden könnten, um die Grundstoffindustrie bis 2050 weitgehend klimaneutral zu machen.

- Dabei gewichtet das Szenario *Neue Prozesse* vorwiegend die oben genannten Breakthrough-Technologien sehr stark, die es ermöglichen würden, die Produktion der energieintensiven Grundstoffe auf klimaneutrale Prozesse umzustellen,

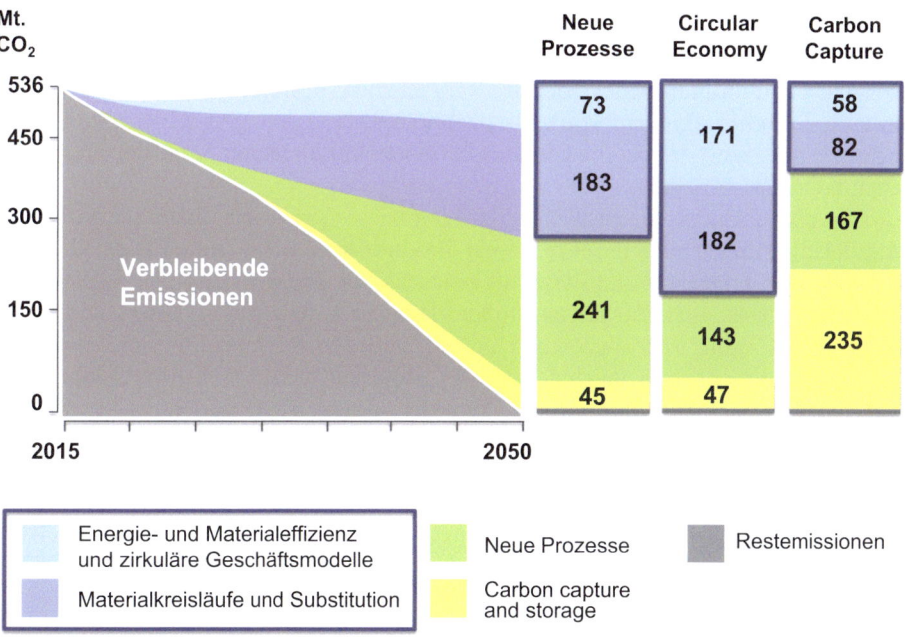

◘ **Abb. 3.3** Mögliche europäische Pfade für die Emissionsreduktion in den Sektoren Stahl, Chemie und Zement (in Mio. Tonnen CO_2 pro Jahr). (Quelle: eigene Darstellung, nach Material Economics und Wuppertal Institut 2019)

die auf erneuerbarem Strom und grünem Wasserstoff basieren. Übersichten über die entsprechenden Technologien finden sich etwa in Joas et al. (2019) und Bataille et al. (2018). Das Szenario geht davon aus, dass die bestehenden Optionen so schnell und durchgreifend umgesetzt werden, wie es beim derzeitigen Stand der jeweiligen Technologien möglich wäre.

- Das Szenario *Circular Economy* fokussiert dagegen vor allem die Möglichkeiten der Materialeffizienz bzw. zirkulären Wertschöpfung. Diese werden im Szenario so weit wie möglich umgesetzt. Es wird also davon ausgegangen, dass sowohl ein großer Teil der betrachteten Materialien im Kreis geführt wird als auch Strategien für Materialeffizienz und Substitution von Materialien durch weniger emissionsintensive bzw. besser rezyklierbare umgesetzt werden.
- Das dritte Szenario geht dagegen davon aus, dass in großem Maße auf *Carbon capture and storage (CSS)* gesetzt wird, zusammen mit anderen Breakthrough-Technologien.

Insgesamt zeigen die Szenarien, dass keine der drei Strategien allein ausreicht, um einen konsistenten Pfad zur weitestgehenden Treibhausgasminderung in der Industrie zu beschreiben. Gerade CCS wird in den ersten beiden Szenarien vorwiegend dort eingesetzt, wo es nicht vermeidbare Restemissionen gibt, d. h. vor allem in der Zementindustrie, wo nicht völlig auf den Einsatz von Kalkstein verzichtet werden kann. Die neuen Prozesse tragen je nach Szenario zu 26 bis 44 % zur Treibhausgasminderung bei, während die Strategien der Circular Economy zusammengenommen ebenfalls mindestens 26 % im CCS-Szenario, in den anderen beiden aber zu knapp der Hälfte bzw. knapp zwei Dritteln beitragen. Der höhere Wert ergibt sich dabei vor allem aus der Einbeziehung ambitionierterer Szenarien zur Servicereduktion und zu materialeffizienterem Design.

Damit wird deutlich, dass die Circular Economy in dieser Analyse in zwei Szenarien den größten Beitrag der drei verglichenen Strategielinien leistet. Lediglich im CCS-Szenario, das sehr stark auf technologische Lösungen in der Grundstoffindustrie fokussiert, landet die Circular Economy nur an letzter Stelle der Treibhausgasminderungsstrategien.

Für die Grundstoffindustrien skizzieren diese Szenarien einen tiefgreifenden Wandel. Sie müssen nicht nur ihre Primär-Produktionen komplett auf Breakthrough-Technologien umstellen und diese mit erneuerbarer Energie betreiben. Gleichzeitig kommt es für sie auch darauf an, höhere Recycling- bzw. Sekundäranteile in ihrer Rohstoffversorgung zu realisieren. Und das beides in einem Politikumfeld, das zugleich auf eine absolute Verringerung der Materialeinsätze in Europa hinarbeitet. Auf den Weltmärkten, auf denen viele Grundstoffindustrien operieren, ist es aber zugleich weniger wahrscheinlich, dass europäische Unternehmen ihre Exportüberschüsse zukünftig signifikant ausbauen können.

Um diese Klimaschutzszenarien umsetzen zu können, sind eine Umgestaltung sowohl der Materialeffizienzpolitik im weiteren Sinne als auch eine integrierte Klima-Industriepolitik notwendig (vgl. Lechtenböhmer und Fischedick 2020 und Nilsson et al. 2021).

Für die Lehre
- Die hier thematisierten Analysen von *Material Economics* für die EU sind nicht die einzigen Arbeiten, die versuchen, den Zusammenhang zwischen einer stärker zirkulären Wertschöpfung und Treibhausgasemissionsminderungen zu quantifizieren.
- Unter anderem beziffert die *Internationale Energieagentur (IEA)* in ihren *World Energy Outlooks* sowie in den *Energy Technology Perspectives* physische Produktionsmengen von Stahl, Zement und Kunststoffen. Auf aggregierter Ebene werden in den jeweiligen Policy-Szenarien auch die Effekte von Materialeffizienz und teilweise von weiteren Strategien der Circular Economy auf die Produktionsmengen und damit die Energiebedarfe zu ihrer Herstellung abgeschätzt (IEA 2019).
- Die aktuell nach eigener Aussage differenzierteste Analyse der globalen Materialnachfrage für die Herstellung von Wohngebäuden und von Pkw stammt von Pauliuk et al. (2021). Die Autoren nutzen das ODYM-RECC Modell (open dynamic material systems model for the resource efficiency and climate change mitigation project), das sowohl die Nutzungsphase von Materialien in Produkten (Wohngebäude und Pkw) als auch die Gewinnung, Primärproduktion, Verarbeitung und Abfallbehandlung sowie das Recycling umfasst. Zusätzlich zum Materialfluss deckt das Modell auch die entsprechende Energieversorgung und die damit verbundenen Treibhausgasemissionen ab.
- Pauliuk et al. (2021) beziffern den Beitrag umfassender Materialeffizienzstrategien auf die Verringerung der globalen Treibhausgasemissionen auf 32–77 Mrd. t CO_2-Äquivalent bzw. 13 bis 18 % der Gesamtemissionen. Dabei beziehen sie auch die resultierenden Effizienzsteigerungen in der Nutzungsphase der Wohngebäude und der Pkw mit ein.
- Ein kommentierter Überblick über verschiedene aktuelle Arbeiten zum Thema findet sich im Supplementary Material zu Pauliuk et al. (2021).

3.3 Zusammenfassung

Ein Großteil der Ressourcen, die wir heute einsetzen, wird in den Grundstoffindustrien aus Rohstoffen wie Erzen, Kalkstein, Mineralöl, Salzen oder Biomasse zu Grundstoffen umgewandelt. Sie alle „passieren" die Grundstoffindustrie. Aufgrund der hierfür nötigen physikalischen Umwandlungsprozesse sind die Grundstoffindustrien zugleich ein „Hotspot" für Energiebedarf und Treibhausgasemissionen. Allein auf die Stahl- und die Zementindustrie sowie die Petrochemie entfallen schon heute fast 20 % der globalen CO_2-Emissionen (nur Scope 1). Hinzu kommen erhebliche Scope-2-Emissionen, vor allem aus dem Stromeinsatz, und insbesondere in der chemischen Industrie auch Scope-3-Emissionen, wenn Produkte am Ende ihres Lebenszyklus thermisch entsorgt werden. An der Grundstoffindustrie wird daher der enge Zusammenhang zwischen dem Konsum von (Primär-)Ressourcen und dem Ausstoß von Treibhausgasen deutlich.

Vor diesem Hintergrund wird klar, dass Strategien einer Circular Economy, die auf eine Verringerung des Bedarfs an Materialien entlang der gesamten Wertschöpfungskette und höhere Anteile sekundärer Rohstoffe hinwirken, starke Auswirkungen auf die Verringerung von Energiebedarf und Treibhausgasemissionen – vor allem – in der Grundstoffindustrie haben. Studien für die EU, aber auch auf globaler Ebene zeigen, dass die Circular Economy zwischen einem Drittel und der Hälfte der Emissionsminderungen für eine vollständige Klimaneutralität der Grundstoffindustrie erbringen kann. Sie ist damit für die Treibhausgasminderung in der Grundstoffindustrie ebenso wichtig wie der Einsatz neuer Technologien, gekoppelt mit einem Umstieg auf erneuerbare Energien und die Abtrennung und Lagerung von CO_2. Auch bezogen auf die gesamten globalen Treibhausgasemissionen ist eine stärker zirkuläre Wertschöpfung, nach Energieeffizienz und CO_2-neutraler Energieversorgung, die drittwichtigste Strategie.

Zwar entstehen die maßgeblichen Treibhausgasemissionsminderungen durch Circular Economy physikalisch in der Grundstoffindustrie (und der zugeordneten fossilen Stromversorgung), die Hebel zu ihrer Realisierung sind jedoch über den gesamten Stoffkreislauf verteilt. Insbesondere das Design von Industrieprodukten hat einen großen Einfluss auf ihre sparsame Verwendung und die spätere Recyclingfähigkeit. Aber auch die effiziente Produktnutzung, die letztlich für die Höhe der Nachfrage verantwortlich ist, und eine optimierte Organisation der Recyclingwirtschaft sind extrem wichtige Hebel, die aber überwiegend nicht in den Händen der Industrien liegen, in denen dann die Treibhausgasemissionen eingespart werden. Entsprechende Berechnungsmethoden und Politikmaßnahmen müssen also immer die komplette Materialflusskette mitdenken, um hier die richtigen Anreize zu setzen.

Kernbotschaften
- Auch eine nachhaltige Zukunft benötigt materielle Ressourcen wie Stahl, Beton, Zement, Holzbaustoffe oder Kunststoffe.
- Fast alle Ressourcen werden in den Grundstoffindustrien aus Rohstoffen wie Erzen, Kalkstein, Mineralöl, Salzen oder Biomasse zu Grundstoffen umgewandelt.
- Die erforderlichen Umwandlungsprozesse von Ressourcen zu Grundstoffen sind – aus physikalischen Gründen – fast immer extrem energieintensiv. Auch neue technologische Lösungen bleiben energieintensiv.
- Allein auf die Stahl- und die Zementindustrie sowie die Petrochemie entfallen schon heute fast 20 % der globalen CO_2-Emissionen.
- Strategien einer Circular Economy, die den Einsatz von Materialien verringern und/oder höhere Anteile sekundärer Rohstoffe erreichen, mindern gleichzeitig den Energiebedarf und die Treibhausgasemissionen (der Grundstoffindustrie) deutlich.
- Für die EU wurde gezeigt, dass die Circular Economy bis zu rund 50 % der Treibhausgasemissionsminderungen für eine klimaneutrale Grundstoffindustrie erbringen kann.

Literatur

Bataille, Chris; Åhman, Max; Neuhoff, Karsten; Nilsson, Lars J.; Fischedick, Manfred; Lechtenböhmer, Stefan; Solano-Rodriquez, Baltazar; Denis-Ryan, Amandine; Stiebert, Seton; Waisman, Henri; Sartor, Oliver; Rahbar, Shahrzad (2018): A review of technology and policy deep decarbonization pathway options for making energy-intensive industry production consistent with the Paris Agreement. In: *Journal of Cleaner Production* 187 (2018), S. 960–973. https://doi.org/10.1016/j.jclepro.2018.03.107.

IEA (2019): Material efficiency in clean energy transitions, März 2019. Online verfügbar unter https://www.iea.org/reports/material-efficiency-in-clean-energy-transitions, zuletzt geprüft am 30.01.2023.

IEA (2020): Energy Technology Perspectives. Paris. Online verfügbar unter https://www.iea.org/reports/energy-technology-perspectives-2020, zuletzt geprüft am 30.01.2023.

Joas, Fabian; Lechtenböhmer, Stefan et al. (2019): Klimaneutrale Industrie: Schlüsseltechnologien und Politikoptionen für Stahl, Chemie und Zement, Studie im Auftrag von Agora Energiewende. Online verfügbar unter https://www.agora-industrie.de/publikationen/klimaneutrale-industrie-hauptstudie, zuletzt geprüft am 30.01.2023.

Lechtenböhmer, Stefan; Nilsson Lars J.; Åhman, Max; Schneider, Clemens (2016): Decarbonising the energy intensive basic materials industry through electrification – implications for future EU electricity demand. In: *Energy*, Volume 115, Part 3, S. 1623–1631. https://doi.org/10.1016/j.energy.2016.07.110.

Lechtenböhmer, Stefan; Fischedick, Manfred (2020): Integrierte Klima-Industriepolitik als Kernstück des europäischen Green Deal. In: *InBrief* 09/2020. Wuppertal Institut. Online verfügbar unter https://epub.wupperinst.org/frontdoor/index/index/docId/7482, zuletzt geprüft am 30.01.2023.

Material Economics (2019): Industrial Transformation 2050, Pathways to Net-Zero Emissions from EU Heavy Industry University of Cambridge Institute for Sustainability Leadership (CISL). Online verfügbar unter https://materialeconomics.com/publications/industrial-transformation-2050, zuletzt geprüft am 30.01.2023.

Nilsson, Lars J.; Bauer, Fredric; Åhman, Max; Andersson, Fredrik N. G.; Bataille, Chris; Stephane de la Rue du Can; Ericsson, Karin; Hansen, Teis; Johansson, Bengt; Lechtenböhmer, Stefan; van Sluisveld, Mariësse; Vogl, Valentin (2021): An industrial policy framework for transforming energy and emissions intensive industries towards zero emissions, Climate Policy. https://doi.org/10.1080/14693062.2021.1957665.

Pauliuk, Stefan; Heeren, Niko; Berrill, Peter et al. (2021): Global scenarios of resource and emission savings from material efficiency in residential buildings and cars. In: *Nature Communications* 12, 5097. https://doi.org/10.1038/s41467-021-25300-4.

Circular Economy zwischen Ressourcenschonung und Abfallrecycling

Friederike von Unruh, Julian Mast und Wolfgang Irrek

Inhaltsverzeichnis

4.1 Einleitung – 52

4.2 Begrifflichkeiten rund um das zirkuläre Wirtschaften – 52
4.2.1 Circular Economy – 53
4.2.2 Kreislaufwirtschaft – 54
4.2.3 Cradle to Cradle – 55
4.2.4 Industrial Ecology – 56
4.2.5 Die Konzepte im Vergleich – 57

4.3 Motivationen für zirkuläres Handeln – 58
4.3.1 Reduktion von Umweltschäden – 58
4.3.2 Gesundheitsschutz und Menschenrechte – 59
4.3.3 Größere Rohstoffunabhängigkeit – 60
4.3.4 Wettbewerbsvorteile durch Innovation – 61
4.3.5 Stärkung inländischer Wertschöpfung – 61

4.4 Umsetzung zirkulärer Ansätze durch R-Strategien – 61

4.5 Schlussbemerkung – 64

Literatur – 64

© Der/die Autor(en), exklusiv lizenziert an Springer Fachmedien Wiesbaden GmbH, ein Teil von Springer Nature 2024
S. Büttner et al. (Hrsg.), *Transformation zur Circular Economy*, Sustainable Development Goals (SDG) – Umsetzung in Praxis, Lehre und Entscheidungsprozessen,
https://doi.org/10.1007/978-3-658-43338-3_4

4.1 Einleitung

Die aktuellen Herausforderungen unserer Zeit, wie die Klimakrise mit all ihren zum Teil noch nicht absehbaren Folgen, und die in den Krisen der letzten Jahre noch einmal deutlicher gewordene Abhängigkeit von Rohstoffimporten, globalen Lieferketten und Energielieferanten, unterstreichen die Notwendigkeit für eine Transformation hin zu einer nachhaltigen Wirtschaftsweise. Diese spiegelt sich auch in den Zielen für nachhaltige Entwicklung (SDGs: Sustainable Development Goals) der Vereinten Nationen wider, welche im zwölften SDG den nachhaltigen Konsum und eine verantwortungsvolle Produktion fordern. Alhawari et al. (2021) sehen das Konzept der Circular Economy (deutsch: zirkuläre Wertschöpfung) als eine der wichtigsten Optionen für die Transformation zu einer nachhaltigeren Wirtschaft und Gesellschaft.

Obwohl Nachhaltigkeit und Circular Economy gerade in der Industrie, der Wissenschaft und bei politischen Entscheidungsträger*innen immer mehr Aufmerksamkeit erhalten (Geissdoerfer et al. 2017), steht der Wandel hin zu einer zirkulären Wirtschaftsweise noch am Anfang. Momentan ist die Wirtschaft weltweit nur bis zu 7,2 % zirkulär, was eine massive Lücke zu einer umfassenden Kreislaufführung von Materialien hinterlässt (circle economy 2023), aber auch die möglichen Potenziale für eine nachhaltige Transformation aufzeigt. Die Herausforderung für einen Wandel zu einer zirkulär orientierten Wirtschaft ist dabei, dass sie nicht allein nur von einer Gruppe von Akteuren vorangetrieben werden kann, sondern die Zusammenarbeit und das Engagement unterschiedlicher Gruppen bedarf (Korhonen et al. 2018). Die Akteure handeln dabei aus unterschiedlichen Motivationen heraus und sehen verschiedene Anreize, um sich mit den Themenbereichen Nachhaltigkeit und Circular Economy auseinanderzusetzen und Kreisläufe zu schließen.

Die zentralen Fragestellungen des vorliegenden Beitrags lauten: Welche zirkulären Konzepte werden überhaupt verfolgt und wie können diese voneinander abgegrenzt werden? Was sind die Hauptmotivationsquellen, um zirkulär zu handeln? Und welche Strategien werden für die Umsetzung benötigt? Um dies zu klären, werden im Folgenden die nachhaltige Entwicklung und die unterschiedlichen Konzepte des zirkulären Wirtschaftens voneinander abgegrenzt, da in der Diskussion häufig verschiedene Bezeichnungen synonym verwendet werden. Darauf aufbauend wird im nächsten Abschnitt die Motivation zirkulär zu handeln aufgezeigt. Zum Schluss werden die sogenannten R-Strategien vorgestellt, die als wichtige Umsetzungsstrategien der Circular Economy gelten und Unternehmen bei der Entwicklung eines zirkulären Geschäftsmodells leiten können.

4.2 Begrifflichkeiten rund um das zirkuläre Wirtschaften

Verschiedenste Konzepte tragen zu einer nachhaltigen Entwicklung bei. Dazu gehören Konzepte wie die Circular Economy (deutsch: zirkuläre Wertschöpfung), die Kreislaufwirtschaft, Cradle to Cradle oder die Industrial Ecology. Im Folgenden werden diese Begriffe voneinander abgegrenzt und Unterschiede und Gemeinsamkeiten deutlich gemacht.

Nachhaltigkeit gilt als Megatrend unserer Zeit (Schulze-Quester 2021). Unternehmen müssen Antworten und Lösungsansätze finden, um zukunftsfähig zu bleiben. Schuldt (2020) spricht davon, dass in den 2020er-Jahren Nachhaltigkeit zu einem neuen Standard bei den Konsument*innen wird. Aber was bedeutet Nachhaltigkeit überhaupt? Der Begriff wird in den vergangenen Jahren in unterschiedlichsten Kontexten verwendet; insbesondere in der Werbung taucht er häufig auf. Viele der heute bekannten Vorstellungen zu Nachhaltigkeit haben ihren Ursprung in der Arbeit der UN-Weltkommission für Umwelt und Entwicklung, auch bekannt als Brundtland-Kommission, benannt nach der damaligen Vorsitzenden und norwegischen Politikerin Gro Harlem Brundtland. Der Bericht *Our common future* von 1987 definiert nachhaltige Entwicklung wie folgt: *„Sustainable development is development that meets the needs of the present without compromising the ability of future generations to meet their own needs."* (WCED 1987). Letztlich geht es also um die Umsetzung intra- und intergenerationaler Gerechtigkeit (Rogall 2012), auch wenn es keinen absoluten, unabhängigen Maßstab gibt, was Menschen als gerecht ansehen. Dabei umfasst Nachhaltigkeit eine ökologische, eine ökonomische und eine soziale Dimension (im Englischen auch *environment*, *economy* und *social equity*). Nachhaltigkeit kann nur erreicht werden, wenn gleichzeitig die Umwelt geschützt, ökonomischer Wohlstand (qualitativ) geschaffen und soziale Gleichheit unterstützt wird. Alles drei muss Hand in Hand gehen (Portney 2015). Die deutsche Bundesregierung misst das Erreichen entsprechender Nachhaltigkeitsziele anhand von 143 Indikatoren einer nachhaltigen Entwicklung (Zeitreihe 91111-0001 des Statistischen Bundesamtes). Hierzu gehören drei material- bzw. rohstoffstrombezogene Indikatoren, nämlich die Indikatoren „Gesamtrohstoffproduktivität" und „Rohstoffeinsatz in Rohstoffäquivalenten", die seit dem Jahr 2000 erhoben wurden, sowie der seit dem Jahr 2010 vorliegende Indikator „Rohstoffeinsatz durch Konsum privater Haushalte".

4.2.1 Circular Economy

Ein konkretes, die wirtschaftliche Nachhaltigkeitsdimension und die genannten Materialflüsse besonders fokussierendes Konzept ist die Circular Economy, welche durch den *Circular Economy Action der Plan* der Europäischen Kommission im Rahmen des Green Deals auf die europäische politische Agenda gesetzt wurde. Der Aktionsplan stellt die Weichen für mehr Zirkularität in Wirtschaft und Gesellschaft und hat großen Einfluss auf die Art und Weise, wie wir Dinge gestalten, produzieren und nutzen. Während Circular Economy von der Europäischen Kommission offiziell mit „Kreislaufwirtschaft" übersetzt wird, wird als Synonym zum Begriff der Circular Economy teilweise auch „zirkuläre Wertschöpfung" (Prosperkolleg 2021) oder „zirkuläres Wirtschaften" (Müller et al. 2020) verwendet, um sich gezielt von der Kreislaufwirtschaft im Sinne des deutschen Kreislaufwirtschaftsgesetzes abzugrenzen, die häufig nur mit einer reinen Abfall- und Recyclingwirtschaft in Verbindung gebracht wird. Die Circular Economy möchte Materialien so lange wie möglich im Kreislauf führen und von vornerherein mitdenken, was mit Produkten am Ende der Nutzungsphase geschieht. Das Konzept geht hierbei deutlich über das Recycling hinaus und rückt den gesamten Produktlebenszyklus und das Wertschöpfungsnetzwerk in den Fokus.

Eine allgemeingültige Definition der Circular Economy gibt es nicht: Kirchherr et al. (2017) untersuchten 114 Definitionen zur Circular Economy und fanden heraus, dass sie am häufigsten als eine Kombination von Reduzieren, Wiederverwenden und Recyceln dargestellt wird. Dass die Circular Economy einen systemischen Wandel erfordert, wird selten thematisiert. Der Artikel zeigt, dass die Circular Economy unterschiedliche Bedeutungen für verschiedene Menschen hat. Basierend auf ihrem schrittweise entwickelten „Kodierrahmen" definieren Kirchherr et al. die Circular Economy als wirtschaftliches System, welches das Ziel hat, eine nachhaltige Entwicklung zu erreichen. Abgeleitet aus dieser Definition verwendet das Prosperkolleg (s. ▶ Kap. 1) die folgende und legt dabei einen Schwerpunkt auf das Handeln innerhalb der planetaren Grenzen.

> **Für die Lehre**
> *Definition Circular Economy*: Das Konzept der zirkulären Wertschöpfung (engl. Circular Economy) beschreibt ein nachhaltiges Wirtschaftssystem, in dem in möglichst geschlossenen Kreisläufen gedacht und gehandelt wird, um den wirtschaftlichen und gesellschaftlichen Nutzen von Produkten, Komponenten und Materialien unter Beachtung der ökologischen Grenzen unseres Planeten langfristig zu sichern.
>
> Damit steht zirkuläre Wertschöpfung im Gegensatz zum aktuell dominierenden „linearen" Wirtschaftssystem, in dem die Wertschöpfung nach einer kurzen Kette aus Rohstoffgewinnung, Verarbeitung und Verbrauch mit einer oftmals unzureichenden Entsorgung, Deponierung oder rein energetischen Verwertung abrupt endet (Prosperkolleg 2021).

In europäischen Schriftstücken wird die Circular Economy häufig mit „Kreislaufwirtschaft" entsprechend der bereits erläuterten Verwendung übersetzt. Dabei wird, wie beim Konzept der zirkulären Wertschöpfung, die gesamte Wertschöpfungskette betrachtet. Kreislaufwirtschaft in einem solchen umfassenderen Sinne kann daher auch als Synonym zu den Begriffen „Circular Economy" und „zirkuläre Wertschöpfung" verstanden werden. Ein solches Kreislaufwirtschaftsverständnis, das die gesamten Wertschöpfungsnetzwerke von der Ressourcengewinnung bis zum Recycling umfasst und integrierte Strategien zur Schließung von Stoffkreisläufen nutzt, vom Produktdesign bis zu Reparatur und Recycling, hat etwa das *Wuppertal Institut für Klima, Umwelt, Energie* (Gözet und Wilts 2022). Um sich von der Kreislaufwirtschaft gemäß des deutschen Kreislaufwirtschaftsgesetzes (KrWG) abzugrenzen, wird im Folgenden von Circular Economy gesprochen, wenn ein solch umfassender Kreislaufwirtschaftsbegriff gemeint ist.

4.2.2 Kreislaufwirtschaft

Betrachtet man nun die Kreislaufwirtschaft im Sinne des deutschen Kreislaufwirtschaftsgesetzes (KrWG) wird bereits in der Zielformulierung die Fokussierung auf Abfälle deutlich, nämlich dass es dem Ziel diene, *„die Kreislaufwirtschaft zur Schonung der natürlichen Ressourcen zu fördern und den Schutz von Mensch und Umwelt bei der Erzeugung und Bewirtschaftung von Abfällen sicherzustellen"* (KrWG § 1). Im Vordergrund stehen also die Abfälle, die bereits angefallen sind. In § 3 KrWG wird der Abfallbegriff genau definiert: Es *„sind alle Stoffe oder Gegenstände, derer sich ihr Besitzer entledigt, entledigen will oder entledigen muss."* Das Gesetz trat 1996 in Kraft, 2012 wurde eine Neufassung veröffentlicht.

Circular Economy zwischen Ressourcenschonung und Abfallrecycling

Um Mensch und Umwelt bestmöglich zu schützen, zeigt § 6 KrWG die Abfallhierarchie, eine Reihenfolge, in welcher Erzeuger*innen, Besitzer*innen und die Entsorgungsträger die Abfälle bearbeiten sollen. An erster Stelle der Pyramide steht das Vermeiden von Abfällen. Wenn dies nicht möglich ist, soll eine Vorbereitung zur Wiederverwendung stattfinden, dann das Recycling. Sollte Recycling nicht in Frage kommen, geht der Abfall in die sonstige Verwertung, z. B. die energetische Verwertung und Verfüllung. Erst wenn diese Maßnahmen nicht umsetzbar sind, soll eine Beseitigung stattfinden. In § 6 Abs. 2 wird nicht nur der ökologische Aspekt benannt, sondern auch auf darauf hingewiesen, dass *„die technische Möglichkeit, die wirtschaftliche Zumutbarkeit und die sozialen Folgen der Maßnahme"* beachtet werden sollen, was den Verantwortlichen allerdings einen breiten Spielraum lässt.

4.2.3 Cradle to Cradle

Ein weiteres bekanntes Framework ist Cradle to Cradle, was mit „von der Wiege zur Wiege" übersetzt werden kann. Es beschreibt ein Designkonzept, welches die Vision einer Welt ohne Abfall hat. Anfang der 1990er-Jahre von Michael Braungart und William McDonough entwickelt, sieht das Prinzip vor, dass Produkte so gestaltet werden, dass sie Mensch und Umwelt nicht schaden und ihre Materialien und Rohstoffe in geschlossenen Kreisläufen geführt werden können. Bereits in der Designphase von Produkten soll ihr Lebensende mitgedacht werden. Für die Herstellung der Produkte kommen dabei ausschließlich regenerative Energien zum Einsatz. Die Autoren erklären das Konzept anhand eines Kirschbaums: Im Frühjahr produziert jeder Kirschbaum viele wunderschöne weiß-rosa Blüten, die er zur Fortpflanzung jedoch nicht benötigt. Seine Blütenblätter fallen zur Erde, verrotten und geben dem Boden somit neue Nährstoffe und anderen Tieren Nahrung. Es entsteht also keinerlei Abfall in diesem Prozess. Mit diesem Bild erklären Braungart und McDonough das Prinzip der Ökoeffektivität im Unterschied zur Ökoeffizienz. Während ökoeffektive Systeme Abfälle ganz vermeiden oder sie als „Nahrung", als Rohstoff für Folgeprozesse begreifen, möchte die Ökoeffizienz mit weniger Rohstoffeinsatz dieselben Ergebnisse oder mit gleichbleibendem Rohstoffaufwand bessere Ergebnisse erzielen und dadurch die Umweltauswirkungen einer wachsenden Wirtschaft reduzieren (Braungart und McDonough 2021).

Das Cradle-to-Cradle-Konzept unterscheidet bei der Herstellung von Produkten den biologischen und den technischen Kreislauf: Im biologischen Kreislauf werden Materialien verwendet, die biologisch abbaubar sind und keinerlei Abfall entstehen lassen, ähnlich wie es bei der Blütenproduktion des Kirschbaums der Fall ist. Im technischen Kreislauf dagegen sind die verwendeten Materialien nicht biologisch abbaubar; es findet nach der Nutzungsphase eine Rücknahme der Produkte statt, damit diese in ihre Ursprungsmaterialien zerlegt werden können, um so ebenfalls der Nährstoff neuer Produkte zu sein. Dies funktioniert nur, wenn bereits in der Designphase auf die Auswahl und Zusammensetzung der Materialien geachtet wird (Braungart und McDonough 2021).

Das Cradle-to-Cradle-Konzept beantwortet allerdings nicht die Frage, wie die für den biologischen Kreislauf und den notwendigen Energieinput aus erneuerbaren Energien benötigten Flächen bei dem zu erwartenden weltweiten Wachstum an Bevölkerung und Wohlstandsansprüchen ohne Berücksichtigung von Effizienz und Suffizienz in ausreichendem Maße bereitgestellt werden können.

Weltweit können Unternehmen ihre Produkte, die dem Cradle-to-Cradle-Prinzip folgend gestaltet und hergestellt sind, nach verschiedenen Cradle-to-Cradle-Standards zertifizieren lassen. Die Zertifizierungsstufe gibt den Kund*innen einen Einblick, inwieweit das Cradle-to-Cradle-Prinzip in der Herstellung angewendet wurde. Die Gültigkeit der Zertifizierung beträgt zwei Jahre (Becker 2018).

4.2.4 Industrial Ecology

Das älteste der hier vorgestellten Konzepte ist die Industrial Ecology, die ihren Ursprung Ende der 1980er-Jahre hat. Ziel ist es, die Umweltqualität aufrechtzuerhalten und zu verbessern (Lifset und Graedel 2002). Das Konzept versteht Unternehmen als industrielle Metabolismen, in Anlehnung an den natürlichen Stoffwechsel, der in pflanzlichen, tierischen und menschlichen Organismen, aber auch innerhalb ganzer Ökosysteme stattfindet. Beim biologischen Prozess des Metabolismus nehmen Organismen zur Sicherung ihrer Existenz Stoffe aus ihrer Umwelt auf, verarbeiten diese und geben am Ende veränderte Stoffe wieder ab. Entsprechend sind nach Ayres die Organisationen des wirtschaftlichen Systems zum Zweck des wirtschaftlichen Wohlstands bzw. Wachstums davon abhängig, Rohstoffe aus ihrer Umwelt aufzunehmen, diese im Rahmen der Wertschöpfungskette weiterzuverarbeiten und abschließend in Form von Produkten und Abfall an ihre Umwelt abzugeben (Ayres 1994).

Die Gesamtheit aller industriellen Metabolismen innerhalb einer Region lassen sich, ebenfalls in Anlehnung an den biologischen Terminus, als industrielles Ökosystem bezeichnen, das durch den Energie- und Stoffaustausch verschiedener Metabolismen charakterisiert wird. Innerhalb des Ökosystems stehen die Metabolismen idealerweise in Symbiose. Das bedeutet, dass sie diejenigen Stoffe gegenseitig weiterverwerten, die den einzelnen Metabolismus nicht in Form eines Produktes verlassen. Durch die weitere Verwertung und Nutzung können innerhalb eines Ökosystems zwei zentrale Vorteile erreicht werden: Auf stofflicher Ebene sinkt die Entstehungsmenge von Müll deutlich, auf Geschäftsebene können neue Nischen besetzt und erfolgreiche Geschäftsmodelle betrieben werden (Autio und Thomas 2022; Frosch und Gallopoulos 1989).

Nach Ehrenfeld und Chertow (2002) arbeitet die Industrial Ecology auf drei Ebenen: der globalen bzw. regionalen Ebene, der unternehmensübergreifenden und der Unternehmensebene. Auf Unternehmensebene konzentriert sich die Industrial Ecology auf Produktdesign für die Umwelt, Vermeidung von Umweltverschmutzung und Ökoeffizienz, während auf regionaler und globaler Ebene Energie- und Materialflüsse betrachtet werden. Auf der unternehmensübergreifenden Ebene spricht man von der sogenannten industriellen Symbiose. Diese verbindet traditionell getrennte Branchen in einem kollektiven Ansatz zur Erzielung von Wettbewerbsvorteilen. Dabei tauschen Unternehmen unterschiedlicher Wirtschaftszweige untereinander Materialien, Energie, Wasser und andere Beiprodukte aus (Chertow 2000). Entscheidend ist dabei die Zusammenarbeit der Unternehmen sowie ihre geografische Nähe zueinander. Unternehmen suchen sich explizit andere Organisationen aus, die für ihr Wirtschaftssystem am nützlichsten sind (Ehrenfeld und Chertow 2002). Das Konzept der industriellen Symbiose wird in sogenannten *Eco-Industrial Parks* umgesetzt. Das bekannteste Beispiel befindet sich in der dänischen Hafenstadt Kalundborg. Verschiedene Partner teilen sich hier Grundwasser, Oberflächenwasser, Abwasser, Dampf und Elektrizität sowie einige Abfallprodukte, die Ausgangsmaterialien für neue Herstellungsprozesse sind (Chertow 2000).

4.2.5 Die Konzepte im Vergleich

Circular Economy, Kreislaufwirtschaft, Cradle to Cradle und Industrial Ecology sind Konzepte eher wirtschaftlicher Natur, die ökologische, aber auch ökonomische und soziale Dimensionen der Nachhaltigkeit berühren. Vergleicht man diese Konzepte miteinander (s. ◘ Tab. 4.1), wird deutlich, dass die Industrial Ecology räumlich definierte Wirtschaftssysteme betrachtet, die Circular Economy auf

◘ Tab. 4.1 Abgrenzung der Konzepte Industrial Ecology, Kreislaufwirtschaft, Circular Economy und Cradle to Cradle aus von Unruh und Mast (2022), angepasst

Konzept/Vergleichskriterien	Industrial Ecology	Kreislaufwirtschaft	Circular Economy (zirkuläre Wertschöpfung)	Cradle to Cradle
Zugrunde liegendes Verständnis	Ayres Stoffmetabolismus, 1994	Nationales Gesetz, 1996 in Kraft getreten	Kein einheitliches Verständnis; hier: Kirchherr et al. (2017)	Braungart und McDonough 2021
Fokussierter Betrachtungsgegenstand	Globales Wirtschaftssystem, unterteilt in regionale Wertschöpfungsnetzwerke	Abfälle	Wertschöpfungsnetzwerke	Produkte
Betrachtete Stoffkreisläufe	Einbettung der Wirtschaft in die Ökosphäre	Keine Unterscheidung	Betrachtungsfokus auf technischem Kreislauf	Biologischer und technischer Stoffkreislauf
Fokussierte Stoffflüsse	Closed, narrowed and slowed loop	Recycling von Abfällen	Closed, narrowed and slowed loop	Closed loop
Vision	Handeln innerhalb der planetaren Grenzen	Abfallvermeidung, Senkung Rohstoffbedarf	Handeln innerhalb der planetaren Grenzen	Eine Welt ohne Abfall
Mission	Synergien im Produktionsprozess	Abfallhierarchie	Entwicklung neuer Geschäftsmodelle	Neuartige Produktgestaltung
Operative Umsetzungsstrategien	Stoffstromanalysen und Produktanalysen als Grundlage	Recycle, Recover, Dispose	9R-Umsetzungsstrategien	7R-Umsetzungsstrategien; nicht Refuse und Reduce
Indikatoren	Nutzbare Nebenprodukte und recyklierte Abfälle	Müllmenge, Müllraumdichte, Recyclingquote	Circular Material Use Rate	Zertifizierungsfarbe

Wertschöpfungsnetzwerke ausgerichtet ist und Cradle to Cradle dagegen Produkte fokussiert. Die Kreislaufwirtschaft gemäß KrWG fokussiert dagegen den Umgang mit den im Wirtschaftssystem entstehenden Abfällen.

4.3 Motivationen für zirkuläres Handeln

Viele Unternehmen werben schon länger mit ihrer Nachhaltigkeitsstrategie auf der Unternehmenswebseite. In den letzten Jahren werden zunehmend auch zirkuläre Ziele benannt (vgl. Evonik 2023; ZinQ 2023) und entsprechende nicht-finanzielle Indikatoren in der Geschäftsberichterstattung aufgeführt. Aber welche Motivation haben Unternehmen, zirkulär zu handeln und teils neue Geschäftsmodelle aufzubauen? Die Circular Economy Initiative Deutschland (2021) sieht in der Umsetzung der Circular Economy die Möglichkeit, über den Klimaschutz hinaus globale Probleme zu lösen, *„[D]enn die Circular Economy kann – wenn sie konsequent und rechtzeitig umgesetzt wird – im Sinne einer ganzheitlichen Systemlösung die miteinander verbundenen Systemkrisen Klima, Ressourcennutzung, Biodiversität und globale Gesundheit zugleich adressieren"*. In diesem Abschnitt werden neben den Vorteilen für den Klimaschutz weitere Motive für zirkuläres Handeln beschrieben. Inwieweit die Circular Economy eine Kernstrategie der Klimaneutralität sein kann, behandelt ▶ Kap. 3 mit Fokus auf der Grundstoffindustrie ausführlicher.

4.3.1 Reduktion von Umweltschäden

In einer Linearwirtschaft werden Primärrohstoffe abgebaut und gewonnen, zu Produkten verarbeitet und nach einer Nutzungsphase entsorgt. Roßnagel und Hentschel (2017) weisen auf Problematiken hin, die mit der Entnahme der Primärrohstoffe verbunden sind, wie *„die Inspruchnahme physischen Raums (Fläche), die Übernutzung der Umweltmedien (Wasser, Boden, Luft), strömender Ressourcen (z. B. Erdwärme, Wind, Gezeiten- und Sonnenenergie) und erneuerbarer Rohstoffe sowie um die Einschränkung der Biodiversität"*. Hinzu kommen vielfach soziale und gesundheitliche Probleme an den Explorationsstandorten und durch die von den abnehmenden Betrieben dominierten Handelsbedingungen. Beim Abbau von Primärrohstoffen unterscheidet man zwischen Massen- und Nicht-Massenrohstoffen. Massenrohstoffe, wie Kies und Sand, zeichnen sich durch eine sehr große Fördermenge aus. Ein gewaltiges Problem ist hierbei der steigende Flächenverbrauch, wofür sogar Wälder gerodet werden. Nicht-Massenrohstoffe sind unter anderem seltene Erden, welche im Gegensatz zu den Massenrohstoffen nur in kleinerer Menge gefördert werden. Sie sind häufig für grüne Technologien unerlässlich. Ihre Förderung benötigt jedoch große Mengen an Wasser sowie auch umweltschädliche Chemikalien, die giftige Schlämme in der Natur hinterlassen (Buchert et al. 2017).

Eine Motivation, zirkulär zu handeln, ist also die Reduktion negativer Umweltwirkungen und Flächenverbräuche bei der Primärrohstoffentnahme. Dies kann durch die Verwendung gleichwertiger Sekundärrohstoffe erreicht werden und ist insbesondere bei den Massenrohstoffen lohnenswert, da ihre Förderung häufig die bestehenden Effizienzpotenziale bereits ausgereizt hat (Buchert et al. 2017). Das Umweltbundesamt empfiehlt deshalb eine Primärbaustoffsteuer für Sand und Kies, damit die Nutzung von Sekundärbaustoffen lohnenswerter ist, genauso wie eine Gleichstellung von Rohstoffen und ihren Rezyklaten (Janz 2022). Bei den Nicht-Massenrohstoffen kann die Circular Economy sowohl beim Design von Produkten ansetzen, damit diese beispielsweise durch Reparaturmöglichkeiten eine höhere Lebensdauer haben, als auch ihre Materialien und Rohstoffe im Kreislauf führen. Hierdurch lassen sich große Mengen an Wasser einsparen und weniger giftige Chemikalien gelangen in die Umwelt. Nicht unerwähnt darf an dieser Stelle bleiben, dass die Herstellung der Sekundärrohstoffe energieintensiv sein kann und verschiedenste Umweltprobleme hervorrufen kann. Zudem intensiviert sich durch zirkuläre Strategien die gesamte Rückführlogistik von geliehenen Produkten sowie alten, defekten oder unbrauchbaren Produkten, Produktteilen oder Materialien. Auch wenn die Verwendung von Sekundärrohstoffen im Vergleich zur Primärrohstoffentnahme tendenziell eher energiesparend, emissionsmindernd und umweltschonend ist, ist die Umweltbilanz in jedem Einzelfall zu prüfen.

4.3.2 Gesundheitsschutz und Menschenrechte

Neben negativen Umweltauswirkungen kann die Primärrohstoffentnahme über den gesamten Wertschöpfungszyklus auch für gesundheitliche Probleme beim Menschen sorgen (Roßnagel und Hentschel 2017). Unfälle im Bergbau sind die größte Gefahr für die Gesundheit der Bergleute. Häufig sind Minen in Ländern mit niedrigem und mittlerem Einkommen nicht ordnungsgemäß gesichert, Sicherheitsvorschriften fehlen und die Regierungen setzen diese weder durch noch um. Mangelnder Arbeitsschutz lässt die Arbeiter*innen mit giftigen Chemikalien in Berührung kommen, Maschinen sind häufig ungeschützt. Aber nicht nur die Arbeiter*innen in den Minen und Bergwerken sind gesundheitlichen Problemen ausgesetzt. Auch die Familien der Bergleute sowie die Bewohner nahe gelegener Dörfer kommen mit den Chemikalien in Kontakt. Zudem mangelt es am Zugang zur Gesundheitsversorgung sowie an Bildungsangeboten (Landrigan et al. 2022).

Weitere Probleme bei der Primärrohstoffentnahme sind, dass bereits Kinder im jungen Alter als Arbeiter*innen in den Minen eingesetzt oder Menschen zur Arbeit gezwungen werden. Zudem können die Rohstoffe die Ursache für gewaltsam ausgetragene Machtkonflikte in ärmeren Ländern sein (Buchert et al. 2017). Indem Primärrohstoffe durch Sekundärmaterialien in Produkten ersetzt werden, können die beschriebenen negativen sozialen Auswirkungen reduziert werden (Müller et al. 2020). Ein vollständiger Verzicht auf die Primärrohstoffentnahme und eine reine Verwendung von Sekundärrohstoffen ist in den nächsten Jahrzehnten nicht zu erwarten, weshalb die Entnahme von Primärrohstoffen auf eine umweltgerechte und zur nachhaltigen Entwicklung beitragenden Art und Weise geschehen muss (Janz 2022).

4.3.3 Größere Rohstoffunabhängigkeit

Gerade in unsicheren Zeiten sind Unternehmen bemüht, ihre Rohstoffabhängigkeit zu reduzieren. Idealerweise entkoppelt die Circular Economy das Wirtschaftswachstum von der Rohstoffentnahme (Prosperkolleg 2021). Die Auswirkungen der Corona-Pandemie und des russischen Angriffskriegs in der Ukraine haben die Volatilität der Rohstoffpreise sowie der Lieferengpässe aufgezeigt. ◘ Abb. 4.1 verdeutlicht die Schwankungen unterschiedlicher Rohstoffkurse in den Jahren 2008–2023. Die Rohstoffkurse steigen dabei nicht kontinuierlich; auf lange Sicht sind die Preise natürlicher Rohstoffe relativ stabil (vgl. auch Irrek 2022, auf Basis von Gaitan et al. 2006).

Die Problematik liegt nicht in einer (zeitlich begrenzten) Knappheit von Rohstoffen, denn Wirtschaftsakteure sind kreativ im Umgang mit Knappheiten: Beispielsweise macht die Erwartung hoher Rohstoffpreise bislang unwirtschaftliche Maßnahmen zur Steigerung der Ressourceneffizienz oder den Einsatz von Substituten rentabel; die veränderte Situation sorgt für neue Lösungsansätze, die wieder zu sinkenden Preisen führen können. Vielmehr verringert die Anwendung zirkulärer Strategien, die in ▶ Abschn. 4.4 erläutert werden, die Abhängigkeit von Rohstoffpreisschwankungen sowie das Aufkommen von Lieferengpässen (Irrek 2022). Der langfristige Umbau zu einem nachhaltigen Geschäftsmodell hilft Unternehmen, sich krisenfest für die Zukunft aufzustellen.

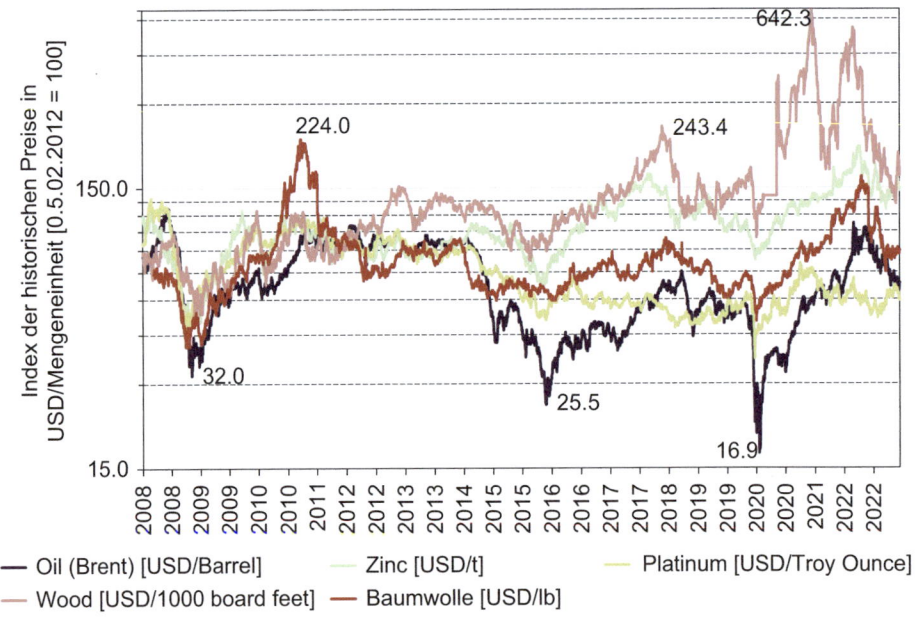

◘ **Abb. 4.1** Rohstoffpreisschwankungen im Zeitverlauf am Beispiel von Indizes ausgewählter Rohstoffkurse [05.02.2012 = 100] (logarithmische Darstellung). (Quelle: eigene Darstellung, auf Basis historischer Rohstoffkurse von finanzen.net GmbH (2023))

4.3.4 Wettbewerbsvorteile durch Innovation

Eine weitere Motivation für Unternehmen, zirkuläres Handeln voranzutreiben, sind Wettbewerbsvorteile durch Innovationen (von Hippel 2007). Die Circular Economy regt durch die Umsetzung zirkulärer Strategien sowohl inkrementelle als auch radikale Innovationen an (Potting et al. 2017), wie in ▶ Kap. 11 beschrieben wird. Inkrementell bedeutet „schrittweise erfolgend", „aufeinander aufbauend" (Duden 2023). Inkrementelle Innovationen verändern also bestehende Produkte durch kleinere Anpassungen. Radikale Innovationen dagegen sind gleichzusetzen mit neuartigen Produkten, Prozessen oder Geschäftsmodellen. Durch die extreme Veränderung ist es bei radikalen Innovationen möglich, die Linearität der Produkte, Prozesse oder Geschäftsmodelle zu überwinden (Mast et al. 2022). Bei radikalen Innovationen kann also von vorneherein ein hoher Grad der Zirkularität eingeplant werden. Zirkuläre Ansätze führen oft zu Innovationen. Unternehmen benötigen diese, um langfristig am Markt bestehen zu können.

4.3.5 Stärkung inländischer Wertschöpfung

Zirkuläres Handeln stärkt zudem die inländische Wertschöpfung. Durch zirkuläre Produkte, Prozesse oder Geschäftsmodelle werden Rohstoffimporte reduziert und dafür inländische Schritte der Wertschöpfung gestärkt. Beispielsweise werden neue Dienstleistungen vor Ort benötigt, wie Reparatur, Wiederverwendung oder Wiederaufarbeitung, was neue Arbeitsplätze mit sich bringen und den Wohlstand steigern kann (Circular Economy Initiative Deutschland 2021). Dies betrifft nicht nur die Industrie und industrielle Dienstleister, auch das Handwerk trägt zur Wertschöpfung vor Ort bei. Mit ihren unterschiedlichen Rollen als *„Produzent, als Reparaturdienstleister und als Nutzer bzw. Verbraucher"* können Handwerksbetriebe zentral die Transformation mitgestalten (Zentralverband des deutschen Handwerks 2020).

Insgesamt liegen unterschiedliche Motivationen vor, zirkuläre Strategien anzuwenden. Die Circular Economy Initiative (2021) fasst die Argumente treffend zusammen: *„Somit ist die erfolgreiche Umsetzung einer Circular Economy kein Selbstzweck, sondern verbindet Klima- und Ressourcenschutz mit kulturellem Wandel, der Steigerung der Wettbewerbsfähigkeit und Rohstoffunabhängigkeit sowie der Schaffung von Arbeitsplätzen und lokaler Wertschöpfung im Sinne nachhaltiger Win-win-Lösungen."*

4.4 Umsetzung zirkulärer Ansätze durch R-Strategien

Nachdem die verschiedenen Konzepte voneinander abgegrenzt und Vorteile zirkulären Handelns aufgeführt wurden, soll nun die Frage geklärt werden, wie die Ansätze der Circular Economy durch gezielte Strategien in die Praxis umgesetzt werden können. Die Circular Economy Initiative Deutschland (2021) benennt in ihrer Roadmap dazu *„Handlungsschwerpunkte für Entscheidungsverantwortliche aus Politik, Wirtschaft und Wissenschaft"*, welche von Circular-Economy-Expert*innen in ganz Deutschland ausgearbeitet wurden. Die Handlungsempfehlungen für die Wirtschaft beinhalten unter anderem den Auf- und Ausbau zirkulärer Geschäftsmodelle, die gemeinsame Erarbeitung eines *Designs for Circularity*, das Messbarmachen der Wirkungen von Circular-Economy-Aktivitäten, der transparente Umgang mit Daten und Informationen oder die Entwicklung von (Aus-)Bildungsangeboten in der Circular Economy. Viele dieser Handlungsempfehlungen benötigen Zusammenarbeit und Kollaboration verschiedener Akteure.

Auf der Prozess-, Produkt- und Geschäftsmodellebene existieren bereits einige gezielte Strategien, die den Rohstoffverbrauch reduzieren und die Produktion von Abfall verringern, nämlich die sogenannten R-Strategien (Potting et al. 2017). Einige Autor*innen betrachten die verschiedenen R-Frameworks als das „How-to" der zirkulären Wertschöpfung und somit als ein Kernprinzip der Transformation (Ghisellini et al. 2016). Alle Strategien beginnen mit dem Präfix *re*, welches aus dem lateinischen stammt und mit „zurück" oder „wieder" übersetzt werden kann. In der Wissenschaft besteht keine Einigkeit darüber, wie viele „Rs" zu dem Framework zählen. Ghisellini et al. (2016) sehen in der Literatur *Reduce*, *Reuse* und *Recycle* als die drei Hauptmaßnahmen.

Betrachtet man das 9-R-Framework von Kirchherr et al. (2017) (◘ Abb. 4.2), welches auf der Arbeit von Potting et al. (2017) beruht, wird ersichtlich, dass die Strategien sich nach drei Leitprinzipien gliedern lassen: Zunächst sollen Produkte eingespart oder klüger genutzt oder hergestellt werden (erstes Leitprinzip). Das zweite Leitprinzip sieht vor, die Lebensdauer von Produkten und Teilen zu erhöhen. Wenn Produktteile nicht wiederverwendet werden können, sollten zumindest die Materialien im Kreislauf gehalten werden. Hier greift dann das dritte Leitprinzip, Materialien sinnvoll wiederzuverwenden (Potting et al. 2017). Die R-Strategien geben dabei nur Handlungsorientierungen vor, sie sagen noch nichts über die tatsächliche Umwelt- bzw. Nachhaltigkeitswirkung ihrer Umsetzung aus. Bei Potting et al. (2017) gilt die Daumenregel: Mehr Kreislaufführung bewirkt einen geringeren Verbrauch von Rohstoffen bzw. Materialien und Energie und damit auch weniger Emissionen

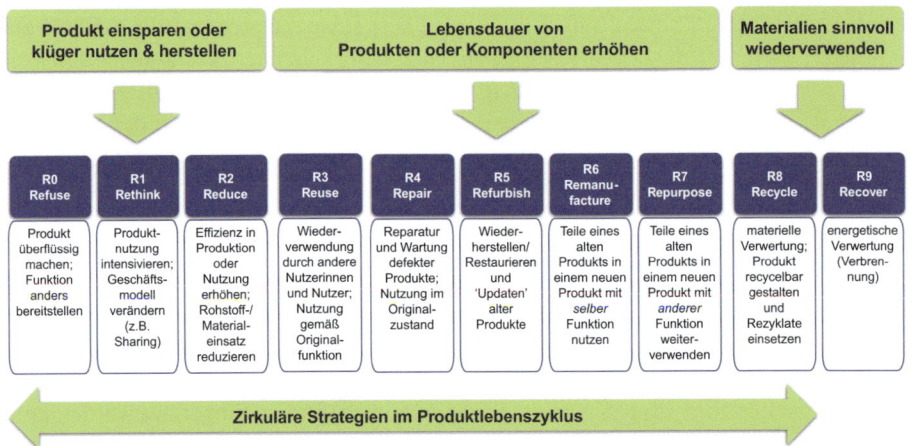

◘ Abb. 4.2 The 9R Framework. (Quelle: eigene Darstellung, basierend auf Kirchherr et al. 2017, S. 224, Potting et al. 2017, S. 5)

und Umweltbelastung. Jedoch können auch Rebound- oder Sekundäreffekte entstehen, die es im Einzelfall zu untersuchen gilt (Potting et al. 2017). Zur genauen Erfassung der Umwelt- bzw. Nachhaltigkeitswirkungen ist eine Lebenszyklusanalyse erforderlich.

Unternehmen, die in der Praxis ihre Produkte, Prozesse und Geschäftsmodelle zirkulär transformieren möchten, erhalten mit den R-Strategien eine Heuristik, eine Prüfliste zur Identifikation zirkulärer Ansatzpunkte. Zunächst sollten sie prüfen, ob vielleicht eine Strategie ganz ohne Materialeinsatz umsetzbar ist (die weiter unten erläuterte *Refuse*-Strategie). Falls das nicht möglich ist, wird die nächste Strategie geprüft, bis eine passende, in der Praxis anwendbare, gefunden wird (Mast et al. 2022). Potting et al. (2017) weisen darauf hin, dass je nach Typ der zirkulären Transformation neben Innovationen in Technologie, Produktdesign oder Geschäftsmodellen ein sozio-institutioneller Wandel stattfinden muss, um die jeweilige Strategie umzusetzen, wie der Wandel in ungeschriebenen Regeln, Bräuchen und Überzeugungen. Im Folgenden werden die Strategien des 9-R-Frameworks von Kirchherr et al. (2017) vorgestellt.

Die Strategien R0-R2 sind Teil des ersten Leitprinzips. Ihre Umsetzung erfordert eher radikale Innovationen und Veränderungen. Die Strategie R0 *Refuse* regt dazu an, zu hinterfragen, ob ein Produkt überhaupt benötigt wird. Eventuell kann der Produktnutzen auch anderweitig für die Verbraucher*innen bereitgestellt werden. R1 (*Rethink*) möchte die Produktnutzung intensivieren. Dies kann zum Beispiel durch ein Sharing-Konzept umgesetzt werden. R2 (*Reduce*) setzt sich mit der Herstellung des Produktes auseinander: Durch eine gesteigerte Effizienz lässt sich der Materialeinsatz reduzieren.

Das zweite Leitprinzip umfasst die Strategien R3-R7. Es zielt darauf ab, bereits im Kreislauf befindliche Produkte und Produktteile zu reparieren oder wieder- bzw. weiterzuverwenden. Bei der Strategie *Reuse* (R3) werden Produkte in ihrer Originalfunktion von anderen Nutzer*innen weiterverwendet. Das Produkt kann zum Beispiel an Dritte verkauft werden. R4 (*Repair*) sieht vor, defekte Produkte zu reparieren, sodass sie wieder in den Originalzustand versetzt werden. Beim *Refurbishment* (R5) werden Produkte nicht nur repariert und restauriert, sondern auch auf den neusten Stand gebracht. Die Strategie *Remanufacture* (R6) möchte alte Produktteile in einem neuen Produkt wiederverwenden, welches dieselbe Funktion hat, während beim *Repurposing* (R7) alte Produktteile in einem neuen Produkt eingesetzt werden, das nicht die gleiche Funktion hat.

Wenn R0 bis R7 keine Anwendung finden können, bleibt nur die Möglichkeit nach dem dritten Leitprinzip zu handeln, um Materialien sinnvoll wiederzuverwenden. Hierbei werden Produkte, Produktteile und Komponenten zerlegt, um ihre Materialien als Sekundärrohstoffe zu nutzen. Beim *Recycling* (R8) wird versucht, die im Produkt enthaltenen Rohstoffe wiederzugewinnen. Inwieweit dies möglich ist, hängt letztlich vom Produktdesign und der Wirtschaftlichkeit der Recyclingverfahren ab. Häufig findet jedoch ein Downcycling statt. Die Strategie *Recover* (R9) handelt nicht im Sinne der Circular Economy, da keinerlei Materialien im Kreislauf geführt werden. R9 führt Produkte oder Produktteile lediglich der energetischen Verwertung zu.

4.5 Schlussbemerkung

Dieser Beitrag möchte aufzeigen, dass die Circular Economy auf unterschiedlichen Ebenen zu einer nachhaltigen Zukunft beitragen kann, indem sie globale Probleme unserer heutigen Zeit adressiert, wie etwa die Klimakrise, die Entnahme natürlicher Ressourcen oder die menschliche Gesundheit. Um jedoch eine ganzheitliche Transformation zu erzielen, müssen Akteure aus Industrie, Politik, Wissenschaft und Gesellschaft zusammenarbeiten und in den relevanten Wertschöpfungsnetzwerken die gleichen Ziele verfolgen. Auch ein kultureller Wandel muss stattfinden, damit zirkuläre Produkte, Prozesse und Geschäftsmodelle von Verbraucher*innen und anderen Nutzenden angenommen werden. Obwohl ein zunehmendes Interesse an der zirkulären Wertschöpfung zu beobachten ist, steht die Umsetzung in die Praxis noch eher am Anfang.

Die folgenden Kapitel gehen deshalb darauf ein, wie kleine und mittelständische Unternehmen für das Thema Circular Economy sensibilisiert werden können, was ihre spezifische Motivation für zirkuläres Handeln ist, und wie sie auf dem Weg zu zirkulären Produkten, Prozessen und Geschäftsmodellen unterstützt werden können.

Kernbotschaften
- Die Konzepte Circular Economy, Industrial Ecology, Cradle to Cradle und die Kreislaufwirtschaft gemäß KrWG stehen im Einklang mit Zielen der nachhaltigen Entwicklung, haben aber alle unterschiedliche Betrachtungsgegenstände und Verwendungszusammenhänge.
- Die Circular Economy beschreibt dabei ein die gesamte Wertschöpfungskette umfassendes Konzept, indem möglichst in geschlossenen Kreisläufen gedacht und gehandelt wird.
- Motivationen für zirkuläres Handeln können unter anderen die Reduktion von Umweltschäden und sozialen Problematiken bei der Rohstoffentnahme sein, eine größere Unabhängigkeit von Rohstoffpreisschwankungen und Lieferengpässen sowie Wettbewerbsvorteile durch die Umsetzung zirkulärer Strategien.
- Auf Prozess-, Produkt- und Geschäftsmodellebene tragen die sogenannten R-Strategien dazu bei, den Rohstoffverbrauch zu reduzieren und Abfall zu vermeiden. Sie sind nach Leitprinzipien gruppiert, welche die Kreislaufführung von Produkten, Komponenten und Materialien zum Ziel haben.

Literatur

Alhawari, Omar; Awan, Usama; Bhutta, M. Khurrum S.; Ülkü, M. Ali (2021): Insights from Circular Economy Literature: A Review of Extant Definitions and Unravelling Paths to Future Research. In: *Sustainability* 13 (2), S. 859. https://doi.org/10.3390/su13020859.

Autio, Erkko; Thomas, Llewellyn D.W. (2022): Researching ecosystems in innovation contexts. In: *INMR* 19 (1), S. 12–25. https://doi.org/10.1108/INMR-08-2021-0151.

Ayres, Robert U. (1994): Industrial Metabolism. Theory and Policy. In: Industrial Metabolism: Restructuring for Sustainable Development. Online verfügbar unter http://archive.unu.edu/unupress/unupbooks/80841e/80841E02.htm#1.%20Industrial%20metabolism:%20Theory%20and%20policy, zuletzt geprüft am 05.07.2023.

Becker, Joachim (2018): Cradle to Cradle als neue Philosophie der nachhaltigen Produktentwicklung. In: Scholz, Ulrich; Pastoors, Sven; Becker, Joachim H.; Hofmann, Daniela; Dun, Rob van (Hrsg.): Praxishandbuch Nachhaltige Produktentwicklung. Berlin, Heidelberg: Springer, S. 31–38.

Braungart, Michael; McDonough, William (2021): Cradle to Cradle, Einfach intelligent produzieren. Ungekürzte Taschenbuchausgabe, 7. Auflage. München: Piper.

Buchert, Matthias; Bulach, Winfried; Degreif, Stefanie; Hermann, Andreas; Hünecke, Katja; Mottschall, Moritz et al. (2017): Deutschland 2049 – Auf dem Weg zu einer nachhaltigen Rohstoffwirtschaft. Eigenprojekt des Öko-Instituts. Hrsg. v. Öko-Institut e.V. Darmstadt. Online verfügbar unter https://www.oeko.de/fileadmin/oekodoc/Abschlussbericht_D2049.pdf, zuletzt geprüft am 13.01.2023.

Chertow, Marian (2000): Industrial Symbiosis: Literature and Taxonomy. In: *Annu. Rev. Energy Environ* (25), S. 313–337.

circle economy (2023): The circularity gap report 2023. Unter Mitarbeit von Matthew Fraser, Laxmi Haigh und Alvaro Conde Soria. Amsterdam. Online verfügbar unter https://assets.website-files.com/5e185aa4d27bcf348400ed82/63ecb3ad94e12d3e5599cf54_CGR%202023%20-%20Report.pdf, zuletzt geprüft am 31.03.2023.

Circular Economy Initiative Deutschland (Hrsg.) (2021): Circular Economy Roadmap für Deutschland. Unter Mitarbeit von Susanne Kadner, Jörn Kobus, Erik Hansen, Seda Akinci, Peter Elsner, Christian Hagelüken et al. acatech; SYSTEMIQ. München/London.

Duden (2023): „inkrementell": Duden. Online verfügbar unter https://www.duden.de/rechtschreibung/inkrementell, zuletzt geprüft am 15.01.2023.

Ehrenfeld, John R.; Chertow, Marian (2002): Industrial symbiosis: the legacy of Kalundborg. In: Ayres, Leslie; Ayres, Robert U. (Hrsg.): A handbook of industrial ecology. Cheltenham, U.K, Northampton, Mass: Edward Elgar Pub, S. 334–348.

Evonik (2023): Circular Plastics: On the way to a circular economy. Online verfügbar unter https://corporate.evonik.com/en/on-the-way-to-a-circular-economy-148093.html, zuletzt geprüft am 04.04.2023.

finanzen.net GmbH (2023): Historische Rohstoffkurse. Karlsruhe. Online verfügbar unter www.finanzen.net/rohstoffe, zuletzt geprüft 05.01.2023.

Frosch, Robert A.; Gallopoulos, Nicholas E. (1989): Strategies for Manufacturing. Waste from one industrial process can serve as the raw materials for another, thereby reducing the impact of industry on the environment. In: *Scientific American* 261 (3), S. 144–152.

Gaitan, Beatriz; Tol, Richard S. J.; Yetkiner, I. Hakan (2006): The Hotelling's Rule Revisited in a Dynamic General Equilibrium Model. Contribution to the International Conference on Human and Economic Resources. Izmir.

Geissdoerfer, Martin; Savaget, Paulo; Bocken, Nancy M.P.; Hultink, Erik Jan (2017): The Circular Economy – A new sustainability paradigm? In: *Journal of Cleaner Production* 143, S. 757–768. https://doi.org/10.1016/j.jclepro.2016.12.048.

Ghisellini, Patrizia; Cialani, Catia; Ulgiati, Sergio (2016): A review on circular economy: the expected transition to a balanced interplay of environmental and economic systems. In: *Journal of Cleaner Production* 114, S. 11–32. https://doi.org/10.1016/j.jclepro.2015.09.007.

Gözet, Burcu; Wilts, Henning (2022): Kreislaufwirtschaft als Baustein nachhaltiger Entwicklung. In: Meyer, Christiane (Hrsg.): „Transforming our World" - Zukunftsdiskurse zur Umsetzung der UN-Agenda 2030, Bielefeld: transcript Verlag, S. 173–180.

von Hippel, Eric (2007): The Sources of Innovation. In: Boersch, Cornelius; Elschen, Rainer (Hrsg.): Das Summa Summarum des Management. Die 25 wichtigsten Werke für Strategie, Führung und Veränderung. Wiesbaden: Gabler (SpringerLink Bücher), S. 111–120. https://doi.org/10.1007/978-3-8349-9320-5.

Irrek, Wolfgang (2022): Mythos: Ressourcenknappheit ist das Problem. Ressourcenknappheit als Argument für zirkuläre Wertschöpfung? In: Böckel, Alex; Quaing, Jan; Weissbrod, Ilka; Böhm, Julia (Hrsg.): Mythen der Circular Economy. Leuphana Universität Lüneburg. https://doi.org/10.25368/2022.163, S. 43–47.

Janz, Alexander (2022): Empfehlungen für die Fortentwicklung der deutschen Kreislaufwirtschaft zu einer zirkulären Ökonomie. Für Mensch und Umwelt. Hrsg. v. Umweltbundesamt. Dessau-Roßlau. Online verfügbar unter https://www.umweltbundesamt.de/sites/default/files/medien/479/publikationen/uba_positionspapier_kreislaufwirtschaft.pdf, zuletzt geprüft am 13.01.2023.

Kirchherr, Julian; Reike, Denise; Hekkert, Marko (2017): Conceptualizing the circular economy: An analysis of 114 definitions. In: *Resources, Conservation and Recycling* 127, S. 221–232. https://doi.org/10.1016/j.resconrec.2017.09.005.

Korhonen, Jouni; Nuur, Cali; Feldmann, Andreas; Birkie, Seyoum Eshetu (2018): Circular economy as an essentially contested concept. In: *Journal of Cleaner Production* 175, S. 544–552. https://doi.org/10.1016/j.jclepro.2017.12.111.

Landrigan, Philip; Bose-O'Reilly, Stephan; Elbel, Johanna; Nordberg, Gunnar; Lucchini, Roberto; Bartrem, Casey; Grandjean, Philippe; Mergler, Donna; Moyo, Dingani; Nemery, Benoit; von Braun, Margrit; Nowak, Dennis and on behalf of the Collegium Ramazzini (2022): Reducing disease and death from Artisanal and Small-Scale Mining (ASM) - the urgent need for responsible mining in the context of growing global demand for minerals and metals for climate change mitigation. In: Environmental Health 21:78. https://doi.org/10.1186/s12940-022-00877-5.

Lifset, Reid; Graedel, Thomas E. (2002): Industrial ecology: goals and definitions. In: Ayres, Leslie; Ayres, Robert U. (Hrsg.): A handbook of industrial ecology. Cheltenham, U.K, Northampton, Mass: Edward Elgar Pub, S. 3–15.

Mast, Julian; von Unruh, Friederike; Irrek, Wolfgang (2022): R-Strategien als Leitlinien der Circular Economy. RETHINK. Impulse zur zirkulären Wertschöpfung 2022/03. Online verfügbar unter https://prosperkolleg.ruhr/wp-content/uploads/2022/05/rethink_22-03_r-strategien.pdf, zuletzt geprüft am 29.08.2022.

Müller, Felix; Kohlmeyer, Regina; Krüger, Franziska; Kosmol, Jan; Krause, Susann; Dorer, Conrad; Röhreich, Mareike (2020): Leitsätze einer Kreislaufwirtschaft. Unter Mitarbeit von Matthias Fabian, Sina Kummer, Björn Bischoff, Thomas Ebert und Hermann Keßler. Hrsg. v. Umweltbundesamt. Dessau-Roßlau. Online verfügbar unter https://www.umweltbundesamt.de/publikationen/leitsaetze-einer-kreislaufwirtschaft, zuletzt geprüft am 05.01.2021.

Portney, Kent E. (2015): Sustainability. Cambridge, Massachusetts: MIT Press (MIT Press essential knowledge series).

Potting, José; Worrell, Ernst; Hekkert, M. P. (2017): Circular Economy: Measuring innovation in the product chain. Hrsg. v. PBL Netherlands Environmental Assessment Agency. Online verfügbar unter https://www.pbl.nl/sites/default/files/downloads/pbl-2016-circular-economy-measuring-innovation-in-product-chains-2544.pdf, zuletzt geprüft am 05.07.2023.

Prosperkolleg (2021): Was ist Zirkuläre Wertschöpfung? Online verfügbar unter https://prosperkolleg.de/was-ist-zirkulaere-wertschoepfung/, zuletzt geprüft am 05.07.2023.

Rogall, Holger (2012): Nachhaltige Ökonomie. Ökonomische Theorie und Praxis einer Nachhaltigen Entwicklung; Grenzen der natürlichen Tragfähigkeit: Ökonomie, Ökologie, Soziales. Unter Mitarbeit von Stefan Klinski, Anja Grothe und Ernst Ulrich von Weizsäcker. 2., überarbeitete und erweiterte Auflage. Marburg: Metropolis-Verlag (Grundlagen der Wirtschaftswissenschaft, 15).

Roßnagel, Alexander; Hentschel, Anja (2017): Rechtliche Instrumente des allgemeinen Ressourcenschutzes. Hrsg. v. Umweltbundesamt. Fachgebiet für Öffentliches Recht mit dem Schwerpunkt Recht der Technik und des Umweltschutzes. Dessau-Roßlau. Online verfügbar unter https://www.umweltbundesamt.de/sites/default/files/medien/1410/publikationen/2017-03-23_texte_23-2017_ressourcenschutzinstrumente.pdf, zuletzt geprüft am 25.06.2023.

Schuldt, Christian (2020): Die Zukunft des Marketings: eine Einführung. Neue Werte: The Power of Purpose. In: Stumpf, Marcus (Hrsg.): Die 10 wichtigsten Zukunftsthemen im Marketing. Buzzwords die bleiben. 2. Auflage 2020. Stuttgart: Haufe (Haufe Fachbuch), S. 15–20.

Schulze-Quester, Marvin (2021): Megatrend Nachhaltigkeit – Herausforderungen und Lösungsansätze durch digitale Managementstrategien. In: Bodemann, Markus; Fellner, Wiebke; Just, Vanessa (Hrsg.): Zukunftsfähigkeit durch Innovation, Digitalisierung und Technologien, Bd. 103. Berlin, Heidelberg: Springer, S. 7–22.

von Unruh, Friederike; Mast, Julian (2022): Circular Economy: Nur Altes unter neuem Namen? Die verwandten Konzepte der Circular Economy. In: Böckel, Alex; Quaing, Jan; Weissbrod, Ilka; Böhm, Julia (Hrsg.): Mythen der Circular Economy. Leuphana Universität Lüneburg. https://doi.org/10.25368/2022.163, S. 13–17.

WCED (1987): Report of the World Commission on Environment and Development: Our Common Future.

Zentralverband des deutschen Handwerks (2020): Werte erschaffen. Werte bewahren. Zukunft gestalten. Nachhaltigkeit im deutschen Handwerk. Berlin. Online verfügbar unter https://www.zdh.de/fileadmin/Oeffentlich/Wirschaft_Energie_Umwelt/Positionspapiere_und_Stellungnahmen/2020/20200702_Positionspapier_Nachhaltigkeit_final.pdf, zuletzt geprüft am 15.01.2023.

ZinQ (2023): Nachhaltig nachhaltig. Verantwortung für Mensch und Umwelt übernehmen. Online verfügbar unter https://www.zinq.com/nachhaltigkeit/planet-zinq0/, zuletzt geprüft am 04.04.2023.

Instrumente & Verfahren

Inhaltsverzeichnis

Kapitel 5   **Unternehmen motivieren – 69**
Carina Hermandi, Manuel Grundmann und Wolfgang Irrek

Kapitel 6   **Potenzialcheck Circular Economy – 85**
Carina Hermandi, Linda Dierke, Manuel Grundmann und Stefan Opitz

Kapitel 7   **Circular Design – Produkte und Geschäftsmodelle gestalten – 97**
Stefan Opitz, Linda Dierke und Jana Rödiger

Kapitel 8   **Circular Digital Economy Lab – 113**
Uwe Handmann, Saulo H. Freitas Seabra da Rocha und Sabine Büttner

Kapitel 9   **Robotisierte Verfahrenstechnik in der Circular Economy – 119**
Mike Duddek, Benjamin Drüen und Saulo H. Freitas Seabra da Rocha

Kapitel 10   **KI-basierte Unterstützung beim automatisierten Elektroschrott-Recycling – 135**
Nermeen Abou Baker und Uwe Handmann

Unternehmen motivieren

Carina Hermandi ⓘ, *Manuel Grundmann* ⓘ *und Wolfgang Irrek* ⓘ

Inhaltsverzeichnis

5.1	Chancen und Veränderungsnotwendigkeiten für Unternehmen – 70	
5.2	Spezielle Herausforderungen für KMU – 71	
5.3	Instrumente und Hilfsmittel zur Unterstützung von KMU – 76	
5.4	**Unterstützungsangebote des Prosperkollegs – 77**	
5.4.1	Entwicklung im Prozess der Aktionsforschung – 77	
5.4.2	Unternehmensansprache und Erstgespräch – 78	
5.4.3	Potenzialcheck mit Circularity Matrix – 79	
5.4.4	Unternehmensnetzwerk – 79	
5.4.5	Bewertungsmatrix für Lebensmittelverpackungen – 80	
5.5	**Fazit: Unternehmen erfolgreich motivieren – 81**	
	Literatur – 82	

© Der/die Autor(en), exklusiv lizenziert an Springer Fachmedien Wiesbaden GmbH, ein Teil von Springer Nature 2024
S. Büttner et al. (Hrsg.), *Transformation zur Circular Economy*, Sustainable Development Goals (SDG) – Umsetzung in Praxis, Lehre und Entscheidungsprozessen,
https://doi.org/10.1007/978-3-658-43338-3_5

5.1 Chancen und Veränderungsnotwendigkeiten für Unternehmen

▶ Kap. 4 hat aufgezeigt, wie die Circular Economy auf unterschiedlichen Ebenen zu einer nachhaltigen Zukunft beitragen kann. Erste Ansätze zur Umsetzung sind vorhanden. Immer mehr, vor allem größere und etablierte Unternehmen und innovative Start-ups machen sich auf den Weg in Richtung Circular Economy, von einer umfassenden Transformation sind Wirtschaft und Gesellschaft aber noch weit entfernt (Hermandi et al. 2022).

Argumente für Unternehmen, sich mit dem Konzept der Circular Economy auseinanderzusetzen, sind zum einen die größere Unabhängigkeit von Schwankungen der Rohstoffpreise, die Reduzierung von Lieferengpässen und die bessere Verfügbarkeit zeitweise knapper Materialien (Hennicke 2021; Irrek 2022; Köllner 2021). Aktuell stehen 20 Rohstoffe auf der Liste der kritischen Rohstoffe, die eine große wirtschaftliche Bedeutung besitzen und ein hohes Versorgungsrisiko aufweisen (Ellen MacArthur Foundation 2015). Das *RWI – Leibniz-Institut für Wirtschaftsforschung e. V.* geht davon aus, dass aufgrund des Strukturwandels auch längerfristig die Nachfrage nach speziellen Materialien hoch bleiben wird (Schmidt et al. 2021). Effizienzsteigerungen bei der Rohstoffnutzung, die Verlängerung der Lebensdauer von Produkten und Komponenten und die Vermeidung von CO_2-Kostenbelastungen auf neu hergestellten Materialien bieten Unternehmen Möglichkeiten, unabhängiger von kritischen Rohstoffen zu werden und gleichzeitig ihre Kosten zu senken (vgl. auch Prieto-Sandoval et al. 2018).

Zirkuläre Maßnahmen können zudem zu einer erhöhten Bindung von Kundinnen und Kunden (Lehmacher und Bödecker 2023) und einem Imagegewinn aufgrund geringerer Treibhausgas-Emissionsbelastung und dem Erreichen von Nachhaltigkeitszielen führen (Dey et al. 2020; Rizos et al. 2016). Je weniger ein Produkt während der Wiederverwendung, Weiterverwendung, Aufarbeitung und Wiederaufbereitung verändert werden muss, und je besser es am Ende der verlängerten Nutzungszeit recycelt werden kann, desto höher sind die potenziellen Einsparungen an Material, Arbeit, Energie und Kapital, die in das Produkt einfließen, sowie der damit verbundene Rucksack an externen Effekten wie Treibhausgasemissionen, Wasserverbrauch und Toxizität (Ellen MacArthur Foundation 2015).

Mit zirkulären Strategien können aber auch bedarfsgerechte neue Geschäftsmodelle entwickelt werden, die Umsatz- und Wachstumschancen bieten (Fluchs et al. 2022). Eine zunehmende Marktnachfrage ist zukünftig beispielsweise durch Hersteller von Produkten für die Letztanwendung (OEM) zu erwarten, die immer öfter emissionsreduzierte vorgelagerte Wertschöpfungsstufen verlangen, ihre gesamte Wertschöpfungskette klimaneutral gestalten möchten und daher Druck auf Zulieferbetriebe ausüben. Dies ist etwa bei Pkw-Fahrzeugherstellern bereits zu spüren (Frieske und Stieler 2023). Betriebe sollten sich darüber hinaus darauf vorbereiten, dass europäische Vorgaben sie zwingen werden, ihre Produkte nachhaltiger zu gestalten, wenn das europäische Maßnahmenpaket nach und nach umgesetzt wird, das nachhaltige Produkte in der EU zur Norm macht und die Ziele des europäischen Grünen Deals verwirklicht (Europäische Kommission 2019).

Mit nachhaltigeren Prozessen und Produkten wird das Unternehmen auch attraktiver für Nachwuchskräfte (Dey et al. 2020). Und schließlich können die bisher für größere und zunehmend auch für mittelgroße Unternehmen geltende CSR-Berichtspflicht und die damit verbundene CO_2-Bilanzierung (Richtlinie (EU) 2022/2464) Argumente für zirkuläre Maßnahmen in den Unternehmen darstellen.

5.2 Spezielle Herausforderungen für KMU

Die Ausgangssituation von kleinen und mittleren Unternehmen (KMU) für die Transformation zu einer Circular Economy unterscheidet sich von der größerer Unternehmen aufgrund des stärkeren Wettbewerbs, größerer Unsicherheiten auf der Nachfrageseite, teilweise vorhandener Cashflow-Probleme, weniger standardisierter Geschäftspraktiken, größerer Probleme, geeignete Fachkräfte zu finden, und höherer Fluktuation von Mitarbeitenden (Dey et al. 2020).

Dabei spielen KMU in Nordrhein-Westfalen eine bedeutende Rolle bei der Transformation zu einer Circular Economy. Viele von ihnen sind Zulieferer in komplexen, globalen Wertschöpfungsnetzwerken und werden wiederum selbst von anderen KMU oder auch von größeren Unternehmen der Grundstoffindustrie beliefert. Dies verdeutlicht, dass das volle zirkuläre Potenzial in den Wertschöpfungsketten nur ausgeschöpft werden kann, wenn der Mittelstand mitgenommen wird. (Hermandi et al. 2022).

Es gibt eine Reihe an spezifischen Hindernissen für die Einführung zirkulärer Ansätze in KMU (vgl. Hermandi et al. 2022 für eine Übersicht und einen Vergleich mit dem Energieeffizienz-Bereich). Dazu gehören fehlende finanzielle Unterstützung, ein unzureichendes Informationsmanagementsystem, der Mangel an geeigneter Technologie, an technischen und finanziellen Ressourcen, an qualifizierten Fachleuten für das Umweltmanagement und an Engagement in der Unternehmensführung. Hinzu kommt eine unzureichende Nachfrage der Verbraucher*innen nach umweltfreundlichen Produkten und ein Mangel an Unterstützung durch öffentliche Einrichtungen (Prieto-Sandoval et al. 2018; Rizos et al. 2016). Darüber hinaus bremst die konservative Haltung einiger Kundinnen und Kunden gegenüber Rezyklaten die Etablierung nachhaltiger, kreislauffähiger Produktlinien. So werden beispielsweise innovative Rezyklate mit großer Skepsis betrachtet und daher teilweise nicht akzeptiert. Dies entspricht einer gewissen Innovations- und Technologieabneigung in der deutschen Gesellschaft (vgl. Stiftung Familienunternehmen 2021).

Die Einführung von Ansätzen der Circular Economy in KMU wird auch durch deren verfügbares Investitionsbudget eingeschränkt. Vorabinvestitionen in zirkuläre Aktivitäten sind für KMU meist ein Risiko, welches sie oft nicht eingehen wollen. Da der Nutzen entsprechender Investitionen oft noch nicht ersichtlich ist, werden sie häufig abgelehnt. Standardfinanzierungsinstrumente decken die Einführung von Circular-Economy-Maßnahmen meist noch nicht oder nur unzureichend ab (Ghisetti und Montresor 2020). Der Mangel an staatlicher Unterstützung durch die Bereitstellung von Finanzmitteln, Schulungen, wirksamen steuerlichen Maßnahmen, Gesetzen und Vorschriften usw. wird deshalb weithin als erhebliches Hindernis für die Aufnahme von Umweltinvestitionen benannt. Das Fehlen eines konkreten, kohärenten und strengen Rechtsrahmens hält KMU oft davon ab, die Integration umweltfreundlicher Lösungen in ihre Tätigkeit in Betracht zu ziehen (Rizos et al. 2016). Dies wird sich vermutlich erst mit der fortschreitenden Umsetzung des oben genannten europäischen Maßnahmenpakets ändern, kann dann aber für KMU schnell zu erheblichen Anpassungsproblemen führen.

Eine Umfrage unter 130 zufällig ausgewählten KMU in den Midlands des Vereinigten Königreichs ergab, dass diese häufig Zulieferer oder Unterauftragnehmer von OEMs sind und als solche oft nur sehr wenig Spielraum haben, um bei der Materialauswahl und dem Produktdesign mitzuwirken, und dass sie in der vorgelagerten Wertschöpfungskette Druck durch ihre OEMs erfahren (Ghisetti und Montresor 2020).

Die Geschäftsführung von KMU ist meist Eigentümer*in des Unternehmens und hat somit einen erheblichen Einfluss auf dessen strategische Entwicklung. Vor diesem Hintergrund gibt es Unterschiede zwischen Unternehmen mit an Nachhaltigkeit interessierten Manager*innen und solchen, die keine positive Einstellung zu zirkulären Aktivitäten mitbringen. Auch können Eigentümer*innen und Management der Unternehmen unterschiedliche Risikowahrnehmungen haben. Eine starke Risikoaversion unter Manager*innen kann die Hinwendung zur Circular Economy behindern, selbst wenn sie die damit verbundenen Vorteile sehen (Rizos et al. 2016).

Im Rahmen des Prosperkolleg-Projekts (s. ▶ Kap. 1) wurden Unternehmen zu Mentalität, Motivation und Herausforderungen bezüglich einer Circular Economy und dem Zusammenhang zwischen allgemeiner Innovationsorientierung und dem Umsetzungsstand zirkulärer Wertschöpfungsstrategien befragt. In Zusammenarbeit mit dem Marktforschungsinstitut Kantar wurden im Oktober 2022 standardisierte Interviews mit 391 Unternehmen über eine mehrfach geschichtete Zufallsstichprobe des Adressanbieters Heins & Partner GmbH durchgeführt. Da die Circular Economy in erster Linie darauf abzielt, die Ressourcenströme des Wirtschaftssystems zu verengen, zu verlangsamen und zu schließen (Geissdoerfer et al. 2017), und die Studie den Fokus auf die Transformation etablierter Unternehmen legt, wurden für die Studie nur solche Unternehmen herangezogen, die bereits am Markt etabliert sind und Materialien oder Rohstoffe in irgendeiner Form (wieder-)verarbeiten oder wiederverwenden. Dies trifft auf Unternehmen der Branchen Verarbeitendes Gewerbe, Energieversorgung, Wasserversorgung und Entsorgung, Baugewerbe, Handel, Kfz-Handel und -Reparatur sowie Verkehr und Lagerei zu (Abschnitte C bis H nach der deutschen statistischen Systematik der Wirtschaftszweige WZ 2008 bzw. NACE, Rev. 2). Kleinstbetriebe mit einer sehr geringen Zahl an Beschäftigten blieben unberücksichtigt. Der Grund dafür ist, dass kleine Betriebe aufgrund der geringeren Beschäftigtenzahlen in der Regel nicht über genügend Kapazitäten verfügen, um sich aktiv um größere Veränderungsprozesse zu kümmern. Daher sollten die befragten Unternehmen eine Mindestgröße von zehn Beschäftigten haben. Ab dem Jahr 2019 bis 2021 gehörten laut *Information und Technik NRW* 58.874 Unternehmen zur entsprechend abgegrenzten Grundgesamtheit, aus der die Stichprobe gezogen wurde (Information und Technik NRW 2022).

293 der 391 befragten Unternehmen waren KMU mit 10–249 abhängigen Beschäftigten. 67 Unternehmen hatten 250 und mehr abhängige Beschäftigte. Insgesamt wurden die Antworten von 360 Unternehmen der Stichprobe ausgewertet; die Antworten von 31 Kleinstunternehmen, die sich trotz der vorherigen Eingrenzung in der Stichprobe wiederfanden, blieben aus den oben genannten Gründen unberücksichtigt. Von den 360 ausgewerteten Unternehmen der Stichprobe waren 152 mit dem Begriff „Circular Economy" vertraut, aber 208 kannten weder diesen noch den Begriff „zirkuläre Wertschöpfung".

96 der befragten Unternehmen, für die Circular Economy ein Begriff ist, verbinden damit nachhaltiges Wirtschaften. Zudem verbinden 86 Unternehmen Circular Economy mit einer möglichst geschlossenen Abfall- und Recyclingwirtschaft. Auf der anderen Seiten stimmen 69 Unternehmen der Aussage eher nicht zu, dass Circular Economy das Verlangsamen von Material- und Energiekreisläufen zum Ziel hat.

Nachdem im Laufe der telefonischen Befragung der Begriff erläutert wurde, bejahten zusätzlich 41 Unternehmen, dass sie sich mit Circular Economy auseinandersetzen. Somit beschäftigen sich, unabhängig davon, ob der Begriff bekannt ist oder nicht, nach eigener Aussage 193 Unternehmen mit Circular Economy. Anschließend wurde diese Gruppe zum Stellenwert der Circular Economy für das Unternehmen und zu den Zuständigkeiten für das Thema im Unternehmen befragt. Zudem wurden, nachdem der Begriff Circular Economy erläutert wurde, alle 360 Unternehmen zu wahrgenommenen Herausforderungen und Chancen einer Transformation zur Circular Economy befragt.

Circular Economy ist nach Aussage der Befragten bei 70 Unternehmen bereits fest etabliert und 50 Unternehmen sind gerade in der Umsetzungsphase (s. ◘ Tab. 5.1). Zudem erklärten 64 Unternehmen, dass sie Unterstützung bei Umsetzungsmaßnahmen der Circular Economy benötigen.

In 120 der 193 Unternehmen, die sich mit Circular Economy beschäftigen, sind eine oder mehrere Personen für das Thema zuständig. 22 Unternehmen haben eine eigene Abteilung für Circular Economy (s. ◘ Tab. 5.2).

Die größten Chancen sehen Unternehmen in der Verbesserung der Außendarstellung und des Images, der Steigerung der Wirtschaftlichkeit, der Kundenzufriedenheit, der CO_2-Reduktion, Wettbewerbsvorteilen, Transparenz und Nachverfolgbarkeit ihrer Unternehmensaktivitäten (s. ◘ Tab. 5.3).

Als weitere Chancen wurden unter anderem die Abfallreduktion, der Beitrag zur Entsorgungssicherheit, die Erfüllung gesetzlicher Vorgaben, die Generationenverantwortung, Klimaneutralität, eine verbesserte Wertschöpfung, erhöhte Rohstoffeffizienz und Rohstoffeinsparung, die Lieferfähigkeit und Verringerung von externer Rohstoffabhängigkeit (Rohstoffautarkie) genannt.

◘ Tab. 5.1 Stellenwert Circular Economy im Unternehmen, eigene Darstellung

Welchen Stellenwert hat Circular Economy in Ihrem Unternehmen? Würden Sie sagen, Circular Economy …	Größenklasse			
	10–49 Beschäftigte n = 62	50–249 Beschäftigte n = 83	250 oder mehr Beschäftigte n = 48	Summierte Anzahl n = 193
ist fest in den Abläufen etabliert.	23/37 %	30/36 %	17/35 %	70/36 %
befindet sich in der Umsetzungsphase.	17/27 %	18/22 %	15/31 %	50/26 %
wird derzeit eingeführt.	9/15 %	9/11 %	8/17 %	26/13 %
werden die entsprechenden Möglichkeiten derzeit untersucht.	13/21 %	25/30 %	8/17 %	46/24 %
Weiß ich nicht.	0/0 %	1/1 %	0/0 %	1/1 %

Tab. 5.2 Zuständigkeiten Circular Economy im Unternehmen, eigene Darstellung

Zuständigkeiten Circular Economy im Unternehmen (Mehrfachnennung möglich)	Größenklasse			
	10–49 Beschäftigte n = 62	50–249 Beschäftigte n = 83	250 oder mehr Beschäftigte n = 48	Summierte Anzahl n = 193
Eine oder mehrere Personen, die sich beschäftigen	36/58 %	50/60 %	34/71 %	120/62 %
Zuständige Abteilung für das Thema Circular Economy	4/6 %	16/19 %	5/10 %	25/13 %
Trifft beides nicht zu	23/37 %	20/24 %	9/19 %	52/27 %

Tab. 5.3 Chancen durch Circular Economy, eigene Darstellung

Chancen durch Circular Economy (Mehrfachnennung möglich)	Größenklasse			
	10–49 Beschäftigte n = 143	50–249 Beschäftigte n = 150	250 oder mehr Beschäftigte n = 67	Summierte Anzahl n = 360
Verbesserte Außendarstellung, verbessertes Image	105	126	57	288
Wirtschaftlichkeit	95	117	57	269
Kundenzufriedenheit	96	113	52	261
CO_2-Reduktion	87	115	58	260
Wettbewerbsvorteile	85	105	52	242
Transparenz und Nachverfolgbarkeit	79	97	55	231
Neue Geschäftsmodelle	69	85	39	193
Attraktivität für die Beschäftigten	69	80	41	190
Schaffung neuer Arbeitsplätze	65	71	30	166
Andere Chancen	6	5	4	15
Wir verbinden damit keine Chancen	10	6	2	18
Weiß nicht	14	9	3	26
Keine Angabe	0	1	0	1

Tab. 5.4 Herausforderungen der Circular Economy, eigene Darstellung

Herausforderungen der Circular Economy (Mehrfachnennung möglich)	Größenklasse			
	10–49 Beschäftigte n = 143	50–249 Beschäftigte n = 150	250 oder mehr Beschäftigte n = 67	Summierte Anzahl n = 360
Preisbereitschaft der Kundinnen und Kunden	80	97	38	215
Fehlende Kapazitäten	80	94	39	213
Gesetzliche Hürden	74	83	37	194
Fehlendes Know-how	72	73	35	180
Finanzielles Risiko	61	63	36	160
Beschaffung der notwendigen Materialien für eine ressourcenschonende Produktion	62	67	30	159
Beispiele guter Praxis fehlen	68	56	28	152
Mangel an vorhandener Innovation und bestehenden technologischen Lösungen	47	59	34	140
Qualitätsanforderungen unserer Produkte	50	61	28	139
Gewährleistungsansprüche der Kundinnen und Kunden	46	50	28	124
Keine hinreichende Information und Beratung	49	41	16	106
Unserer Lieferkette ist nicht komplett bekannt	41	44	15	100
Unzureichende Veränderungsbereitschaft der Beschäftigten	29	40	13	82
Andere Herausforderungen	17	8	4	29
Ich sehe keine mit Circular Economy verbundenen Herausforderungen	8	10	2	20
Weiß nicht	6	5	3	14
Keine Angabe	0	1	0	1

Zu den größten Herausforderungen zählen die befragten Unternehmen die Preisbereitschaft der Kundinnen und Kunden, fehlende Kapazitäten, gesetzliche Hürden, fehlendes Know-how, finanzielles Risiko und die Beschaffung der notwendigen Materialien für eine ressourcenschonende Produktion. Zudem fehlen Beispiele guter Praxis (s. Tab. 5.4).

Als weitere Herausforderungen (offene Antwortmöglichkeit) wurden unter anderem genannt: die Abnahmeproblematik für rückgewonnene Rohstoffe, die Schwierigkeit Abnehmer auf dem europäischen Markt zu finden, fehlende Möglichkeiten den

Prozess weiterzutreiben, fehlende Sichtbarkeit der Relevanz für den Handel, der Fokus öffentlicher Ausschreibungen auf den Preis statt auf das Kriterium Zirkularität, unzureichende Veränderungsbereitschaft der Kundinnen und Kunden sowie die Schwierigkeit, Zirkularität und Wirtschaftlichkeit zu vereinen bzw. konkurrenzfähig zu bleiben.

5.3 Instrumente und Hilfsmittel zur Unterstützung von KMU

Aufgrund der genannten Hemmnisse und Barrieren und der noch unzureichenden Bekanntheit des Circular-Economy-Konzepts müssen KMU weiter für das Thema sensibilisiert werden. Ferner benötigen sie Unterstützung bei der Einführung und Umsetzung entsprechender Maßnahmen. Eine von der Handwerkskammer Münster und Partnern initiierte Machbarkeitsstudie verdeutlicht diesen Unterstützungsbedarf. Zu den wesentlichen Erkenntnissen dieser Studie zählt, dass die zirkuläre Wertschöpfung in den befragten Unternehmen noch wenig Eingang in die Entscheidungs- und Strategieprozesse gefunden hat und sich diesbezügliche Entscheidungen eher auf Produkte als auf Management- und Führungsprozesse beziehen. In diesem Zusammenhang halten 85 % der befragten KMU einen verstärkten Zugang zu Verbesserungsstrategien für notwendig, um konkret zirkulär wirtschaften zu können. 40 % der befragten Unternehmen gaben an, dass sie sich mit ihrer Absicht, das Unternehmen zu transformieren, alleingelassen fühlen, und 60 % wünschen sich externe Unterstützung (HWK 2022).

Um die Initiierung, Einführung und Umsetzung von Circular-Economy-Ansätzen in KMU zu fördern, wurden in den letzten Jahren zahlreiche Instrumente und Hilfsmittel entwickelt. Eine Studie der Stiftung Familienunternehmen von 2021 hat eine Reihe von Instrumenten im Bereich Circular Economy bzw. Unternehmen und Organisationen identifiziert, die Plattformen und webbasierte Anwendungen anbieten, um sich über das Thema zu informieren, Potenziale und Handlungsmöglichkeiten zu identifizieren und den Grad der Umsetzung zu bewerten. Als Beispiele können die Ellen MacArthur Foundation (Material Circularity Index und Circulytics), der WBCSD (Circular Transition Indicators), R2Pi (Plattform mit verschiedenen Hilfsmitteln), ResCom (Plattform mit elf Tools), die TU Delft (Kurse zum Thema: Circular Product Design Assessment) und ein Self-Check for the Circular Readiness Level® of products and product systems und InChainge (The blue connection) aufgeführt werden (vgl. Stiftung Familienunternehmen 2021). Die fortlaufende Entwicklung von Webtools lässt darauf schließen, dass die Nachfrage nach solchen Hilfsmitteln in den vergangenen Jahren gestiegen ist.

Die Effizienz-Agentur NRW unterstützt produzierende Unternehmen mit ihrem Beratungsangebot im Themenfeld Ressourceneffizienz und Circular Economy. Dazu gehören ein kostenfreies Erstgespräch, kostenfreie Potenzialworkshops, die in Kooperation mit dem Projekt Prosperkolleg durchgeführt wurden, die Workshopreihe Circular Design (CIRCO) sowie Netzwerke von Beraterinnen und Beratern vor Ort, die Ressourceneffizienz- und Finanzierungsberatung anbieten (Effizienz-Agentur NRW o.J.).

Nicht zuletzt kann die Mitgliedschaft in Netzwerken für Unternehmen hilfreich sein. Netzwerke fördern den Informations- und Erfahrungsaustausch und bringen verschiedene Akteure entlang der Wertschöpfungskette zusammen (Gandenberger

2021), etwa Recyclingunternehmen und die verarbeitende Industrie. Neben regionalen Unternehmen können hier aber auch andere Akteure zusammenkommen, die auf der Grundlage eines gemeinsamen regionalpolitischen Grundkonsenses agieren, wie Wirtschaftsvereinigungen, (Weiter-)Bildungseinrichtungen, Hochschulen, Unternehmensberatungen, lokale Politik und Gewerkschaften (Howaldt et al. 2001). Netzwerke verfügen so über ein breites Spektrum an Kompetenzen und Ressourcen und können KMU helfen, ihre Circular-Economy-Ziele schneller und effizienter umzusetzen (Stiftung Familienunternehmen 2021).

Erfahrungen aus anderen Nachhaltigkeitsbereichen wie der Energieeffizienz unterstützen diese Erkenntnisse (Nestor Coronador Palma 2015; Palm und Backman 2020; Preiß 2021; vgl. auch Hermandi et al. 2022). Da sich die aktive Beteiligung von KMU an Energieeffizienznetzwerken als ein Erfolgsfaktor für die Umsetzung von Energieeffizienzmaßnahmen erwiesen hat, kann davon ausgegangen werden, dass Unternehmensnetzwerkansätze auch KMU im Bereich der Circular Economy unterstützen können (Gandenberger 2021).

5.4 Unterstützungsangebote des Prosperkollegs

5.4.1 Entwicklung im Prozess der Aktionsforschung

Die Erkenntnisse aus dem Einsatz der verschiedenen Unterstützungsansätze zeigen: Es kommt darauf an, KMU die ersten Schritte in Richtung Circular Economy zu erleichtern und Einstiegshürden zu überwinden. Im Idealfall verlieren sie die Scheu zu experimentieren und die eigenen Geschäftsprozesse zu überdenken. Eine persönliche Ansprache, einfach zu handhabende Werkzeuge, Impulse von außen und der Austausch von Good-Practice-Erfahrungen sind dabei von großer Bedeutung.

Das Projekt Prosperkolleg hat solche Impulse, die erste Handlungsschritte für KMU initiieren und begleiten, in einem iterativen Aktionsforschungsprozess entwickelt, in der Praxis erprobt und evaluiert. Diese Ansätze und Erkenntnisse werden im Folgenden erläutert.

Die im Projekt entwickelten und erprobten Motivations- und Unterstützungsangebote wurden von Akteuren der Emscher-Lippe-Region und darüber hinaus in NRW zahlreich angenommen: Insgesamt hat das Prosperkolleg mehr als 800 Unternehmen, vorwiegend KMU des verarbeitenden Gewerbes, kontaktiert, 42 strukturierte Impulsgespräche mit ihnen durchgeführt, eine *Circularity Matrix* zur Ableitung konkreter Handlungsmöglichkeiten in 16 Unternehmen erfolgreich erprobt und hierauf aufbauend den *Potenzialcheck Circular Economy* entwickelt (s. ▶ Kap. 6) sowie Unternehmen vernetzt, damit sie sich untereinander über Zielvorstellungen und Good-Practice-Erfahrungen austauschen können (Stand: April 2023). Überdies konnten übergreifende Circular-Economy-Themen identifiziert werden, die für viele KMU relevant sind, und für die unterstützende Werkzeuge entwickelt werden können. Für einen dieser Themenbereiche, die Lebensmittelverpackung, wurde exemplarisch ein solches Hilfsmittel entwickelt und in der Praxis erprobt. Für die Gestaltung und die Umsetzung der Unterstützungsansätze konnte das Prosperkolleg von den Erfahrungen des Projektpartners Effizienz-Agentur NRW profitieren.

5.4.2 Unternehmensansprache und Erstgespräch

Die Identifikation von Unternehmen in der Stadt Bottrop und der gesamten Emscher-Lippe-Region, die für das Thema Circular Economy sensibilisiert und denen Unterstützungsmaßnahmen angeboten werden sollten, erfolgte in erster Linie durch gezielte Aktivitäten der Wirtschaftsförderung der Stadt Bottrop und der regionalen Wirtschaftsförderung (WiN Emscher-Lippe GmbH). Darüber hinaus erfolgten Kontaktaufnahmen durch weitere Projektbeteiligte oder auf Basis allgemeiner Kommunikationsmaßnahmen wie 70 Blogbeiträge, Newsletter und zahlreiche LinkedIn-Beiträge, 29 Informationsveranstaltungen und Seminare sowie die Großveranstaltung Circular Economy Hotspot 2022 in Bottrop (Stand: April 2023).

Hilfestellung bei der Kontaktaufnahme gab es auch durch einen externen Dienstleister, der eine Telefonakquise durchführte, um Unternehmen für Erstgespräche zu gewinnen. Vorbereitend recherchierte das Prosperkolleg-Team Unternehmen der Emscher-Lippe-Region, die bereits in Nachhaltigkeitsthemen sensibilisiert sind. Beurteilt wurde die Sensibilisierung der Unternehmen anhand von Umweltmanagement-Zertifizierungen. So wurden etwa 190 Unternehmen identifiziert, welche der Telefondienstleister in 238 Anruf-Versuchen kontaktierte. Der Dienstleister konnte 53 Unternehmen erreichen und bei sechs dieser Unternehmen einen konkreten Unterstützungsbedarf wecken. Darauf aufbauend sind vier Erstgespräche zustande gekommen.

Die Rückmeldungen des Dienstleisters decken sich mit den Erfahrungen des Prosperkollegs. Das Thema Circular Economy ist meist nicht bekannt und erklärungsbedürftig. Zudem sind im Schnitt 40 Versuche nötig, um eine Folgeaktivität zu initiieren. Als hilfreich und erfolgversprechend hat sich bei der Kontaktaufnahme herausgestellt, wenn der erste Kontakt gleich mit Entscheidungsträgerinnen und -trägern erfolgt, am besten direkt mit der Geschäftsführung.

Nach der Kontaktaufnahme wurden zunächst strukturierte Impulsgespräche durchgeführt. Ziel der Gespräche war es, erste Schritte und Potenziale zu identifizieren. Sie fanden bevorzugt vor Ort im Unternehmen statt, um das Unternehmen und seine Produktion kennenzulernen und ein besseres Verständnis für die Herausforderungen, die Unternehmenskultur und die Marktsituation im Wertschöpfungsnetzwerk des Unternehmens zu erhalten. Aufgrund der Pandemiesituation mussten einige Gespräche aber auch online erfolgen. Die Termine starteten nach einer gegenseitigen Vorstellung je nach Kenntnisstand des Unternehmens mit einem kurzen oder längeren Impuls zum Thema Circular Economy. Als besonders wertvoll für die Unternehmen haben sich mitgebrachte Good-Practice-Beispiele herauskristallisiert. Diese öffnen den Raum für erste Denkanstöße und machen die teils abstrakten Circular-Economy-Strategien greifbar. Neben dieser Einführung ist vorwiegend der Blick in das Unternehmen, sein Geschäftsmodell und seine Produktion essenziell. Nur so kann ein breiteres Verständnis vom Produktaufbau, von Produktionsabläufen, Rahmenbedingungen und Ressourcenaufwänden entwickelt werden. Diese Informationen ermöglichen es dem Beratungspartner, gezielt unterstützen zu können, und sie sind die Basis für die gemeinsame Entwicklung erster Circular-Economy-Ansätze (s. ▶ Kap. 6, Abschn. 6.4).

5.4.3 Potenzialcheck mit Circularity Matrix

Das vom Prosperkolleg entwickelte Vorgehensmodell sieht vor, aufbauend auf dem Erstgespräch mithilfe einer *Circularity Matrix* die Ist-Situation der Unternehmen zu analysieren und Circular-Economy-Potenziale sowie daraus abgeleitete Handlungsschritte zu erarbeiten. Diese Schritte werden in ▶ Kap. 6 vorgestellt und anhand von Praxisbeispielen konkretisiert.

> **Hinweis für Entscheidungsprozesse**
>
> Für Unternehmen, die sich mit dem Konzept der Circular Economy auseinandersetzen und Know-how in diesem Bereich aufbauen wollen, gibt es mittlerweile zahlreiche Unterstützungsangebote. Dazu zählen (Online-)Werkzeuge wie Selbst-Assessments, spezialisierte Berater*innen oder Initiativen wie das Prosperkolleg. Mit Mut zum Experimentieren und der Bereitschaft, die eigenen Geschäftsprozesse zu überdenken, lassen sich darüber hinaus Einstiegshürden überwinden und erste Schritte in Richtung Zirkularität gehen.

5.4.4 Unternehmensnetzwerk

Wie bereits dargestellt, werden in der Literatur Netzwerke für Unternehmen zum Wissens- und Erfahrungsaustausch als hilfreich erachtet, um diese zu motivieren, sich auf den Weg zu einer Circular Economy zu machen. Entsprechend wurde ein solcher Netzwerkaufbau im Prosperkolleg erprobt. Insgesamt fanden vier Netzwerktreffen statt, bei denen größere Unternehmen ihre fortgeschrittenen Erfahrungen mit anderen größeren und kleineren Unternehmen teilten (Stand: April 2023). Die regelmäßigen Netzwerktreffen sollten Gelegenheit geben, mit anderen Unternehmen aus der Region ins Gespräch zu kommen, sich zu vernetzen und gemeinsam die Chancen des anstehenden Wandels zu ergreifen. Vor Beginn der Treffen gab es im Rahmen einer Kurzeinführung die Möglichkeit, das Konzept der Circular Economy kennenzulernen und sich mit den wichtigsten Begriffen und Entwicklungen vertraut zu machen. Ferner wurden gute Praxisbeispiele und funktionierende Geschäftsmodelle vorgestellt.

Die Motivation und das Interesse der Unternehmen, sich aktiv an einem solchen Netzwerk zu beteiligen, war jedoch bisher gering. Eine Erklärung für die geringe Teilnahmequote an den Netzwerkangeboten könnte sein, dass der Bereich der Circular Economy für KMU vergleichsweise neu, der Marktdruck noch schwach und der regulatorische Druck bisher kaum vorhanden ist. Aber der Aufbau von Netzwerken benötigt auch Zeit. Netzwerke müssen wachsen und sich entwickeln (Howaldt und Ellerkmann 2007), denn erfolgreiche Netzwerke beruhen auf Vertrauen, auf wechselseitiger Verlässlichkeit, auf Habitualisierungen und Traditionen (Howaldt et al. 2001).

> ▶ **Beispiel aus der Praxis**
>
> Unter *TTZ – Transform to Zero im Prosperkolleg* haben sich Unternehmen aus der Emscher-Lippe-Region und Umgebung zusammengeschlossen, um gemeinsam das Ziel „Triple Zero" (Zero Waste, Zero Pollution, Zero Carbon) zu verfolgen. Das aktuelle Thema der Klimaneutralität war für die Industrie der Anlass, die Initiative anzustoßen und in eine Kooperation mit dem Prosperkolleg zu überführen. TTZ wird von den Kooperationspartnern des Prosperkollegs sowie der Westfälischen Hochschule und dem Wissenschaftspark Gelsenkirchen begleitet und schafft als Türöffner Möglichkeiten, Unternehmen zu unterstützen und die Region bei der Entwicklung in eine ökologisch, ökonomisch und sozial nachhaltige Zukunft voranzubringen (TTZ – Transform to Zero 2022). ◀

5.4.5 Bewertungsmatrix für Lebensmittelverpackungen

Um auch unternehmensübergreifende Circular-Economy-Themen exemplarisch zu behandeln, wurde im Bereich der Lebensmittelverpackungen ein weiteres Unterstützungsangebot praxisnah entwickelt und erprobt. Entstanden ist ein Instrument zur Bewertung der Nachhaltigkeit solcher Verpackungen, die *Bewertungsmatrix für Lebensmittelverpackungen* (BMLV). Anlass für die Entwicklung war die Erkenntnis der Effizienz-Agentur NRW, dass nachhaltige Verpackungen eine bestehende Nachfrage erfüllen. Ihre Umfragen zeigten, dass 79 % der Verbraucher*innen ihr Kaufverhalten hinsichtlich der Verpackungen des Gekauften überdenken (Effizienz-Agentur NRW 2021).

In der Zeit von September 2020 bis Juni 2021 tauschten sich Vertreter*innen aus den Bereichen Lebensmittelerzeugung, Verpackungsherstellung, Produktdesign, Handel und Recycling in einer Fachworkshop-Reihe über unterschiedliche Aspekte der Lebensmittelverpackungen aus. Bis Januar 2022 wurde das Instrument zur Bewertung der Lebensmittelverpackungen von 14 Unternehmen genutzt.

Ziel war es, mögliche Kooperationen zwischen verschiedenen Akteuren entlang der Wertschöpfungskette zu diskutieren, um nachhaltigere Lösungen für Lebensmittelverpackungen zu identifizieren und umzusetzen. Als Ergebnis wurden die gesammelten Kriterien und Indikatoren in der BMLV erfasst. Die BMLV ist demnach ein Kriterienkatalog für die Bewertung nachhaltiger Verpackungsalternativen in der deutschen Lebensmittelbranche. Sie ermöglicht einen paarweisen Vergleich zwischen im Handel befindlichen Lebensmittelverpackungen und nachhaltigeren Verpackungsalternativen anhand von 32 Indikatoren in den Punkten Produktschutz, Zirkularität, Umwelt, Anlagenauslastung und Kommunikation. Das Vergleichsergebnis unterstützt interne oder unternehmensübergreifende Diskussionen bei der Entwicklung und Auswahl von Verpackungslösungen und ermöglicht es, einen interdisziplinären Konsens zu finden.

Die BMLV soll Corporate-Social-Responsibility-, Umwelt- und Nachhaltigkeitsbeauftragten in Unternehmen helfen, Teile des Verpackungsentwicklungsprozesses strukturiert zu dokumentieren, einen Austausch über nachhaltige Verpackungen zu fördern und bei der kooperativen Entwicklung nachhaltigerer Verpackungen mit Lieferanten sowie Kundinnen und Kunden behilflich zu sein.

Aus dem gestiegenen Interesse an Nachhaltigkeit bei Verbraucher*innen und Handel ergeben sich Anforderungen an Unternehmen, die Lebensmittelverpackungen herstellen, Lebensmittel verpacken, entsprechende Verpackungs- und

Abfüllanlagen bauen und solche, die Verpackungen recyceln. Hierdurch ist das Interesse am Thema auch bei diesen Unternehmen gestiegen. Im Workshop tauschten sich Teilnehmende aus den Bereichen Lebensmittelerzeugung, Verpackungsherstellung, Produktdesign, Handel und Recycling über unterschiedliche Aspekte von Lebensmittelverpackungen aus, mit dem Ziel, mögliche Kooperationen zwischen verschiedenen Akteuren entlang der Wertschöpfungskette zu diskutieren, um nachhaltigere Lösungen für Lebensmittelverpackungen zu identifizieren und umzusetzen. Die Rückmeldungen der Unternehmen haben gezeigt, dass diese Herangehensweise für KMU besonders hilfreich war, da alle Beteiligten gemeinsam eine praxisgerechte Lösung erarbeiten konnten (vgl. auch Grundmann und Alscher 2022 zur detaillierten Ausgestaltung und Evaluation der Nutzung der BMLV).

5.5 Fazit: Unternehmen erfolgreich motivieren

Die dargestellten Ergebnisse des Prosperkollegs-Projekts verdeutlichen: Solange der Druck durch staatliche Regulierung und durch den Markt die Unternehmen noch nicht zwingt, Prinzipien der Circular Economy zu adaptieren, sind intensive Kommunikation und passende Unterstützungsangebote wichtig, um für das Thema zu sensibilisieren. Geschäftsführungen müssen von den Chancen einer Veränderung überzeugt und konkrete Handlungsmöglichkeiten identifiziert werden, die zur jeweiligen Situation des Unternehmens passen.

Die Aktionsforschungsarbeit mit KMU hat unter anderem gezeigt, dass die Umsetzung zirkulärer Maßnahmen in Unternehmen wesentlich von der Aufgeschlossenheit der Geschäftsführung und der gesamten Unternehmenskultur gegenüber Circular-Economy-Aspekten und Innovationen im Allgemeinen abhängt. Wenn die Unterstützungsangebote auf offene Ohren stoßen, sind die persönliche Ansprache und ein gutes Verständnis für die Herausforderungen des Unternehmens, die Unternehmenskultur und die Marktsituation im Wertschöpfungsnetzwerk wesentliche Voraussetzungen für eine erfolgreiche Motivation zu weiteren Schritten.

Deutlich wurde aber auch, dass die konzipierten, erprobten und bei Bedarf weiterentwickelten Kommunikations-, Motivations- und weitergehenden betrieblichen Unterstützungsmaßnahmen nicht alle Unternehmen erreichen und daher allein nicht genügen, um eine breite Umsetzung zirkulärer Aktivitäten in der Wirtschaft zu initiieren.

> **Kernbotschaften**
> - KMU benötigen Unterstützung bei der Umsetzung von Circular-Economy-Maßnahmen.
> - Für die Entwicklung von Kommunikations-, Kooperations- und Vernetzungsansätzen, individuellen Fördermaßnahmen, Konzepten und Instrumenten können Lehren aus den langjährigen Erfahrungen im Bereich der Energieeffizienz gezogen werden.
> - Es ist wichtig, die Situation der KMU, ihre Marktsituation, ihre Motivationen und Herausforderungen zu verstehen.
> - Am sinnvollsten ist die Ansprache in Form von persönlicher Kommunikation auf der Ebene der Entscheidungsträger*innen.

- Die Maßnahmenumsetzung ist stark von kontextuellen Faktoren, individuellen Ansätzen und Kooperationen im Wertschöpfungsnetzwerk abhängig.
- Circular-Economy-Fördermaßnahmen sollten den Fokus darauf legen, die Bereitschaft und Fähigkeit von KMU zu Veränderungen in den zentralen Wertschöpfungsprozessen des Unternehmens und in der Zusammenarbeit entlang der gesamten Wertschöpfungskette zu fördern.

Literatur

Circularity Gap Report (2022): Circularity Gap World. Online verfügbar unter https://www.circularitygap.world/2022, zuletzt geprüft am 06.07.2023.

Dey, Prasanta Kumar; Malesios, Chrisovaladis; De, Debashree, Budhwar, Pawan; Chowdhury, Soumyadeb, Cheffi, Walid (2020): Circular economy to enhance sustainability of small and medium-sized enterprises. In: *Business Strategy and the Environment* 29 (6), S. 2145–2169. https://doi.org/10.1002/bse.2492.

Effizienz-Agentur NRW (o.J.): Circular Economy. Online verfügbar unter https://www.ressourceneffizienz.de/circular-economy, zuletzt geprüft am 14.05.2024.

Effizienz-Agentur NRW (2021): Wie sehen nachhaltige Verpackungen im Zeitalter von Ressourcen und Klimaschutz aus? Unter Mitarbeit von Martin Stuchtey und Stefan Alscher. Online verfügbar unter https://www.ressourceneffizienz.de/aktuelles-termine/detailansicht/wie-sehen-nachhaltige-verpackungen-im-zeitalter-von-ressourcen-und-klimaschutz-aus, zuletzt geprüft am 05.07.2023.

Ellen MacArthur Foundation (2015): Delivering the circular economy: a toolkit for policy-makers. Online verfügbar unter https://ellenmacarthurfoundation.org/a-toolkit-for-policymakers, zuletzt geprüft am 11.07.2023.

Europäische Kommission (2019): Der europäische Grüne Deal. Dokument 52019DC0640. Online verfügbar unter https://eurlex.europa.eu/legal-content/DE/TXT/?uri=COM%3A2019%3A640%3AFIN, zuletzt geprüft am 14.05.2024.

Fluchs, Sarah; Neligan, Adriana; Schleicher, Carmen und Schmitz, Edgar (2022): Zirkuläre Geschäftsmodelle. Institut der Deutschen Wirtschaft. Online im Internet: https://www.iwkoeln.de/fileadmin/user_upload/Studien/Report/PDF/2022/IWReport_2022-Zirkul%C3%A4re-Gesch%C3%A4fsmodelle.pdf, zuletzt geprüft 11.05.2024.

Frieske, Benjamin; Stieler, Sylvia (2023): Neue Wertschöpfungsstrukturen und zukunftsfähige Lieferketten vor dem Hintergrund der Transformation in der Automobilwirtschaft. In: Towards the New Normal in Mobility, S. 891–908. Online verfügbar unter https://link.springer.com/book/10.1007/978-3-658-39438-7, zuletzt geprüft am 11.05.2024.

Gandenberger, Carsten (2021): Innovationen für die Circular Economy – Aktueller Stand und Perspektiven. Ein Beitrag zur Weiterentwicklung der deutschen Umweltinnovationspolitik. Hrsg. v. Umweltbundesamt. Karlsruhe. Online verfügbar unter https://www.umweltbundesamt.de/sites/default/files/medien/5750/publikationen/2021_01_11_uib_01-2021_innovationen_circular_economy.pdf, zuletzt geprüft am 11.07.2023.

Geissdoerfer, Martin; Savaget, Paulo; Bocken, Nancy M.P.; Hultink, Erik Jan (2017): The Circular Economy – A new sustainability paradigm? In: *Journal of Cleaner Production* 143, S. 757–768. https://doi.org/10.1016/j.jclepro.2016.12.048.

Ghisetti, Claudia; Montresor, Sandro (2020): On the adoption of circular economy practices by small and medium-size enterprises (SMEs): does "financing-as-usual" still matter? In: *Journal of Evolutionary Economics* (30), S. 559–586. Online verfügbar unter https://link.springer.com/article/10.1007/s00191-019-00651-w, zuletzt geprüft am 05.07.2023.

Grundmann, Manuel; Alscher, Stefan (2022): Nachhaltige Lebensmittelverpackungen. Eine Bewertungsmatrix zum systematischen Nachhaltigkeitsvergleich. Prospektiven – Neues zur zirkulären Wertschöpfung 2022/03. Bottrop: Prosperkolleg e.V. Online verfügbar unter https://prosperkolleg.ruhr/wp-content/uploads/2022/03/20220322_prospektiven_22-03_bewertungsmatrix-verpackungen.pdf, zuletzt geprüft am 18.05.2023.

Hennicke, Peter (2021): Der Klimanotstand lässt sich abwenden – wenn Strategien der Ressour-cen- und Klimapolitik kombiniert werden. Hrsg. v. der Arbeitsgruppe Alternative Wirtschaftspolitik e.V. Online verfügbar unter https://www.alternative-wirtschaftspolitik.de/de/article/10656657.der-klimanotstand-l%C3%A4sst-sich-abwenden.html, zuletzt geprüft am 19.05.2023.

Hermandi, Carina; Dierke, Linda; Alscher, Stefan; Grundmann, Manuel; Irrek, Wolfgang (2022): Circular Economy in KMU – Konzept zur Initiierung, Einführung und Umsetzung. Prospektiven – Neues zur zirkulären Wertschöpfung 2022/02. Bottrop: Prosperkolleg e.V. Online verfügbar unter https://prosperkolleg.ruhr/wp-content/uploads/2022/06/prospektiven_22-02_konzeptcircular-economy-kmu.pdf, zuletzt geprüft am 14.05.2024.

Howaldt, Jürgen; Ellerkmann, Frank (2007): Entwicklungsphasen von Netzwerken und Unternehmenskooperationen. In: Becker, Thomas; Dammer, Ingo; Howaldt, Jürgen; Killich, Stephan; Loose, Achim (Hrsg.): Netzwerkmanagement. Berlin, Heidelberg: Springer. https://doi.org/10.1007/978-3-540-71891-8_4.

Howaldt, Jürgen; Kopp, Ralf; Flocken, Peter (2001): Kooperationsverbände und regionale Modernisierung. Theorie und Praxis der Netzwerkarbeit. Wiesbaden: Gabler. Online verfügbar unter https://link.springer.com/book/10.1007/978-3-322-90831-5, zuletzt geprüft am 03.05.2023.

HWK (2022): Machbarkeitsstudie Kreislaufwirtschaft/Zirkuläre Wertschöpfung (Nr. 202060/661). Unter Mitarbeit von EUREGIO – Saxion Hogeschool, Landkreis Grafschaft Bentheim, Wirtschaftsförderungsgesellschaft der Ost-Niederlande Oost NL, innerhalb des INTERREG V A – Rahmenprojektes. Online verfügbar unter https://www.hwk-muenster.de/de/betriebsfuehrung/nachhaltigkeit-umwelt-energie/zirkulaere-wertschoepfung#section-8609, zuletzt geprüft am 06.07.2023.

Information und Technik NRW (2022): Niederlassungen und deren Beschäftigte nach Beschäftigtengrößenklassen (4) und Wirtschaftsabschnitten (17) der WZ 2008 – Regierungsbezirke – Jahr (ab 2019), Tabelle 52111-3d. Online verfügbar unter https://www.landesdatenbank.nrw.de/ldbnrw/online, zuletzt geprüft am 07.07.2023.

Irrek, Wolfgang (2022): Mythos: Ressourcenknappheit ist das Problem. Ressourcenknappheit als Argument für zirkuläre Wertschöpfung? In: Böckel, Alexa; Quaing, Jan; Weissbrod, Ilka; Böhm, Julia (Hrsg.): Mythen der Circular Economy. https://doi.org/10.25368/2022.163, S. 43–47.

Köllner, Christiane (2021): Das müssen Sie zur Halbleiter-Krise wissen. Online verfügbar unter https://www.springerprofessional.de/halbleiter/halbleitertechnik/das-muessen-sie-zur-halbleiter-krise-wissen/19356172, zuletzt geprüft am 18.05.2023.

Lehmacher, Wolfgang; Bödecker, Johann (2023): Circular Economy: 7. Industrielle Revolution: Der Weg zu mehr Nachhaltigkeit durch Kreislaufwirtschaft. Wiesbaden: Springer. https://doi.org/10.1007/978-3-658-41311-8.

Palma, Néstor Coronador (2015): Refurbished systems as key competence of a circular economy. Philips Healthcare. Online verfügbar unter https://www.kivi.nl/uploads/media/56211fdcb14ed/KIVI%20-%20Philips%20Circular%20Economy%20October%202015.pdf, zuletzt geprüft am 24.05.2023.

Palm, Jenny; Backman, Fredrik (2020): Energy efficiency in SMEs: overcoming the communication barrier. In: *Energy Efficiency* 13 (5), S. 809–821. https://doi.org/10.1007/s12053-020-09839-7.

Preiß, Marlene (2021): Treiber und Hemmnisse betrieblicher Effizienzmaßnahmen – Vernet-zung als Erfolgsfaktor. In: NachhaltigkeitsManagementForum. https://doi.org/10.1007/s00550-021-00512-w.

Prieto-Sandoval, Vanessa; Jaca, Carmen; Ormazabal, Marta (2018): Towards a consensus on the circular economy. In: *Journal of Cleaner Production* 179, S. 605–615. https://doi.org/10.1016/j.jclepro.2017.12.224.

Rizos, Vasileios; Behrens, Arno; van der Gaast, Wytze; Hofman, Erwin; Ioannou, Anastasia; Kafyeke, Terri et al. (2016): Implementation of Circular Economy Business Models by Small and Medium-Sized Enterprises (SMEs): Barriers and Enablers. In: *Sustainability* 8 (11), S. 1212. https://doi.org/10.3390/su8111212.

Schmidt, Torsten; Kirsch, Florian; Dirks, Maximilian (2021): Kurzfristige Perspektiven der Rohstoffpreisentwicklung. Gutachten im Auftrag des Ministeriums für Wirtschaft, Innovation, Digitalisierung und Energie des Landes Nordrhein-Westfalen. RWI – Leibniz-Institut für Wirtschaftsforschung (RWI). Essen. Online verfügbar unter https://wirtschaft.nrw/sites/default/files/documents/rwi_kurzfristige_perspektiven_der_rohstoffpreisentwicklung_endbericht.pdf, zuletzt geprüft am 11.07.2023.

Stiftung Familienunternehmen (Hrsg.) (2021): Circular Economy in Familienunternehmen. Herausforderungen, Lösungsansätze und Handlungsempfehlungen. Erstellt von Stiftung 2°- Deutsche Unternehmer, Fraunhofer CeRRI, Fraunhofer IMW und Fraunhofer UMSICHT. Online verfügbar unter https://www.fraunhofer.de/content/dam/zv/de/forschung/artikel/2021/kreislaufwirtschaft/Circular-Economy-in-Familienunternehmen_Studie_Stiftung-Familienunternehmen.pdf, zuletzt geprüft am 11.07.2023.

TTZ – Transform to Zero (2022): Willkommen bei transform to zero. Online verfügbar unter https://www.transform-to-zero.de/, zuletzt geprüft am 03.05.2023.

Potenzialcheck Circular Economy

Carina Hermandi, Linda Dierke, Manuel Grundmann und Stefan Opitz

Inhaltsverzeichnis

6.1　Einleitung – 86
6.1.1　Identifizierung betrieblicher Handlungsfelder – 86
6.1.2　Vertiefende Unternehmensstudie – 87

6.2　Aufbau des Potenzialchecks Circular Economy – 88

6.3　Erstgespräch – 89

6.4　Circularity Matrix – 90

6.5　Maßnahmenentwicklung – 94

6.6　Weitervermittlung – 95

　　　Literatur – 96

© Der/die Autor(en), exklusiv lizenziert an Springer Fachmedien Wiesbaden GmbH, ein Teil von Springer Nature 2024
S. Büttner et al. (Hrsg.), *Transformation zur Circular Economy*, Sustainable Development Goals (SDG) – Umsetzung in Praxis, Lehre und Entscheidungsprozessen,
https://doi.org/10.1007/978-3-658-43338-3_6

6.1 Einleitung

Kleine und mittlere Unternehmen (KMU) sind häufig unsicher, wie sie den Übergang zu einer Circular Economy meistern und in welchem Umfang sie davon profitieren können (s. ▶ Kap. 5). Auf Grundlage von Praxiserfahrungen und Literaturrecherchen werden daher im *Prosperkolleg* (s. ▶ Kap. 1) im Rahmen eines handlungsorientierten Forschungsansatzes Konzepte und Instrumente entwickelt, die kleinen und mittleren Unternehmen in Nordrhein-Westfalen (NRW) eine Hilfestellung auf ihrem Weg zur Circular Economy geben.

Eines der Konzepte wird in diesem Kapitel vorgestellt: Der *Potenzialcheck Circular Economy* des Prosperkollegs unterstützt Unternehmen bei ersten Schritten auf ihrem Weg zur Circular Economy. Der Fokus liegt dabei auf KMU des verarbeitenden Gewerbes, die 2019 einen Anteil von 16,1 % an der gesamten Bruttowertschöpfung in NRW und etwa 62 % an der Bruttowertschöpfung des produzierenden Gewerbes in NRW hatten (Wirtschaft.NRW 2022). Zuerst werden die innerbetrieblichen Handlungsfelder vorgestellt, nach denen die Potenzialerschließung differenziert. Anschließend wird dargestellt, wie das Konzept des Potenzialchecks aus einer vertiefenden Studie mit vier Unternehmen hergeleitet wurde. Schließlich wird die Vorgehensweise des Potenzialchecks Circular Economy erläutert.

6.1.1 Identifizierung betrieblicher Handlungsfelder

Um erste Schritte in Richtung Circular Economy im Unternehmen gehen zu können, hilft die Segmentierung in einzelbetriebliche Handlungsfelder, in denen Circular-Economy-Aktivitäten zum Verlangsamen, Verringern und Schließen von Ressourcen- und Energieströmen konkret greifen können (Konietzko et al. 2020; r2pi project 2021). Das Prosperkolleg hat hierfür im Rahmen einer Literaturrecherche zunächst fünf Bereiche identifiziert, in denen Unternehmen erste Anknüpfungspunkte zur Circular Economy finden können. Die Auswahl der fünf Handlungsfelder basiert auf den Arbeiten von Konietzko et al. 2020, r2pi project 2021, Evans und Bocken 2014, Reike et al. 2018, Vermeulen et al. 2018, Ressourceneffizienz-Zentrum Bayern 2020, Ellen MacArthur Foundation 2015 sowie Walcher und Leube 2017. Die ausgewählten Handlungsfelder sind: 1) Zirkuläre Produktentwicklung, 2) Einkauf kreislauffähiger Materialien, 3) Ressourceneffiziente Produktion, 4) Verlängerung der Produktnutzung und 5) Produkt-Service-Systeme.

In einer vertiefenden Studie mit vier Unternehmen im Jahr 2021 wurde die Einteilung in diese fünf theoretisch ermittelten Handlungsfelder im Kontext der Unternehmenspraxis überprüft und anschließend auf vier reduziert (s. ▶ Abschn. 6.4). Darüber hinaus untersuchte die Studie, inwieweit und auf welche Weise in diesen Handlungsfeldern konkrete Potenziale und Handlungsmöglichkeiten für eine Circular Economy in ausgewählten KMU identifiziert werden können. Für diese Analysen und Fallstudien in den Unternehmen kooperierte das Prosperkolleg mit der innowise GmbH aus Duisburg. Teilnehmende Unternehmen waren die SBRS GmbH, die Ventilatorenfabrik Oelde GmbH, die Rattay Group Metallschlauch- u. Kompensatorentechnik GmbH und die nobilia-Werke J. Stickling GmbH & Co. KG. Das genaue Vorgehen der Studie wird im Folgenden näher dargestellt.

6.1.2 Vertiefende Unternehmensstudie

Die Vorgehensweise der Studie orientierte sich an einem Ablauf in fünf Phasen, bestehend aus einzelbetrieblicher Auftaktveranstaltung, Status-quo-Analyse, gemeinsamem Informations- und Erfahrungsaustausch, innerbetrieblicher Konkretisierung und Umsetzung sowie gemeinsamer Abschlussveranstaltung.

Das unternehmensindividuelle Kick-off-Gespräch stellte den jeweiligen organisatorischen Auftakt der Studie dar und diente dem Kennenlernen der beteiligten Akteure. Daneben hatte der Kick-off das Ziel, die Studie vorzustellen, die gegenseitigen Erwartungen kennenzulernen, ein Verständnis für Circular Economy zu schaffen und das weitere Vorgehen zu besprechen.

Den inhaltlichen Auftakt bildete hierauf aufbauend die betriebsspezifische Status-quo-Analyse. Sie ermöglichte eine qualitative und – sofern die Datenlage es jeweils zuließ – eine quantitative Bewertung des Ist-Zustands in unterschiedlichen Circular-Economy-Aktivitätsbereichen mithilfe eines Reifegradmodells aus dem Methodenrepertoire der innowise GmbH, das auf die o. g. Handlungsfelder angepasst wurde. Anschließend wurden wünschenswerte Zielzustände und zu priorisierende Handlungsfelder für jedes Unternehmen individuell festgelegt.

Eine gemeinsame Veranstaltung mit allen vier beteiligten Unternehmen diente dem Kennenlernen der Betriebe untereinander und einem ersten Erfahrungs- und Informationsaustausch. Die Teilnehmenden stellten sich und ihr Unternehmen vor und erläuterten ihre Interessenschwerpunkte sowie die in den vorherigen Phasen erzielten Ergebnisse.

Auf die unternehmensindividuellen Kick-off-Gespräche folgte die einzelbetriebliche Konkretisierungs-, Entwicklungs- und Umsetzungsarbeit. In mehreren Workshops wurden in den zuvor priorisierten Handlungsfeldern mithilfe geeigneter Instrumente der innowise GmbH konkrete Potenziale identifiziert und Umsetzungsmaßnahmen abgeleitet.

Im Rahmen der Studie wurde aufbauend auf einer Literaturrecherche ein Interviewleitfaden entwickelt, um zu prüfen, welches Verständnis von Circular Economy vorliegt und welche Chancen und Herausforderungen die einzelnen Unternehmen hinsichtlich einer Circular-Economy-Transformation sehen. Vor der Durchführung der Workshops wurde jeweils mit einer Unternehmensvertreterin bzw. einem Unternehmensvertreter ein qualitatives Interview geführt. Nach Beendigung der Workshops folgte eine weitere Interviewrunde mit derselben Person. Insgesamt fanden acht Interviews statt.

Die Erkenntnisse zeigen, dass KMU im Bereich der Circular Economy vor nutzbaren Chancen, aber auch vor Herausforderungen, Barrieren und Hemmnissen stehen. Gleichzeitig sind die möglichen Ansätze einer Circular Economy vielfältig und die Umsetzung von verschiedenen Faktoren abhängig, die sich von Betrieb zu Betrieb unterscheiden können. Zielführend erscheint es daher, in persönlichen Fachgesprächen in die Circular-Economy-Thematik einzuführen, individuelle Ansatzpunkte zu analysieren und die KMU selbst zu weiteren Schritten zu befähigen. Der nächste Abschnitt erläutert die einzelnen Schritte des Potenzialchecks zur Identifizierung, Bewertung und Realisierung unterschiedlicher Möglichkeiten zur Transformation in Richtung Circular Economy in den Betrieben.

> **Beispiel aus der Praxis**
>
> Das Unternehmen Rattay Metallschlauch- und Kompensatorentechnik GmbH produziert am Standort Hünxe-Bucholtwelmen Edelstahlwellschläuche und Kompensatoren für den Einsatz in verschiedensten Industrien.
>
> Für die Rattay Metallschlauch- und Kompensatorentechnik GmbH stand die Entwicklung eines Rücknahmesystems für die eigenen Produkte in der Studie im Vordergrund, um einzelne Komponenten aus Rücksendungen zurückzugewinnen, aufzubereiten und als Bestandteil neuer Produkte wieder in den Herstellungsprozess zu bringen. Ziel der Fallstudie war die Entwicklung eines neuen Geschäftsmodells auf Basis von Rückholsystemen im B2B-Bereich und dessen pilothafte Erprobung.
>
> Edelstahlwellschläuche haben abhängig von Einsatzweck und Industrie eine Lebensdauer von mindestens 12 bis 36 Monaten, je nach Anwendung auch kürzer. Die Edelstahlarmaturen an den Edelstahlwellschläuchen haben aufgrund ihrer Beschaffenheit in den allermeisten Fällen eine potenziell deutlich längere Nutzungsdauer. Heute jedoch werden diese zusammen mit den Edelstahlwellschläuchen entsorgt („Downcycling") und nicht in den Produktionskreislauf zurückgeführt. Durch das geplante Rücknahmesystem sollen die Edelstahlwellschläuche nach der Nutzungsphase an die Rattay Metallschlauch- und Kompensatorentechnik GmbH zurückgeführt werden. Dort wird die Edelstahlarmatur demontiert, aufgearbeitet und kann nach Prüf- und Dokumentationsprozessen an einen neuen Schlauch angebracht werden. Die nicht mehr nutzbaren Schläuche werden einer Verwertung zugeführt. Hierdurch wird die Komponentennutzung deutlich verlängert und somit ein Mehrwert im Sinne einer Circular Economy generiert.
>
> Konkret wurde abgeschätzt, dass die Entwicklung eines Rücknahmesystems für Edelstahlwellschläuche im B2B-Bereich eine Rückführung von 50 bis 60 % der bei einem Pilotkunden eingesetzten Edelstahlwellschläuche inklusive Edelstahlarmatur ermöglicht. Dies entspricht 1200 Edelstahlwellschläuchen pro Jahr nur im belieferten deutschen Chemie- und Industriebereich eines einzigen Kunden. Durch das Aufbereiten und Wiedereinsetzen der Edelstahlarmaturen dieses Kunden lassen sich 4,6 t Edelstahl pro Jahr einsparen, was einem CO_2-Äquivalent von 20,83 t pro Jahr entspricht. ◀

6.2 Aufbau des Potenzialchecks Circular Economy

Auf Grundlage der durchgeführten Literaturrecherche sowie der vertiefenden Unternehmensstudie wurde ein vierschrittiger *Potenzialcheck Circular Economy* als Unterstützungsinstrument entwickelt, um weiteren Unternehmen die Möglichkeit zu bieten, Potenziale der Circular Economy in ihren Betrieben zu identifizieren und vertiefend zu erschließen (vgl. Hermandi et al. 2022). Die einzelnen Schritte des Potenzialchecks wurden in Unternehmen in Bottrop, der Emscher-Lippe-Region und darüber hinaus in NRW erprobt. Konkret wurden insgesamt 42 Erstgespräche mit Unternehmen durchgeführt und die bereits erwähnte und weiter unten näher erläuterte Circularity Matrix in 16 Unternehmen erprobt (Stand: April 2023). Die Erkenntnisse aus dieser Erprobung sowie acht daran anschließenden Evaluationsgesprächen mit ausgewählten Unternehmen flossen in die Weiterentwicklung des Potenzialchecks Circular Economy zu einem flexiblen vierschrittigen Konzept ein, das als Möglichkeitsraum für die ersten Schritte mit Unternehmen anzusehen und individuell auf den jeweiligen Betrieb anzupassen ist. Die vier Schritte beinhalten (s. ◘ Abb. 6.1):

Potenzialcheck Circular Economy

■ Abb. 6.1 Prosperkolleg Potenzialcheck Circular Economy. (Quelle: eigene Darstellung)

- Ein *Erstgespräch*, das dem Kennenlernen des Themas und der Teilnehmenden untereinander dient.
- Die *Circularity Matrix,* eine Soll-Ist-Analyse, welche als Online-Tool konzipiert ist und in der Regel gemeinsam mit den Unternehmen durchgeführt wird.
- Die *Maßnahmenentwicklung*, bei der in Form eines *Circularity Workshops* gemeinsam mit den Betrieben ein Handlungsplan erarbeitet wird.
- Die *Weitervermittlung,* wenn es in die konkrete Umsetzungsbegleitung geht, für die das Prosperkolleg die Unternehmen an Beraterinnen und Berater, weitere Hochschulen und/oder andere Institutionen mit Spezialkenntnissen oder Finanzierungsinstitutionen vermittelt.

Diese vier Schritte werden im Folgenden näher vorgestellt.

6.3 Erstgespräch

Das *Erstgespräch* dient vorrangig dem Kennenlernen, der Abstimmung der gegenseitigen Erwartungen und der weiteren Vorgehensweise. Je nach Kenntnisstand des Unternehmens wird ein Impuls zum Thema Circular Economy gegeben. Dies dient auch dazu, ein gemeinsames Verständnis des Themas zu entwickeln und über den Möglichkeitsrahmen im Unternehmen zu sprechen. Zudem öffnen Good-Practice-Beispiele den Raum für erste Denkanstöße. Neben dieser Einführung ist vor allem der Blick in das Unternehmen und dessen Produktion essenziell, beispielsweise im Rahmen einer Begehung und von Gesprächen vor Ort. Nur so kann ein breiteres Verständnis von Produktaufbau, Produktionsabläufen, Rahmenbedingungen und Ressourcenaufwänden entwickelt werden. Diese Informationen ermöglichen es, das Unternehmen gezielt unterstützen zu können und sind ausschlaggebend für die gemeinsame Entwicklung erster Ansätze der Circular Economy. In den Erstgesprächen, die das Team des Prosperkollegs geführt hat, hat es sich als vorteilhaft erwiesen, wenn die Geschäftsführung und – falls vorhanden – die oder der Nachhaltigkeitsbeauftragte teilnimmt. Ansätze im Bereich Circular Economy bedingen meist größere Veränderungen im Unternehmen, sodass diese von Anfang an von der Geschäftsführung oder je nach Struktur von der Produktionsleitung mitgetragen werden müssen.

6.4 Circularity Matrix

Mit der Circularity Matrix können sich Unternehmen, unabhängig vom eigenen Kenntnisstand, dem Thema Circular Economy nähern und mittels einer Soll-Ist-Analyse die größten zirkulären Handlungspotenziale im eigenen Betrieb identifizieren. Sie beinhaltet 36 Fragen, die sich auf die Handlungsfelder aus der oben vorgestellten Studie beziehen. Zur Entwicklung der Fragen wurden mehrere bestehende Tools analysiert, u. a. in den Arbeiten von Konietzko et al. 2020, r2pi project 2021, Evans und Bocken 2014, Vermeulen et al. 2018, Ressourceneffizienz-Zentrum Bayern 2020, Ellen MacArthur Foundation 2015 sowie Walcher und Leube 2017. Bei der Entwicklung der Matrix konnten einige Ähnlichkeiten zwischen den Fragestellungen der einzelnen Handlungsfelder festgestellt werden. Dies und die Ergebnisse der Studie führten dazu, die ursprünglich fünf Handlungsfelder zu überarbeiten. Handlungsfeld 2 „Einkauf kreislauffähiger Materialien" beinhaltet neben Materialien nun auch Aspekte der Lieferkette. Um die Begrifflichkeit von Handlungsfeld 4 „Verlängerung der Produktnutzung" zu konkretisieren, wird dieses jetzt mit „Rückholung und Wiederaufbereitung" bezeichnet. Außerdem wurden die Handlungsfelder 4 „Verlängerung der Produktnutzung" und 5 „Produkt-Service-Systeme" zum Handlungsfeld „Rückholung und Wiederaufbereitung & Produkt-Service-Systeme" vereint, da die zugehörigen Teilthemen und Fragestellungen inhaltlich eng miteinander verknüpft sind. Die Circularity Matrix ist daher in vier Handlungsfelder gegliedert, denen jeweils acht bis zehn Fragen zugeordnet sind. Die vier Handlungsfelder lauten:
1) Zirkuläre Produktentwicklung
2) Lieferketten & Einkauf kreislauffähiger Materialien
3) Ressourceneffiziente Produktion
4) Rückholung und Wiederaufbereitung & Produkt-Service-Systeme

Der Fragenkatalog der Circularity Matrix ist jeweils für ein ausgewähltes Produkt zu beantworten, z. B. das umsatzstärkste. Die Anwendung der Matrix kann jedoch beliebig oft für weitere Produkte wiederholt werden. Neben Fragen zur Reparierbarkeit oder Langlebigkeit des Produkts werden auch die Lieferkette, die Ressourceneffizienz in der Produktion sowie mögliche Rückführsysteme genau betrachtet. Die ausgewählten Fragen ermöglichen eine niederschwellige, aber ganzheitliche Betrachtung des Themas Circular Economy im jeweiligen Unternehmen. Die Matrix gibt nicht nur einen Überblick über erste Ansatzpunkte und Maßnahmen, sondern macht auch deutlich, welche Fragestellungen zukünftig betrachtet werden könnten (s. ◘ Tab. 6.1).

Die Antwortmöglichkeiten der Circularity Matrix sind in eine 5er-Skala unterteilt (überhaupt nicht, eher nicht, teilweise, überwiegend, voll und ganz). Die Unternehmen geben zu jeder Frage eine Einschätzung des Ist-Zustands und den gewünschten Soll-Zustand in drei Jahren an. Durch die Betrachtung des Entwicklungsstands heute und des angestrebten Ziels in drei Jahren können die Ansatzpunkte mit den größten Potenzialen entsprechend der jeweiligen Ausgangssituation, der Ziele und der Motivation des Unternehmens identifiziert werden. Die Punkte mit dem größten Entwicklungspotenzial ergeben sich aus der größten Differenz zwischen Ist- und Soll-Zustand für das gewählte Produkt bzw. den Produktbereich.

Tab. 6.1 Fragen Circularity Matrix

Handlungsfeld	Fragen
Zirkuläre Produktentwicklung	Integrieren Sie geeignete Indikatoren zur Messung der Umwelteffekte in die Produktentwicklung?
	Ist Ihr Produkt systematisch ressourcenschonend gestaltet, sodass in der Produktion möglichst wenig Material verbraucht wird?
	Haben die durchgeführten Optimierungsmaßnahmen im Produktentwicklungsprozess bereits den Großteil der Potenziale ausgeschöpft?
	Ist Ihr Produkt so gestaltet, dass es möglichst langlebig ist?
	Ist Ihr Produkt so gestaltet, dass es reparierbar ist?
	Ist Ihr Produkt so gestaltet, dass es nachrüstbar ist (z. B. Updates)?
	Ist Ihr Produkt so gestaltet, dass die Materialien nach mehreren Lebenszyklen recycelt werden können?
	Prüfen Sie den Einsatz von alternativen Materialien (biobasiert, biologisch abbaubar, recycelt etc.)?
	Berücksichtigen Sie in der Produktentwicklung die Nutzungsphase Ihres Produktes (Betriebskosten, Ressourcenverbrauch etc.)?
Lieferkette + Einkauf kreislauffähiger Materialien	Sind Ihnen die Lieferketten (sowohl beim Einkauf als auch beim Produktverkauf) durchgängig bekannt?
	Verzichten Sie bei Ihrem Produkt auf den Einsatz beschaffungskritischer Ressourcen?
	Erfassen und bewerten Sie die Gefährdungen durch den Einsatz beschaffungskritischer Ressourcen (z. B. über entsprechende Kritikalitätsanalysen)?
	Achten Sie bei der Rohstoffbeschaffung gezielt auf die Faktoren Regionalität und Importunabhängigkeit, soweit technisch und wirtschaftlich sinnvoll möglich?
	Verzichten Sie bei Ihrem Produkt auf umweltgefährdende, toxische oder gesundheitsgefährdende Ressourcen?
	Verzichten Sie bei Ihrem Produkt auf den Einsatz sozialkritischer Ressourcen?
	Informieren Sie sich beim Einkauf von Materialien auch über ökologische Aspekte?
	Setzen Sie recycelte Materialien ein? (Substitution)
	Setzen Sie recycelbare Materialien ein?

(Fortsetzung)

◘ **Tab. 6.1** (Fortsetzung)

Handlungsfeld	Fragen
Ressourceneffiziente Produktion	Haben Sie Ihren Produktionsprozess hinsichtlich Effizienzsteigerungspotenzialen analysiert? (z. B. Arten der Verschwendung)
	Sind kontinuierliche Verbesserungsprozesse hinsichtlich der Effizienzsteigerung in Ihre Produktion integriert?
	Nutzen Sie bei der Produktion Ihres Produktes erneuerbare Energien?
	Werden die Nebenprodukte (z. B. Ausschüsse, Abfälle) aus Ihrem Produktionsprozess als Ressource intern weiterverwertet?
	Werden die Nebenprodukte (z. B. Ausschüsse, Abfälle), die nicht weiterverwertet werden können, sortiert und in bestehende Recyclingsysteme geführt?
	Ist Ihnen die Menge der anfallenden Produktionsabfälle bekannt (t pro Jahr)?
	Erstellen Sie eine Treibhausgasbilanz für Ihr Produkt?
	Kooperieren Sie mit Externen (z. B. Zulieferern, Kund*innen), um einen minimierten Ressourceneinsatz bei Produktion und Logistik (z. B. Mehrwegsysteme, Leasing) zu erzielen?
Rückholung und Wiederaufbereitung + Produkt-Service-System	Wissen Sie, was mit Ihren Produkten zwischen Erstnutzung und End-of-Life passiert? (Wiederverwendung, Restwerte etc.)
	Gibt es für Ihr Produkt einen Wartungsservice bzw. Wartungsverträge (intern & extern)?
	Gibt es für Ihr Produkt einen Reparaturservice (intern & extern)?
	Gibt es für Ihr Produkt Ersatzteile (intern & extern)?
	Erfolgt nach der Nutzungsphase eine Wiederaufbereitung Ihres Produktes, sodass es „wie neu" ist oder auf einen anderen definierten Qualitätsstand gebracht wird?
	Verfügen Sie über ein Verwertungsverfahren (ein System zur Rücknahme oder Sammlung)?
	Gibt es für Ihr Produkt einen Second-Hand-Markt?
	Bieten Sie Ihren Kund*innen – statt eines Kaufes – die Leistung Ihres Produktes an (Leasing, Sharing, Pooling, Pay per Service Unit etc.)?
	Bieten Sie Ihren Kund*innen Anwendungsberatung zur langen und schonenden Nutzung Ihres Produktes an?
	Bieten Sie Ihren Kund*innen Schulungen zur eigenständigen Reparatur Ihres Produktes an?

Eine Priorisierung der Fragen hinsichtlich der größten ökologischen, wirtschaftlichen oder sozialen Effekte findet auf dieser abstrahierten Ebenen noch nicht statt. Eine solche Bewertung ist in Folgeaktivitäten, z. B. in einem anschließenden Workshop zur Maßnahmenentwicklung, vorzunehmen.

Die Ergebnisse der Matrix werden in einer detaillierten Übersicht strukturiert zur Verfügung gestellt. Ein Spinnennetzdiagramm zeigt für jedes Handlungsfeld, wie weit der heutige Stand vom angestrebten zukünftigen Zustand abweicht, sodass die größten Handlungspotenziale sichtbar werden. Außerdem werden die Fragen mit dem höchsten Potenzial gesondert aufgeführt. Die Priorisierung der Anknüpfungspunkte sowie die Entwicklung erster Lösungsschritte für einzelne Aspekte sind Teil der Folgeaktivitäten, z. B. dem auf die Anwendung der Circularity Matrix folgenden Workshop zur Maßnahmenentwicklung (vgl. auch Hermandi et al. 2022).

Hinweis für Entscheidungsprozesse

Haben KMU den Mehrwert oder die Notwendigkeit einer Circular Economy für sich erkannt, bietet die *Circularity Matrix* einen Ansatzpunkt, systematisch unternehmensspezifische Handlungsmöglichkeiten hinsichtlich einer zirkulären Produktentwicklung, der Lieferketten und des Einkaufs kreislauffähiger Materialien, zur Steigerung der Ressourceneffizienz ihrer Produktion und in Bezug auf die Rückholung und Wiederaufbereitung von Produkten oder Komponenten, z. B. auch im Rahmen von Produkt-Service-Systemen, zu identifizieren. Gleichzeitig wird ein Grundverständnis für die Thematik geschaffen.

Das Team des Prosperkollegs hat die Matrix in ein- bis zweistündigen Einzelgesprächen gemeinsam mit 17 Unternehmen angewendet. Dabei hat sich gezeigt, dass die Durchführung der Circularity Matrix eine sehr gute Gesprächsgrundlage darstellt, um die unterschiedlichen Dimensionen der Circular Economy zu beleuchten. Die Matrix erleichtert den Einstieg und die Betrachtung der diversen Anknüpfungspunkte deutlich. Die Fragen der Matrix zeigen Unternehmen häufig noch nicht betrachtete Aspekte auf und regen zur Diskussion an. Ein solcher Diskurs ist besonders dann erfolgreich, wenn auf Seiten des Unternehmens mehrere Personen an der Durchführung der Circularity Matrix beteiligt sind. Wie auch bei den Erstgesprächen hat sich gezeigt, dass die Geschäftsführung oder, falls vorhanden, die oder der Nachhaltigkeitsbeauftragte die Anwendung der Matrix begleiten sollte.

Die Unternehmen, in denen die Matrix erprobt wurde, zeigten hauptsächlich Entwicklungsbereitschaft im Handlungsfeld ressourceneffiziente Produktion. Grundsätzlichere Entwicklungen, wie die Anpassung des Designs oder des Geschäftsmodells, wurden zurückhaltender bewertet. Mit Blick auf den Transformationsgedanken der Circular Economy sollten hier zusätzliche Anregungen geschaffen werden, sich auch an größere Veränderungen zu wagen. Die Frage der Treibhausgasbilanzierung wurde von fast allen Unternehmen mit einem hohen Entwicklungswillen bewertet. Politische Forderungen sowie Rückfragen von Seite der Kundinnen und Kunden wurden häufig als Treiber genannt, sich mit den Handlungsfeldern der Circularity Matrix zu beschäftigen.

6.5 Maßnahmenentwicklung

Bei der Maßnahmenentwicklung wird in Form eines *Circularity Workshops* gemeinsam ein Handlungsplan erarbeitet. Ziel des Workshops ist es, Handlungsempfehlungen in konkrete Lösungsschritte zu überführen. Ausgangspunkt der Überlegungen können entweder die Ergebnisse der Circularity Matrix sein oder alternativ vom Unternehmen selbst formulierte Fragestellungen. Aufbauend auf den Erkenntnissen der Workshops aus der Unternehmensstudie und ergänzt um die Erfahrungen aus Workshops der Effizienz-Agentur NRW in anderen Projektzusammenhängen wurde ein etwa vierstündiges Vorgehen methodisch aufbereitet. Der Workshop umfasst folgende Schritte:
1) Einleitung & Impuls
2) Ziele bestimmen
3) Maßnahmen entwickeln
4) Ausklang & nächste Schritte

Im ersten Schritt wird neben der Eröffnung und der Betrachtung der Ergebnisse aus der zuvor angewandten Circularity Matrix ein fachlicher Impuls entsprechend dem priorisierten Handlungsfeld gegeben. Beispielsweise wurden im Rahmen der Studie verschiedene Impulsvorträge aus modellhaften Praxisbeispielen gehalten, die eine tiefere inhaltliche Auseinandersetzung mit dem zu betrachtenden Handlungsfeld ermöglichen sollten. Im zweiten Schritt wird für dieses Handlungsfeld ein Ziel in drei Jahren definiert. Dieses Feld wird drittens kritisch betrachtet und es werden mittels unterschiedlicher Methoden Maßnahmen zur Umsetzung der erkannten Potenziale abgeleitet. Am Ende des Workshops werden die gemeinsam erarbeiteten Ergebnisse zusammengefasst und nächste Schritte definiert, welche dem Unternehmen als Maßnahmenplan übergeben werden.

Es hat sich gezeigt, dass der *Circularity Workshop* am besten mit weniger als zehn Teilnehmenden funktioniert, da die gemeinsame Ideenfindung und konstruktive Diskussionen in kleineren Gruppen besser möglich sind. Je nach priorisiertem Handlungsfeld sollten Personen aus unterschiedlichen Fachbereichen des Unternehmens an dem Workshop teilnehmen, darunter idealerweise die Geschäftsführung und die entsprechende kaufmännische oder technische Leitung sowie die/der Nachhaltigkeitsbeauftragte. So wird sichergestellt, dass unterschiedliche Perspektiven und Kompetenzen berücksichtigt werden und die Gruppe entscheidungsfähig ist. Vorbereitung und Moderation der Workshops obliegt dem Prosperkolleg-Projektteam.

Darüber hinaus wird ein Workshop zur Basisqualifizierung der Mitarbeitenden angeboten. Hier werden Grundbegriffe und -kenntnisse zur Circular Economy vermittelt.

> **Hinweis für Entscheidungsprozesse**
>
> Radikales Hinterfragen und Neudenken der eigenen Geschäftsprozesse verhindert, von der Marktentwicklung abgehängt zu werden. Neue Marktpotenziale können hierdurch erschlossen werden, die langfristig mit den Wettbewerbsbedingungen einer klima- und ressourcenschonenden Wirtschaft vereinbar sind und gleichzeitig die Bedürfnisse der Nutzerinnen und Nutzer befriedigen. Dazu sind häufig neue Kooperationen mit Akteuren in den vor- oder nachgelagerten Stufen des Wertschöpfungsnetzwerks erforderlich.
>
> Circularity Workshops auf Basis der Ergebnisse der Circularity Matrix unterstützen KMU dabei, einen auf ihre jeweilige Ausgangssituation und ihre Kompetenzen und Ziele abgestimmten Handlungsplan zu entwickeln.

6.6 Weitervermittlung

Benötigt das Unternehmen spezifische Unterstützung bei der Umsetzung oder ist zunächst weitere Forschungs- und Entwicklungsarbeit zu leisten, sieht der *Potenzialcheck Circular Economy* des Prosperkollegs optional die Weitervermittlung des Unternehmens an externe Kooperationspartner sowie Expertinnen und Experten aus dem eigenen Netzwerk vor.

Eine Vermittlung könnte zum Beispiel an den Projektpartner Effizienz-Agentur NRW erfolgen. Als unabhängiger Dienstleister arbeitet die Effizienz-Agentur NRW seit 25 Jahren im Auftrag des nordrhein-westfälischen Umweltministeriums. Ziel ihrer Arbeit ist die wirtschaftliche Steigerung der Ressourceneffizienz in produzierenden Unternehmen. Als neutraler Fachpartner bietet sie umfassende Leistungen zur Ermittlung von Einsparpotenzialen beim Rohstoff- und Energieverbrauch an, begleitet bei der Finanzierung und Umsetzung von Ressourceneffizienz-Maßnahmen und informiert über das Thema in Veranstaltungen, Schulungen und Netzwerken (Effizienz-Agentur NRW o. J.). Dabei nutzt die Effizienz-Agentur NRW eigene Kapazitäten, aber auch regionale Netzwerke von Beraterinnen und Beratern, die Ansprechpersonen für die Unternehmen vor Ort sind.

Im Rahmen der Beratungsprojekte spielen zunehmend Themen wie Digitalisierung und Circular Design eine wichtige Rolle. Plant ein Unternehmen etwa ein Redesign seines Produkts mit dem Ziel, zukünftig Ressourcen zu sparen, bietet die Effizienz-Agentur-NRW als Unterstützung das Workshop-Format CIRCO an (s. ▶ Kap. 7) oder vermittelt an entsprechende Beratungspartner mit Design-Expertise weiter.

Weiterhin kann geprüft werden, ob Beratungsleistungen im Sinne der Ressourceneffizienz förderfähig sind. Auch die Treibhausgasbilanzierung mit dem von der Effizienz-Agentur-NRW entwickelten *ecocockpit* ist ein wichtiges Angebot, um Ressourcenverbräuche und -einsparungen quantifizieren zu können.

Geht es um die Entwicklung neuer technischer Verfahren oder Analysen ist eine Zusammenarbeit mit dem *Circular Digital Economy Lab* (CDEL) an der Hochschule Ruhr West (s. ▶ Kap. 8) oder die Vernetzung mit weiteren Hochschulen und Forschungsinstitutionen aus dem Forschungsnetzwerk des Prosperkollegs denkbar.

Kernbotschaften

- Der Potenzialcheck Circular Economy stellt eine in der Praxis erprobte Möglichkeit dar, KMU bei der Identifizierung und Umsetzung geeigneter Circular-Economy-Maßnahmen zu unterstützen.
- Die Sensibilisierung für das Thema Circular Economy ist ein wichtiger erster Schritt, um KMU für die Umsetzung zu begeistern (Erstgespräch).
- Die persönliche Kommunikation mit den KMU unter Einbezug der Geschäftsführung und von Nachhaltigkeits- bzw. Klimaschutzbeauftragten ist ein vielversprechender Ansatz.
- Praxisbeispiele anderer Unternehmen regen die Diskussion an und eröffnen neue Perspektiven.

Literatur

Effizienz-Agentur NRW (o.J.): Effizienz Agentur NRW – Über uns. Online verfügbar unter https://www.ressourceneffizienz.de/effizienz-agentur-nrw, zuletzt geprüft am 07.07.2023.

Ellen MacArthur Foundation (2015): Delivering the circular economy: a toolkit for policymakers. Online verfügbar unter https://ellenmacarthurfoundation.org/a-toolkit-for-policymakers, zuletzt geprüft am 07.07.2023.

Evans, Jamie; Bocken, Nancy (2014): A tool for manufacturers to find opportunity in the circular economy. Online verfügbar unter http://www.circulareconomytoolkit.org zuletzt geprüft am 10.07.2023.

Hermandi, Carina; Dierke, Linda; Grundmann, Manuel; Alscher, Stefan; Irrek, Wolfgang (2022): Circular Economy in KMU – Konzept zur Initiierung, Einführung und Umsetzung. Prospektiven – Neues zur zirkulären Wertschöpfung. Bottrop: Prosperkolleg e.V. Online verfügbar unter https://prosperkolleg.ruhr/wp-content/uploads/2022/04/prospektiven_22-02_konzept-circular-economy-kmu.pdf, zuletzt geprüft am 06.07.2023.

Konietzko, Jan; Bocken, Nancy; Hultink, Erik Jan (2020): A Tool to Analyze, Ideate and Develop Circular Innovation Ecosystems. In: *Sustainability* 12 (1), S. 417. https://doi.org/10.3390/su12010417.

r2pi project (2021): Circular Economy Business Models Toolkit. Online verfügbar unter http://www.r2piproject.eu/circular-economy-business-models-toolkit/, zuletzt geprüft am 05.07.2023.

Reike, Denise; Vermeulen, Walter J.V.; Witjes, Sjors (2018): The circular economy: New or Refurbished as CE 3.0? – Exploring Controversies in the Conceptualization of the Circular Economy through a Focus on History and Resource Value Retention Options. In: *Resources, Conservation and Recycling* 135, S. 246–264. https://doi.org/10.1016/j.resconrec.2017.08.027.

Ressourceneffizienz-Zentrum Bayern (2020): Readiness Check Ressourceneffizienz. Online verfügbar unter https://www.umweltpakt.bayern.de/download/werkzeuge/readinesscheck/readiness_check.pdf, zuletzt geprüft am 06.07.2023.

Vermeulen, Walter; Reike, Denise; Witjes, Sjors (2018): Circular Economy 3.0: getting beyond the messy conceptualization of circularity and the 3R's, 4R's and more. Online verfügbar unter https://www.cec4europe.eu/wp-content/uploads/2022/01/Chapter-1.4._W.J.V.-Vermeulen-et-al._Circular-Economy-3.0-getting-beyond-the-messy-conceptualization-of-circularity-and-the-3Rs-4-Rs-and-more.pdf, zuletzt geprüft am 06.07.2023.

Walcher, Dominik; Leube, Michael (2017): Kreislaufwirtschaft in Design und Produktmanagement. Co-Creation im Zentrum der zirkulären Wertschöpfung. Wiesbaden: Springer Gabler (essentials). https://doi.org/10.1007/978-3-658-18512-1.

Wirtschaft.NRW (2022): Daten und Fakten zur Wirtschaft in NRW/Daten und Fakten zum Mittelstand in NRW. Hrsg. v. Wirtschaft.NRW. Online verfügbar unter https://www.wirtschaft.nrw/daten-und-fakten-zum-mittelstand-nrw/, zuletzt geprüft am 06.07.2023.

Circular Design – Produkte und Geschäftsmodelle gestalten

Stefan Opitz, Linda Dierke und Jana Rödiger

Inhaltsverzeichnis

7.1 Die Bedeutung von Design für die Circular Economy – 98

7.2 Was ist Circular Design? – 100

7.3 Zirkuläres Produktdesign – 101

7.4 Zirkuläre Geschäftsmodelle – 103
7.4.1 Value Hill – Zirkuläre Strategien am Beispiel Handy – 104
7.4.2 Product-as-a-Service – 105

7.5 Umsetzung von Circular Design – 106
7.5.1 Geschäftsmodelle – 106
7.5.2 Produktdesign-Strategien – 107
7.5.3 Umsetzungsphasen – 108
7.5.4 Evaluation des Modells – 108

7.6 Praxisbeispiele – 109
7.6.1 Praxisbeispiel 1 – Klinker- und Ziegelhersteller – 109
7.6.2 Praxisbeispiel 2 – Küchenhersteller – 109

Literatur – 110

© Der/die Autor(en), exklusiv lizenziert an Springer Fachmedien Wiesbaden GmbH, ein Teil von Springer Nature 2024
S. Büttner et al. (Hrsg.), *Transformation zur Circular Economy*, Sustainable Development Goals (SDG) – Umsetzung in Praxis, Lehre und Entscheidungsprozessen,
https://doi.org/10.1007/978-3-658-43338-3_7

7.1 Die Bedeutung von Design für die Circular Economy

Um die Bedeutung von Design für die Circular Economy zu verstehen, ist es relevant, das Werte- und Designverständnis unseres derzeitigen Wirtschaftssystems zu kennen (Draser und Sander 2022: 16 ff.).

Unser derzeitiges lineares Wirtschaftssystem kann mit dem Bild des *Value Hill* dargestellt werden. Ein Blick darauf zeigt, wie Wertschöpfungsketten und Produktlebenszyklen aktuell aufgebaut sind (◘ Abb. 7.1). Das Modell unterteilt sich in drei Phasen. In der Phase „vor der Nutzung" wird die Wertsteigerung bei der Schaffung des Produkts (Rohstoffgewinnung, Teileherstellung, Produktion und Verkauf) dargestellt. Durch die Gewinnung von Rohstoffen aus der Erde, deren Veredelung, die Montage zu Produkten und deren Vertrieb an die Nutzer*innen wird anhand gezielter Kombination von Arbeitskraft, Energie und Material bei jedem Schritt ein Mehrwert geschaffen. Die zweite Phase ist die „Nutzung", in der das Produkt an der Spitze seines Wertes steht. Nach der Nutzungsphase verliert das Produkt rapide an Wert. Dies zeigt die dritte Phase „nach der Nutzung". So wird der Wert, der im Herstellungsprozess geschaffen wurde, schnell vernichtet (Achterberg et al. 2016: 4).

Geschäftsmodelle in einem linearen Wirtschaftssystem sind in der Regel umsatzorientiert, sodass die Einnahmen hauptsächlich aus dem transaktionalen Verkauf der Produkte stammen. Dies schafft einen Anreiz für Hersteller, Produkte mit einer kurzen Lebensdauer zu entwickeln (Achterberg et al. 2016: 4). Eine Studie von 2017 zeigt dies sehr eindrucksvoll an verschiedenen Produktkategorien (◘ Tab. 7.1).

Diese Tatsache führt unter anderem dazu, dass die globale Wirtschaft laut *Circularity Gap Report 2023* nur zu 7,2 % zirkulär ist (Circularity Gap Reporting Initiative 2023). Die Circular Economy ist ein volkswirtschaftliches Modell, das durch ihr Design restaurativ und regenerativ ist und darauf abzielt, dass Produkte, Komponenten und Materialien jederzeit ihren höchsten Nutzen und Wert behalten (ISO 20400

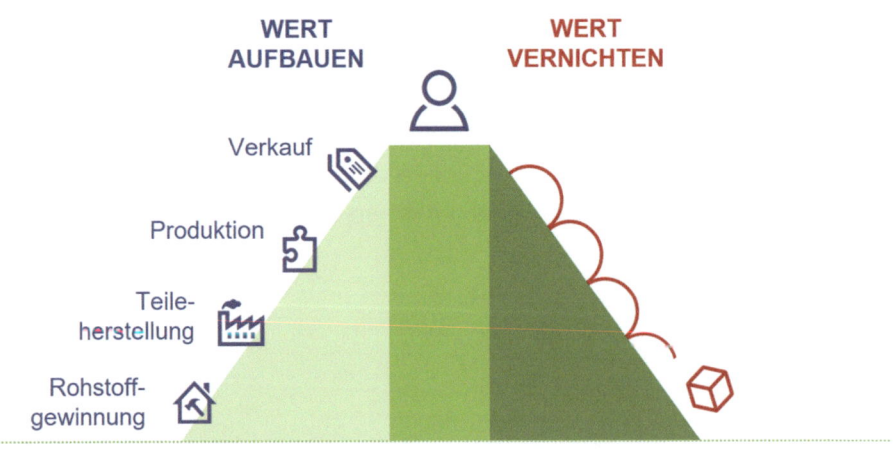

◘ **Abb. 7.1** Value Hill in einem linearen Geschäftsmodell. (Quelle: eigene Darstellung, nach Achterberg et al. 2016: 4)

Circular Design – Produkte und Geschäftsmodelle gestalten

Tab. 7.1 Lebensdauer von Produkten. (European Environment Agency 2017: 21)

Produktkategorie	Mittlere Lebensdauer in Jahren (2000)	Mittlere Lebensdauer in Jahren (2006)	Delta (in 6 Jahren)
Mobiltelefone	4,8	4,6	−3 %
Laptop + PCs	4,3	4,1	−5 %
Wasser- und Kaffeekocher	7,0	6,4	−9 %
Drucker	9,0	8,2	−11 %
Mikrowellen	10,9	9,4	−15 %

2017). Um dies zu erfüllen, sind Innovationen auf Technologie-, Geschäftsmodell-, Design- und Wertschöpfungskettenebene erforderlich. Dazu müssen Unternehmen verstehen, wie sich ihre Ausgangsmaterialien zusammensetzen sowie den Ressourcenverbrauch entlang des gesamten Produktlebenszyklus und der Wertschöpfungskette kennen (Prox 2022: 272).

Die Vorteile der Circular Economy für Gesellschaft und Wirtschaft können dann ausgeschöpft werden, wenn bereits in der Designphase eines Produkts alle Informationen entlang der Wertschöpfungskette berücksichtigt werden und transparent einsehbar sind (Prox 2022: 268). Design beschreibt schließlich die Art und Weise, wie Produkte, Dienstleistungen und Systeme geschaffen werden (Ellen MacArthur Foundation 2017). Design hat demnach einen besonderen Einfluss auf die Umsetzung der Circular Economy. Es legt wesentliche Eigenschaften eines Produktes fest, die Auswirkungen auf seine Kreislauffähigkeit haben: Langlebigkeit, Modularität, Reparierbarkeit sowie Funktionalität und Vermeidung von ästhetischer Obsoleszenz (Draser und Sander 2022: 56 f.).

Im Designprozess werden wichtige Entscheidungen getroffen, die sich darauf auswirken, wie ein Produkt hergestellt und genutzt wird, und was passiert, wenn es nicht mehr gebraucht oder gewünscht wird (Ellen MacArthur Foundation 2017). Mehr als 80 % aller produktbezogenen Umweltauswirkungen werden in der Designphase festgelegt und es ist äußerst schwierig, die Auswirkungen der Entscheidungen rückgängig zu machen, wenn sich in einer späteren Phase des Produktlebenszyklus herausstellt, dass sie unerwünschte Folgen haben (Ellen MacArthur Foundation 2017; Europäische Kommission 2015: 3).

In Bezug auf die Circular Economy bedeutet Design zwei Dinge: die zirkuläre Realisierung von Produkten sowie die Gestaltung von Geschäftsmodellen, in denen die Produkte geführt werden (Lüdeke-Freund et al. 2022: 68 f.). Dies kann ebenso als Circular Design bezeichnet werden (Ellen MacArthur Foundation 2015: 16). Eine Verbindung zwischen Produktdesignstrategien und Geschäftsmodellen ist dabei unerlässlich (Moreno et al. 2016: 12). Es stellt sich jedoch die Frage, wie Produkte und Geschäftsmodelle für die Circular Economy im Detail gestaltet werden müssen, um im gesamten Lebenszyklus ressourcen- und umweltschonend zu sein.

7.2 Was ist Circular Design?

Für die Implementierung der Circular Economy müssen Produkte und Geschäftsmodelle grundsätzlich neu gedacht und gestaltet werden. Mit Circular Design kann dieser Notwendigkeit begegnet und Lösungswege aufgezeigt werden. Dabei beschreibt Circular Design einen umfangreichen Gestaltungsansatz, welcher über eine nachhaltige Produktgestaltung hinausgeht und ebenso die Entwicklung von kreislauffähigen Geschäftsmodellen beinhaltet. Unternehmen und Organisationen können, ähnlich wie Produkte, so gestaltet oder umgestaltet werden, dass sie einen größeren Beitrag zur zirkulären Entwicklung leisten. Die Rolle von Design wird demnach zunehmend als zentral für die Managementpraxis angesehen (Lüdeke-Freund et al. 2022: 28). Insbesondere müssen neben der Rohstoffentnahme auch die Produktion, der Handel, die Nutzungs- und End-of-Use-Phase sowie erweiterte Dienstleistungen und Austauschbeziehungen innerhalb des Wertschöpfungsnetzwerks im Designprozess betrachtet werden (Ellen MacArthur Foundation 2015: 16; Moreno et al. 2016: 2).

Erfolgreiches Circular Design ist geprägt von einer längeren Nutzungsphase und einem möglichst langen Werterhalt von Produkten und seinen Komponenten. Dies verdeutlicht das Prinzip des Value Hills in einer Circular Economy (◘ Abb. 7.2). Wie beim Value Hill des linearen Wirtschaftssystems (◘ Abb. 7.1) ist die Wertschöpfung eines Produktes von der Rohstoffgewinnung bis zur Entsorgung beim Value Hill der Circular Economy in drei Phasen unterteilt. Der große Unterschied in der Circular Economy besteht darin, dass ein Produkt am Ende seiner Nutzungsphase nicht entsorgt wird, sondern die einzelnen Produkte, Komponenten und Materialien weiterverarbeitet und genutzt werden. Das Produkt oder dessen Komponenten können durch die Anwendung unterschiedlicher Strategien wieder in die Vornutzungs- oder Nutzungsphase zurückgeführt werden (zu den R-Strategien s. ▶ Kap. 4). Die Nutzungsphase des Produkts wird demnach extendiert und der Einsatz neuer

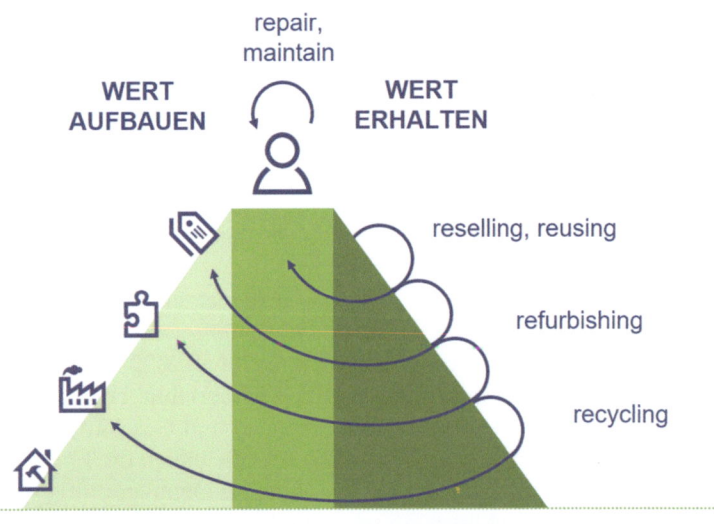

◘ Abb. 7.2 Value Hill der Circular Economy. (Quelle: eigene Darstellung, nach Achterberg et al. 2016: 5)

Ressourcen verringert, sodass der Wert des Produktes oder einzelner Komponenten länger erhalten bleibt (Achterberg et al. 2016: 5). Circular Design ist also auch dann gelungen, wenn möglichst wenig Wertverlustpunkte entlang der Wertschöpfungskette bestehen. Ein Wertverlust kann ganz klassisch die Entsorgung des Produktes sein, aber auch, wenn das Produkt nicht genutzt, wenn in der Produktion Ausschuss anfällt oder Wasser verbraucht wird, entstehen Wertverluste, die unmittelbar mit dem Produkt in Verbindung stehen.

Das Modell des Value Hills kann dabei helfen, den gesamten Lebenszyklus eines Produktes zu betrachten und die genannten Wertverlustpunkte zu identifizieren. Damit werden Möglichkeiten zum Erhalt des Wertes von Produkten für Designer*innen und Unternehmen sichtbar.

Eine abgestimmte Betrachtung von Produktdesign und Geschäftsmodell ist bei der Entwicklung von Circular Design unerlässlich. Beispielsweise ist ein modular aufgebautes Produkt, für das es keinen Reparaturservice oder Ersatzteile gibt, ein Fehldesign. Ebenso ist das Prinzip der Langlebigkeit nur dann sinnvoll, wenn die Nutzungsphase des Produktes ebenfalls lang ist. Bei einem langlebigen Produkt im klassischen Fast-Consumer-Markt läge die technische Lebensdauer eines Produktes weit über der tatsächlichen Lebensdauer. Ressourcen werden dadurch verschwendet.

Wie Circular Design sowohl in der Produktgestaltung als auch bei der Entwicklung von Geschäftsmodellen aussehen kann, wird im nächsten Abschnitt detailliert dargestellt.

7.3 Zirkuläres Produktdesign

Um das passende Produktdesign zu entwickeln, orientieren Designer*innen sich an einem bestimmten Prozess. Für diesen Designprozess existieren diverse Modelle, die sich in den grundlegenden Phasen jedoch ähnlich sind. Im Folgenden wird, nach einem Modell von Holston, beispielhaft ein typischer Designprozess, bestehend aus fünf Phasen, dargestellt (Holston 2011: 28):
1) *Initiierung*: Designer*innen und Auftraggebende kommen zusammen. Das Projekt wird gebrieft und geplant.
2) *Recherche*: Die nötigen Informationen werden gesammelt, um in der Lage zu sein, Entscheidungen zu treffen. Vor allem die Bedürfnisse von Nutzer*innen müssen erforscht werden. Expert*innen unterschiedlicher Fachbereiche, die mit dem zu entwickelnden Produkt in Verbindung stehen, teilen ihr Wissen miteinander.
3) *Konzeptentwicklung*: Die Erkenntnisse aus der Recherchephase werden zusammengetragen, analysiert und genutzt, um daraus ein Konzept zu entwickeln.
4) *Designentwicklung*: Das erarbeitete Konzept wird visualisiert.
5) *Bewertung*: Das Ergebnis wird auf Basis unterschiedlicher Punkte bewertet. Zusätzlich werden Rückschlüsse gezogen, ob das erarbeitete Design erfolgreich war.

Der dargestellte Designprozess verläuft weitgehend linear zwischen der Beauftragung und der Realisation (Draser und Sander 2022: 177). Er beschreibt einen konventionellen Designprozess, bei dem nutzerzentriertes Denken im Mittelpunkt steht. Andere Designansätze, wie Design Thinking, sehen einen stärker iterativen Ablauf in Schleifen vor (Thoring und Müller 2011).

Der iterative Aufbau ist ebenfalls ein Merkmal des Designprozesses, der auf zirkuläre Wertschöpfung orientiert ist. Die Entwürfe werden stetig infrage gestellt und an unterschiedlichen (Nachhaltigkeits-)Kriterien gespiegelt. Dies führt dazu, dass ein Design keinen finalen Status mehr erreicht (Golta 2022).

Der Blickwinkel erweitert sich auf das gesamte System sowie die dynamischen Wechselwirkungen zwischen den einzelnen Komponenten und Teilnehmenden (Golta 2022). Neben den Bedürfnissen der Nutzenden müssen hier auch Aspekte der Nachhaltigkeit bzw. der Kreislauffähigkeit beachtet werden. Zahlreiche Modelle versuchen, diese Komplexität in einen strukturierten Prozess zu überführen und für Designer*innen handhabbar zu machen. Eines der bekanntesten Modelle erarbeitete die Ellen MacArthur Foundation im Jahr 2016 mit der renommierten Designagentur IDEO. Der Fokus dieses Modells liegt auf einer erweiterten Recherchephase. In dieser Phase sollen nicht nur die Bedürfnisse der Nutzer*innen verstanden werden, sondern das gesamte System, zu dem ein Produkt gehört, mit seinen Zusammenhängen und Wechselwirkungen. Unter Abgleich bestehender Nachhaltigkeitskriterien sowie Ansätzen der Circular Economy wird ein erstes Design erstellt. Dieses wird in einem stetigen Prozess optimiert, sodass der Designprozess mehrfach durchlaufen wird (Ellen MacArthur Foundation 2017).

Ein anderes Modell beschreibt, dass die Kriterien der Nachhaltigkeit die Sonne bilden, um die der Designprozess immer und immer wieder kreist. Dabei unterliegt auch der Fixpunkt stetiger Veränderung – Kriterien der Nachhaltigkeit und Modelle der Circular Economy verändern sich, sodass eine regelmäßige Reflexion unabdingbar ist (Draser und Sander 2022: 178).

Es stellt sich die Frage, ob Designer*innen überhaupt in der Lage sind, die Menge zu betrachtender Faktoren einzubeziehen. Hier ist vor allem transdisziplinäres Denken gefordert (Draser und Sander 2022: 58). Designschaffende nehmen zunehmend eine moderierende Rolle ein und sind Vermittelnde im Diskurs unterschiedlicher Expert*innen (Fuhs et al. 2013: 10). Auch Hochschulen haben die Notwendigkeit erkannt, Designerinnen und Designer auszubilden, die über ästhetische Aspekte hinaus Fragen stellen, komplexe Zusammenhänge einbeziehen und die Auswirkungen ihrer Gestaltung bedenken und optimieren. Vorreiterin auf diesem Gebiet ist die *ecosign/Akademie für Gestaltung* in Köln, welche die genannten Aspekte bereits seit 1994 in ihrem Curriculum verankert hat (Fuhs et al. 2013: 9–11).

Neben der Optimierung der Fähigkeiten von Designschaffenden hängt die Entwicklung zirkulären Designs von einer Reihe äußerer Einflüsse ab. Die Verfügbarkeit von nachhaltigen Materialien, das Wissen über ihre Toxizität sowie ihre Abbaubedingungen beeinflussen, ob Designer*innen die richtigen Entscheidungen im Sinne der Circular Economy treffen können. Dazu gehört unter anderem die Verfügbarkeit von Daten zur Ökobilanzierung (Fuhs et al. 2013: 361). Ansätze wie der digitale Produktpass, der Informationen über Produkteigenschaften bündeln soll, können diese Entscheidungen zukünftig vereinfachen (Europäische Kommission 2023). Darüber hinaus präzisiert der im März 2022 erschienene Vorschlag für eine Ökodesign-Verordnung der Europäischen Kommission weitere Anforderungen an Produkte. Diese Ökodesign-Anforderungen umfassen, soweit dies für die zu regelnden Produktkategorien angemessen ist, beispielsweise die Haltbarkeit, Zuverlässigkeit, Wiederverwendbarkeit, Nachrüstbarkeit, Reparierbarkeit, einfache Wartung und Aufarbeitung sowie die Energieeffizienz oder auch den Mindestrezyklatanteil von Produkten (Europäische Kommission 2022: 1).

7.4 Zirkuläre Geschäftsmodelle

In der gegenwärtigen linearen Wirtschaft werden circa 93 % der für Produkte verwendeten Materialien einmalig genutzt (Circularity Gap Reporting Initiative 2023). Eine Strategie für intensivere Ressourcennutzung sind möglichst langlebige Produkte. Hierzu müssen Produkte entworfen werden, die leicht zu reparieren, zu warten, zu aktualisieren und zu erneuern sind. So kann ein zusätzlicher Ressourceneinsatz während der Produktionsphase durch den längeren Nutzungszyklus des Produkts ausgeglichen werden. Um dies in der Geschäftspraxis umzusetzen, werden zum Produktdesign passende zirkuläre Geschäftsmodelle benötigt, welche weitere Nutzungsphasen im Laufe des Produktlebens ermöglichen. Daher ist neben dem Re-Design von Produkten auch eine Anpassung des Geschäftsmodells notwendig, um zirkuläre Strategien einzuleiten, die Ressourcenkreisläufe verengen, verlangsamen und schließen.

Ein Geschäftsmodell dient dazu, die Organisationsstruktur und Wertschöpfungsprozesse des Unternehmens darzustellen. Es beschreibt die organisatorische und finanzielle Architektur, die definiert, wie eine Organisation Ressourcen und Fähigkeiten in wirtschaftlichen Wert umwandelt (Nußholz 2017: 4). Osterwalder und Pigneur definieren ein Geschäftsmodell knapp als Kernlogik, die beschreibt wie ein Unternehmen Werte schafft, liefert und erfasst (2012: 14).

Ein Geschäftsmodell besteht aus verschiedenen Elementen, die innoviert werden können, um mehr Zirkularität zu ermöglichen und zu integrieren. Diese Elemente können in drei Wertdimensionen strukturiert werden (Tab. 7.2). Ein Geschäftsmodell zu innovieren bedeutet, einige der Geschäftsmodellelemente zu verändern oder neu zu verknüpfen. Die Überführung von einem linearen zu einem zirkulären Geschäftsmodell entsteht durch das Anpassen der drei Wertdimensionen und der Integration zirkulärer Strategien.

Das *Wertversprechen* kann beispielsweise so gestaltet werden, dass es bewusst eine zirkuläre Strategie nutzt und Kund*innen anspricht, die den damit verbundenen Wert attraktiv finden. Ein Wertversprechen durch ein langlebiges Produkt mit geringen Wartungs- und Lebenszykluskosten kann unter anderem für Zielgruppen mit hohem Umweltbewusstsein attraktiv sein. Weiterhin kann die Beziehung zu den Verbraucher*innen so gestaltet werden, dass die Rückgabe eines Produkts nach seiner Verwendung durch den Aufbau von serviceorientierten Beziehungen und einer finan-

Tab. 7.2 Wertdimensionen und Geschäftsmodellelemente. (Osterwalder und Pigneur 2012: 20 f.)

	Wertdimension und entsprechende Frage	Elemente des Geschäftsmodells
Wertversprechen	Welcher Wert wird für wen bereitgestellt?	Angebot; Wertversprechen; Kund*innensegmente; Kund*innen-/Partnerbeziehungen
Wertschöpfungs- und Lieferdimension	Wie wird Wert geschaffen und überführt?	Schlüsselaktivitäten; Schlüsselressourcen/-fähigkeiten; Schlüsselpartner; Kanäle
Werterfassungsdimension	Wie wird der Wert erfasst?	Umsatzströme; Kosten

ziellen Vergütung bei der Rücksendung gefördert wird. In der *Wertschöpfungs- und Lieferdimension* werden Schlüsselressourcen oder -partner so ausgewählt, dass beispielsweise eine Rückwärtslogistik der Produkte möglich ist. Die Elemente der *Werterfassungsdimension* können so gestaltet werden, dass sich beispielsweise zusätzliche Einnahmequellen aus der Mehrfachnutzung von Produkten ergeben, indem der Wert aus Reparatur und dem Wiederverkauf nach der ersten Nutzungsphase erfasst wird (Nußholz 2017: 3 ff.).

▶ **Beispiel aus der Praxis**

Die Wertdimensionen werden im Folgenden am Beispiel einer fiktiven Handyfirma *Waterproof Outdoor Phones* dargestellt.

Die Dimension *Wertversprechen* besteht aus drei Elementen, dem tatsächlichen Wertversprechen, den Kund*innensegmenten und den Kund*innen- und Partnerbeziehungen. Das Wertversprechen ist der Wert, den das Produkt oder die Dienstleistung für die Kund*innen schafft. Für die betrachtete Firma ist das zentrale Wertversprechen, dass die Smartphones zu 100 % wasserdicht sind. Hauptzielgruppe sind Menschen, die gern in der Natur sind. Über Co-Kreativprozesse via Social Media werden sie in die Produktentwicklung einbezogen.

Die *Wertschöpfungs- und Lieferdimension* besteht aus vier Elementen: Wichtige Ressourcen und Fähigkeiten, Vertriebskanäle, wichtige Partner und wichtige Aktivitäten. Beim Smartphonehersteller sind die wichtigsten Ressourcen und Fähigkeiten die Entwicklung neuer, leichter und wasserdichter Smartphones. Um Vertriebskanäle zu etablieren, findet eine Konzentration auf den Online-Verkauf statt. Der Hauptpartner ist ein großer Onlinehändler, der die Smartphones bewirbt und verkauft. Die Firma konzentriert sich in den Hauptaktivitäten auf eine schlanke Produktion.

Die *Werterfassungsdimension* besteht aus zwei Elementen: Umsatzströme und Kosten. Im Fallbeispiel wird der Umsatz aus dem Verkauf der Smartphones erzielt. Die Hauptkostentreiber sind die Herstellung des Produkts, der Handel und die Verwaltung der Online-Community.

Für reparierbare sowie recycelbare Smartphones erweitern sich die Dimensionen. Während das Design für die Reparatur und das Recycling des Smartphones eine Schlüsselvoraussetzung (Wertversprechen) für die Schaffung von zirkulären Mehrwerten ist, wird die Wertschöpfung tatsächlich nur in der Reparaturwerkstatt, Wiederaufbereitung oder Recyclinganlage geschaffen. Daher muss der Hersteller Wege finden, seine Kundschaft zur Zusammenarbeit mit Partnern zu motivieren, um sicherzustellen, dass die Smartphones repariert oder wiederaufbereitet werden, wenn sie kaputt sind, und recycelt werden, wenn eine Reparatur nicht mehr möglich ist. ◀

7.4.1 Value Hill – Zirkuläre Strategien am Beispiel Handy

Das unten stehende Beispiel zeigt exemplarisch für den Fall eines Handys, welche Strategien zum Werterhalt ökonomisch besonders relevant sind (◘ Abb. 7.3). Die 2013 in England durchgeführte Studie verdeutlicht, dass Produkte vor allem im Wiederverkauf oder der Aufarbeitung einen hohen Wert haben. Bis es zum Recycling kommt, haben diese schon viel Wert verloren. Es zeigt sich erneut, dass es sinnvoll ist, den Wert so früh wie möglich so weit oben wie möglich zu halten (Benton und Hazell 2013: 19).

Circular Design – Produkte und Geschäftsmodelle gestalten

Abb. 7.3 Value Hill für das Beispiel Handy. (Quelle: eigene Darstellung, nach Achterberg et al. 2016: 5 sowie Benton und Hazell 2013: 19)

7.4.2 Product-as-a-Service

Die Bereitstellung von Dienstleistungen anstelle des transaktionalen Produktverkaufs wird als eine Schlüsselstrategie zur Schaffung einer Circular Economy angesehen. Das Produkt-Service-System oder Product-as-a-Service (PAAS) ist eine Art von Wertversprechen, das verwendet werden kann, um eine zirkuläre Wertschöpfung zu ermöglichen.

Im Wesentlichen handelt es sich bei einem PAAS-Modell um ein Wertversprechen, bei dem der Kundschaft eine Kombination aus Produkt- und Serviceelementen angeboten wird. Ein solches Modell ist nicht neu, denkt man etwa an Bibliotheken oder klassische Stromverträge. Mit dem Aufkommen digitaler Technologien ist es jedoch immer einfacher und interessanter geworden, eine PAAS-Strategie für eine breitere Palette von Produkten zu verwenden. PAAS hat zum Beispiel die Musikindustrie komplett verändert, indem Start-ups wie Spotify ihrer Kundschaft den Wert des Musikhörens nähergebracht haben, ohne jemals eine CD produzieren, vertreiben und nutzen zu müssen. PAAS existiert in vielen Formen und Variationen, aber für die Zirkularität ist es relevant, zwischen drei Arten von PAAS zu unterscheiden: produktorientiert, nutzungsorientiert, ergebnisorientiert (Tukker 2004: 2 ff.).

Ein *produktorientiertes PAAS* entspricht stark einem herkömmlichen Verkaufsangebot, mit einem zusätzlichen Serviceangebot, das den Verbraucher*innen während der Nutzungsphase des Produkts einen Mehrwert bietet. Dies kann die Bereitstellung von Verbrauchsmaterialien im Zusammenhang mit dem Produkt, Wartungs- oder Reparaturleistungen umfassen. Ein *nutzungsorientiertes PAAS* kehrt das Eigentumsmodell um: Das Produkt wird geleast oder gemietet, zusätzlich zur Bereitstellung ähnlicher Dienstleistungen wie im produktorientierten Modell. Ein *ergebnisorientiertes PAAS* geht einen weiteren Schritt in Richtung eines „Nur-Service-Modells": Der Anbieter geht auf die Bedürfnisse der Verbraucher*innen ein und entscheidet, welches Produkt oder welche Produkte ihnen helfen können, ihre Bedürfnisse zu befriedigen. Der Anbieter verkauft oder vermietet keine Produkte mehr, sondern die mit diesen Produkten verbundene Funktion. Beispielsweise wird nicht die Lampe geleast, sondern das benötigte Licht.

Ein PAAS führt jedoch von sich aus nicht zu einem zirkulären Geschäftsmodell. Ein PAAS stellt dem Unternehmen die Werkzeuge bereit, um eine stärker zirkulär ausgerichtete Produktion und Nutzung der Produkte zu ermöglichen. Diese Werkzeuge sind unter anderem langfristige Beziehungen zu Kund*innen, der Zugang zum Produkt während der Nutzung sowie das Eigentum am Produkt, zur Werterfassung, Wiederverwendung, Wiederaufarbeitung oder Recycling. Letztendlich bleibt es in der Verantwortung des Unternehmens, diese Werkzeuge für den Aufbau von zirkulären Wertschöpfungsketten zu nutzen (Tukker 2004: 3 ff.)

7.5 Umsetzung von Circular Design

Circular Design umfasst die Produktgestaltung und Geschäftsmodellierung von produzierenden Unternehmen. Zur Umsetzung von Circular Design wurde in den Niederlanden ein Workshopkonzept entwickelt: Die CIRCO-Methode (CIRCO 2022). Diese Methodik unterstützt Unternehmen, auf Grundlage ihrer bestehenden linearen Wertschöpfungskette neue, ressourcenschonende Produkte und Geschäftsmodelle im Sinne der Circular Economy zu entwickeln. Die Methode zeichnet sich durch eine Kombination aus Informationsvermittlung und selbstständigem Arbeiten sowie durch den Austausch in Gruppen aus. Ziel ist es, produzierende Unternehmen bei der Entwicklung konkreter zirkulärer Geschäftsmodell- und Produktdesign-Strategien am individuellen Unternehmensbeispiel zu fördern (CIRCO 2022; Effizienz-Agentur NRW 2023).

Damit kann die Methode auch im Rahmen des *Potenzialchecks Circular Economy* des Prosperkollegs genutzt werden (s. ▶ Kap. 6): Wurde über Erstgespräch und Potenzialanalyse das Produktdesign als Handlungsfeld mit dem größten Potenzial für Veränderungen in Richtung Zirkularität identifiziert, bietet sich die CIRCO-Methode als nächster Schritt zur Konkretisierung von Lösungsansätzen an.

Die CIRCO-Workshopreihe besteht aus vier Workshops. Die Trainer*innen vermitteln Wissen zu Circular Economy und Circular Design, aber vor allem zu zirkulären Geschäftsmodellen und Produktdesign-Strategien. Dabei wird zwischen Products that Last (Slow Moving Consumer Goods) und Products that Flow (Fast Moving Consumer Goods) unterschieden. Um einen ersten Einblick zu ermöglichen, sind im Nachfolgenden die zirkulären Geschäftsmodelle und Produktdesign-Strategien für Products that Last dargestellt.

7.5.1 Geschäftsmodelle

Während der CIRCO-Workshops werden den Teilnehmenden folgende Geschäftsmodelle zur Umsetzung vorgestellt (Bakker et al. 2019: 64 ff.):
- Das Modell *Classic long life* empfiehlt ein hochwertiges Produkt mit langer Lebensdauer. Der Verkauf gilt in dem Modell als klassische Einkommensquelle und die Betreuung der Kund*innen nach dem Kauf trägt zur Qualitätswahrnehmung bei.

- Das *Hybrid*-Modell beschreibt wiederholte Verkäufe von kurzlebigen Konsumgütern, die nur in Verbindung mit einem speziellen hochwertigen und langlebigen Produkt funktionieren. Beispielhafte Produkte sind Seife, Kaffee-Pads und Druckerpatronen.
- Das Modell *Gap exploiter* beinhaltet die Nutzung von Wertlücken im bestehenden System. Der Fokus in diesem Modell liegt auf den Zwischenparteien, also Unternehmen, die reparieren, Secondhand-Zubehör verkaufen oder Produkte zurückholen. Namhafte Beispielunternehmen sind sowohl eBay als auch rebuy.
- In einem *Access*-Modell werden Einnahmen durch die Bereitstellung des Zugangs zu einem Produkt verdient, während das Eigentum am Produkt beim Zugangsanbieter verbleibt. Kund*innen bekommen die Produkte für einen vereinbarten Zeitraum zur Verfügung gestellt.
- Beim *Performance*-Modell liegt die Verantwortung beim Anbieter der Produkte, wobei die Einnahmen auf der erbrachten Leistung basieren. Für die Nutzer*innen steht die Qualität der Dienstleistung im Mittelpunkt, nicht das Produkt, das die Dienstleistung erbringt. Beispiele für dieses Modell sind Druckdienstleistungen, Transport oder Daten-Clouds.

7.5.2 Produktdesign-Strategien

Neben den zirkulären Geschäftsmodellen spielen Produktdesign-Strategien eine zentrale Rolle. Die Teilnehmenden lernen sechs zirkulären Strategien kennen und prüfen, welche sich am besten zur Anwendung für das eigene Produkt eignen (Bakker et al. 2019: 97 ff.):

- *Bindung und Vertrauen* zwischen Nutzenden und Produkt zu schaffen, ist für viele Designer*innen von hoher Bedeutung, denn ein hochwertiges Produkt mit langer Lebensdauer impliziert die Notwendigkeit einer solchen Beziehung.
- *Langlebigkeit* basiert auf einer optimalen Produktzuverlässigkeit. Diese Zuverlässigkeit ergibt sich aus den technischen Gegebenheiten des Produkts. Im Idealfall sollte die Haltbarkeit eines Produkts mit seiner wirtschaftlichen und stilistischen Lebensdauer übereinstimmen.
- *Standardisierung und Kompatibilität* von Produkten entwickeln sich ständig weiter. Hier besteht ein Spannungsfeld zwischen der Festlegung von Standards einerseits und Anforderungen an individuelle Personalisierung andererseits.
- *Instandhaltung und Reparatur* werden derzeit sowohl vom Originalhersteller, den Zwischenparteien als auch den Nutzer*innen übernommen. Diese stehen unter anderem vor der Herausforderung, ohne den Verlust von Garantieren zu reparieren.
- *Ausbaufähigkeit und Adaptierbarkeit* bedeuten, Möglichkeiten zur Veränderung eines Produkts von vornherein einzubeziehen. Dazu gehört beispielsweise die Anpassung an verschiedene Funktionen durch den Austausch von Komponenten, Software-Upgrades, die Einführung neuer technischer Features oder auch das Auswechseln von Küchenfronten.
- *Demontage und Remontage* eines Produkts wird ermöglicht, indem jede Komponente wie ein unabhängiges Produkt betrachtet und als solches entworfen und getestet wird (Bakker et al. 2019: 119). Die Möglichkeit der Remontage ähnelt den drei vorangegangenen Strategien, kann aber auch den Zusammenbau mit Komponenten anderer Produkte bedeuten, um ein neues Produkt zu schaffen.

7.5.3 Umsetzungsphasen

Die Umsetzung von Circular Design im Unternehmen anhand der CIRCO-Methode erfolgt in drei Phasen: *Initiate*, *Ideate* und *Implement*. Jede Phase ist in zwei bis drei Module unterteilt, in denen Wissen vermittelt und Aufgaben zur Umsetzung eines Circular Design erfüllt werden sollen (CIRCO 2022; Effizienz-Agentur NRW 2023).

In der *Initiate*-Phase werden eine Status-quo-Analyse durchgeführt und Ziele für zirkuläre Geschäftsmöglichkeiten formuliert. Dazu wird zunächst die gesamte Wertschöpfung eines Unternehmens visualisiert. Schließlich werden Rollen und Verantwortlichkeiten von Stakeholdern dargestellt, Interaktionen und Beziehungen offengelegt, Material- und Finanzflüsse aller Akteure aufgezeigt sowie Wertverlustpunkte in der derzeitigen linearen Wertschöpfungskette identifiziert. Durch die geschaffene Transparenz in der Wertschöpfungskette sollen zirkuläre Geschäftsmöglichkeiten aufgedeckt werden. Die identifizierten Chancen sollten sowohl einen ökologischen als auch einen ökonomischen Wert für das Unternehmen schaffen sowie der Geschäftstätigkeit des Unternehmens entsprechen. Schließlich werden konkrete Zielsetzungen daraus abgeleitet.

Das Ziel in der *Ideate*-Phase ist die Entwicklung einer Konzeption für kreislauforientierte Geschäftsmodelle und Produktdesign-Strategien. Die Unternehmen entwerfen auf Basis der Ergebnisse der ersten Phase ein zirkuläres Geschäftsmodell, das zu den spezifischen Umständen der Unternehmenstätigkeit passt. Der Fokus liegt hier auf möglichen Kooperationen und der Zusammenarbeit mit anderen Unternehmen. Die Zielformulierungen der Geschäftsmöglichkeiten werden in dieser Phase in konkrete Vorschläge übersetzt.

In der *Implement*-Phase wird ein Zeit- und Maßnahmenplan zur Umsetzung der Idee im Unternehmen entwickelt. Zunächst werden Herausforderungen und mögliche Lösungen für das Produktdesign oder angebotene Dienstleistungen formuliert. Daraus werden Aktivitäten abgeleitet und Verantwortlichkeiten interner wie externer Akteure festgelegt. Zeitliche Abfolge und Prioritäten der Aufgaben werden in Form einer Roadmap festgehalten. Maßnahmen zur Realisierung von relevanten Kooperationen können in weiteren Roadmaps abgebildet werden. Die Ergebnisse der zirkulären Ambitionen der Unternehmen werden zusammengefasst und in einem Pitch präsentiert.

Resümierend bietet sich für Unternehmen durch die CIRCO-Methode eine Möglichkeit, schrittweise die eigene Wertschöpfungskette des Unternehmens kennenzulernen, zirkuläre Geschäftsmöglichkeiten aufzudecken und schließlich Maßnahmen zur Umsetzung eines Circular Designs im eigenen Unternehmen zu identifizieren. Die CIRCO-Methode verbindet sowohl zirkuläres Produktdesign als auch zirkuläre Geschäftsmodelle miteinander. Sie fördert auf diese Weise die Circular Economy und trägt dazu bei, dass Unternehmen sich nachhaltiger und vor allem zirkulärer entwickeln.

7.5.4 Evaluation des Modells

In einer Studie mit 96 teilnehmenden Unternehmen von 2019 stellte die TU Delft fest, dass die meisten kreislauffähigen Produkte und Dienstleistungen aus den CIRCO-Workshops zur Verwendung von weniger Materialien oder zur Verlängerung der

Lebensdauer führen, was eine Verringerung von CO_2-Emissionen antreiben kann. Von den entwickelten kreislauforientierten Dienstleistungen und Produkten sind jedoch viele noch nicht vollständig umgesetzt. Jedoch unternehmen zwei Drittel der CIRCO-Teilnehmenden auch nach den Workshops weitere Schritte, um Zirkularität voranzutreiben. Weiterhin hat CIRCO eine große Hebelwirkung, da die Teilnehmenden der Workshops andere Akteure und Nutzer*innen informieren, inspirieren sowie Bewusstsein schaffen, was zu neuen zirkulären Angeboten führen kann (Saes et al. 2019).

7.6 Praxisbeispiele

Die CIRCO-Methode hat sich bereits in der Praxis bewährt und Unternehmen unterstützt, Circular Design zu implementieren. Die folgenden anonymisierten Praxisbeispiele veranschaulichen die Diversität von Circular Design und zeigen, dass die Umsetzung in produzierenden Unternehmen möglich ist. Die drei Phasen der Methodik unterstützen Unternehmen dabei, konkrete Ideen und Maßnahmen in Richtung Zirkularität zu entwickeln.

7.6.1 Praxisbeispiel 1 – Klinker- und Ziegelhersteller

Das erste Praxisbeispiel zeigt die Umsetzung von Circular Design bei einem Hersteller von Klinker und Ziegeln. Das Unternehmen entwickelte während des Workshops die Idee, die Lebensdauer einer Klinkerfassade durch Renovierung zu erhöhen. Dazu hat es sich zum Ziel gesetzt, innerhalb von drei Jahren eine Plattform zu schaffen, die Informationen, Beratung und Zugang zu Ausrüstung, Kursen und Dienstleistungen für Hauseigentümer*innen bietet, die ihre Fassade renovieren wollen. Außerdem strebt der Klinker- und Ziegelhersteller an, Materialien wie Abbruchklinker zur Rückgewinnung und Wiederverwendung nach der Renovierung der Fassade aufzuarbeiten sowie neue oder gemischte Sortierungen aus Abbruchklinker zu schaffen.

Die Plattform unterstützt Kundinnen und Kunden dabei, die Nutzungsphase ihrer Klinkerfassaden zu verlängern und sorgt für Vertrauen und Zufriedenheit bei der Zielgruppe. Die Rückgewinnung und Neusortierung von Abbruchklinker kann zu Materialeinsparungen und Ressourceneffizienz führen und daher sowohl ökologische als auch ökonomische Erfolge generieren. Angeregt durch die Ergebnisse aus den CIRCO-Workshops plant das Unternehmen nun den Ausbau der Produktionsanlagen für die Neusortierung von Abbruchklinker.

7.6.2 Praxisbeispiel 2 – Küchenhersteller

Das zweite Praxisbeispiel illustriert die Umsetzung von Circular Design bei einem Küchenhersteller. Der Hersteller verfolgte bereits die Idee, Produktdesignanpassungen an seinen Küchen vorzunehmen, die eine längere Nutzung ermöglichen. Im Detail geht es darum, ein (Re-)Design der Küchenmöbel zu entwerfen, das die harmonische Kombination verschiedener Teile oder Produkte erlaubt. Diese Idee entwickelte das Unternehmen in den CIRCO-Workshops zu dem Anspruch weiter, ein Produkt zu konzipieren, das einerseits anpassbar und aufrüstbar und andererseits langlebig ist. Darüber hinaus hat sich der Hersteller von Einbauküchen zum Ziel gesetzt, einen Secondhand-Shop für Produktteile zu gestalten.

Die Umsetzung des angestrebten Circular Designs hat das Potenzial, den Produktlebenszyklus von Küchen zu verlängern sowie auf veränderte Wünsche und Vorstellungen der Kundschaft zu reagieren. Zusätzlich besteht die Möglichkeit, durch den Eintritt in den Secondhand-Markt von Küchenmöbeln neue Zielgruppen zu erreichen. Schließlich wird ein ökologischer Wert durch Ressourceneffizienz und Abfalleinsparungen und gleichzeitig ein ökonomischer Wert unter anderem durch den Eintritt in einen weiteren Markt geschaffen. Inspiriert von den Ergebnissen, erhielt das teilnehmende Team im Nachgang des Workshops von seiner Geschäftsführung ein Budget sowie die Genehmigung, ein spezielles Nachhaltigkeitsteam einzurichten, um die Ergebnisse im Unternehmen anzuwenden und weitere Ideen im Bereich der Circular Economy zu entwickeln.

Kernbotschaften
- Das Produktdesign beeinflusst über 80 % der Umweltauswirkungen eines Produkts.
- Aktuell wird durch das Design die Lebensdauer vieler Produkte bewusst verkürzt, um Umsätze zu steigern. Mit Hilfe von zirkulären Geschäftsmodellen und Produktdesign-Strategien kann dies vermieden werden, da Umsätze auf andere Weise generiert werden.
- Eine abgestimmte Betrachtung von Produktdesign und Geschäftsmodell ist bei der Entwicklung von Circular Design unerlässlich.
- Die Entwicklung eines ganzheitlichen Circular Designs setzt die Kooperation möglichst aller Akteure der Wertschöpfungskette voraus.
- Im Circular Design müssen Designer*innen nicht mehr nur nutzerzentriert denken, sondern auch Aspekte der Nachhaltigkeit bzw Kreislauffähigkeit sowie dynamische Wechselwirkungen zwischen Komponenten und Akteuren beachten.

Literatur

Achterberg, Elisa; Hinfelaar, Jeroen; Bocken, Nancy (2016): Master circular business models with the Value Hill, September 2016. Online verfügbar unter https://hetgroenebrein.nl/wp-content/uploads/2017/08/finance-white-paper-20160923.pdf, zuletzt geprüft am 08.05.2024.

Bakker, Conny; den Hollander, Marcel; van Hinte, Ed; Zijlstra, Yvo (2019): Products that last – Product design for circular business models, Amsterdam: BIS Publishers.

Benton, Dustin; Hazell, Jonny (2013): Resource resilient UK – A report from the Circular Economy Task Force. London: Green Alliance.

CIRCO (2022): Methodology. Online verfügbar unter https://www.circonl.nl/international/methodology/, zuletzt geprüft am 08.05.2024

Circularity Gap Reporting Initiative (2023): The Circularity Gap Report. Online verfügbar unter https://www.circularity-gap.world/2023, zuletzt geprüft am 25.01.2023.

Draser, Bernd; Sander, Elmar (2022): Nachhaltiges Design – Herkunft, Zukunft, Perspektiven, 1. Aufl. München: oekom Verlag.

Effizienz-Agentur NRW (2023): Zirkuläre Geschäftsmodelle entwickeln. Online verfügbar unter https://www.ressourceneffizienz.de/circular-economy/circo-workshops, zuletzt geprüft am 08.05.2024

Ellen MacArthur Foundation (2015): Towards a circular economy: Business rationale for an accelerated transition. Online verfügbar unter https://www.ellenmacarthurfoundation.org/towards-a-circular-economy-business-rationale-for-an-accelerated-transition, zuletzt geprüft am 08.05.2024

Ellen MacArthur Foundation (2017): Circular Design. Online verfügbar unter https://www.ellenmacarthurfoundation.org/design-and-the-circular-economy-deep-dive, zuletzt geprüft am 08.05.2024

Europäische Kommission (2015): Ecodesign your future – How ecodesign can help the environment by making products smarter. Online verfügbar unter https://op.europa.eu/en/publication-detail/-/publication/4d42d597-4f92-4498-8e1d-857cc157e6db, zuletzt geprüft am 02.01.2023.

Europäische Kommission (2022), MITTEILUNG DER KOMMISSION AN DAS EUROPÄISCHE PARLAMENT, DEN RAT, DEN EUROPÄISCHEN WIRTSCHAFTS- UND SOZIALAUSSCHUSS UND DEN AUSSCHUSS DER REGIONEN: Nachhaltige Produkte zur Norm machen. Online verfügbar unter https://eur-lex.europa.eu/legal-content/DE/TXT/?uri=CELEX:52022DC0140, zuletzt geprüft am 08.05.2024

Europäische Kommission (2023), Nachhaltige Produkte sollen zur neuen Norm in der EU werden. Online verfügbar unter https://germany.representation.ec.europa.eu/news/nachhaltige-produkte-sollen-zur-neuen-norm-der-eu-werden-2023-12-05_de, zuletzt geprüft am 08.05.2024.

European Environment Agency (2017): Circular by design: Products in the circular economy, EEA Report, No 6/2017. Luxembourg: Publications Office of the European Union.

Fuhs, Karin-Simone; Brocchi, Davide; Maxein, Michael; Draser, Bernd (2013): Die Geschichte des Nachhaltigen Designs. Bad Homburg: VAS – Verlag für Akademische Schriften.

Golta, Karel (2022): So funktioniert Circular Design, Page Online. Online verfügbar unter https://page-online.de/tools-technik/circular-design-prozess-projekte/#SystemsDesign, zuletzt geprüft am 24.02.2023.

Holston, David (2011): The Strategic Designer: Tools and techniques for managing the design process. Fraser: Ontario, Canada.

ISO (2017): ISO 20400:2017 Sustainable procurement – Guidance.

Lüdeke-Freund, Florian; Breuer, Henning; Massa, Lorenzo (Hrsg.) (2022): Sustainable Business Model Design – 45 Patterns, Berlin.

Moreno, Mariale; De los Rios, Carolina; Rowe, Zoe; Charnley, Fiona (2016): A Conceptual Framework for Circular Design. In: *Sustainability* 2016, 8, S. 1–15.

Nußholz, Julia L. K. (2017): Circular Business Models: Defining a Concept and Framing an Emerging Research Field. In: *Sustainability* 9(10), 1810. https://doi.org/10.3390/su9101810.

Osterwalder, Alexander; Pigneur, Yves (2012): Business Model Generation: Ein Handbuch für Visionäre, Spielveränderer und Herausforderer. Frankfurt: Campus.

Prox, Martina (2022): Circular Economy. In: Schwager, Bernhard (Hrsg.): CSR und Nachhaltigkeitsstandards – Normung und Standards im Nachhaltigkeitskontext. Berlin: Springer.

Saes, Lisanne; Ligtvoet, Andreas; van der Veen, Gert; van Barneveld-Biesma, Joost; Bastein, Ton (2019): The impact of CIRCO: Study on the impact of CIRCO and its expected contribution to (future) CO2 reduction. Online verfügbar unter https://www.technopolis-group.com/wp-content/uploads/2020/04/The-impact-of-CIRCO-October-2019-English-1.pdf, zuletzt geprüft am 08.05.2024

Thoring, Katja; Müller Roland M. (2011): Understanding design thinking: A process model based on method engineering, London

Tukker Arnold (2004): Eight Types of Product Service Systems: Eight ways to sustainability? Experiences from suspronet. In: *Business Strategy and the Environment* 13, S. 246–260.

Umweltbundesamt (2020): Ökodesign. Online verfügbar unter https://www.umweltbundesamt.de/themen/wirtschaft-konsum/produkte/oekodesign, zuletzt geprüft am 08.05.2024

Circular Digital Economy Lab

Uwe Handmann, Saulo H. Freitas Seabra da Rocha und Sabine Büttner

Inhaltsverzeichnis

8.1 Herausforderungen des Elektroschrott-Recyclings – 114

8.2 Interdisziplinärer Lösungsansatz – 114
8.2.1 Ablauf der Prozessstrecke – 115
8.2.2 Akkuschrauber und Smartphones als Versuchsobjekte – 116
8.2.3 Weitere Zielsetzungen und Anliegen – 116

Literatur – 117

© Der/die Autor(en), exklusiv lizenziert an Springer Fachmedien Wiesbaden GmbH, ein Teil von Springer Nature 2024
S. Büttner et al. (Hrsg.), *Transformation zur Circular Economy*, Sustainable Development Goals (SDG) – Umsetzung in Praxis, Lehre und Entscheidungsprozessen,
https://doi.org/10.1007/978-3-658-43338-3_8

8.1 Herausforderungen des Elektroschrott-Recyclings

Im Gegensatz zur linearen Wirtschaft, in der Rohstoffe entnommen, verarbeitet, genutzt und entsorgt werden, zielt die Circular Economy darauf ab, einen geschlossenen Kreislauf zu schaffen, in dem Ressourcen wiederverwendet oder recycelt werden (Irrek et al. 2021).

Immer komplexere Stoff- und Materialverbindungen in Produkten stellen die Entsorgung und das Recycling jedoch vor große Herausforderungen. Herkömmlichen Verfahren der Abfallbehandlung gelingt häufig keine saubere Trennung der verbundenen Materialien – es entstehen minderwertige Stoffströme, die deponiert oder sogar als Sondermüll behandelt werden müssen. Elektrokleingeräte beispielsweise werden zunächst mechanisch zerkleinert. Anschließend wird versucht, den Materialmix mit verschiedenen Verfahren wie dem Magnetabscheider zu trennen, was aufgrund der starken Fragmentierung und Vermischung aufwendig und nur eingeschränkt möglich ist.

Gleichzeitig haben seltene bzw. kritische Rohstoffe eine zunehmend strategische Bedeutung, da sie fundamental für die Wirtschaft und gesamtgesellschaftliche Aufgaben wie die Energiewende sind. Gerade diese Stoffe aber weisen aktuell eine niedrige Recyclingquote auf und schaffen damit eine hohe Abhängigkeit von wenigen Lieferländern.

Grundsätzlich lassen sich für die Wiedergewinnung und Kreislaufführung der wertvollen Rohstoffe verschiedene Strategien einsetzen (R-Strategien, s. ▶ Kap. 4). Ein geeignetes Produktdesign kann etwa wesentlich dazu beitragen, dass sich Produktkomponenten gut trennen lassen oder die Beschränkung auf wenige Ausgangsmaterialien deren Wiedergewinnung vereinfacht. Ein komplementärer Ansatz ist die intelligente Zerlegung von Produkten am Ende ihres Lebenszyklus, um so die Sortenreinheit der Wertstoffe beim Recycling zu verbessern. Aus den Zerlegungs- und Recyclingerfahrungen können wiederum Rückschlüsse für ein optimiertes Produktdesign gezogen werden.

8.2 Interdisziplinärer Lösungsansatz

Eine Antwort auf die beschriebenen Herausforderungen sind flexible und digitalisierte Demontage- und Verwertungslinien, welche die Wertigkeit des Stoffstroms im Vergleich zu konventionellen Verfahren erhöhen. Während eine manuelle Zerlegung von Elektroschrott (E-Schrott) unwirtschaftlich ist, können automatisierte Verfahren auch wirtschaftlich tragfähig umgesetzt werden. Die robotisierte Zerlegung trägt nicht nur dazu bei, wertvolle Ressourcen zurückzugewinnen, sondern minimiert auch den Abfall und reduziert den Bedarf an neuen Rohstoffen.

Mit dem *Circular Digital Economy Lab* (CDEL) bietet das Prosperkolleg (s. ▶ Kap. 1) ein Forschungs-, Entwicklungs- und Demonstrationslabor, das exemplarisch die robotisierte Vortrennung von Elektrokleingeräten erprobt. Ziel ist die automatisierte Zerlegung von E-Schrott in möglichst sortenreine Bestandteile und damit die Entwicklung einer effizienten, kostengünstigen und schnellen Lösung. Im Fokus stehen dabei Ansätze der digital gestützten Verfahrenstechnik. Die Implementierung dieser Ansätze erfordert einen interdisziplinären Angang, bei dem insbesondere Fragestellungen aus der Informatik und der Verfahrenstechnik kombiniert betrachtet werden.

Circular Digital Economy Lab

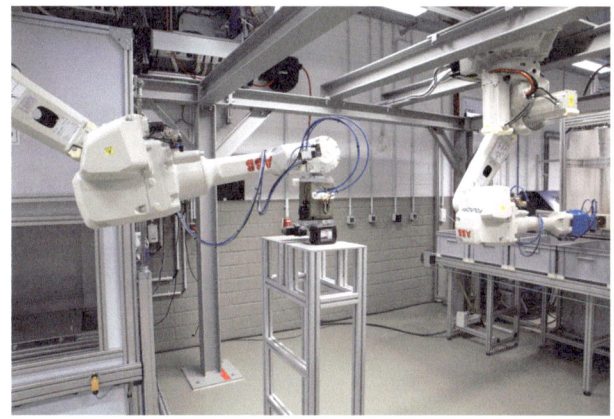

Abb. 8.1 Roboterarm im Circular Digital Economy Lab. (Quelle: eigene Aufnahme)

Die Informatik spielt ihre Stärken aus, wenn es darum geht, Materialflüsse und die Ressourcenverwendung in Objekten zu analysieren. Verfahren aus dem Gebiet der künstlichen Intelligenz (KI) gewinnen durch eine automatisierte Zuordnung einzelner Komponenten zu bekannten Objekten im Reststoffgemenge produkttypische Informationen, welche in der Verfahrenstechnik für die Analyse und Planung der Objektzerlegung genutzt werden können (s. ▶ Kap. 10).

Bei der Verfahrenstechnik wiederum steht die Entwicklung von Prozessen und Anlagen durch Verknüpfung innovativer Technologien und Analysemethoden im Zentrum. So konzentriert sich der Verfahrensstrang des CDEL auf eine automatisierte robotische Analyse, Verarbeitung und Zerlegung von Elektroschrott (Abb. 8.1), um wertvolle Materialien möglichst sortenrein zurückzugewinnen (s. ▶ Kap. 9).

8.2.1 Ablauf der Prozessstrecke

Der erste Schritt des Verfahrens (Abb. 8.2) ist die Identifikation einzelner Objekte im vorhandenen E-Schrott (s. ▶ Kap. 10). Dies erfolgt auf Basis eines KI-basierten Systems (Jost und Baker 2022): Mithilfe von geeigneten Sensoren wie etwa Kameras werden die Komponenten im E-Schrott analysiert und klassifiziert. Die Ergebnisse werden mit bereits vorhandenen Objektdaten annotiert und über eine Schnittstelle an das Robotersystem zur Weiterverarbeitung übergeben (s. ▶ Kap. 9 sowie Jost und Duddek 2022). Im Idealfall weiß das Robotersystem nun genau, um welches Gerätemodell es sich beim vorliegenden Objekt handelt und wo unterschiedliche Komponenten wie ein Akku oder Platinen liegen.

Mithilfe einer Prozessplanung und eines Roboterarms werden einzelne Objekte nun selektiert und nach weiteren zusätzlichen Analysen, z. B. durch eine Röntgenanalyse oder durch Erstellung eines Tiefenprofils, geeignet aufbereitet. Nach der Übergabe an ein zweites robotisches System werden die Objekte darauffolgend objektspezifisch durch einen Wasserstrahl zerschnitten. Diese Art der Zerlegung erlaubt eine Trennung einzelner Materialfraktionen, um die Sortenreinheit von Teilobjekten zu erhöhen. Die extrahierten Objektteile werden abschließend dem

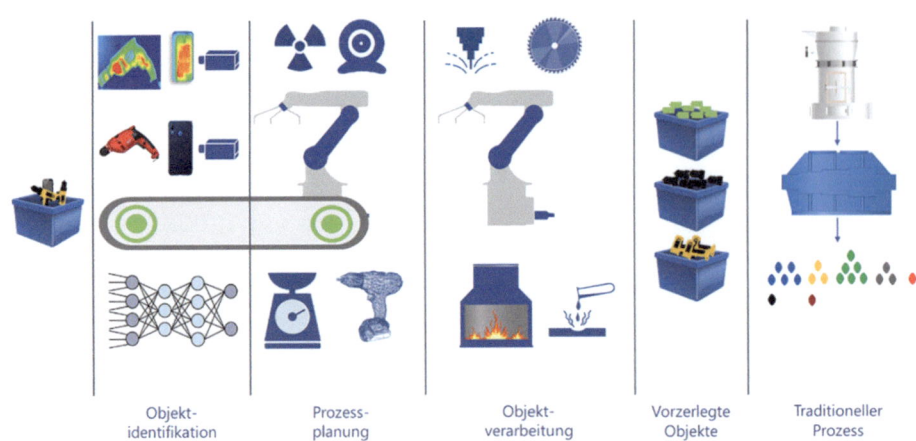

◘ Abb. 8.2 Aufbau des Circular Digital Economy Labs. (Quelle: eigene Darstellung)

herkömmlichen Zerlegeprozess zugeführt. Alternativ können weitergehende Analysen, etwa durch chemische Verfahren, erfolgen, um die Zusammensetzung von Materialmischungen detailliert zu erfassen.

8.2.2 Akkuschrauber und Smartphones als Versuchsobjekte

Als Versuchsobjekte des CDEL dienen Akkuschrauber und Smartphones. Diese Produktgruppen weisen eine hohe Verbreitung im Markt und eine große Modellvarianz auf, womit sie typische Objekte im E-Schrott-Recycling sind. Aufgrund der hohen Anzahl unterschiedlicher Marken und Produkte mit differierenden Komponenten stellen sie eine besondere Herausforderung für intelligentes Recycling dar. Zum einen gilt es, Produktmodelle zu identifizieren, um Unterschiede im Aufbau – und damit auch in der Komponentenzerlegung – berücksichtigen zu können. Zum anderen weisen beispielsweise einzelne Bauserien alter Akkuschrauber höhere Schadstoffbelastungen (Cadmium, Blei, Quecksilber) auf als andere, was eine objektspezifische Betrachtung und Verarbeitung der Altgeräte besonders relevant macht.

Der interdisziplinäre Ansatz aus KI-basierter Objekterkennung und robotisierter Verfahrenstechnik ermöglicht es, Produkte und Produktgruppen verschiedener Hersteller erkennen und bearbeiten zu können. In dieser herstellerunabhängigen Lösung liegt die besondere Innovationsleistung des CDEL.

8.2.3 Weitere Zielsetzungen und Anliegen

Neben der eigenen Entwicklungsarbeit bietet das CDEL Unternehmen eine Umgebung für Machbarkeitsstudien und Untersuchungen, um Produkte zirkulärer herzustellen, Reststoffe besser aufzubereiten oder diese Reststoffe zu Rohstoffen für neue Produkte aufzuarbeiten. Im Rahmen von Aus- und Weiterbildungsangeboten sowie Workshops vor Ort können unternehmensspezifische Herausforderungen diskutiert und Lösungsansätze erarbeitet werden.

Ein zentrales Anliegen ist es, das Mindset in Unternehmen zu verändern und zu zeigen, dass sich auch komplexe Problemstellungen wirtschaftlich und bei reduzierter Umweltbelastung bearbeiten lassen. Aus den gewonnenen Daten lassen sich außerdem Verbesserungen des Produktdesigns ableiten, die wiederum ein vereinfachtes Recycling ermöglichen. Nicht zuletzt sollen die entwickelten Verfahren dazu beitragen, höherwertige Arbeitsplätze in der Region bereitzustellen.

Kernbotschaften
- Im Circular Digital Economy Lab (CDEL) des Prosperkollegs werden innovative Ansätze und Verfahren zur sortenreinen Zerlegung von Geräten entwickelt.
- Ansätze der Informatik und der Verfahrenstechnik werden interdisziplinär zusammengeführt.
- Mithilfe geeigneter Sensoren und KI-basierter Verfahren werden die Komponenten im E-Schrott analysiert und klassifiziert.
- Dies ermöglicht eine robotisierte Zerlegung in einzelne, möglichst sortenreine Bestandteile der Geräte und damit eine effiziente, kostengünstige und schnelle Zerlegung von E-Schrott.
- Die robotisierte Zerlegung trägt nicht nur dazu bei, wertvolle Ressourcen zurückzugewinnen, sondern minimiert auch den Abfall und reduziert den Bedarf an neuen Rohstoffen.

Literatur

Jost, Tom; Duddek, Mike (2022): Pre-Recycling mit chirurgischer Präzision: Robotisierte Zerlegung von Elektrokleingeräten. RETHINK. Impulse zur zirkulären Wertschöpfung/Enabling the Circular Economy 2022/06. Online verfügbar unter https://prosperkolleg.ruhr/wp-content/uploads/2022/09/rethink_22-06_robotisierte-zerlegung.pdf, zuletzt geprüft am 30.06.2023.

Jost, Tom; AbouBaker, Nermeen (2022): Künstliche Intelligenz ermöglicht automatisiertes Smartphone-Recycling. RETHINK. Impulse zur zirkulären Wertschöpfung/Enabling the Circular Economy 2022/05. Online verfügbar unter https://prosperkolleg.ruhr/wp-content/uploads/2022/09/rethink_22-05_smartphone-erkennung-mit-ki.pdf, zuletzt geprüft am 30.06.2023.

Irrek, Wolfgang; Hermandi, Carina; Mast, Julian; Duddek, Mike; Grundmann, Manuel; Alscher, Stefan (2021): Circular Economy Management – Wertschöpfung in Kreisläufen denken. In: *Factory Innovation*, Bd. 1, Nr. 2021, S. 20-26. https://doi.org/10.30844/FI21-1_20-25.

Robotisierte Verfahrenstechnik in der Circular Economy

Mike Duddek, Benjamin Drüen und Saulo H. Freitas Seabra da Rocha

Inhaltsverzeichnis

9.1 Einleitung – 120

9.2 Materialzusammensetzung von Elektroschrotten am Beispiel eines Akkuschraubers – 120

9.3 Aktuelles Recycling von Elektroschrotten in der EU – 121

9.4 Methodik CDEL – Fraktionierung – 124
9.4.1 Informationsbeschaffung – 125
9.4.2 Prozessplanung – 129
9.4.3 Objektverarbeitung – 130

9.5 Zusammenfassung – 132

Literatur – 133

© Der/die Autor(en), exklusiv lizenziert an Springer Fachmedien Wiesbaden GmbH, ein Teil von Springer Nature 2024
S. Büttner et al. (Hrsg.), *Transformation zur Circular Economy*, Sustainable Development Goals (SDG) – Umsetzung in Praxis, Lehre und Entscheidungsprozessen,
https://doi.org/10.1007/978-3-658-43338-3_9

9.1 Einleitung

Immer mehr Alltagsgegenstände werden durch den Einsatz von unterschiedlichsten Sensoren zu smarten Produkten. Dies bringt neben Vorteilen jedoch mit sich, dass die Produkte am Ende ihrer Lebensdauer zu Elektroschrotten werden. Dieser Trend der Smartification, der Elektroschrotte aus Produkten entstehen lässt, welche bisher keine Elektroschrotte waren, sowie immer kürzere Produktlebenszyklen von Elektrogeräten machen Elektroschrott aktuell zum weltweit am stärksten wachsenden Abfallstrom (Prakash et al. 2016; Forti et al. 2020). Elektroschrotte enthalten dabei verschiedenste hochwertige Materialien wie Metalle und seltene Erden, die für die meisten technologischen Produkte unverzichtbar sind. Durch ein effizientes Recycling dieser Elektroschrotte können CO_2-Emissionen verringert (Hinzmann et al. 2010) und die europäische Abhängigkeit von Rohstoffimporten reduziert werden (Garbarino et al. 2018). Daher ist eine Weiterentwicklung und eine damit verbundene Effizienzsteigerung der aktuell eingesetzten Recyclingmethoden in der EU als Schritt in Richtung einer Circular Economy notwendig.

9.2 Materialzusammensetzung von Elektroschrotten am Beispiel eines Akkuschraubers

Die Vielzahl der unterschiedlichen Materialien in Elektroschrotten ergibt sich zumeist aus den unterschiedlichen Aufgaben, die diese in den Geräten übernehmen müssen. Neben der elektronischen Funktion wird oft eine mechanische Funktion und eine Interaktion mit den Nutzenden gefordert. Jede dieser Funktionen bedarf unterschiedlicher Eigenschaften, was zu einem komplexen Materialmix in den Produkten führt. Als Beispiel lässt sich hier ein Akkuschrauber nennen. Dieser weist elektrische Komponenten auf, welche für die Funktion und die Steuerung eines Motors notwendig sind. Darüber hinaus müssen mechanische Kräfte aufgenommen und abgegeben werden, wofür es verschiedenster Metalle bedarf, die im Getriebe und Motor des Akkuschraubers eingesetzt werden. Zudem muss der Akkuschrauber für die Nutzung ergonomisch gestaltet sein, was zumeist durch verschiedenste Polymere realisiert wird, da diese der Ergonomie entsprechend gut in Form zu bringen sind und eine ansprechende Haptik mit sich bringen.

Die Materialzusammensetzung eines solchen Akkuschraubers wird in ◘ Abb. 9.1 dargestellt. Hierbei lassen sich acht Materialgruppen identifizieren. Für das effiziente Recycling eines solchen Gerätes müssen diese Materialien sauber voneinander getrennt werden, sodass sie für neue Produkte verwendet werden können. Dabei ist im Recycling eine Vermischung der enthaltenen Materialien zu verhindern, da etwa eine Kontamination der Polymere mit den Inhaltsstoffen aus Lithium-Batterien zur Unbrauchbarkeit der Polymere führt. Außerdem können Materialmischungen entstehen, welche nicht mehr entmischbar sind, wie zum Beispiel die Vermischung von magnetischen Komponenten mit den enthaltenen Stählen. Auch wird die Wertigkeit der Metalle deutlich verschlechtert, wenn diese miteinander vermischt werden, etwa wenn Kupferanteile die Stahlfraktion verunreinigen. Daher ist im Recyclingprozess auf eine saubere Trennung und Verwertung für eine hohe Rückgewinnungsquote zu achten.

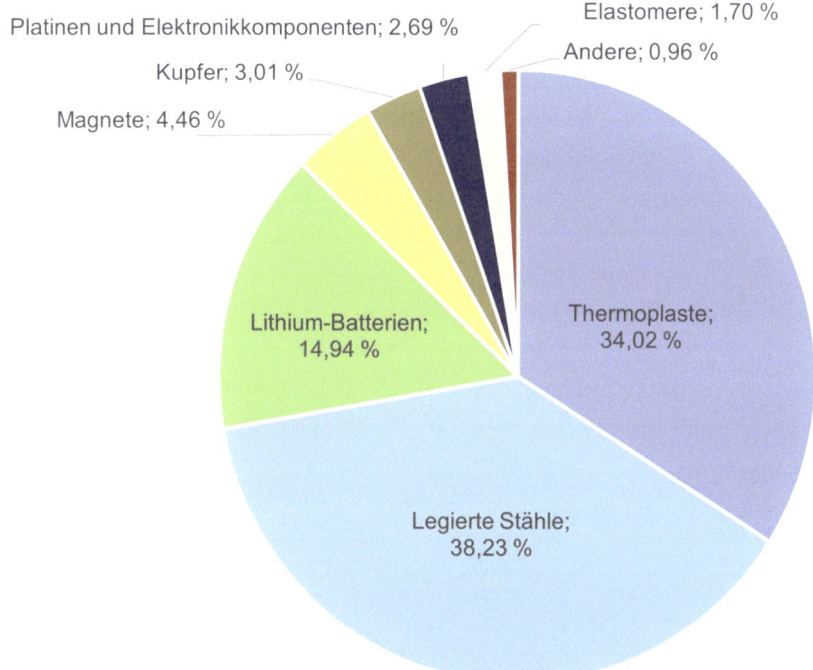

◘ **Abb. 9.1** Materialzusammensetzung (Gew.-%) eines Akkuschraubers. (Quelle: eigene Darstellung)

9.3 Aktuelles Recycling von Elektroschrotten in der EU

Aktuelle industrielle Recyclingmethoden für Elektroschrotte variieren stark in ihrer Art, Intensität und Automatisierungsgrad, je nach Verwertungsanlage in Europa (Kurth et al. 2018; Martens und Goldmann 2016). Übergreifend lassen sich jedoch vier Hauptprozesse identifizieren, welche in den meisten industriell eingesetzten Recyclinganlagen zum Einsatz kommen. Ein Flussdiagramm dieser Hauptprozesse ist in ◘ Abb. 9.2 zu finden.

Der erste Prozessschritt, welcher meist von Hand ausgeführt wird, ist die Vorsortierung (Bilitewski et al. 2018; Kurth et al. 2018; Handke et al. 2019). Dieser Prozessschritt soll zum einen die Entfernung der gemäß EU Richtlinie 2012/19/EU (WEEE directive) (Europäisches Parlament und Rat 2018) selektiv zu behandelnden Werkstoffe und Bauteile gewährleisten und zum anderen Geräte mit einem hohen Ressourcenpotenzial aus dem Prozess ausschleusen (Handke et al. 2019; Sander et al. 2019). Gemäß EU Richtlinie 2012/19/EU sind dabei folgende Werkstoffe und Bauteile aus den Elektroschrotten zu entfernen:

- Batterien
- Leiterplatten aus Mobiltelefonen oder einer Oberfläche > 10 cm^2
- Toner -Kartuschen, -Flüssigkeiten und -Pasten
- Kathodenstrahlröhren
- Gasentladungslampen
- Flüssigkristalldisplays > 100 cm^2
- Kunststoffbauteile mit bromhaltigen Flammschutzmitteln

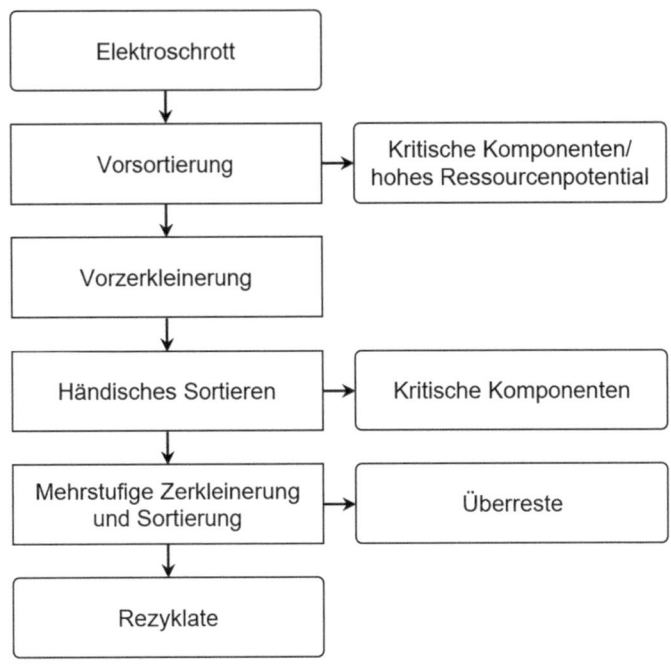

◘ Abb. 9.2 Ablaufschema der Hauptprozesse im industriellen Recycling. (Quelle: eigene Darstellung, in Anlehnung an Handke et al. 2019; Sander et al. 2019)

- Elektrolytkondensatoren mit kritischen Substanzen
- Komponenten aus: Asbest, Quecksilber, PCB/PCT, Keramikfasern und radioaktiven Substanzen

Nach dieser ersten händischen Sortierung werden zwei weitere Prozessschritte implementiert, um die nach EU-Richtlinie 2012/19/EU (Europäisches Parlament und Rat 2018) definierten kritischen Komponenten vollständig zu entfernen. Hierbei handelt es sich im ersten Schritt um eine Vorzerkleinerung, bei der die Geräte mittels Hammermühlen oder Querstromzerspanern (Kurth et al. 2018; Martens und Goldmann 2016) mechanisch aufgebrochen werden, um die inneren Komponenten wie Platinen und Batterien freizulegen, gefolgt von einer weiteren händischen Sortierung für die Entnahme dieser nun freigelegten kritischen Komponenten (Handke et al. 2019; Kurth et al. 2018; Sander et al. 2019). In der EU-Richtlinie wird gefordert, die Entfernung *„so anzuwenden, dass die umweltgerechte Vorbereitung zur Wiederverwendung und das umweltgerechte Recycling von Bauteilen oder ganzen Geräten nicht behindert wird"* (Europäisches Parlament und Rat 2018), daher werden keine schneidenden Trennverfahren in der Vorzerkleinerung angewendet. Allerdings kann der Einsatz von Hammermühlen und Querstromzerspanern ebenfalls zur Beschädigung der kritischen Komponenten führen (Kurth et al. 2018) und damit weitere Komponenten kontaminieren. Insbesondere die Beschädigung von Batterien birgt ein hohes Brandrisiko (Bruns und Dinse 2020) und führt zur Freisetzung giftiger Substanzen (Korthauer 2013). Im Anschluss an diese zweite Stufe der Entfernung kritischer Komponenten wird der verbleibende Massenstrom in einem mehrstufigen Prozess

Robotisierte Verfahrenstechnik in der Circular Economy

Tab. 9.1 EOL-RR im Vergleich zu EOL-RIR für ausgewählte Elemente (Talens Peiró et al. 2018)

Element	EOL-RR (%)	EOL-RIR (%)
Kupfer	28	17
Eisen	62	31
Aluminium	51	12
Magnesium	15	13
Wolfram	63	42
Lithium	-	0
Neodym	-	1

zerkleinert. Die resultierende Feinfraktion wird durch verschiedene Trennverfahren in Primärmaterialien, die als Rezyklate wiederverwendet werden können, und eine nicht weiter verwertbare Reststofffraktion sortiert (Martens und Goldmann 2016; Handke et al. 2019).

Die Recyclingquoten, die sich aus dieser Methodik ergeben, werden innerhalb der EU mit der *End of Life Recycling Rate* (EOL-RR) erfasst. Diese beschreibt den Anteil eines Elementes an Rezyklaten und Sekundärmaterialien, die aus ausrangierten Produkten getrennt wurden. Darüber hinaus wird mit der *End of Life Recycling Input Rate* (EOL-RIR) beschrieben, zu welchem Anteil verschiedene Elemente in Neuprodukten aus recycelten Materialien stammen (Peiró et al. 2018). ◘ Tab. 9.1 gibt eine Übersicht über die EOL-RR und EOL-RIR für verschiedene Elemente.

Hier wird deutlich, dass aktuelle Recyclingverfahren zwar bereits für bestimmte Elemente wie Eisen oder Aluminium Wiederverwertungsquoten von über 50 % erreichen, jedoch andere Elemente noch erheblich unter dieser Marke liegen, wie zum Beispiel Kupfer mit 28 %.

> **Hinweis für Entscheidungsprozesse**
>
> Für eine Transformation zur Circular Economy sind bestehende Recyclingverfahren in ihrer Effizienz weiter zu steigern, um Rohstoffe länger im Kreislauf führen zu können. Dies gilt besonders für zentrale Elemente der Energiewende wie Lithium oder Neodym, die bislang so gut wie nicht wiedergewonnen werden, was eine anhaltend hohe Abhängigkeit der EU von Importen bedingt.

Noch deutlicher wird dies bei dem Einsatz von Materialien in neuen Produkten, hier liegen die Quoten an Recyclingmaterialien (EOL-RIR) noch einmal wesentlich unter denen der Rückgewinnung. Bei der Herstellung von Produkten, in denen Eisen enthalten ist, wird der Materialbedarf beispielsweise nur zu 31 % aus Kreislaufmaterialien gedeckt. Noch dramatischer ist es bei aktuell wichtigen Elementen der Energiewende: 0 % des verwendeten Lithiums und 1 % des Neodyms stammen aus dem Recycling. Dies zeigt, wie stark die EU gegenwärtig noch von Neumaterialien abhängig ist.

Um dieser Abhängigkeit entgegenzuwirken, gilt es, die Effizienz von aktuellen Recyclingmethoden zu steigern, um noch mehr Materialien im Kreislauf führen zu können. Verschiedene Studien zeigen, dass eine Steigerung der Effizienz dieser Recyclingmethoden durch eine intensive manuelle Vorsortierung und Demontage der Elektroaltgeräte vor einer mechanischen Zerkleinerung erreicht werden kann (Robert 2020; Zeller et al. 2016). Da dieser Prozess jedoch mit hohem Personaleinsatz verbunden ist, deckt der Zugewinn aus Erlösen durch die höhere Rückgewinnung nicht die höheren Personalkosten. Um den Prozess wirtschaftlich betreiben zu können, müsste die Dauer des Zerlegeprozesses um mehr als 80 % verkürzt werden (Robert 2020), eine Effizienzsteigerung, die bei manueller Zerlegung nicht erzielt werden kann. Daher bedarf es für diese vorgeschaltete Zerlegung einer Automatisierung, die für Effizienzsteigerung in der Rückgewinnung von Materialien aus Elektroschrotten sorgt, aber gleichzeitig auch wirtschaftlich zu betreiben ist. Im *Circular Digital Economy Lab* (CDEL) der Hochschule Ruhr West in Bottrop wird eine solche automatisierte Anlage zur Zerlegung von kleinen Elektroschrotten entwickelt und gebaut.

> **Für die Lehre**
>
> Die Problematik herkömmlicher Recyclingverfahren kann Studierenden durch Videos und das Zeigen von Proben vermischter Materialien aus den verschiedenen Verarbeitungsstufen anschaulich gemacht werden. Es bietet sich an, im Unterrichtsgespräch die zukünftigen Rohstoffbedarfe der Industrie kritisch mit den bisherigen Verfahren und aktuell stark divergierenden Recyclingquoten unterschiedlicher Elemente in Bezug zu setzen.
>
> Studierende werden für die Herausforderungen des Recyclings und die Problematik von Produktgestaltungen, die den Recyclingprozess nicht berücksichtigen, besonders sensibilisiert, wenn sie selbst verschiedene Elektroaltgeräte öffnen und untersuchen dürfen. An diesen Beispielen sollten sie auf die Relevanz der frühen Berücksichtigung von Reparierbarkeit und Recyclingfähigkeit im Produktentwicklungsprozess aufmerksam gemacht werden.

9.4 Methodik CDEL – Fraktionierung

Elektroschrotte bestehen aus einer Vielzahl von unterschiedlichsten Geräten. Selbst in der Gruppe kleiner Elektrogeräte ($\leq 3{,}0$ kg) ist die Varianz groß, von Smartphones über Kinderspielzeug bis hin zu handgehaltenen Werkzeugmaschinen und Staubsaugern, um nur einige Beispiele zu nennen. Eine Anlage zu entwickeln, die all diese unterschiedlichen Produkte im Sinne einer rückwärtsgerichteten Produktion automatisiert zerlegt, erscheint unmöglich, wenn betrachtet wird, dass alle Geräte jeweils in einer spezifisch auf sie ausgelegten Produktionslinie hergestellt wurden. Dazu kommen unterschiedlichste Verbindungstechnologien, um die Komponenten des Produkts zusammenzuhalten. Insbesondere Klebstoffe und mechanisch gefügte Komponenten stellen ein großes Problem dar, wenn die Geräte zerlegt werden müssen. Daher wird im CDEL ein anderer Ansatz verfolgt (s. auch ▶ Kap. 8). Die Geräte werden nicht im eigentlichen Sinne zerlegt, sondern zerstörend mithilfe von Industrie-

Abb. 9.3 Prozessschema einer automatisierten Fraktionierung. (Quelle: eigene Darstellung)

robotern fraktioniert. Das heißt, es werden Fraktionen der einzelnen Produkte erzeugt, die sich in ihrer Materialzusammensetzung ähneln, während die Mischung von Materialien vermieden wird, welche sich nicht oder nur sehr schwer nach einer mechanischen Zerkleinerung voneinander trennen lässt.

Das Prozessschema für eine solche Fraktionierung wird in ◘ Abb. 9.3 dargestellt. Der erste Schritt ist die Identifikation des zu verarbeitenden Gerätes. In diesem Schritt werden Produkttyp, Marke und Modell des Gerätes ermittelt. Zum einen, um den Gerätetyp für die weitere Verarbeitung zu identifizieren, zum anderen ermöglicht eine absolute Identifikation auf Modellebene die Speicherung von Informationen über das Gerät. Dadurch kann bei der erneuten Verarbeitung desselben Gerätes der Prozessschritt der Informationsbeschaffung und Prozessplanung verkürzt und der Prozess somit effizienter gestaltet werden. Ferner kann auf eine möglicherweise fehlerhafte Behandlung bestimmter Geräte eingegangen und Informationen über die Defekte von Elektrogeräten und deren Entsorgung gesammelt und ausgewertet werden. Weiterführend wird die technische Umsetzung der Objektidentifikation in ▸ Kap. 10 behandelt. Im nächsten Prozessschritt werden alle Informationen gesammelt, die für die Prozessplanung benötigt werden, dazu gehört die äußere Geometrie und der innere Aufbau des zu verarbeitenden Objektes. In der Prozessplanung wird dann die Zerlegestrategie automatisiert auf den bereits gesammelten Daten geplant, welche in der eigentlichen Objektverarbeitung in Form der Fraktion des Gerätes umgesetzt wird. Anschließend werden die getrennten Fraktionen dem klassischen Recycling gemäß ▸ Abschn. 9.3 zugeführt, mit dem Unterschied, dass diese bereits vor-verarbeitet wurden. Die einzelnen Prozessschritte werden im Weiteren detailliert erläutert.

9.4.1 Informationsbeschaffung

Um die Geräte zu manipulieren und von allen Seiten zugänglich zu machen, werden diese von zwei 6-Achs-Industrierobotern in den verschiedenen Prozessschritten geführt. Da der Bewegungspfad der Roboter abhängig vom Elektrogerät basierend auf dessen Geometrie und Gerätetyp variiert, müssen diese Bewegungspfade individuell für das jeweilige Elektrogerät geplant und berechnet werden. Dies soll verhindern, dass das Elektrogerät mit der Umgebung oder dem Roboter kollidiert und es korrekt im jeweiligen Prozessschritt geführt wird. Hierfür bedarf es zunächst Kenntnis der äußeren Geometrie der zu verarbeitenden Geräte, welche für die Berechnung der Bewegungspfade der Roboter als Kollisionsgeometrie benötigt wird. Dazu wird nach Übergabe des Gerätes aus dem Prozessschritt der Objektidentifikation mithilfe eines *LiDAR-Sensors* eine Punktwolke des Gerätes generiert.

Diese Punktwolke wird erzeugt, indem ein Laserstrahl an verschiedenen Punkten auf das Gerät ausgesandt und anschließend von einer Fotodiode erfasst wird. Die Entfernung der Punkte ergibt sich dabei aus der Zeit, die zwischen dem Aussenden des Laserstrahls und dem Empfang auf der Fotodiode vergeht (Behroozpour et al. 2017). Die so entstandene Punktwolke bildet das Objekt als eine Matrix aus X-,Y-,Z-Koordinaten ab. Da der LiDAR-Sensor lediglich das Objekt von oben erfasst, bildet die Punktwolke eine 2,5-D-Darstellung des Objektes ab. Diese ist als Information für die Kollisionsberechnung ausreichend, da sowohl die äußere Geometrie als auch die Dicke des Gerätes aus der Punktwolke abgeleitet werden können. Die Punktwolke eines Akkuschraubers ist in ◘ Abb. 9.4 dargestellt. Darüber hinaus kann aus der Punktwolke die Position errechnet werden, an der der Roboter das Gerät greift. Diese Information wird benötigt, da die Position und Lage des Gerätes zunächst für das Robotersystem unbekannt sind. Außerdem soll die Behandlung von jeglichen Geräten eines Typs möglich sein, daher ist die Greifposition für jedes Gerät erneut zu bestimmen. Für die Bestimmung der Greifposition wird eine Fläche am Gerät mit zwei möglichst parallelen Kanten gesucht, an der die Greifer-Finger das Objekt sicher greifen können. Außerdem ist die Greifposition so zu wählen, dass der Roboter es in einer Weise greift, in der die weiteren Prozessschritte durchgeführt werden können.

Nachdem die Position, an der das Gerät gegriffen werden soll (◘ Abb. 9.4), bestimmt ist, ist der Bewegungspfad des Roboters zu errechnen.

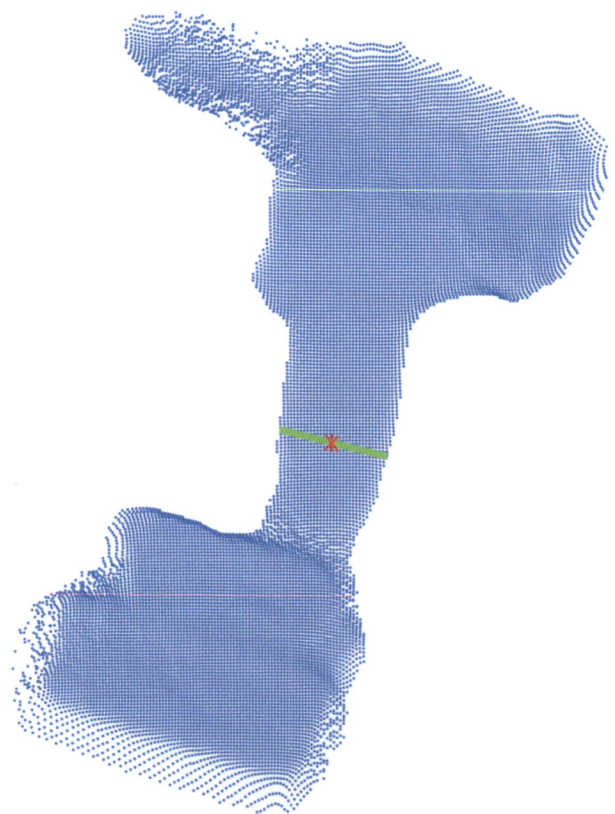

◘ **Abb. 9.4** LiDAR-Scan eines Akkuschraubers mit markierter Greifposition. (Quelle: eigene Darstellung)

Robotisierte Verfahrenstechnik in der Circular Economy

Mithilfe eines stichprobenbasierten Bewegungsplanungsalgorithmus wird ein Pfad ermittelt, auf dem sich der Roboter zwischen seiner aktuellen und der Zielkonfiguration kollisionsfrei bewegen kann. Dabei sucht der Algorithmus zufällig abschnittsweise einen Weg zwischen der Start- und der Zielkonfiguration. Hierbei wird jeder Abschnitt auf eine Selbstkollision des Roboters, eine Kollision des Roboters mit der Umgebung, eine Kollision des Objektes mit der Umgebung und auf eine Kollision des Objektes mit Teilen des Roboters überprüft. Ist dieser Abschnitt kollisionsfrei, wird ein weiterer Abschnitt gesucht und überprüft. Ist dieser nicht kollisionsfrei, wird der Abschnitt verworfen und ein neuer Abschnitt basierend auf der letzten gültigen Konfiguration gesucht. Sobald ein geeigneter Pfad ermittelt ist, wird der Roboter auf diesem in die Zielkonfiguration bewegt. Ein Beispiel eines solchen Suchbaums ist in ◘ Abb. 9.5 dargestellt.

Damit neben dem Handling der Geräte auch die eigentliche Fraktionierung möglich ist, sind Kenntnisse über den inneren Aufbau der Geräte nötig. Diese Information wird bislang nicht von den Geräteherstellern bereitgestellt. Auch unterscheiden sich äußerlich ähnlich aussehende Geräte zumeist deutlich im inneren Aufbau. Um

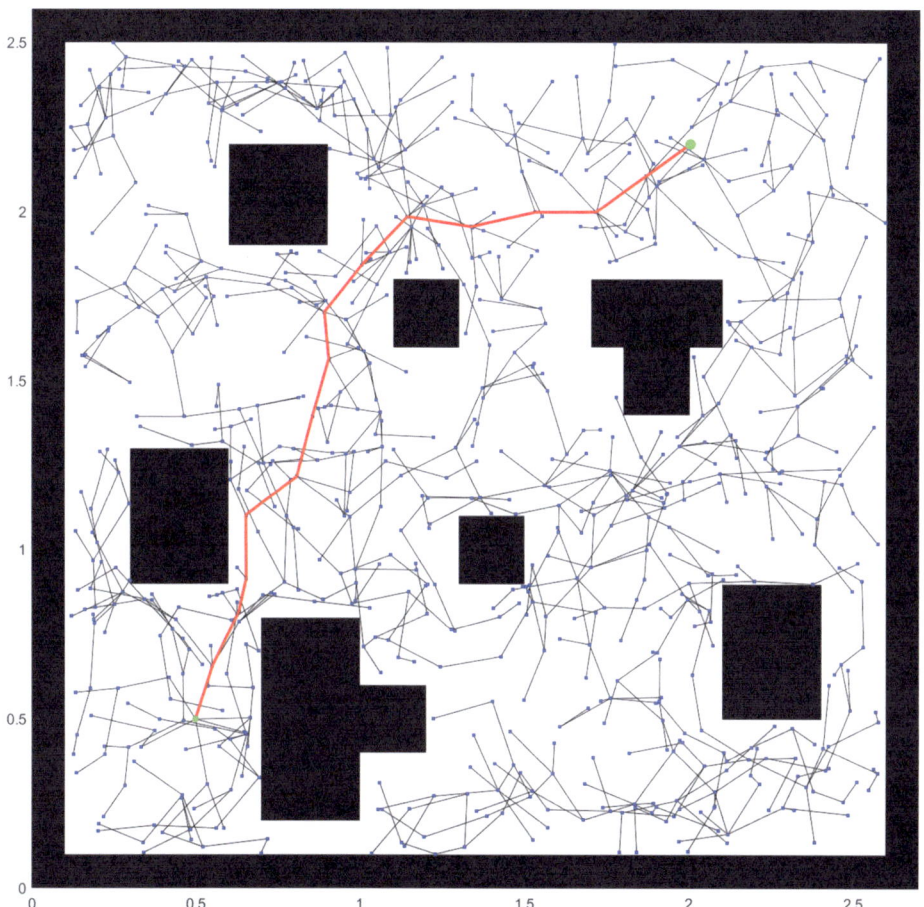

◘ **Abb. 9.5** Beispiel Suchbaum der Pfadplanung. (Quelle: eigene Darstellung)

Kenntnisse über den inneren Aufbau der Geräte zu erlangen, ohne diese vorher zu öffnen, eignet sich die Röntgentechnik.

Röntgenstrahlen sind Lichtwellen mit einer hochenergetischen elektromagnetischen Strahlung und kurzer Wellenlänge (MacDonald 2017). Im Gegensatz zu Licht werden diese Photonen mit hoher Energie und kurzer Wellenlänge nur schwer absorbiert und können daher die meisten Materialien durchdringen. Je nach Elektronendichte des Materials wird mehr oder weniger der Röntgenstrahlung vom Material absorbiert (MacDonald 2017). Wird die Röntgenstrahlung hinter dem zu durchstrahlenden Gerät erfasst, kann eine Aussage über den inneren Aufbau des Gerätes getroffen werden. Dies geschieht mithilfe eines digitalen Röntgendetektors, welcher mittels Szintillatorkristallen die Röntgenstrahlung in sichtbares Licht umwandelt und die Intensität des Lichtes mit einem Fotosensor aufnimmt (◘ Abb. 9.6). Dabei ist die Lichtintensität auf dem Fotosensor proportional zur eingetroffenen Röntgenstrahlung. Als Ergebnis entsteht eine Dichtematrix des Objektes, welche die Dichte des Objektes mit einer Auflösung von 4228 × 3524 Pixeln angibt. Die hierfür benötigte Röntgenstrahlung wird mithilfe eines Röntgenblitzgenerators erzeugt. Dieser emittiert im Vergleich zu kontinuierlichen Röntgenstrahlern nur kurz gepulste Röntgenstrahlung. Dies hat den Vorteil, dass die Strahlendosis und damit die notwendige Abschirmung sehr gering ausfällt, jedoch noch genügend Strahlung erzeugt wird, um die Elektroaltgeräte zu durchstrahlen. Ein weiterer Vorteil ist die geringe Energieaufnahme im Vergleich zu kontinuierlichen Röntgenstrahlern. Für die Durchstrahlung der Elektrogeräte übernimmt ein Industrieroboter das Elektrogerät mit einem Greifer aus der Objektidentifikation und führt es in eine Röntgenkammer, welche sich nach Einbringen des Gerätes verschließt, um die entstehende Strahlung abzuschirmen. Auf Basis der so gewonnenen Daten kann anschließend die eigentliche Fraktionierung geplant werden.

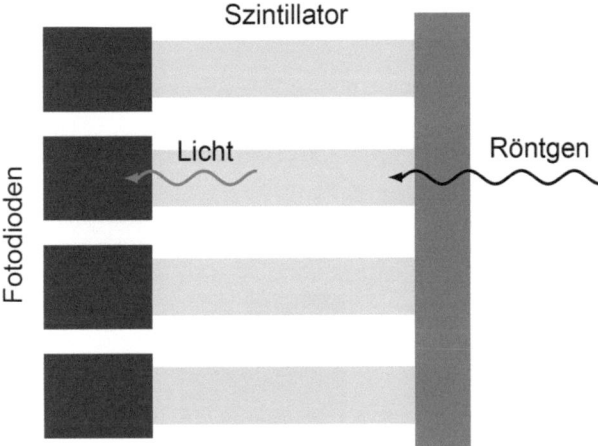

◘ Abb. 9.6 Aufbau Röntgendetektor. (Quelle: eigene Darstellung)

9.4.2 Prozessplanung

Für die Durchführung der robotisierten Fraktionierung der Elektroschrotte ist basierend auf den zuvor erfassten Daten eine Schneidstrategie zu erarbeiten, mit der das Gerät in Fraktionen zerteilt wird, die ein effizientes Recycling ermöglichen. Eine mögliche Fraktionierungsstrategie für einen Akkuschrauber ist in ◘ Abb. 9.7 dargestellt. Hierbei wird das Getriebe zusammen mit dem Spannfutter (Fraktion A) vom Motor (Fraktion B) und vom Griff des Gerätes (Fraktion C) getrennt. Darüber hinaus wird die Batterie des Gerätes (Fraktion D) ebenfalls vom Griff getrennt. Durch die Aufteilung des Akkuschraubers in diese vier Fraktionen, wie in ◘ Abb. 9.7 dargestellt, werden mehrere Ziele erreicht.

Erstens wird durch die erzeugten Fraktionen vermieden, dass untrennbare oder nur schwer entmischbare Materialien in einer mechanischen Zerkleinerung miteinander vermischt werden. Im Fall des Akkuschraubers wären dies etwa die Neodym-Magnete des Motors und der legierte Stahl des Bohrfutters, welche durch die magnetische Anziehung eine Verbindung eingehen würden, wenn das Elektrogerät im Ganzen zerkleinert würde. Eine Trennung dieser Materialmischung ist mit den bestehenden Recyclingmethoden nahezu nicht möglich, da keines der Trennverfahren in der Lage ist, magnetisch miteinander gebundene Komponenten zu trennen. Dementsprechend würde das in den Magneten enthaltene Neodym in die Metallfraktion des Recyclingprozesses überführt werden. In dieser stellt das Neodym einen Störstoff dar, welcher in der Metallfraktion so lange verdünnt wird, bis dieses nicht mehr nachweisbar und somit im Recyclingprozess verloren ist. Ähnlich verhält es sich mit der Vermischung von Kupfer und Stahl, die sich ebenfalls im Motor und im

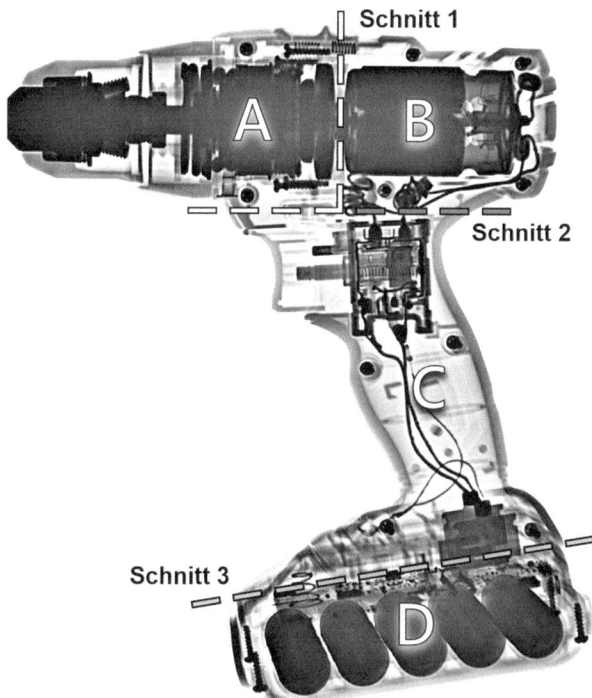

◘ **Abb. 9.7** Röntgenbild eines Akkuschraubers mit Darstellung der Schneidstrategie. (Quelle: eigene Darstellung)

Getriebe finden lässt. Durch das gemeinsame Zerkleinern dieser Materialien kommt es zu einer mechanischen Bindung (*Interlocking*) der beiden Elemente, die durch Sortierprozesse nicht mehr aufzulösen ist. Kupfer stellt für die Stahlproduktion ebenfalls einen Störstoff dar, welcher die Qualität des Stahls verschlechtert.

Zweitens sollen möglichst einfache Materialfraktionen erzeugt werden, welche im nachgelagerten Prozess gut zu recyceln sind, wie legierter Stahl und Kunststoff im Fall des Bohrfutters (Fraktion A). Diese Fraktion enthält lediglich legierte Stähle und Kunststoffe, welche sich sehr leicht trennen oder sogar im Ganzen in einem Stahlwerk verarbeiten lassen. Außerdem werden komplexe Bauteile wie der Motor des Elektrogerätes sauber herausgetrennt und können einzeln einem spezialisiertem Recyclingprozess für Elektromotoren zugeführt werden. Aufgrund des deutlich reduzierten Massenstroms kann ein solches spezialisiertes Recyclingverfahren wirtschaftlicher durchgeführt werden, als wenn alle Verfahrensschritte zum Recycling eines Motors auf das gesamte Gerät angewendet werden.

Drittens wird die Entfernung der kritischen Komponenten gemäß der EU-Richtlinie 2012/19/EU (Europäisches Parlament und Rat 2018) ohne potenzielle Beschädigung der kritischen Komponenten und ohne menschliches Eingreifen erreicht, indem kritische Komponenten wie die Batterien (Fraktion D) und die Leiterplatten (Fraktion C) ohne mechanische Beanspruchung z. B. durch einen Querstromzerspaner sauber vom Gerät getrennt werden (Duddek und Freitas Seabra da Rocha 2022).

Diese Schneidstrategie wird dabei automatisiert aus den Röntgendaten extrahiert. Dazu werden die Komponenten des Elektrogerätes entsprechend ihrer Dichte segmentiert, sodass jede Teilkomponente (Spannfutter und Getriebe, Motor, Batterie) als einzelne Komponente vorliegt. Hierbei ist eine vollständige Segmentierung elementar, da eine unvollständige Segmentierung zur Beschädigung von kritischen Komponenten wie z. B. der Batterie führen kann, wenn diese nicht als Ganzes segmentiert wird. Anschließend werden die Schnittkanten so geplant, dass die segmentierten Komponenten voneinander getrennt werden, ohne diese aus dem Gerät auszuschneiden. Das heißt, dass jeder Schnitt an einer der Gerätekanten beginnt und endet, somit wird die Anzahl der Schnitte minimiert. Die so entstandenen Schnittlinien werden mit der erstellten Punktwolke des Geräts in einen Bewegungsablauf für einen Industrieroboter umgesetzt, welcher die eigentliche Objektverarbeitung vornimmt (Duddek et al. 2023).

9.4.3 Objektverarbeitung

Nachdem die Prozessplanung zur Fraktionierung des Elektrogerätes abgeschlossen ist, wird es mithilfe des Industrieroboters aus der Röntgenkammer entnommen und über eine Übergabestation an einen weiteren Industrieroboter übergeben. Dieser führt daraufhin auf Basis der zuvor gewonnenen Daten die Fraktionierung mittels Wasserstrahltechnik durch. Dazu greift der Industrieroboter das auf der Übergabestation liegende Elektrogerät und bewegt es zu einer Wasserstrahlschneidkammer. Dort führt der Roboter das Elektrogerät durch einen Wasserstrahl eines fest montierten Schneidkopfes, um es in die zuvor geplanten Fraktionen zu zerteilen.

Das Wasserstrahlschneiden bei der Fraktionierung von Elektrogeräten bietet einige Vorteile gegenüber anderen Trenn- und Abtrageverfahren. Im Gegensatz zu Trennverfahren mit Schneiden, wie der Nutzung einer Säge, behält der Wasserstrahl seine Schneidwirkung ohne abzunutzen. Bei der Wasserstrahltechnik entstehen keine thermischen Veränderungen am Werkstück und infolgedessen keine Schmelzpunkte, sodass die Gefahr von potenziellen Bränden oder Explosionen reduziert wird. Durch die geringe punktuelle Belastung des Wasserstrahls auf ein Objekt wirken nur schwache Kräfte auf das Werkstück, wodurch auch nachgiebige Stoffe, wie Thermoplaste, bearbeitet werden können (Risse 2012).

Für das Fraktionieren der Elektrogeräte wird im CDEL das Wasser-Abrasiv-Injektorstrahlschneiden angewandt. Bei diesem Verfahren wird unterhalb der Fokussierdüse des Wasserstrahls eine Mischkammer angebracht, in welcher dem Wasserstrahl ein Abrasivsand beigemischt wird. Ein Abrasivdosierer gibt eine definierte Menge Abrasivsand in die Mischkammer hinzu, welche durch einen Unterdruck und die Injektorwirkung des Wasserstrahls im nachfolgenden Fokussierrohr verdichtet wird. Mit diesem Verfahren ist es möglich, Metalle und dickwandige Kunststoffe zu bearbeiten (Risse 2012; König und Klocke 2007).

In der Wasserstrahlschneidkammer findet die Zerteilung in die Fraktionen statt. Die Kammer ist in mehrere Bereiche mit unterschiedlichen Funktionen unterteilt. Im oberen Bereich befindet sich der fest montierte Schneidkopf, welcher vertikal zum Boden ausgerichtet ist, sodass dem Industrieroboter genügend Freiräume unterhalb des Schneidkopfes zur Verfügung stehen, um die zu verarbeitenden Elektrogeräte durch den generierten Wasserstrahl zu führen und in Fraktionen zu zertrennen. Unterhalb des Schneidbereiches ist ein Kipptisch platziert, welcher die abgetrennte Fraktion auffängt. Nach dem vollständigen Abtrennen überführt der Kipptisch die Fraktion in die der abgetrennten Fraktion entsprechende Kiste eines Kistenwechselsystems. Zuletzt ist unterhalb des Kipptisches ein Auffangbehälter für den Wasserstrahl angebracht, welcher das Wasser und den Sand sammelt und die kinetische Energie des Wasserstrahls absorbiert.

Exemplarisch wird die Schneidstrategie anhand eines Akkuschraubers in ◘ Abb. 9.7 dargestellt.

Eine Aufteilung in vier Fraktionen führt zu einer minimalen Anzahl unterschiedlicher Materialien pro Fraktion (Duddek und Freitas Seabra da Rocha 2022). Für die Realisierung dieser Schneidstrategie wird der Akkuschrauber orthogonal liegend zum Wasserstrahl geschnitten. Es ist zu beachten, dass eine Fraktion des Akkuschrauber vollständig abgetrennt werden muss, bevor mit dem Abtrennen der nächsten Fraktion fortgefahren werden kann, da der Kipptisch der Wasserstrahlkammer sonst verschiedene Fraktionskomponenten vermischt.

Wie in ◘ Abb. 9.7 zu erkennen ist, trennt der erste Schnitt Fraktion A, bestehend aus Getriebe und Spannfutter vom Akkuschraubers ab. Währenddessen fährt das nachgelagerte Kistenwechselsystem die passende Kiste für die Fraktion vor. Daraufhin überführt der Kipptisch die Fraktion in die zuvor bereitgestellte Kiste. Als Nächstes wird Fraktion B, welche aus dem Motor des Akkuschraubers besteht, abgetrennt und wie bei der vorherigen Fraktion in die zugehörige Kiste transportiert. Fraktion D, welche aus der Batterie und der zugehörigen Elektronik besteht, wird zuletzt abgetrennt und in die zugehörige Kiste befördert. Nach dem vollständigen Abtrennen der Fraktion transportiert der Roboter das Griffstück in die zugehörige Kiste, bewegt sich zur Übergabestation und fährt mit dem nächsten Elektrogerät fort.

Für eine Verbesserung dieser Fraktionierungsstrategie werden die gesammelten Informationen ebenfalls an die Gerätehersteller weitergegeben. Durch minimale Änderungen an den Geräten lässt sich die Effizienz der Methodik weiter steigern, so kann die Verlagerung von Komponenten eine Vereinfachung der Fraktionierung ermöglichen oder eine andere Materialauswahl die Menge an benötigtem Abrasivmaterial durch eine bessere Trennbarkeit reduzieren. Weiterhin kann über die Materialauswahl die Zusammensetzung der erzeugten Fraktionen verändert und damit die Qualität der Fraktion für eine Wiederverwendung weiter gesteigert werden. Nur durch dieses Zusammenspiel zwischen Produktdesign und dem Recycling kann eine hohe Wiederverwertungsquote der enthaltenen Materialien sichergestellt werden.

9.5 Zusammenfassung

Wie am Beispiel eines Akkuschraubers aufgezeigt, kann eine autonome robotisierte Fraktionierung von Elektroaltgeräten zu einer Effizienzsteigerung des Recyclings von Elektrogeräten beitragen. Mithilfe von Röntgentechnik ist es möglich, Elektrogeräte zu fraktionieren, ohne diese vorher zu öffnen und ohne Information zu den Geräten von den Herstellern zu erhalten. Mit der Wasserstrahltechnik kann eine Fraktionierung über einen längeren Zeitraum ausgeführt werden, ohne dass Wartungsarbeiten am Schneidwerkzeug durchzuführen sind. Dadurch wird eine arbeitsintensive händische Zerlegung vermieden, welche nicht wirtschaftlich in der EU auszuführen sowie belastend und monoton für das ausführende Personal ist. Darüber hinaus ist die Herkunft der Geräte meist unbekannt und es ist unklar, mit welchen Stoffen diese Geräte belastet sind.

Durch die Trennung der Geräte, bevor diese geschreddert werden, können Fraktionen erzeugt werden, welche weniger komplex und somit besser in einem nachgelagertem Prozess zu recyceln sind. Zudem erfolgt eine saubere Trennung aller kritischen Komponenten wie der Batterie und der enthaltenen Leiterplatten ohne das Risiko, diese zu beschädigen und andere wertvolle Materialien zu kontaminieren. Mit dieser Art von Fraktionierung von Elektrogeräten können die entstehenden Fraktionen in individuell für diese angepassten Recyclinganlagen optimal recycelt werden. Dadurch werden spezialisierte Ansätze, zum Beispiel für den Elektromotor, wirtschaftlich, welche – bezogen auf das Gesamtgerät – unwirtschaftlich wären. Darüber hinaus wird die Abtrennung der kritischen Komponenten, wie es die EU-Gesetzgebung für den konventionellen Recyclingprozess vorschreibt, vollständig robotisiert durchgeführt.

Insgesamt können durch die verbesserte Verfügbarkeit und Reinheit der einzelnen Fraktionen mehr Materialien aus den Elektrogeräten in einem nachgeschalteten mechanischen Recyclingprozess zurückgewonnen werden. Da die Produktion von Elektrokleingeräten bereits ganz oder teilweise automatisiert ist, bedarf es auch am Ende des Produktlebenszyklus, wenn die Geräte den geringsten wirtschaftlichen Wert darstellen, einer automatisierten und keiner händischen Zerlegung, um Rohstoffe so zurückzugewinnen, dass diese im Kreislauf geführt werden können.

> **Kernbotschaften**
> - Für eine Transformation zur Circular Economy ist die Verbesserung des Recyclings essenziell.
> - Es bedarf einer gezielten Vorbehandlung, bevor Geräte zerkleinert werden, um unkontrolliertes Vermischen zu begrenzen.
> - Robotisierung ist notwendig, um diese arbeitsintensiven Prozesse wirtschaftlich durchführen zu können.

Literatur

Behroozpour, Behnam; Sandborn, Phillip A. M.; Wu, Ming C.; Boser, Bernhard E. (2017): Lidar System Architectures and Circuits. In: *IEEE Commun. Mag.* 55 (10), S. 135–142. https://doi.org/10.1109/MCOM.2017.1700030.

Bilitewski, Bernd; Wagner, Jörg; Reichenbach, Jan (2018): Bewährte Verfahren zur kommunalen Abfallbewirtschaftung. Informationssammlung über Ansätze zur nachhaltigen Gestaltung der kommunalen Abfallbewirtschaftung und dafür geeignete Technologien und Ausrüstungen. Dessau-Roßlau: Umweltbundesamt. Online verfügbar unter https://www.umweltbundesamt.de/sites/default/files/medien/1410/publikationen/2018-05-30_texte_39-2018-verfahren-kommunale-abfallwirtschaft_0.pdf, zuletzt geprüft am 28.06.2023.

Bruns, Sascha; Dinse, Marc (2020): Brandschutz im Umgang mit gebrauchten Lithium-Ionen-Batterien im Recyclingbetrieb. In: Holm, Olaf; Thomé-Kozmiensky, Elisabeth; Goldmann, Daniel; Friedrich, Bernd (Hrsg.): Recycling- und Sekundärrohstoffe, Bd. 11. Neuruppin: Thomé-Kozmiensky Verlag, S. 603–613. Online verfügbar unter https://books.vivis.de/wp-content/uploads/2023/01/2018_RuR_601-614_Dinse.pdf, zuletzt geprüft am 28.06.2023.

Duddek, Mike; Freiin von Rössing, Lisa; Freitas Seabra da Rocha, Saulo H. (2023): X-ray Based Robotic E-Waste Fractionation for Improved Material Recovery. In: *Mater Circ Econ* 5 (1). https://doi.org/10.1007/s42824-022-00072-4.

Duddek, Mike; Freitas Seabra da Rocha, Saulo H. (2022): Robotized Pre-recycling for Improved Material Recovery. In: Leal Filho, Walter; Azul, Anabela Marisa; Doni, Federica; Salvia, Amanda Lange (Hrsg.): Handbook of Sustainability Science in the Future. Cham: Springer International Publishing. https://doi.org/10.1007/978-3-030-68074-9_71-1.

Europäisches Parlament und Rat (2018): Richtlinie 2012/19/EU des europäischen Parlaments und des Rates vom 4. Juli 2012 über Elektro- und Elektronik-Altgeräte. WEEE directive, vom 04.07.2018 2018. Online verfügbar unter https://eur-lex.europa.eu/eli/dir/2012/19/2018-07-04, zuletzt geprüft am 28.06.2023.

Forti, Vanessa; Baldé, Cornelis Peter; Kuehr, Ruediger; Bel, Garam (2020): The Global E-waste Monitor 2020. Quantities, flows, and the circular economy potential. Bonn/Geneva/Rotterdam.: United Nations University (UNU)/United Nations Institute for Training and Research (UNITAR) – co-hosted SCYCLE Programme, International Telecommunication Union (ITU) & International Solid Waste Association. Online verfügbar unter https://ewastemonitor.info/wp-content/uploads/2020/11/GEM_2020_def_july1_low.pdf, zuletzt geprüft am 28.06.2023.

Garbarino, Elena; Ardente, Fulvio; Blagoeva, Darina (2018): Report on critical raw materials and the circular economy. Hrsg. v. European Commission Joint Research Centre. Brüssel. https://doi.org/10.2873/167813.

Handke, Volker; Hross, Maximilian; Bliklen, Rebecca; Jepsen, Dirk; Rödig, Lisa (2019): Recycling im Zeitalter der Digitalisierung. Spezifische Recyclingziele für Metalle und Kunststoffe aus Elektrokleingeräten im ElektroG: Regulatorische Ansätze. Berlin: NABU – Naturschutzbund Deutschland. Online verfügbar unter https://www.nabu.de/imperia/md/content/nabude/konsumressourcenmuell/190702_recycling_im_zeitalter_der_digitalisierung_endbericht.pdf, zuletzt geprüft am 28.06.2023.

Hinzmann, Karsten; Ochs, Annette; Ohsburg, Gunter (2010): Recycling stops greenhouse gases: The contribution of the recycling and water management industry to climate protection. Hrsg. v. BDE, BMU, UBA. Deutschland. Online verfügbar unter https://www.umweltbundesamt.de/sites/default/files/medien/publikation/long/4050.pdf, zuletzt geprüft am 28.06.2023.

König, Wilfried; Klocke, Fritz (2007): Fertigungsverfahren 3. Abtragen, Generieren und Lasermaterialbearbeitung. 4., neu bearbeitete Auflage. Berlin, Heidelberg: Springer (VDI-Buch). https://doi.org/10.1007/978-3-540-48954-2.

Korthauer, Reiner (Hrsg.) (2013): Handbuch Lithium-Ionen-Batterien. Berlin, Heidelberg: Springer Vieweg. https://doi.org/10.1007/978-3-642-30653-2.

Kurth, Peter; Oexle, Anno; Faulstich, Martin (2018): Praxishandbuch der Kreislauf- und Rohstoffwirtschaft. Wiesbaden: Springer Vieweg. https://doi.org/10.1007/978-3-658-17045-5.

MacDonald, Carolyn (2017): An Introduction to X-Ray Physics, Optics, and Applications: Princeton University Press. https://doi.org/10.2307/j.ctvc778x6.

Martens, Hans; Goldmann, Daniel (2016): Recyclingtechnik. Fachbuch für Lehre und Praxis. 2. Auflage. Wiesbaden: Springer Vieweg. https://doi.org/10.1007/978-3-658-02786-5.

Talens Peiró, Laura; Blengini, Gian Andrea; Mathieux, Fabrice; Nuss, Philip (2018): Towards recycling indicators based on EU flows and raw materials system analysis data. Supporting the EU-28 raw materials and circular economy policies through RMIS. Luxemburg: Publications Office of the European Union. https://doi.org/10.2760/092885.

Prakash, Siddharth; Dehoust, Günther; Gsell, Martin; Schleicher, Tobias (2016): Einfluss der Nutzungsdauer von Produkten auf ihre Umweltwirkung: Schaffung einer Informationsgrundlage und Entwicklung von Strategien gegen „Obsoleszenz". Dessau-Roßlau. Online verfügbar unter https://www.umweltbundesamt.de/publikationen/einfluss-der-nutzungsdauer-von-produkten-auf-ihre-1, zuletzt geprüft am 28.06.2023.

Risse, Andreas (2012): Fertigungsverfahren der Mechatronik, Feinwerk- und Präzisionsgerätetechnik. Wiesbaden: Vieweg+Teubner Verlag. DOI: https://doi.org/10.1007/978-3-8348-8312-4.

Robert, Laura (2020): Verbesserung des Recyclings von Haushaltskleingeräten im Hinblick auf strategische Metalle durch ein bestmögliches Behandlungs- und Zerlegesystem. In: Holm, Olaf; Thomé-Kozmiensky, Elisabeth; Goldmann, Daniel; Friedrich, Bernd (Hrsg.): Recycling- und Sekundärrohstoffe, Bd. 13. Neuruppin: Thomé-Kozmiensky Verlag, S. 366-379.

Sander, Knut; Marscheider-Weidemann, Frank; Wilts, Henning; Hobohm, Julia; Hartfeil, Thorsten; Schöps, Dirk; Heymann, René (2019): Abfallwirtschaftliche Produktverantwortung unter Ressourcenschutzaspekten (RePro). Dessau-Roßlau. Online verfügbar unter https://www.umweltbundesamt.de/sites/default/files/medien/1410/publikationen/2019-05-24_texte_52-2019_repro.pdf, zuletzt geprüft am 28.06.2023.

Zeller, Torsten; Birkenfeld, Sven; Keich, Oliver; Nawothnig, Bernd; Seelig, Jan Henning (2016): Demontagefabrik im urbanen Raum. Konzeption und Planung. Clausthal: CUTEC.

KI-basierte Unterstützung beim automatisierten Elektroschrott-Recycling

Nermeen Abou Baker ⓘ *und Uwe Handmann* ⓘ

Inhaltsverzeichnis

10.1 Einleitung – 136

10.2 Elektroschrott-Recycling: Smartphones als Fallstudie – 136
10.2.1 Digitalisierung des Wertstoffmanagements – 138
10.2.2 Smartphones als Fallstudie – 138

10.3 Künstliche Intelligenz als Enabler – 139
10.3.1 Stand der Technik – 139
10.3.2 Hintergrund zu Künstlichen Neuronalen Netzen – 141

10.4 Transferlernen – 142
10.4.1 Die Methode des Transferlernens – 142
10.4.2 Einsatz von Künstlichen Neuronalen Netzen zur Erkennung von Elektroschrott – 143
10.4.3 Klassifizierung von Elektroschrott mit unterschiedlichen Sensortypen – 145

10.5 Fazit und Ausblick – 146

Literatur – 147

© Der/die Autor(en), exklusiv lizenziert an Springer Fachmedien Wiesbaden GmbH, ein Teil von Springer Nature 2024
S. Büttner et al. (Hrsg.), *Transformation zur Circular Economy*, Sustainable Development Goals (SDG) – Umsetzung in Praxis, Lehre und Entscheidungsprozessen,
https://doi.org/10.1007/978-3-658-43338-3_10

10.1 Einleitung

Das Bedürfnis der heutigen Gesellschaft, technologisch immer auf dem neuesten Stand zu sein, führt zu einer hohen Nachfrage nach Elektrokleingeräten. Laut Moore (2022) würde ein Stapel ausrangierter Smartphones mit einer durchschnittlichen Tiefe von 9 mm flach übereinandergelegt etwa 50.000 km in die Höhe ragen. Das entspricht etwa der 120-fachen Entfernung der Internationalen Raumstation ISS von der Erde, also ein Achtel des Weges zum Mond.

Die Besorgnis über ungeeignetes Recycling von Elektroschrott (E-Schrott) wächst, insbesondere wenn die unsachgemäße Verarbeitung von elektronischen Kleingeräten betrachtet wird. Beispielsweise bilden aktuell häufig ineffiziente und ökologisch problematische Verfahren die Basis für das Recycling von E-Schrott, wie das Verbrennen, das Schreddern oder Schmelzen in Säurebädern, bei denen nur ein kleiner Teil der Wertstoffe wiedergewonnen wird. Das traditionelle Abfallrecycling hat weitere Nachteile: Es erfordert intensive manuelle Arbeit, was zu hohen Betriebskosten führt. Außerdem sind Arbeitnehmer*innen gefährlichen Stoffen gegebenenfalls durch Einatmen, Hautkontakt oder Verschlucken ausgesetzt. Viele Industrie- und Haushaltsgeräte enthalten toxische Stoffe wie Quecksilber, die den menschlichen Organismus schädigen können.

Die Digitalisierung kann helfen, das Recycling in einzelnen Prozessschritten zu verbessern, um diesen Herausforderungen zu begegnen. Die Vorteile eines automatisierten Recyclings von E-Schrott sind eine Optimierung der Verarbeitung, eine verbesserte Extraktion der einzelnen Roh- bzw. Wertstofffraktionen, eine höhere Bereitstellung an Sekundärrohstoffen und damit eine Reduzierung von negativen Effekten auf die Umwelt und die Gesundheit von Arbeitnehmer*innen sowie eine Verbesserung der Ressourcenverfügbarkeit.

Eine offene Frage ist: Wie kann digital gestützte Objekterkennung als Enabler im Recycling genutzt werden? Das Kapitel beantwortet die Frage, ohne tiefer in die technischen Details der Künstlichen Intelligenz (KI) einzutauchen. Konkret wird gezeigt, wie ein KI-basiertes Sortiersystem das Recycling von E-Schrott verbessert. Im Mittelpunkt steht dabei das Szenario des Smartphone-Recyclings, das im Rahmen des Prosperkollegs (s. ▶ Kap. 1) erforscht wurde.

10.2 Elektroschrott-Recycling: Smartphones als Fallstudie

Die Organisation für wirtschaftliche Zusammenarbeit und Entwicklung (OSZE) definiert Elektroschrott (E-Schrott) als *„jedes Gerät, das mit elektrischer Energie betrieben wird und veraltet ist oder das Ende seiner Lebensdauer erreicht hat"* (Chatterjee und Abraham 2017).

E-Schrott ist der am schnellsten wachsende Abfallstrom der Welt und hat zahlreiche negative ökologische und soziale Auswirkungen. Das Smartphone-Recycling wird hier als Fallstudie herangezogen, weil es mit den folgenden Herausforderungen konfrontiert ist:

— Smartphones spielen eine wichtige Rolle im Alltag. Der stetige Verbrauch von Smartphones trägt zu einer Verknappung nicht erneuerbarer Ressourcen bei, da Smartphone-Hersteller Seltene Erdelemente (SEE) und andere Edelmetalle verwenden. Laut Ndubisi et al. (2019) werden nur etwa 1 % der Smartphones recycelt. Ein Grund für diese niedrige Rate ist die technologische Komplexität des SEE-Recyclings. Andererseits bietet der Rohstoffwert von E-Schrott enorme wirtschaftliche Möglichkeiten. Schätzungen zufolge wird der Gehalt von Smartphones an Edelmetallen und kritischen Metallen in den bis 2035 auf den Markt gebrachten Geräten 5100 t betragen, verglichen mit 1500 t im Jahr 2020.

- Die technische Lebensdauer von Smartphones ist kurz, im Mittel sind es ca. zwei Jahre. Laut Nordmann und Oettershagen (2013) sind zwischen 65 und 80 % der Smartphones recycelbar. Smartphones werden aus 60 verschiedenen Stoffen hergestellt. Etwa 56 % eines Smartphones bestehen aus Kunststoff, 28 % aus Metall, davon 15 % Kupfer. Wichtige kritische Metalle, wie 6,300 g Kobalt, 0,305 g Silber, 0,030 g Gold, 0,011 g Palladium, 0,050 g Neodym und 0,010 g Praseodym, werden neben Kupfer für Kabel, Kontakte, Leiterplatte und den Akku verwendet (Buchert et al. 2012). 16 % eines Smartphones besteht aus Glas und Keramik für die Displays und 3 % aus anderen Stoffen. Das Problem einiger dieser Stoffe ist, dass der Abbau energieintensiv ist und teilweise ohne Rücksicht auf die Natur sowie unter menschenunwürdigen Bedingungen erfolgt.
- Die Sortierung von Smartphones wird immer schwieriger, da sich ihre Designs zunehmend in Form und Größe ähneln, vor allem wenn auf Tastaturen, große Antennen, Knöpfe, umklappbare Bildschirme und Schieber verzichtet wird. Stattdessen wurden große Touchscreens, eine Ganzglasfront, mehrere Kameralinsen und eine an die Hände angepasste Größe zum typischen Design, um den Präferenzen der Nutzenden gerecht zu werden.

Diese Herausforderungen haben führende Smartphone-Hersteller (Apple, Samsung und Huawei) dazu veranlasst, weitere Maßnahmen zu ergreifen, um ein geschlossenes Kreislaufsystem einzuführen und die Nachhaltigkeit des Designs zu bewerten, also Circular-Economy-Strategien zu entwickeln und umzusetzen:
- Apple entwickelte zwei Demontageroboter, Liam und Daisy, um eine geschlossene Wertschöpfungskette abzubilden. Das Unternehmen gab bekannt, dass Daisy alle für die Herstellung seiner Smartphones verwendeten Materialien wie Gold und SEE zurückgewinnen kann (Apple Newsroom 2019). Apple erklärte, Daisy könne 15 verschiedene iPhone-Modelle mit 200 Geräten pro Stunde demontieren, was effizienter ist als jedes traditionelle Recycling. Die Roboter demontieren die Geräte, indem sie die Komponenten trennen, um so die Materialien aus den iPhones wiederzugewinnen. Daisy könne zwei Millionen Geräte pro Jahr demontieren und sie automatisch recyceln.
- Samsung kündigte an, mit dem Programm *Re+* sein Nachhaltigkeitsversprechen durch Unterstützung der Circular Economy umzusetzen. Das Unternehmen hat nach eigenen Angaben im Rahmen dieses Programms zwischen 2009 und 2018 3,55 Mio. t Altgeräte gesammelt. Samsungs neue Vision besteht nun darin, die Geräte so zu entwickeln, dass sie leicht zu reparieren, zu demontieren und zu recyceln sind, wodurch die Lebensdauer der Produkte verlängert und die Haltbarkeit verbessert werden (Samsung o. J.).
- Huawei verfolgt Ansätze der Circular Economy durch sein Green-Action-Programm. Seine Servicezentren nahmen 2019 jeden Monat fast 60 t Ersatzteile zurück und beteiligten ihre Kunden an einem Recyclingprogramm auf Kreditbasis (Huawei o. J.). Darüber hinaus seien 2019 jeden Monat Hunderttausende

von Smartphonebatterien durch das Batterieaustauschprogramm zu einem Festpreis ersetzt worden. Weiterhin verbessert Huawei seine Wartungsqualität durch vergünstigte Reparaturprogramme.

Einzelne andere Unternehmen entwickeln und vermarkten modular aufgebaute Telefone, wie ARA von Google, G5 von LG, das niederländische Fairphone oder das deutsche Shiftphone. Sie werden als Best-Practice-Beispiele für nachhaltiges Design und Nachhaltigkeit angesehen. Diese Telefone sind leicht zu demontieren, enthalten weniger gefährliche Stoffe, haben eine lange Garantiezeit (meist fünf Jahre) und eine transparente Kostenaufstellung (Proske et al. 2016).

10.2.1 Digitalisierung des Wertstoffmanagements

Digitale Technologien können die vorhandenen Prozesse in der Wertstoffverarbeitung verbessern. Dies gilt nicht nur für die End-of-Life-Phase von Produkten, sondern auch für die Verlängerung ihrer Lebensdauer.

In der Praxis kann Digitalisierung an vielen Stellen eingesetzt werden: für die Identitätskennzeichnungen von Wertstoffbehältern (IoT), Bestellabwicklungen (E-Commerce), Online-Zahlungen, Kundenkommunikation (Chatbots) und die Speicherung und Verbindung mit weiteren Cloud-Diensten. Auf Basis der hier entstehenden Daten lassen sich außerdem mithilfe von künstlicher Intelligenz (KI) Wertstoffmuster erkennen. Die Digitalisierung kann auch in der Abfallwirtschaft zu einer Verbesserung des Recyclingprozesses eingesetzt werden. Durch die geeignete Aufarbeitung vorhandener Daten werden Hersteller in die Lage versetzt, recycelbare Materialien zu verwenden und bessere Einkaufsentscheidungen zu treffen. Durch Digitalisierung erhalten Recyclingunternehmen bessere Optionen für die Wertstoffbeschaffung (European Environment Agency 2021; Abou Baker et al. 2023). Folglich dienen digitale Technologien als Wegbereiter für eine Circular Economy.

10.2.2 Smartphones als Fallstudie

Beim Recycling von Mischabfällen gibt es eine große Vielfalt an Arten, Formen und Positionen von zu verwertenden Objekten auf einem Förderband, sodass für jedes Objekt eine Vielzahl an Beispielexemplaren erforderlich ist, um einen automatischen Erkennungsprozess für eine geeignete Sortierung der Produkte oder Wertstoffe durchführen zu können (Objekterkennung).

Das Trainieren eines KI-basierten Systems zur Erkennung von Objekten im Recyclingstrom ist nicht einfach, insbesondere wenn physische Verformungen berücksichtigt werden müssen, welche bei beschädigten Objekten, die in der Recyclinganlage ankommen, entstehen können. Sie können gefaltet, zerrissen, zertrümmert oder teilweise durch andere Objekte verdeckt sein.

Eine weitere Herausforderung für die automatisierte Objekterkennung besteht darin, mit den ständigen Änderungen neuer Modelle Schritt zu halten. Insbesondere, wenn KI-basierte Systeme zum Einsatz kommen, ist eine große Datenmenge mit Beispieldaten notwendig, um sicherzustellen, dass die Objekte präzise erkannt werden können (Nageler-Petritz 2022). Die Forschung im Bereich des automatisierten Recyclings steckt noch in den Anfängen, da es an Datensätzen fehlt und die Entwicklung hin zu einer KI-gesteuerten intelligenten Abfallwirtschaft nur langsam voranschreitet.

Für die Lehre
Anhand des Alltagsbegleiters „Smartphone" lassen sich die Problematik schnelllebiger Konsumgüter und die damit verbundenen Herausforderungen für eine Circular Economy gut mit den Studierenden diskutieren. Sie können angeregt werden, ihr eigenes Konsumverhalten sowie die dahinterstehenden Geschäftsmodelle zu reflektieren.

10.3 Künstliche Intelligenz als Enabler

Eine von 2004 bis 2019 durchgeführte Literaturrecherche (Neirotti 2020/21) ergab, dass es sechs grundlegende Anwendungen der Künstlichen Intelligenz (KI) in der Abfallwirtschaft gibt: Erkennung des Füllstands von Abfallbehältern, Vorhersage von Abfalleigenschaften, Vorhersage von Prozessparametern, Vorhersage von Prozessergebnissen, Fahrzeugrouting und Abfallwirtschaftsplanung. Beispielsweise kann die Sammlung von Elektroschrott (E-Schrott) durch den Einsatz von KI verbessert werden, insbesondere bei der Optimierung der Sammelrouten für E-Schrott, um die Masse und die Anzahl der gesammelten Abfälle zu maximieren, sowie durch Navigations- und Nachverfolgungsfunktionen, indem die erforderlichen Informationen gespeichert, verarbeitet, analysiert und optimiert werden, was letztendlich die Effizienz der gesamten Abfallwirtschaft erhöht.

Der nächste Schritt ist die geeignete Sortierung von E-Schrott in einzelne Produkte oder Komponenten. Dies ist eine Voraussetzung für eine hohe Recyclingquote. Eine Kombination von KI-basierten und robotischen Systemen wird schrittweise von vielen Anwendungen in der Abfallwirtschaft eingeführt. Die Analyse von Bildaufnahmen der Komponenten im E-Schrott und der Vorhersage von Mustern zur Unterstützung des Sortierprozesses spielt hier eine herausgehobene Rolle. KI-basierte Systeme, welche auf Basis von Bildverarbeitungsprozessen operieren, können Objekte in Echtzeit identifizieren und charakterisieren. Resultierend werden Objektdaten erfasst wie Anzahl der Objekte, Status und Zusatzinformationen. Bessere Daten und Datenerfassungstechnologien sorgen dabei für eine bessere Erkennung.

KI-basierte Systeme mit hoher Erkennungsrate können beim Recycling von Objekten die Leistungsfähigkeit von Menschen übertreffen, da sie ermüdungsfrei operieren und eine Vielzahl von Objekten parallel verarbeiten.

10.3.1 Stand der Technik

Wird der Stand der Technik bei der Künstlichen Intelligenz (KI) betrachtet, so zeigt sich, dass sich wenige wissenschaftliche Abhandlungen mit der automatisierten Zerlegung in Recyclingprozessen beschäftigen. Beispielsweise geben Maurice et al. (2021) einen Überblick zur Zerlegung und Sortierung elektrischer Komponenten. In diesem Artikel wird sogenannten Neuronalen Faltungsnetzwerken (*Convolutional Neural Networks* – CNN) in Kombination mit physikalischen Trennungs- und Spektroskopietechniken eine wichtige Rolle bei der Klassifizierung elektrischer Komponenten zugeschrieben, da dieser Ansatz flexibel und kostengünstig ist. Die Studie zeigt, dass CNN-Klassifikatoren Tantalkondensatoren auf Leiterplatten automatisiert erkennen, um diese dann mit einem Roboterarm aus dem Elektroschrott aussortieren zu können. Dabei wurden Kamerabilder ausgewertet, um die einzelnen elektrischen Bauteile auf gegebenen Leiterplatten mithilfe von CNN-Klassifikatoren mit hoher Genauigkeit zu identifizieren.

Ein weiterer Ansatz, der ZRR2 von ZenRobotics, nutzt eine Kombination aus KI, Robotern und Sensoren (Wilts et al. 2021). Dabei handelt es sich um ein Robotersystem mit zwei Roboterarmen und mehreren Sensoren, darunter HD-RGB-Kameras (hochdynamische Farbkameras), NIR-Sensoren (Nah-Infrarot-Kameras) und Metalldetektoren. Mit der Unterstützung von sogenannten Tiefen Neuronalen Netzen (*Deep Neural Networks* – DNN) kann ein KI-basierter Klassifikator 13 verschiedene Materialien oder Abfallströme sortieren (◘ Abb. 10.1). Das Robotersystem sortiert vorhandenen Elektroschrott mit einer durchschnittlichen Reinheit von 97 % für die getesteten Wertstoffströme. Die Studie unterstreicht die Bedeutung von Digitalisierung und KI als „Instrument" zur Verbesserung von Nachhaltigkeit und zukünftiger Wettbewerbsfähigkeit.

Die KI-Plattform AMP Neuron trainiert sich kontinuierlich selbst, indem sie verschiedene Farben, Texturen, Formen, Größen, Muster und sogar Markenetiketten erkennt, um Materialien und deren Recyclingfähigkeit zu identifizieren. AMP Neuron steuert weiterhin die eingesetzten Robotersysteme, die das zu recycelnde Material auswählen und platzieren. All dies geschieht mit hoher Geschwindigkeit und extrem hoher Präzision und ist für den dauerhaften Betrieb (24d/7h) ausgelegt (Spelhaug 2022).

Die Entwicklung im Bereich automatisierter Sortierung von Wertstoffen ist sehr dynamisch. Beispielsweise sind KI-basierte Systeme derzeit in der Lage, eine Vielzahl von Verpackungstypen erfolgreich zu identifizieren und zu sortieren, und werden sich mit weiteren technologischen Fortschritten noch verbessern. So können etwa Hersteller dezidiert beeinflussen, welche Objekte trainiert und klassifiziert werden sollen. Dies schafft die Möglichkeit, auch spezifische Verpackungen zu erfassen. Beispielsweise trainiert AMP seine Systeme, indem es Bilder von Materialien zu jeder Materialkategorie nutzt, welche von Recyclinganlagen auf der ganzen Welt stammen. AMP verfügt deshalb über den weltweit größten Datensatz an Bildern von recycelbaren Materialien, der für das Training von KI- basierten Systemen verwendet werden kann.

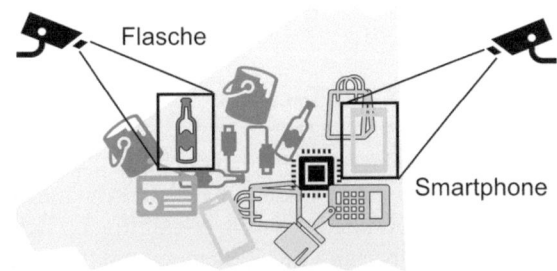

◘ **Abb. 10.1** Prinzipdarstellung Objektklassifikation am Beispiel einer kamerabasierten Erkennung von Flaschen und Smartphones. (Quelle: eigene Darstellung)

10.3.2 Hintergrund zu Künstlichen Neuronalen Netzen

Am Beispiel, wie Kinder lernen, ihre Umwelt wahrzunehmen, soll im Folgenden das Prinzip eines KI-basierten Systems erklärt werden. Sieht ein kleines Kind zum ersten Mal eine Katze, so kann es keine Aussage darüber treffen, dass das vorhandene Tier eine Katze ist. Es wird beispielsweise eine Person benötigt, welche auf das Tier zeigt, und dem Kind sagt: „Das ist eine Katze." Mit diesem Hinweis wird der Lernprozess des Kindes gefördert, das Gezeigte als Katze zu klassifizieren. Nach mehrmaligem Wiederholen eines ähnlichen Vorgangs lernt das Kind, wie ein Tier aussehen muss, welches „Katze" genannt wird (Training). Dabei trainiert das Kind, die wichtigsten Merkmale einer Katze, wie Nase, Augen, Ohren, Körper, Schwanz, Farbe, Größe, Form und Farbe zu erkennen und diese geeignet zuzuordnen.

Bei KI-basierten Systemen wird dies in ähnlicher Weise mithilfe einer Sensordatenanalyse durchgeführt. Wenn ein KI-basiertes System Daten eines Sensors, beispielsweise einer Kamera, viele Male präsentiert bekommt, lernt der zugrundeliegende Algorithmus aufgrund von Merkmalen, Objekte zu unterscheiden (◘ Abb. 10.2).

In ◘ Abb. 10.2 ist ein KI-basiertes System (Neuronaler Klassifikator mit mehreren Schichten) schematisch dargestellt, welcher auf Grundlage von Eingangsbildern Katzen und Schafe (*label*) klassifizieren kann.

Typische Algorithmen von KI-basierten Systemen bauen auf Künstlichen Neuronalen Netzwerken (KNN) wie beispielsweise *Convolutional Neural Networks* (CNN) oder Tiefen Neuronalen Netzen (*Deep Neural Networks* – DNN) auf. Bei CNN wird die Nachbarschaft zwischen Datenpunkten im Datenraum besonders berücksichtigt. DNN folgen einer sehr komplexen Architektur. Sie sind in viele Schichten unterteilt und können dadurch komplexe Funktionen, welche zur Klassifikation von Objekten benötigt werden, abbilden. Deshalb werden sie „tiefe neuronale Netze" genannt. Bei KNN werden Daten (*input*) verschiedener Objekte klassifiziert und einem Label (*output*) zugeordnet.

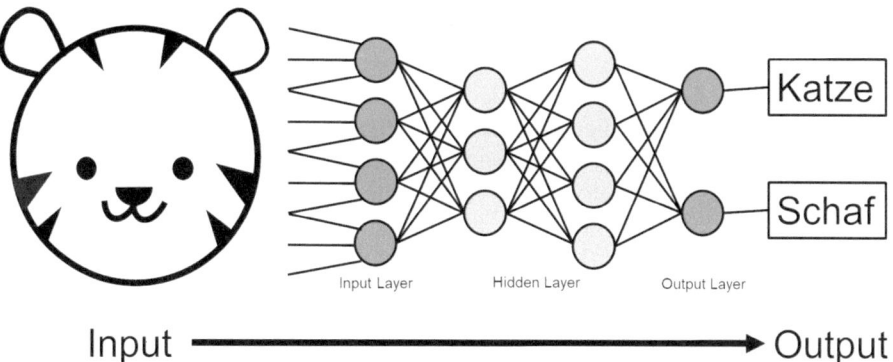

◘ Abb. 10.2 Neuronaler Klassifikator mit mehreren sogenannten Schichten (layer), welcher Objekte auf Bildern (input) klassifiziert und mit einem Label versieht (output). (Quelle: eigene Darstellung)

Die Zuordnung eines Objekts zu einer Objektklasse kann trainiert werden, das bedeutet, durch mehrfaches Präsentieren von Datenpunkten und entsprechender Beschreibung einer zugehörigen Objektklasse lernt ein KNN diese. Der Begriff Klassifikation beschreibt dabei den Algorithmus, der Fragen wie „Ist das eine Katze oder ein Schaf?" oder „Zu welcher Klasse gehört dieser Datenpunkt?" beantworten kann.

Klassifizierungsalgorithmen versuchen, eine optimale Trennung der trainierten Klassen zu lernen. Im Allgemeinen gilt: Je mehr Daten zum Trainieren genutzt werden, desto besser ist die Vorhersage eines KNN. Heutzutage werden KNN mit Millionen von Daten trainiert. Das Sammeln und Zuordnen einer solchen Anzahl an Daten zu den jeweiligen Klassen ist jedoch zeitaufwendig (Abou Baker et al. 2021). Daher ist der Einsatz sogenannter Transferlernmethoden hilfreich, welche durch geeignete Lösungsstrategien die notwendige Datenmenge für Klassifikationsaufgaben optimieren.

10.4 Transferlernen

10.4.1 Die Methode des Transferlernens

Wie in ▶ Abschn. 10.3.2 beschrieben, benötigt ein Kind eine große Anzahl von Beispielen (Daten), um Katzen erkennen zu können. Sollen andere Tiere erkannt werden, kann der Prozess vereinfacht werden, indem zunächst ähnliche Merkmale genutzt werden, um beispielsweise ein Tier von einem Auto zu unterscheiden, und erst in weiteren Schritten eine Ausdifferenzierung zwischen Schaf, Katze oder Hund erfolgt. Dabei kann abgeleitet werden, dass, je ähnlicher sich Objekte (in diesem Beispiel Tiere) sind, desto später kann eine Ausdifferenzierung erfolgen. Beispielsweise ist ein Tiger einer Katze ähnlicher als ein Schaf, sodass auf gelernte Beispiele (z. B. vier Beine, gemustertes Fell) für das Erlernen der Tiermerkmale Tiger zurückgegriffen werden kann. Dadurch kann der Lernprozess beschleunigt werden. Dieser Lernprozess kann auf Künstliche Neuronale Netze (KNN) übertragen werden.

KNN, welche die Klassifikation von Objekten in einem KI-basierten System durchführen, sind typischerweise sehr komplex. Ihre Architektur ist durch viele Schichten charakterisiert und so in der Lage, auch schwierige Klassifikationsaufgaben zu lösen. Durch die hierarchisch angeordneten Schichten (◘ Abb. 10.2) lässt sich eine Klassifikationsaufgabe in Teilaufgaben zerlegen, sodass auch in KNN Ähnlichkeiten bei der Klassifikation einzelner Objekte genutzt werden können, um neue Klassifikationsaufgaben zu lösen.

Das Beispiel der Katzenerkennung verdeutlicht, dass der Mensch aus Erfahrung gewonnenes Wissen nutzt und es erneut verwendet, um neue, aber verwandte Probleme zu lösen. KI-basierte Systeme versuchen, dieses Vorgehen mit einer Methode zu imitieren, die als Transferlernen (TL) bezeichnet wird. Beim TL handelt es sich um eine Lernmethode, die in der Lage ist, KNN effizient zu trainieren. Bei dieser Methode wird ein für eine Klassifikationsaufgabe (in unserem Beispiel das Erkennen einer Katze) entwickeltes Modell als Startpunkt für das Training eines neuen Modells für eine zweite Klassifikationsaufgabe (z. B. das Erkennen eines Tigers – ◘ Abb. 10.3) wiederverwendet. Der Grundgedanke ist, das Wissen, das ein Modell

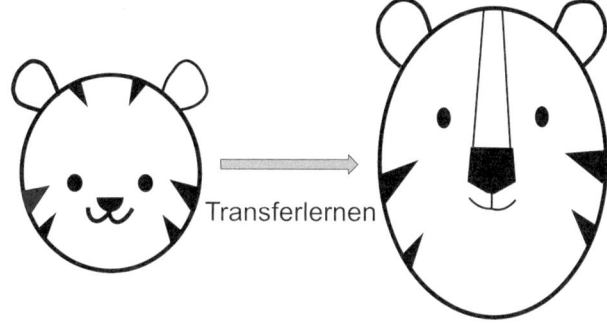

○ **Abb. 10.3** Transferlernen von einer Katze auf einen Tiger. (Quelle: eigene Darstellung, nach Broad 2020)

aus einer Aufgabe mit vielen verfügbaren Trainingsdaten gelernt hat, für eine neue Aufgabe zu verwenden, für die es nicht viele Daten gibt. Anstatt den Lernprozess von Grund auf neu zu starten, wird die Ähnlichkeit zwischen Objektklassen genutzt, um auf dieser Ähnlichkeit für die Lösung einer verwandten Aufgabe aufzubauen. Vortrainierte Modelle sind reich an Merkmalsrepräsentationen, da sie mit einer großen Anzahl von Bildern trainiert wurden. Diese können zur Lösung neuer Aufgaben genutzt werden. Mithilfe der Methode Transferlernen kann die Trainingszeit des KNN verkürzt werden. Grundlegende Informationen zum TL werden beispielsweise in Abou Baker et al. (2021a) vorgestellt.

10.4.2 Einsatz von Künstlichen Neuronalen Netzen zur Erkennung von Elektroschrott

Im Folgenden soll der vorgestellte Ansatz genutzt werden, um automatisiertes Smartphone-Recycling zu ermöglichen. Dabei kommt ein KI-basierter Klassifikator zum Einsatz, der auf Basis von extrahierten Bildmerkmalen trainiert wurde, um Smartphones zu erkennen und sie im Recyclingprozess geeignet zu sortieren. Das aufgebaute Wissen wird im Künstlichen Neuronalen Netz (KNN) genutzt, um durch Transferlernen (TL) andere Geräte zu klassifizieren, etwa Akkuschrauber. Vorteile dieses Ansatzes sind:

- *Training mit hoher Präzision auf einem kleinen Datensatz*: Für das Training komplexer KNN, z. B. tiefer neuronaler Netzwerke, ist eine große Datenmenge erforderlich, um ein genaues Modell zu erhalten. In der Praxis ist es unwahrscheinlich, dass für jede relevante Objektklasse ein großer Datensatz vorhanden ist. Daher kann die Übertragung mittels TL auf eine neue, aber verwandte Aufgabe diese Einschränkung überwinden.
- *Sparen von Trainingszeit und Speicher*: Bei einer hohen Anzahl von Daten ist der Bedarf an IT-Ressourcen hoch, um ein Modell zu trainieren; dies führt außerdem zu langen Trainingszeiten. Wird ein bereits trainiertes, verwandtes Modell genutzt, um es auf eine neue Aufgabe zu transferieren, lassen sich Trainingszeit und IT-Ressourcen einsparen.
- *Es ist nicht notwendig, eine neue KNN-Architektur zu entwickeln*: Bei der TL-Methode wird auf der vorhandenen Architektur aufgebaut und die neue Objektklasse trainiert.

Die Wahl geeigneter, trainierter Objektklassifikatoren stellt dennoch eine große Herausforderung dar. In der Literatur werden Hinweise zur Auswahl eines geeigneten Modells gegeben, das zu den Anforderungen der Anwendung passt (z. B. Abou Baker et al. 2022c).

Beim TL wird ein KNN zuerst auf einen Quelldatensatz und damit auf das Lösen einer Aufgabe trainiert und dann auf den Zieldatensatz übertragen. Die Motivation des hier verfolgten Ansatzes ist es, durch Automatisierung und Verringerung des Arbeitsaufwands beim Elektroschrott-Recycling die Notwendigkeit menschlicher Intervention zu verringern. Weiterhin soll eine Reduktion der Fehlerquote bei der Sortierung von E-Schrott erreicht werden. Dabei werden die Vorteile des KNN in Verbindung mit TL genutzt, um Elektrogeräte mithilfe von Objektbildern zu sortieren. Das konkrete Vorgehen ist wie folgt:

1) *Auswahl der Quellaufgabe*: Die Lösung eines Problems (in diesem Fall die Bildklassifizierung) kann erfolgen, wenn eine Verbindung zwischen Quell- und Zieldatensatz besteht oder ein verwandtes Konzept bei der Übertragung der Eingabe zur Ausgabe gelernt wurde (Klassifizierung von Objekten).
2) *Auswahl von Quell- und Zieldatensatz:* Der Quelldatensatz basiert auf Bildern von Smartphones unterschiedlicher Hersteller und Modellen in ausreichender Anzahl, welche für eine KI-basierte Klassifikation von Smartphones genutzt werden (siehe Fallstudie). Weiterhin wird ein Zieldatensatz definiert, welcher Bilder von einer weiteren Objektklasse von elektronischen Kleingeräten beinhaltet (hier beispielsweise Akkuschrauber Abou Baker et al. (2022b)).
3) *Entwicklung des Quellmodells*: Dieser Schritt umfasst die Entwicklung einer geeigneten Architektur eines KNN und dessen Training, welches die Quellaufgabe geeignet löst (KI-basierter Klassifikator - Abou Baker et al. (2022d)).
4) *Modell wiederverwenden*: Das KNN wird für die Ausgangsaufgabe (Klassifizierung von Smartphones) trainiert und anschließend ein Transfer auf die zweite Aufgabe, das Lernen des Zieldatensatzes, durchgeführt (Klassifizierung von Akkuschraubern). Dieser Transfer kann durch Verwendung des gesamten KNN oder von Teilen des KNN auf Grundlage der gelernten Merkmale erfolgen.
5) *Modell optimieren*: Optional wird eine Optimierung der Modellparameter des KNN durchgeführt.

In ◘ Abb. 10.4 ist ein typisches Ergebnis der KI-basierten Klassifikation dargestellt. Auf Basis eines vortrainierten KNN zur Erkennung von Smartphones wurde ein neuer Klassifikator mit Hilfe der TL-Methode für Akkuschrauber entwickelt. Es sind neben dem erkannten Modelltyp auch die Erkennungsgenauigkeit auf einem Testdatensatz in Prozent dargestellt (erkannte Objekte in Bezug auf dargebotene Objekte).

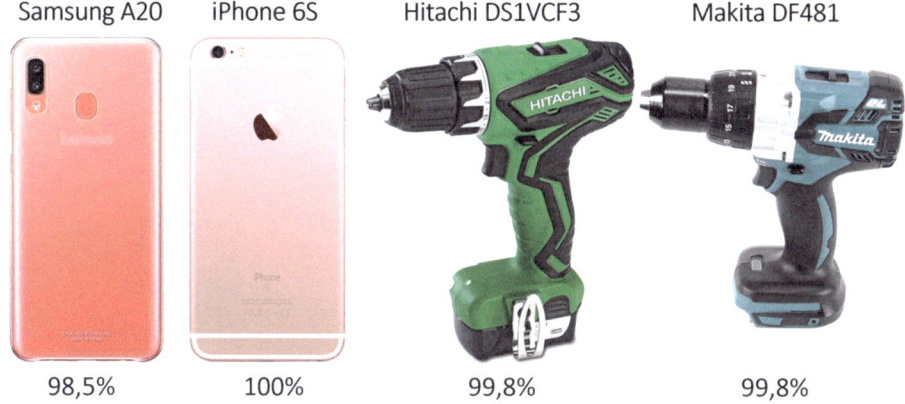

Abb. 10.4 Ergebnisse der Objektklassifikation mit Transferlernen. (Quelle: eigene Darstellung)

10.4.3 Klassifizierung von Elektroschrott mit unterschiedlichen Sensortypen

Die Möglichkeiten KI-basierter Objekterkennung bei der Verarbeitung von Kamerabildern im RGB-Farbraum (RGB: rot-grün-blau – sichtbares Licht) wurde in den vorangegangenen Abschnitten dargestellt und zur menschlichen Verarbeitung bzw. Wahrnehmung in Bezug gesetzt. Die genutzten Kamerabilder beschreiben jedoch nur Merkmale im visuellen Spektrum. Die Multisensormethode hingegen verwendet Sensoren in verschiedenen Bereichen des elektromagnetischen Spektrums, um die Vorteile von heterogenen Daten zu nutzen und Informationen zu maximieren sowie Redundanzen zu minimieren. So können zusätzliche Informationen über die zu klassifizierenden Objekte gewonnen werden, die recycelt werden sollen. Diese Erkennung kann durch eine Vielzahl von Sensoren im visuellen und nicht-visuellen elektromagnetischen Spektrum erreicht werden (Abou Baker et al. 2022b).

- **Verwendung von IR-Sensoren**

Infrarot(IR)-Bilder werden zur Erkennung von Temperaturunterschieden genutzt und sind sicher, kosteneffektiv und geeignet für verschiedene Anwendungen, wie die prädiktive Wartung, Sicherheitsanwendungen, die Gasdetektion und die Erkennung von Anomalien. Das Ziel bei der prädiktiven Wartung besteht unter anderem darin, die Lage und Komposition verdeckt liegender Materialien mit minimalen menschlichen Interventionen zu erkennen. Um die inneren Merkmale eines Elektrokleingeräts sichtbar zu machen oder die Eigenschaften einzelner Materialien zu bestimmen, wird sein Innenleben mithilfe von Erwärmungs- und Abkühlungskurven analysiert, wie in Abb. 10.5 dargestellt (Abou Baker und Handmann 2022). Ein Übertrag der Analysemethode auf andere Geräte ist dabei ebenfalls möglich, wie es in der Abbildung mit Smartphones und Akkuschraubern veranschaulicht ist.

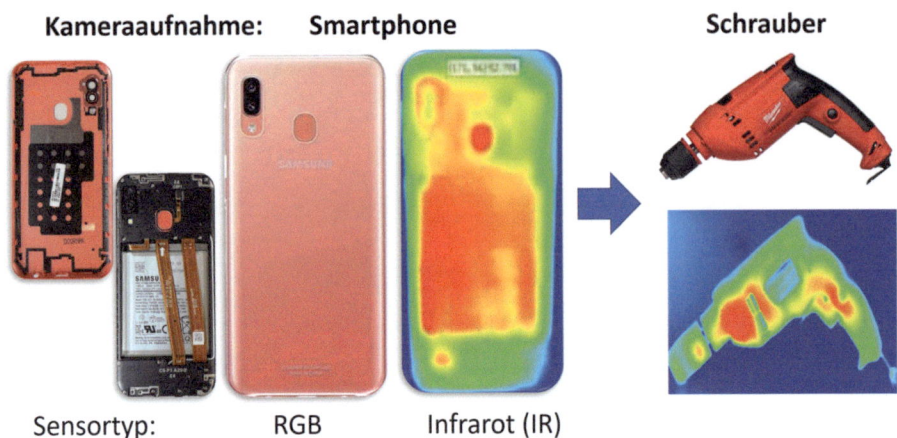

Abb. 10.5 Erkennung der internen elektrischen Komponenten in einem Smartphone und Akkuschrauber mithilfe eines Infrarotsensors. Neben typischen Kamerabildern sind Bilder einer IR-Kamera dargestellt. (Quelle: eigene Darstellung)

- **Verwendung von Röntgensensoren**

Zur Erkennung von innen liegenden Objektkomponenten kommen häufig Röntgenstrahlen zum Einsatz. Beispielsweise werden bei der Sicherheitskontrolle an Flughäfen Gepäckstücke mit Röntgenstrahlen durchleuchtet und die innen liegenden Bestandteile untersucht. Dieses Vorgehen kann auch zur Klassifikation von Elektrokleingeräten eingesetzt werden. Eine in Abou Baker et al. (2022a) vorgestellte Studie zeigt, dass verschiedene Batterietypen von Elektrokleingeräten erkannt und differenziert nach Bauart beschrieben werden können. In dieser Studie wurde ebenfalls ein KI-basiertes System mit Künstlichen Neuronalen Netzen eingesetzt und auf Basis von Transferlernen ein Objektklassifikator trainiert, der dann verschiedene Batterietypen unterscheiden konnte (prismatische, flache und zylindrische Lithium-Ionen-Batterien).

10.5 Fazit und Ausblick

Die Sortierung eines großen Abfallstroms in kurzer Zeit kann mithilfe der Digitalisierung, insbesondere mit KI-basierten Systemen, anstelle traditioneller Methoden durchgeführt werden. Im Demonstrationslabor des Prosperkollegs (*Circular Digital Economy Lab* – CDEL) konnte in einer Fallstudie gezeigt werden, dass KI-basierte Systeme in der Anwendung zielführend eingesetzt werden können. Am Beispiel der Sortierung von E-Schrott bzw. der Erkennung von Smartphones und Akkuschraubern wurde die Tragfähigkeit dieses Vorgehens evaluiert.

Die Hersteller von Elektrogeräten beginnen derzeit, ihre eigenen Produkte zu recyceln. Diese Ansätze sind jedoch nur auf spezifische Produkte angepasst, wodurch keine hohen Recyclingquoten erreicht werden. Daher ist ein neuer Ansatz erforderlich, der produktunspezifische Sortierung und Recycling ermöglicht.

Das in diesem Kapitel vorgestellte KI-basierte System unterstützt das automatisierte Recycling von unsortiertem E-Schrott mit unspezifischen Produkten. Es kann hier zielführend zur Erkennung einzelner Komponenten eingesetzt werden.

Die vorgestellten Untersuchungen mit Künstlichen Neuronalen Netzen (KNN) und zum Transferlernen (TL) zeigen die Vorteile der Anwendung von TL als geeignetes Szenario zur Bewältigung der wachsenden Herausforderungen im Bereich des Recyclings von Elektrokleingeräten, insbesondere wenn auf Multisensornetzwerke zurückgegriffen wird.

Kernbotschaften
- KI-basierte Methoden können wichtige Informationen für das automatisierte Recycling von Elektrokleingeräten und Elektroschrott durch unterschiedliche Sensortypen extrahieren.
- KI-basierte Methoden werden typischerweise auf Basis sehr großer Datenmengen trainiert, um Klassifikationsaufgaben lösen zu können.
- Der Umfang der zum Training benötigten Daten lässt sich durch Ansätze des Transferlernens optimieren.
- KI-basierte Objekterkenner können mit unterschiedlichen Sensoren genutzt werden.
- Der Übertrag von Forschungsansätzen aus dem Bereich KI-basierter Methoden in die Praxis wurde in einem Demonstrationslabor des Prosperkollegs gezeigt.

Literatur

Abou Baker, Nermeen; Stehr, Jonas; Handmann, Uwe (2023): E-Waste Recycling Gets Smarter with Digitalization. In: *10th IEEE Conference on Technologies for Sustainability*, S. 205–209, Portland, Oregon, USA. IEEE. https://doi.org/10.1109/SusTech57309.2023.10129536.

Abou Baker, Nermeen; Handmann, Uwe (2022): An Approach for Smart and cost-Efficient Automated E-Waste Recycling for Small to medium-Sized Devices Using multi-Sensors. IEEE Sensors. 30 October 2022 – 2 November 2022. Dallas, Texas, USA: IEEE, S. 1–4. https://doi.org/10.1109/SENSORS52175.2022.9967195.

Abou Baker, Nermeen; Rohrschneider, David; Handmann, Uwe (2022a): Battery detection of XRay images using transfer learning. In: Verleysen, Michel (Hrsg.): ESANN 2022 proceedings. ESANN 2022 – European Symposium on Artificial Neural Networks, Computational Intelligence and Machine Learning. Bruges (Belgium) and online event, 05/10/2022 – 07/10/2022. Louvain-la-Neuve (Belgium): Ciaco – i6doc.com, S. 241–246. https://doi.org/10.14428/esann/2022.ES2022-60.

Abou Baker, Nermeen; Stehr, Jonas; Handmann, Uwe (2022b): Transfer learning approach towards a smarter recycling. 31st International Conference on Artificial Neural Networks (ICANN 2022). Artificial Neural Networks and Machine Learning. Lecture Notes in Computer Science. Bristol, UK: Springer, Cham (13529). https://doi.org/10.1007/978-3-031-15919-0_57.

Abou Baker, Nermeen; Szabo-Müller, Paul; Handmann, Uwe (2021): A Feature-Fusion Transfer Learning Method as a Basis to Support Automated Smartphone Recycling in a Circular Smart City. In: Paiva, Sara; Lopes, Sérgio Ivan; Zitouni, Rafik; Gupta, Nishu; Lopes, Sérgio F.; Yonezawa, Takuro (Hrsg.): Science and Technologies for Smart Cities, vol. 372. Cham: Springer International Publishing (Lecture Notes of the Institute for Computer Sciences, Social Informatics and Telecommunications Engineering), S. 422–441. https://doi.org/10.1007/978-3-030-76063-2.

Abou Baker, Nermeen; Zengeler, Nico; Handmann, Uwe (2022c): A Transfer Learning Evaluation of Deep Neural Networks for Image Classification. In: *MAKE* 4 (1), S. 22–41. https://doi.org/10.3390/make4010002.

Abou Baker, Nermeen; Stehr, Jonas; Handmann, Uwe (2022d): Transfer Learning Approach Towards a Smarter Recycling. In: Pimenidis, Elias; Angelov, Plamen; Jayne, Chrisina; Papaleonidas, Antonios; Aydin, Mehmet (Hrsg.): Artificial Neural Networks and Machine Learning - ICANN 2022. Cham: Springer International Publishing, S. 685–696.

Abou Baker, Nermeen; Szabo-Müller, Paul; Handmann, Uwe (2021a): Transfer learning-based method for automated e-waste recycling in smart cities. In: *EAI Endorsed Transactions on Smart Cities*. https://doi.org/10.4108/eai.16-4-2021.169337.

Apple Newsroom (2019): Apple expands global recycling programs. Online verfügbar unter https://www.apple.com/newsroom/2019/04/apple-expands-global-recycling-programs/, zuletzt geprüft am 11.07.2023.

Broad, Michael (2020): Difference between domestic cats and tigers. Online verfügbar unter https://pictures-of-cats.org/difference-between-domestic-cats-and-tigers.html, zuletzt geprüft am 06.07.2023.

Buchert, Matthias; Manhart, Andreas; Bleher, Daniel; Pingel Detlef (2012): Recycling kritischer Rohstoffe aus Elektronik-Altgeräten (LANUV-Fachbericht 38). Landesamt für Natur, Umwelt und Verbraucherschutz Nordrhein-Westfalen Recklinghausen. ISSN: 1864-3930 LANUV-Fachberichte. Online verfügbar unter https://www.lanuv.nrw.de/fileadmin/lanuvpubl/3_fachberichte/30038.pdf#page44, zuletzt geprüft am 04.07.2023.

Chatterjee, A.; Abraham, J. (2017): Efficient management of e-wastes. In: *International Journal of Environmental Science and Technology* 14 (1), S. 211–222. https://doi.org/10.1007/s13762-016-1072-6.

European Environment Agency (2021): Digital technologies will deliver more efficient waste management in Europe. Online verfügbar unter https://www.eea.europa.eu/publications/digital-technologies-will-deliver-more, zuletzt geprüft am 06.07.2023.

Huawei (o. J.): Environmental Protection. Online verfügbar unter https://www.huawei.com/en/sustainability/environment-protect, zuletzt geprüft am 22.11.2022.

Maurice, Ange A.; Dinh, Khang Ngoc; Charpentier, Nicolas M.; Brambilla, Andrea; Gabriel, Jean-Christophe P. (2021): Dismantling of Printed Circuit Boards Enabling Electronic Components Sorting and Their Subsequent Treatment Open Improved Elemental Sustainability Opportunities. In: *Sustainability* 13 (18). https://doi.org/10.3390/su131810357.

Moore, Darrel (2022): Over 5 billion smartphones will become waste in 2022. UK. Online verfügbar unter https://www.circularonline.co.uk/news/over-5-billion-smartphones-will-become-waste-in-2022/, zuletzt geprüft am 06.07.2023.

Nageler-Petritz, Helena (2022): Let's talk about Artificial Intelligence for recycling with AMP Robotics. Online verfügbar unter https://waste-management-world.com/resource-use/lets-talk-about-artificial-intelligence-for-recycling-with-amp-robotics, zuletzt geprüft am 06.07.2023.

Ndubisi, Nelson; Nygaard, Arne; Chunwe, Gibson (2019): Specific Investments in Closed Loop-Technology instead of "Blood Metals" ***Forthcoming in Production Planning & Control***. In: *Production Planning and Control*.

Neirotti, Paolo (2020/21): ADAPTING MARKET PROPOSITION OF A WASTE MANAGEMENT SYSTEM TO CUSTOMERS' NEEDS. Politecnico di Torino.

Nordmann, J.; Oettershagen, P. (2013): 18 Factsheets zum Thema Mobiltelefone und Nachhaltigkeit. Hrsg. v. Wuppertal Institut für Klima, Umwelt, Energie GmbH. Online verfügbar unter https://wupperinst.org/uploads/tx_wupperinst/Mobiltelefone_Factsheets.pdf, zuletzt geprüft am 27.03.2023.

Proske, Marina; Schischke, Karsten; Sommer, Philipp; Trinks, Tina; Nissen, Nils F.; Lang, Klaus-Dieter (2016): Experts View on the Sustainability of the Fairphone 2. In: 2016 Electronics Goes Green 2016+ (EGG), S. 1–7. https://doi.org/10.1109/EGG.2016.7829811.

Samsung (o. J.): Samsung levant, Resource Efficiency | Environment | Sustainability | Samsung LEVANT. Online verfügbar unter https://www.samsung.com/levant/sustainability/environment/resource-efficiency/, zuletzt geprüft am 27.03.2023.

Spelhaug, Carling (2022): AMP Robotics Develops Industry's First AI-Powered System for Recovery of Film and Flexible Packaging. DENVER. Online verfügbar unter https://www.amprobotics.com/news-articles/amp-robotics-develops-industry-first-ai-powered-system-for-recovery-of-film-and-flexible-packaging, zuletzt geprüft am 06.07.2023.

Wilts, Henning; Garcia, Beatriz Riesco; Garlito, Rebeca Guerra; Gómez, Laura Saralegui; Prieto, Elisabet González (2021): Artificial Intelligence in the Sorting of Municipal Waste as an Enabler of the Circular Economy. In: *Resources* 10 (4). https://doi.org/10.3390/resources10040028.

Management & Qualifizierung

Inhaltsverzeichnis

Kapitel 11   Innovationsmanagement in der Circular Economy – 151
Julian Mast und Wolfgang Irrek

Kapitel 12   Qualifizierung für die Circular Economy – ein Train-the-Trainer-Konzept – 167
Paul Szabó-Müller und Uwe Handmann

Innovationsmanagement in der Circular Economy

Julian Mast und *Wolfgang Irrek*

Inhaltsverzeichnis

11.1 Innovation durch Stakeholderintegration – 152

11.2 Innovationstypen und ihre Bedeutung – 154

11.3 Innovations-Ökosysteme – 155

11.4 Orchestrieren durch dynamische Fähigkeiten – 158

11.5 Integration in bestehende Managementsysteme – 160

Literatur – 163

© Der/die Autor(en), exklusiv lizenziert an Springer Fachmedien Wiesbaden GmbH, ein Teil von Springer Nature 2024
S. Büttner et al. (Hrsg.), *Transformation zur Circular Economy*, Sustainable Development Goals (SDG) – Umsetzung in Praxis, Lehre und Entscheidungsprozessen,
https://doi.org/10.1007/978-3-658-43338-3_11

11.1 Innovation durch Stakeholderintegration

Innovationen lassen sich charakterisieren durch zwei wesentliche Eigenschaften. Zunächst zeichnen sich Innovationen durch Neuartigkeit aus, es werden also zuvor in dieser Form nicht vorhandene Produkte, Prozesse oder Geschäftsmodelle entwickelt. Die zweite wesentliche Charakteristik ist die Durchdringung bzw. Diffusion des Markts, was bedeutet, dass die neuartige Entwicklung erfolgreich angewendet wird und sich als nutzenstiftend erwiesen hat (Disselkamp 2012). Dies erfordert die Akzeptanz der Innovation durch die betroffenen Marktteilnehmer (z. B. Kundinnen und Kunden, umsetzende Unternehmen). In Anlehnung an das Schumpeter'sche Verständnis ist Innovativität für Unternehmen der Kern des langfristigen unternehmerischen Überlebens, das durch ein stetiges Anpassen der eigenen Aktivitäten an das Unternehmensumfeld erzeugt wird (Backhaus et al. 2010). In diesem Sinne stellt die Transformation zur Circular Economy eine einschneidende Periode für die wirtschaftlichen Organisationen dar, die Innovativität hinsichtlich der Art des Wirtschaftens bzw. der Wertschöpfung durch Unternehmen erfordert (Ellen MacArthur Foundation 2015).

Die Umsetzung zirkulärer Maßnahmen ist verbunden mit notwendigen Anpassungen bestehender linearer Produkte, Prozesse und Geschäftsmodelle oder der Neuentwicklung ebensolcher (Tiemann et al. 2018; Bocken et al. 2021; Radziwon und Bogers 2019; Pieroni et al. 2019). So müssen einerseits Produkte und Prozesse so (re-)designed werden, dass eine effizientere Herstellung, eine klügere und längere Nutzung von Produkten und Komponenten sowie die Kreislaufführung der Materialien technisch möglich sind. Andererseits sind Geschäftsmodelle so zu verändern, dass es wirtschaftlich rentabel ist, zirkuläre Strategien anzuwenden und damit Produkte oder Materialien weiter im biologischen und vor allem im technologischen Stoffkreislauf zu führen (Lewandowski 2016; OECD 2019). Das Erzeugen verschiedener Formen zirkulärer Innovationen ist also ein wesentlicher Teil des Transformationsprozesses. Der nachfolgende Beitrag erörtert die Rolle und das Management der Innovation in der gesellschaftlichen und vor allem privatwirtschaftlichen Transformation zu stärker zirkulär orientierten Produkten, Prozessen und Geschäftsmodellen und damit zu einer nachhaltigeren Gesellschaft.

Zur Erreichung des Zielzustands der Circular Economy und den damit verbundenen Anstrengungen zur Schließung, Verlangsamung und Verengung der Stoffkreisläufe ist es notwendig, die sogenannten *R-Strategien* anzuwenden und so zirkuläre Innovationen innerhalb des Unternehmens und seines Ökosystems zu etablieren. Eine ausführliche Darstellung des wissenschaftlichen Diskurses zu den R-Strategien erfolgt in ▶ Kap. 4. Die R-Strategien nach dem Ansatz von Potting et al. (2017) zeigt dort auf einen Blick ▶ Abb. 4.2. Das Verfolgen verschiedener R-Strategien bedingt unterschiedliche Anpassungen oder Neubildungen von Elementen des Geschäftsmodells mit seinen Produkten und Prozessen (vgl. hierzu insbesondere Lewandowski 2016; Bocken et al. 2013; Bocken und Geradts 2020). Die Anpassungen betreffen einerseits das eigene Unternehmen, andererseits die verknüpften (Partner-)Unternehmen, deren Nutzenerzeugung und Wertschöpfung unmittelbar mit der des betroffenen Unternehmens und dessen Geschäftsmodell verbunden ist. Man spricht hier vom Ökosystem des Unternehmens (Pieroni et al. 2019).

Anhand der nachfolgend aufgeführten Beispiele für zirkuläre Strategien wird ersichtlich, dass die jeweils verfolgten Strategiearten der Umsetzung einer Circular Economy sehr unterschiedliche Veränderungen der Geschäftsmodelle und ebenso unterschiedliche Kooperationsintensitäten mit verschiedenen assoziierten Partnern innerhalb des firmeneigenen Ökosystems mit sich bringen. So erfordern Geschäftsmodelle mit dem Motiv intensivierter Produktnutzung und damit verbundenen Produkteinsparungen neue Arten der Produktbereitstellung, z. B. durch Produktvermietung statt Verkauf oder *Pay-per-use*-Modelle. Grundlage für eine erfolgreiche Einführung und Etablierung ist entsprechend ein intensivierter Kontakt mit Kundinnen und Kunden. Dahingegen erfordern produktlebenszyklusverlängernde Geschäftsmodelle einen intensiveren Austausch mit Kooperationspartnern wie Reparaturservices, indem gewährleistet wird, dass entsprechend Produkte oder Produktteile gewartet, repariert und ausgetauscht werden können. Geschäftsmodelle mit dem Ziel, Materialkreisläufe zu schließen, erfordern im Gegensatz zu linearen Produkten, Prozessen und Geschäftsmodellen das Implementieren einer Rückführlogistik. Einerseits muss der Rückfluss des Materials, andererseits die Qualität des rückfließenden Materials sichergestellt werden. Dies führt in aller Regel zu einem intensiveren Austausch mit recycelnden Unternehmen.

Für die Lehre
Ökosysteme in wirtschaftlichem Kontext
Der Begriff des Ökosystems ist dem biologischen Fachbereich entlehnt und beschreibt ebenso wie dort ein Zusammenspiel verschiedener Akteure in einem gegebenen geografischen Raum, allerdings in wirtschaftlichem Kontext. Moore (1993) sieht ein Ökosystem als Gesamtheit der Organisationen in einem begrenzten geografischen Raum, was sowohl die Wettbewerber als auch Kooperationspartner eines Unternehmens und dieses selbst umfasst. Frosch und Gallopoulos (1989) interpretieren die wirtschaftlichen Organisationen als Organismen, zwischen denen Materialien und Energie hin- und herfließen. Ein Ökosystem kann als eine Architektur gesehen werden, die aus mehreren miteinander verbundenen Teilnehmenden besteht, die einen gemeinsamen Output schaffen (Adner 2016). Ein wesentlicher Faktor für die rasant wachsende Bedeutung der Ökosystemtheorie in den letzten Jahren ist die flächendeckende Einführung der Digitalisierung. Dies führt zu neuen Formen der Zusammenarbeit, zum schnellen Austausch von Wissen und zu flexiblen Kombinationen von *Inputs* und *Outputs* (Thomas und Autio 2020). In der jüngeren Literatur wird daher der Fokus um weitere Ebenen wie Wissen oder geschöpfte Werte erweitert (z. B. im Rahmen einer Koproduktion oder Lieferkette (Autio und Thomas 2022)), die zwischen den verschiedenen Organisationen eines Ökosystems fließen.

Im Folgenden werden zunächst unterschiedliche Innovationsarten hinsichtlich ihrer Eigenschaften und Eignung für die Transformation zu einer Circular Economy gegenübergestellt. Anschließend werden unternehmerische Fähigkeiten charakterisiert, die eine Entwicklung und Markteinführung solcher Innovationen erleichtern. Hierauf aufbauend werden Ansatzpunkte für ein Circular-Economy-Innovationsmanagement identifiziert und aufgezeigt, wie diese in bereits bestehende Systeme der Unternehmenssteuerung integriert werden können.

11.2 Innovationstypen und ihre Bedeutung

Es ist derzeit noch Gegenstand des wissenschaftlichen Diskurses, welcher Grad an Veränderung erforderlich ist, um eine zirkuläre Innovation zu entwickeln und erfolgreich zu implementieren. Innovationen lassen sich dem disruptiven bzw. radikalen oder dem inkrementellen Typus zuordnen. Forschende wie Gusmerotti et al. (2019) sehen inkrementelle Innovationen als Möglichkeit für Unternehmen, zirkulärere Geschäftsaktivitäten zu etablieren. Sinn einer inkrementellen Produktinnovation ist oftmals ein optimiertes Nutzen-Aufwand-Verhältnis der Produkte oder Prozesse bei gleichbleibender Struktur des Geschäftsmodells. Bei Verbesserungen durch inkrementelle Innovationen werden die bereits bestehenden Ansätze *exploitativ* erweitert (Brix 2019, 2020). Ein Beispiel für inkrementelle Innovationen im Bereich der Circular Economy ist das Senken des Rohstoffbedarfs zur Herstellung eines Produkts durch verbessertes Produktdesign oder optimierte Herstellungsprozesse (Gusmerotti et al. 2019; Cagno et al. 2015; Neri et al. 2021). Es kann jedoch zumindest angezweifelt werden, dass reine Effizienzsteigerungen langfristig ausreichen, um Unternehmen einen nachhaltigen Wettbewerbsvorteil zu verschaffen (Liu et al. 2021).

> **Für die Lehre**
> **Unternehmerische Transformation zu einer Circular Economy**
> Durch die Einführung zirkulärer Produkte, Prozesse und Geschäftsmodelle soll sichergestellt werden, dass Unternehmen resilienter in ihrem Wirtschaften werden und durch nachhaltigere Gestaltung der Geschäftsmodelle auch langfristiges unternehmerisches Überleben gesichert wird. Die mit einer Circular Economy verbundenen Veränderungen des Unternehmensumfelds können beispielsweise (geo-)politischer Art (im Sinne von (Umwelt-)Verordnungen, (Umwelt-)Steuern, Ressourcenverfügbarkeiten), marktwirtschaftlicher Art (neue zirkuläre Konkurrenzprodukte, geänderte Wünsche der Kundinnen und Kunden hinsichtlich Nachhaltigkeit) oder intrinsischer Natur (unternehmerischer Wille, nachhaltiger zu werden) sein (Bocken und Geradts 2020; Ghisetti und Montresor 2020; Kirchherr et al. 2018).

Einige Forschende erachten daher disruptive (bzw. radikale) Innovationen als notwendig, um zirkuläre Lösungen mit nachhaltigerem Wettbewerbsvorteil zu erzeugen (vgl. Brown et al. 2021). Solche basieren nicht auf bereits bestehenden Systemen, sondern stellen ein neuartiges System dar. Die neu kreierten Systeme, d. h. die entsprechend radikaler veränderten Produkte, Prozesse und Geschäftsmodelle, können sodann entweder in Konkurrenz zu bereits bestehenden Systemen stehen oder erschließen neue Märkte. Dies wird als *explorative* Entwicklung von Produkten, Prozessen und Geschäftsmodellen bezeichnet (Brix 2019, 2020). Erfolgreiche, radikale Innovationen erweitern oftmals die Nutzenbereitstellung im Vergleich zu den auf dem Markt bestehenden Alternativen (Tiemann et al. 2018; Bocken et al. 2021; Radziwon und Bogers 2019). Radikale Innovationen verfolgen eine Konsistenzstrategie, bei der Entwicklungspfade neu erschlossen werden, die in Konkurrenz zu den Entwicklungspfaden der bereits bestehenden Produkte, Prozesse und Geschäftsmodelle stehen (Schmidt 2008).

Das Entwickeln und Etablieren neuartiger Produkte, Prozesse und Geschäftsmodelle ist oftmals komplex und an eine enge Interaktion mit diversen Partner-Organisationen innerhalb des unternehmerischen Ökosystems gebunden (Brown et al. 2021; Autio 2022). Adidas erprobt etwa momentan mit dem *UltraBoost Loop* einen Schuhtypen, der aus lediglich einem Material (TPU) besteht und von Kundinnen und Kunden nach Ende der Nutzung zurück zum Unternehmen geschickt werden kann, wo das Material weitergenutzt wird. Neben diesem zirkulären Produkt betreibt Adidas weiterhin sein lineares, konventionelles Geschäftsmodell im Sektor „Schuhe". Dieses nimmt auch weiterhin den wesentlichen Absatzanteil des Verkaufs von Adidas ein. An diesem Beispiel wird ersichtlich, dass es an dieser Stelle notwendig für das Unternehmen sein kann, über einen mindestens kurzfristigen Zeitraum simultan lineare und zirkuläre Geschäftsmodelle zu verfolgen. Brix (2020) bezeichnet diese Fähigkeit als *Ambidextrie*. Im Beispiel von Adidas stehen die zirkulären Produkte in direkter Konkurrenz zu den eigenen linearen. Einerseits kannibalisieren sie so Teile des eigenen linearen Absatzes, andererseits trägt das lineare Geschäftsmodell zweifelsohne weiterhin den Großteil der unternehmerischen Tätigkeit bei, während das neue zirkuläre Geschäftsmodell erprobt und aus der Markteinführung für zukünftige Innovationsentwicklungen gelernt wird.

11.3 Innovations-Ökosysteme

Derzeit ist die Implementierungsrate zirkulärer Innovationen verhältnismäßig gering (Ghisellini et al. 2016). Darüber hinaus setzen Unternehmen überwiegend inkrementelle zirkuläre Innovationen um (Horbach und Rammer 2019). Dies liegt im Wesentlichen an den folgenden Hindernissen, die in der Wissenschaft diskutiert werden und der Entwicklung disruptiver (zirkulärer) Innovationen entgegenwirken:

- Nach Christensen's (2013) *Innovator's Dilemma* verbleiben Unternehmen oftmals bei den von ihnen entwickelten Geschäftsmodellen, da die Mehrheit der Kundinnen und Kunden weiterhin von diesen angezogen wird. Kurzfristig erscheinen neuartige Geschäftsaktivitäten für etablierte Unternehmen unattraktiv.
- Guldmann und Huulgaard (2020) führen die mangelnde Umsetzung auf organisatorische Barrieren wie fehlende (politische) Anreize, Ressourcen, Kompetenzen und Wissen zurück.
- Henry et al. (2020) sind der Ansicht, dass etablierte Unternehmen weniger flexibel sind als neu gegründete Unternehmen, ihre Struktur nur unter großem Aufwand anpassen können und daher Schwierigkeiten bei der kurzfristigen Umsetzung von zirkulären Innovationen haben.
- Öffnungsprozesse hin zu Stakeholdern im Wertschöpfungsnetzwerk können als Wissensdiffusion zu anderen Marktteilnehmern und als Verlust einzigartiger Informationen und damit von Wettbewerbsvorteilen angesehen werden. Durch die Gewinnung komplementärer Ressourcen ist das fokussierte Unternehmen jedoch andererseits in der Lage, sich auf seine eigenen Kernkompetenzen im Rahmen eines gemeinsamen Wertversprechens zu konzentrieren und die komplementären Ressourcen der Netzwerkpartner zu nutzen. Es existiert also ein Spannungsverhältnis zwischen dem Teilen und Nichtteilen von Wissen. Daher muss durch die Firmen individuell sorgfältig abgewogen werden, ob ein Öffnen oder Nicht-Öffnen des Prozesses angestrebt werden soll (Bogers et al. 2020).

– Snihur et al. (2018) sehen ebenfalls ein Spannungsverhältnis zwischen der Offenlegung und der Sicherung von Wissen und bezeichnen es als „disruptor's gambit". Sie verweisen jedoch auf die Offenlegung von Wissen bei der Entwicklung von Innovationen, da die Offenlegung die Unsicherheiten für die Mitarbeiter*innen verringert und eine gemeinsame Basis für die weitere Zusammenarbeit schaffen kann und somit Partner anzieht.

Entsprechend benötigen die Unternehmen Fähigkeiten, um das Anpassen von Geschäftsmodellen und deren Architektur in die dynamische Unternehmensumwelt zu ermöglichen. Dies bezieht sich insbesondere auf die Organisationsstruktur, die Strategie, die Abläufe, die Unternehmenskultur und unter Umständen auf die Anpassung der Unternehmensgrenzen (Leih et al. 2015; Teece 2010). Sowohl die benötigten Fähigkeiten, als auch die benötigten Anpassungen unterscheiden sich auch hier je nach Innovationsart.

Im Falle inkrementeller Innovationen verfügen die betroffenen Unternehmen bereits über große Teile des Wissens und der Expertise hinsichtlich der Mechanismen und Strukturen des Produkts, Prozesses oder Geschäftsmodells sowie über Geschäftsbeziehungen zu Partnern. Diese werden dann exploitativ erweitert. Im Falle disruptiver Innovationen bilden sich die Mechanismen und Strukturen des Produkts, Prozesses oder Geschäftsmodells neu oder verändern sich sehr wesentlich. Oftmals müssen koordinierte und kollaborative Prozesse über mehrere Organisationen hinweg in neuen Ökosystemen entwickelt werden (Prieto-Sandoval et al. 2019; Lee und Yoo 2019; Brix 2020). Die Produkte, Prozesse und Geschäftsmodelle werden entsprechend auf explorative Art über einen Verbund mehrerer Partner hinweg neu entwickelt. Einerseits erfordert die Entwicklung radikaler Innovationen einen oft ungewissen, aber ressourcenintensiven Prozess, andererseits ist es vor allem in dynamischen und komplexen Unternehmensumfeldern unwahrscheinlich, dass ein Unternehmen allein über ausreichend Wissen und Expertise bzgl. notwendiger Technologie, Mechanismen und Strukturen verfügt, um neuartige Geschäftsmodelle komplett eigenständig zu entwickeln und zu betreiben (Teece et al. 1997; Teece 2007).

Für die Lehre
Innovationsökosystem

Ein Innovationsökosystem stellt einen Verbund verschiedener Akteure dar, die interaktiv neue Geschäftsmöglichkeiten erschaffen (Valkokari et al. 2017). Die Teilnehmenden arbeiten freiwillig und in der Regel ohne detailliert vordefinierte Vereinbarungen wie Verträge zusammen. Wichtig für die Funktion eines solchen Ökosystems ist der modulare Aufbau und die Komplementarität der Einzelleistungen der Partner. Dies führt zu einer Autonomie der einzelnen Teilnehmenden; diese sind also frei in der Gestaltung und Preisfindung ihrer Produkte. Die einzelnen Angebote werden im Rahmen des Ökosystems dabei von anderen, komplementären Teilleistungen ergänzt und deren Nutzen verstärkt (Autio und Thomas 2022; Jacobides et al. 2018).

Entsprechend ist es vorteilhaft, Ökosysteme in dynamischen Unternehmensumfeldern zu etablieren, in denen alle Partner interagieren und an einer gemeinsamen Erzeugung eines Angebots wirken (Adner 2016; Autio 2022). Die Partner innerhalb eines Ökosystems können z. B. Kundinnen und Kunden, Zulieferbetriebe aus bestehenden oder neuartigen Wertschöpfungsketten, konkurrierende Unternehmen oder externe Organisationen wie Forschungseinrichtungen, Verbände oder politische Institutionen sein. Dazu gehören also alle Organisationen, die einen Einfluss auf das fokale Unternehmen oder seine Kundinnen und Kunden haben (Adner 2016; Thomas und Autio 2020). Zirkuläre Innovationen sind insofern komplex, als sie neben den notwendigen Informationsströmen auch Wertschöpfungs- und Materialströme zwischen den jeweiligen Partnern umfassen. Durch die Maßnahmen zur Kreislaufführung der Materialien erhöhen sich entsprechend die Komplexität von Geschäftsmodellen und die Notwendigkeit bzw. Frequenz von Interaktionen mit den verbundenen Organisationen. Im Folgenden wird, der Literatur von Autio und Thomas (2020) folgend, unter dem Begriff „Innovationsökosystem" die Interaktion verschiedenster privatwirtschaftlicher und weiterer Organisationen verstanden (z. B. Bildungseinrichtungen, Politik), die auf freiwilliger Basis kollaborativ einen Output erzeugen, der in dieser Form durch eine Organisation allein nicht möglich wäre.

Da die Zusammenarbeit der verschiedenen Partner nicht allumfassend vertraglich geregelt ist und die Beteiligten ihre jeweiligen Komponenten frei gestalten können, bedarf es einer holistischen Steuerung, Koordination und Kanalisierung, oder, wie im angelsächsischen Sprachgebrauch verbreitet, einer „Orchestration" oder „Governance" der verschiedenen Partner und deren Tätigkeiten bzw. Prozesse innerhalb des Ökosystems (Jacobides et al. 2018). Die Führung oder Orchestrierung eines Ökosystems umfasst dabei die folgenden Aufgaben (Sjödin et al. 2021; Schepis et al. 2021):

– Entwicklung von Zielen
– Identifizierung der Partner im Ökosystem
– Aufbau einer Hierarchie und Struktur aller Beteiligten
– Entwicklung und Austausch von Ressourcen
– Aufsicht darüber, dass jede Partei einen fairen Anteil erhält

Für die Lehre
Orchestrator

Nach Linde et al. (2021) bedarf es der Führung des Ökosystems durch ein Orchestrator-Unternehmen, das Innovationsprozesse initiiert und steuert, um ein funktionierendes Geschäftsmodell zu schaffen, zu entwickeln und zu operationalisieren. Insbesondere in hochdynamischen Umgebungen muss das Geschäftsmodell ständig anpassungsfähig sein und somit müssen auch die Orchestrierungsfähigkeiten iterativer Natur sein (Linde et al. 2021).

11.4 Orchestrieren durch dynamische Fähigkeiten

Um Ökosysteme entsprechend orchestrieren zu können, benötigen Unternehmen dynamische Fähigkeiten, *Dynamic Capabilities*, die *„das Unternehmen und sein Umfeld gemeinsam entwickeln"* und somit *„Unternehmen sogar ihre Ökosysteme gestalten"* lassen können (Teece 2007: 1342). Die dynamischen Fähigkeiten können als Methodenset für Unternehmen beschrieben werden, um neue und nachhaltige Geschäftsmodelle innerhalb von Netzwerken oder Ökosystemen zu identifizieren, zu entwickeln und umzusetzen (Santa-Maria et al. 2021). Sie müssen daher als Kernkompetenz für die Schaffung zirkulärer Innovationen angesehen werden (Khan et al. 2020). Dynamische Fähigkeiten können als *„interne und externe organisatorische Fähigkeiten"* verstanden werden, *„um Ressourcen und funktionale Kompetenzen anzupassen, zu integrieren und neu zu konfigurieren, um den Anforderungen eines sich verändernden Umfelds zu entsprechen"* (Teece et al. 1997: 515). Sie können unterteilt werden in die folgenden drei Fähigkeitstypen (Teece 2007: 1319):

- *Aufspüren (Sensing)*: Erkennen von Chancen und Bedrohungen aus dem Unternehmensumfeld. Die Sensing-Fähigkeiten sollen sicherstellen, dass Veränderungen im Unternehmensumfeld im Hinblick auf neue Chancen oder Bedrohungen erkannt werden. Sie können daher als Scannen, Lernen und Interpretieren des Umfelds beschrieben werden.
- *Ergreifen (Seizing)*: Ergreifen der Chancen und Abwenden der Bedrohungen. Die Seizing-Fähigkeiten sollen die Umsetzung der erkannten Chancen durch Nutzung der vorhandenen Ressourcen innerhalb des Unternehmens bzw. Innovationsökosystems ermöglichen.
- *Umgestalten (Reconfiguring)*: Langfristiges Erhalten der Wettbewerbsfähigkeit durch Verbessern, Kombinieren, Schützen und Rekonfigurieren der Fähigkeiten und Ressourcen. Die Reconfiguring-Fähigkeiten ermöglichen es, die Struktur, die Strategie, die Ressourcen und die Prozesse der Unternehmen iterativ an die Veränderungen im Unternehmensumfeld anzupassen.

Im Rahmen des Projekts Prosperkolleg (s. ▶ Kap. 1) wurden rohstoffbe- und verarbeitende Unternehmen in Nordrhein-Westfalen (NRW) zur Implementierung zirkulärer Innovationen in ihren Geschäftsaktivitäten und zum Vorhandensein dynamischer Fähigkeiten befragt. Die Umsetzung zirkulärer Innovationen wurde anhand von Indikatoren nach dem Vorbild der R-Strategien ermittelt, die dynamischen Fähigkeiten anhand bestimmter Items, die das Vorhandensein der Fähigkeiten abbilden können. So wurden im Rahmen der Studie 17 Indikatoren für Strategien der zirkulären Innovationen abgefragt, die dynamischen Fähigkeiten wurden, wie anhand der Befragungsergebnisse in ◘ Tab. 11.1 erkennbar, durch zehn („Umgestalten") bzw. 13 („Aufspüren") bzw. 14 („Ergreifen") Indikatoren dargestellt.

Die Ergebnisse zeigen zum einen, dass nur wenige Unternehmen der Stichprobe eine große Anzahl an zirkulären Strategien implementieren (wollen). Ein großer Teil der Unternehmen setzt eine mittelgroße Anzahl an Strategien um. Hierunter fallen unter anderem Maßnahmen, die durch andere Managementansätze gefördert werden, wie etwa die Steigerung von Energie- bzw. Ressourceneffizienz oder Recyclingstrategien. Wichtig ist, an dieser Stelle zu betonen, dass die reine Anzahl an Maßnahmenumsetzungen keine Aussagen über die Einsparpotenziale an Ressourcen,

Innovationsmanagement in der Circular Economy

Tab. 11.1 Implementierung zirkulärer Innovationen in ressourcenverarbeitenden Unternehmen NRWs (n=250)

Umsetzung zirkulärer Strategien		n	Durchschnittlich umgesetzte dynamische Fähigkeiten der Stichprobe/gesamtabgefragte Fähigkeiten
Große Anzahl	Mehr als 10 umgesetzte Strategien	22	Aufspüren (10,3/13) Ergreifen (8,3/14) Umgestalten (6,8/10)
Mittlere Anzahl	6 bis 10 umgesetzte Strategien	126	Aufspüren (8,4/13) Ergreifen (6,7/14) Umgestalten (6,1/10)
Kleine Anzahl	0 bis 5 umgesetzte Strategien	102	Aufspüren (6,3/13) Ergreifen (4,9/14) Umgestalten (4,2/10)

Verweilzeit von Materialien o. Ä. erlaubt. Diese sind entsprechend nicht in Verbindung mit Effektindikatoren zu bringen oder als solche zu interpretieren. So könnten, hypothetisch gesehen, Unternehmen, die eine geringe Anzahl an Strategien intensiv verfolgen, größere Ressourceneinsparungen erreichen als Unternehmen, die viele Strategien mit geringer Intensität umsetzen.

Zum anderen zeigen die Ergebnisse der Befragung, dass die durchschnittlich implementierten zirkulären Strategien mit den umgesetzten Indikatoren der dynamischen Fähigkeiten steigen und so auf einen Zusammenhang geschlossen werden kann. Dies betrifft die drei Typen der dynamischen Fähigkeiten gleichermaßen. Während die Unternehmen mit einer kleinen Anzahl an verfolgten zirkulären Innovationen im Schnitt ca. 6,3 „Aufspüren"-, knapp 5 „Ergreifen"- und ca. 4,2 „Umgestalten"-Aspekte umsetzen, steigt diese Anzahl bei Unternehmen mit einer mittleren Anzahl an verfolgten zirkulären Strategien auf bereits 8,4 „Aufspüren"-, knapp 6,7 „Ergreifen"- und ca. 6,1 „Umgestalten"-Aspekte. Unternehmen, die eine große Anzahl an zirkulären Strategien verfolgen, setzen durchschnittlich 10,3 von 13 Aspekten der „Aufspüren"-Fähigkeiten, 8,3 der 14 „Ergreifen"-Fähigkeiten und 6,8 von 10 Aspekten der „Umgestalten"-Fähigkeiten um.

Die dynamischen Fähigkeiten scheinen also förderlich für die Implementierung zirkulärer Innovationen zu sein, insbesondere ein aktives Auseinandersetzen mit der näheren Unternehmensumwelt scheint eine Schlüsselstrategie des Managements zu sein, welche zu einer größeren Umsetzung an zirkulären Innovationen führen kann.

Die in Tab. 11.1 aufgezeigten Ergebnisse stellen allerdings rein deskriptive Ergebnisse der Befragung dar. Aufgrund der Komplexität und Multidimensionalität der dynamischen Fähigkeiten sind komplexere statistische Konstrukte und Methoden für eine tiefer gehende Auswertung erforderlich. Dies kann durch das Bilden von First- und Second-Order Konstrukten und anschließender Modellierung eines Strukturgleichungsmodells erzielt werden. Eine entsprechend umfassende statistische Analyse würde den Rahmen dieser Diskussion sprengen. Eine solche wurde von den Autoren durchgeführt und im Rahmen der 30. IPDMC-Konferenz vorgestellt (vgl. Mast und Irrek 2023).

11.5 Integration in bestehende Managementsysteme

Um mithilfe der entwickelten dynamischen Fähigkeiten zirkuläre Innovationsprozesse systematisch zu steuern und nachhaltig zu implementieren, sollte ein *Circular Economy Management* im Sinne eines kontinuierlichen Verbesserungsprozesses aufgebaut werden (◘ Abb. 11.1).

Wie auch in anderen Managementsystemen startet ein solcher sogenannter Plan-Do-Check-Act-Zyklus (PDCA-Zyklus) mit der unternehmensinternen Bestandsaufnahme, in der das Unternehmen seinen Fortschritt in Richtung Zirkularität feststellt und sich weitergehende Zirkularitätsziele setzt („Plan"). Dies sollte mit Blick auf die vorhandenen Zirkularitätspotenziale unter Beachtung der in ihnen steckenden Chancen und Risiken sowie der mit ihrer Erschließung verbundenen Produktqualitäts-, Umweltentlastungs- und Nachhaltigkeitseffekte erfolgen. Ein Werkzeug, das die Ist- und Potenzialanalyse unterstützen kann, ist beispielsweise der in ▶ Kap. 6 vorgestellte *Potenzialcheck Circular Economy* mit seinem Kernelement, dem *Circularity Check*.

Aus dem Unterschied von Status quo und gesteckten Zielen ergibt sich das bestehende Umsetzungspotenzial. Je nach notwendiger zirkulärer Strategie zur Umsetzung erfordert dies, wie bereits dargestellt, radikale oder inkrementelle Verbesserungen, welche dann in der Umsetzungsphase („Do") unter Partizipation der Stakeholder (radikal) oder innerhalb des Unternehmens (inkrementell) mit hierfür bereitgestellten Unternehmensressourcen entwickelt und umgesetzt werden können.

Anschließend folgt die Analyse der umgesetzten Maßnahmen mit Blick auf die erzielten Erfolge anhand geeigneter Leistungskennzahlen („Check"). Messbare Zirkularitätsindikatoren bilden den jeweiligen Fortschritt ab. Zirkularität ist jedoch kein Selbstzweck. Letztlich geht es beispielsweise im Rahmen eines Umwelt- oder Nachhaltigkeitsmanagements darum zu bewerten, inwieweit die zirkuläre Maßnahme

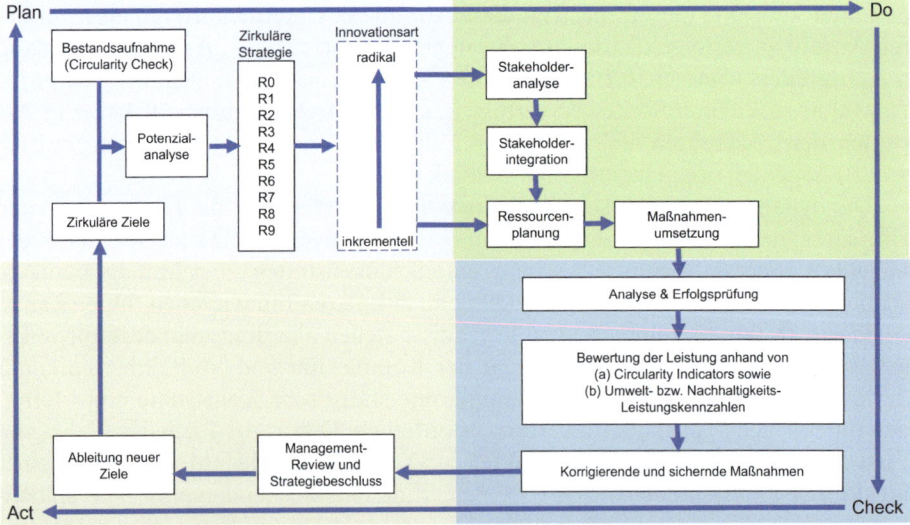

◘ **Abb. 11.1** Management zirkulärer Innovationen (Circular Economy Management) im Rahmen des kontinuierlichen Verbesserungsprozesses (PDCA-Zyklus) eines Umwelt- bzw. Nachhaltigkeitsmanagementsystems. (Quelle: eigene Darstellung, aufbauend auf Irrek et al. 2021: 24)

auch eine positive Umweltwirkung bzw. einen an Nachhaltigkeitskriterien gemessenen Fortschritt darstellt, oder im Rahmen eines Qualitätsmanagements, inwieweit die Qualität der im Kreis geführten Materialien gesichert ist und der gewünschte Nutzen mit ihnen bereitgestellt werden kann. Daher müssen die Zirkularitätsindikatoren um weitere bewertende Indikatoren ergänzt werden, etwa um Umwelt-, Nachhaltigkeits- oder Qualitätsindikatoren. Maßnahmen zur Sicherung des Erfolgs oder zur Korrektur von Misserfolgen können aus der Bewertung anhand solcher Leistungskennzahlen abgeleitet und dem Management vorgeschlagen werden.

Die Ergebnisse der Erfolgsprüfung werden schließlich durch die Geschäftsleitung evaluiert und daraus neue oder weiterentwickelte zirkuläre Strategien und Ziele abgeleitet, entsprechende Handlungsentscheidungen für die Zukunft getroffen („Act").

Die dynamischen Fähigkeiten sind vor allem in den Phasen „Plan" und „Do" von Bedeutung. Die „Aufspüren"-Fähigkeiten sind relevant, um Veränderungen des Unternehmensumfelds und sich daraus ergebende Chancen und Risiken aufzudecken. Aus diesem Grund unterstützen bzw. gewährleisten diese vor allem die Ableitung von adäquaten Zielen des Managements durch die Analyse von Zirkularitätspotenzialen. So werden durch diese Fähigkeiten möglicherweise vielversprechende Strategien identifiziert und deren Auswirkungen auf das Unternehmen evaluiert. Die „Ergreifen"-Fähigkeiten stellen die Fähigkeiten dar, die das Management benötigt, um die zuvor identifizierten Chancen und Risiken hinsichtlich ihres Einflusses auf das Unternehmen zu bemessen und nach Relevanz zu selektieren sowie anschließend Pläne und Maßnahme zu entwerfen, um diese in die Geschäftsaktivitäten des Unternehmens zu integrieren und umzusetzen. Diese sind entsprechend der Planungs- und dem Übergang zur Umsetzungsphase zuzuordnen, da dort geprüft wird, welche Maßnahmen besonders erfolgversprechend und inwiefern hierfür bestimmte Aktivitäten notwendig sind. Die „Umgestalten"-Fähigkeiten fördern vorwiegend die langfristige Ausrichtung des Unternehmens, um die stetige Anpassung der Ressourcen und Fähigkeiten innerhalb eines Unternehmens an seine Geschäftsmodelle zu gewährleisten. Diese Fähigkeiten wirken sich vor allem auf den iterativen Charakter des Managements aus, der eine langfristige Anpassung des unternehmerischen Handelns an äußere Umwelteinflüsse ermöglichen soll.

Ein solches Circular Economy Management unterscheidet sich von klassischen Innovations-, Qualitäts- oder Umweltmanagementsystemen insbesondere durch die Notwendigkeit einer systematischen Integration der Stakeholder entlang der gesamten Wertschöpfungskette unter Nutzung der dynamischen Fähigkeiten der Organisation, um auch radikalere zirkuläre Innovationen umsetzen zu können, die zu veränderten Geschäftsmodellen führen. In der *Deutschen Normungsroadmap Circular Economy* heißt es entsprechend (DIN/VKE/VDI 2023: 32): *„Marktpotenziale der Circular Economy [sind] eng mit steigenden Anforderungen an das Management von Komplexität und der radikalen Umgestaltung ganzer Wertschöpfungsketten verknüpft"*.

Wie Handbücher und Leitfäden verdeutlichen, ist dagegen das klassische Umweltmanagement bisher eher auf ein Abfallmanagement im engen betrieblichen Rahmen als auf umfassendere Zirkularitätsansätze im Wertschöpfungsnetzwerk entlang des Lebenszyklus der verwendeten Materialien ausgerichtet (vgl. z. B. Förtsch und Meinholz 2018). Teilweise wird das Abfallmanagement sogar losgelöst von seinen Umweltwirkungen betrachtet wie in der DIN SPEC 91436 zum Referenzmodell für das betriebliche Abfall- und Wertstoffmanagement, die sich an einer Vision „Zero Waste" ausrichtet.

Bedarf es daher der Entwicklung eines eigenständigen Circular-Economy-Management-Systems mit entsprechender Normierung der Begriffe, Strukturen und Prozesse und umfassender Betrachtung der durch die zirkulären Maßnahmen erzielten Wirkungen in einer eigenen (nationalen, europäischen oder internationalen) Norm? In der Deutschen Normungsroadmap Circular Economy wird stattdessen eine Integration von Prinzipien und Methoden der Circular Economy in die bestehenden Managementsysteme und Normen vorgeschlagen, um *„schrittweise eine Transformation von Unternehmensprozessen und Netzwerken kooperierender Unternehmen zu einem höheren Grad an Zirkularität in Gang zu setzen"*, unterstützt durch die systematische Anwendung von Normen mit Indikatoren, Bewertungsmethoden und technischen Verfahren, die Circular Economy unterstützen (DIN/VKE/VDI 2023: 27). Weiter heißt es in der Deutschen Normungsroadmap Circular Economy: *„Damit würden sich die Firmen im Rahmen eines integrierten Managementsystems systematisch für die Anforderungen der Circular Economy auf strategischer Ebene vorbereiten. Das gewährleistet, dass es keine Stand-alone-Circular-Economy-Strategien sind und damit die Anschlussfähigkeit an bereits eingesetzte Managementsysteme im Unternehmen sichergestellt ist. Das trägt dazu bei, Circular-Economy-Prinzipien im Unternehmen operativ zu verankern und somit singuläre Aktivitäten in einem kontinuierlichen, aktiven Verbesserungsprozess zusammenzuführen und zu steuern"* (DIN/VKE/VDI 2023: 42).

Eine Möglichkeit für die Integration in bestehende Managementsysteme existiert beispielsweise im Rahmen einer Weiterentwicklung in der Normenreihe ISO 14002 zum Umweltmanagement, die das Ziel hat, das Management besonders relevanter Umweltthemen durch Anleitungen (Leitfäden) zu unterstützen. Konkret soll in einem Projekt des ISO/TC 207 ein Vorschlag für einen entsprechenden Leitfaden als Norm ISO 14002-4 zum Thema „Ressourcen und Abfall" erarbeitet werden. Hier könnten Zirkularitätsaspekte im Sinne einer umfassenden Betrachtung des Lebenszyklus von Ressourcen bis zur Weiter- bzw. Wiedernutzung von Produkten, Komponenten und Materialien als Teil des Umweltmanagements verankert werden. Nachdem der Projektvorschlag international angenommen wurde, wurde im März 2023 ein DIN-Arbeitskreis „Anwendung der ISO 14001 auf Ressourcen und Abfall" (NA 172-00-02-04) des *DIN-Normenausschusses Grundlagen des Umweltschutzes* (NAGUS) gegründet, um das voraussichtlich etwa drei Jahre dauernde Vorhaben von deutscher Seite zu begleiten. Auch kann bei einer Weiterentwicklung der ISO 9001 geprüft werden, wie Zirkularitätsaspekte im Rahmen eines Qualitätsmanagements Beachtung finden könnten.

Ein wesentliches Element, das zur Integration eines Circular Economy Managements in bestehende Managementsysteme gehört, sind geeignete Leistungskennzahlen. In der Deutschen Normungsroadmap Circular Economy wird die Normierung von Zirkularitätsindikatoren vorgeschlagen, um den Zirkularitätsgrad von Unternehmen zu bewerten und sie vergleichbar zu machen, damit Unternehmen einen solchen Vergleich von Erfolgsfaktoren als Referenzpunkt nutzen können, um die eigene Circular-Economy-Leistung bzw. das Circular-Economy-Geschäftsmodell zu verbessern (DIN/VKE/VDI 2023: 44). Zirkularitätsindikatoren sind möglicherweise hilfreich, um durch zirkuläre Maßnahmen erzielte Fortschritte im Rahmen eines Managementsystems schnell erkennen zu können, bedürfen aber immer auch einer Ergänzung um Bewertungen aus Umwelt- bzw. Nachhaltigkeitssicht mit entsprechenden Leistungskennzahlen (z. B. zur Treibhausgasemissionsminderung) bzw.

einer Ergänzung um Qualitätskennzahlen, um die Wirkung der Maßnahmen zu ermitteln. Eine Bewertung ganzer Unternehmen anhand eines wie auch immer gebildeten Zirkularitätsgrades, losgelöst von den damit verbundenen Wirkungen, erscheint dagegen nicht sinnvoll.

Die Entwicklung, Erprobung und Evaluierung von Elementen eines systematischen Circular Economy Managements zur Implementierung eines kontinuierlichen Verbesserungsprozesses im Rahmen bestehender Managementsysteme, auch mit radikaleren zirkulären Innovationen unter Einbindung relevanter Stakeholder im Wertschöpfungsnetzwerk, kann in Pilot- und Demonstrationsvorhaben unter Reallaborbedingungen vorangebracht werden. Hier besteht ein Bedarf an anwendungsorientierter wissenschaftlicher Forschung und Entwicklung.

Kernbotschaften
- Eine erfolgreiche Implementierung zirkulärer Innovationen ist oftmals gekoppelt an Kooperationen diverser Partner.
- Bestehende Managementsysteme fördern nur ausgewählte Teilaspekte der Circular Economy.
- Dynamische Fähigkeiten scheinen einen positiven Effekt auf die Umsetzung zirkulärer Innovationen zu haben.
- Eine detaillierte Untersuchung dieser Auswirkung erfordert tiefer gehende statistische Untersuchungen.

Literatur

Adner, Ron (2016): Ecosystem as Structure. In: *Journal of Management* 43 (1), S. 39–58. https://doi.org/10.1177/0149206316678451.
Autio, Erkko (2022): Orchestrating ecosystems: a multi-layered framework. In: *Innovation* 24 (1), S. 96–109. https://doi.org/10.1080/14479338.2021.1919120.
Autio, Erkko; Thomas, Llewellyn D. W. (2022): Researching ecosystems in innovation contexts. In: Innovation & management review, 19(1), S. 12–25. https://doi.org/10.1108/inmr-08-2021-0151.
Backhaus, Klaus; Büschken, Joachim; Voeth, Markus (2010): Internationales Marketing, 6. Aufl. Düsseldorf: Schäffer-Poschel.
Bocken, Nancy; Short, Samuel; Rana, Padmakshi; Evans, Steve (2013): A value mapping tool for sustainable business modelling. In: *Corporate Governance* 13 (5), S. 482–497. https://doi.org/10.1108/CG-06-2013-0078.
Bocken, Nancy M. P.; Weissbrod, Ilka; Antikainen, Maria (2021): Business Model Experimentation for the Circular Economy: Definition and Approaches. In: *Circ.Econ.Sust.* 1 (1), S. 49–81. https://doi.org/10.1007/s43615-021-00026-z.
Bocken, Nancy M.P.; Geradts, Thijs H.J. (2020): Barriers and drivers to sustainable business model innovation: Organization design and dynamic capabilities. In: *Long Range Planning* 53 (4). https://doi.org/10.1016/j.lrp.2019.101950.
Bogers, Marcel; Chesbrough, Henry; Strand, Robert (2020): Sustainable open innovation to address a grand challenge. In: British Food Journal, 122(5), S. 1505–1517. https://doi.org/10.1108/bfj-07-2019-0534.
Brix, Jacob (2019): Ambidexterity and organizational learning: Revisiting and reconnecting the literatures. In: The Learning Organization, 26(4), S. 337–351. https://doi.org/10.1108/tlo-02-2019-0034.

Brix, Jacob (2020): Building capacity for sustainable innovation: A field study of the transition from exploitation to exploration and back again. In: Journal Of Cleaner Production, 268, 122381, S. 1–12. https://doi.org/10.1016/j.jclepro.2020.122381.

Brown, Phil; Baldassarre, Brian; Konietzko, Jan; Bocken, Nancy; Balkenende, Ruud (2021): A tool for collaborative circular proposition design. In: Journal of Cleaner Production 297, 126354, S. 1–15. https://doi.org/10.1016/j.jclepro.2021.126354.

Cagno, Enrico; Ramirez-Portilla, Andres; Trianni, Andrea (2015): Linking energy efficiency and innovation practices: Empirical evidence from the foundry sector. In: *Energy Policy* 83, S. 240–256. https://doi.org/10.1016/j.enpol.2015.02.023.

Christensen, Clayton M. (2013): The innovator's dilemma: When New Technologies Cause Great Firms to Fail. In: Harvard Business Review Press.

DIN [DIN e.V.]; DKE [Deutsche Kommission Elektrotechnik, Elektronik und Informationstechnik]; VDI [Verein Deutscher Ingenieure e.V.] (Hrsg.) (2023): Deutsche Normungsroadmap Circular Economy, gefördert durch das Bundesministerium für Umwelt, Naturschutz, nukleare Sicherheit und Verbraucherschutz aufgrund eines Beschlusses des Deutschen Bundestages, Berlin, Offenbach a.M., Düsseldorf.

Disselkamp, Marcus (2012): Innovationsmanagement: Instrumente und Methoden zur Umsetzung im Unternehmen. Springer-Verlag.

Ellen MacArthur Foundation (2015): Towards a circular economy: Business rationale for an accelerated transition. Online verfügbar unter https://archive.ellenmacarthurfoundation.org/assets/downloads/publications/TCE_Ellen-MacArthur-Foundation_26-Nov-2015.pdf, zuletzt geprüft am 11.05.2024.

Förtsch, Gabi; Meinholz, Heinz (2018): Handbuch Betriebliches Umweltmanagement, 3. Aufl. Wiesbaden: Springer Vieweg.

Frosch, Robert A.; Gallopoulos, Nicholas E. (1989): Strategies for Manufacturing. Waste from one industrial process can serve as the raw materials for another, thereby reducing the impact of industry on the environment. In: *Scientific American* (261 (3)), S. 144–152. https://doi.org/10.1038/scientificamerican0989-144.

Ghisetti, Claudia; Montresor, Sandro (2020): On the adoption of circular economy practices by small and medium-size enterprises (SMEs): does "financing-as-usual" still matter? In: *Journal of Evolutionary Economics* (30), S. 559–586. https://doi.org/10.1007/s00191-019-00651-w.

Ghisellini, Patrizia; Cialani, Catia; Ulgiati, Sergio (2016): A review on circular economy: the expected transition to a balanced interplay of environmental and economic systems. In: Journal Of Cleaner Production, 114, S. 11–32. https://doi.org/10.1016/j.jclepro.2015.09.007.

Guldmann, Eva; Huulgaard, Rikke Dorothea (2020): Barriers to circular business model innovation: A multiple-case study. In: *Journal of Cleaner Production* 243, S. 118160. https://doi.org/10.1016/j.jclepro.2019.118160.

Gusmerotti, Natalia Marzia; Testa, Francesco; Corsini, Filippo; Pretner, Gaia; Iraldo, Fabio (2019): Drivers and approaches to the circular economy in manufacturing firms. In: *Journal of Cleaner Production* 230 (2), S. 314–327. https://doi.org/10.1016/j.jclepro.2019.05.044.

Henry, Marvin; Bauwens, Thomas; Hekkert, Marko; Kirchherr, Julian (2020): A typology of circular start-ups: An Analysis of 128 circular business models. In: *Journal of Cleaner Production* 245 (6), S. 118528. https://doi.org/10.1016/j.jclepro.2019.118528.

Horbach, Jens; Rammer, Christian (2019): Circular Economy Innovations, growth and employment at the firm level: Empirical evidence from Germany. In: Journal of Industrial Ecology, 24(3), S. 615–625. https://doi.org/10.1111/jiec.12977.

Irrek, Wolfgang; Hermandi, Carina; Mast, Julian; Duddek, Mike; Grundmann, Manuel; Alscher, Stefan (2021): Circular Economy Management – Wertschöpfung in Kreisläufen denken. In: *Factory Innovation* 1, S. 20-26. https://doi.org/10.30844/FI21-1_20-25.

Jacobides, Michael G.; Cennamo, Carmelo; Gawer, Annabelle (2018): Towards a theory of ecosystems. In: *Strategic Management Journal* 39 (8), S. 2255–2276. https://doi.org/10.1002/smj.2904.

Khan, Owais; Daddi, Tiberio; Iraldo, Fabio (2020): Microfoundations of Dynamic Capabilities: Insights from Circular Economy Business cases. In: Business Strategy and the Environment, 29(3), S. 1479–1493. https://doi.org/10.1002/bse.2447.

Kirchherr, Julian; Piscicelli, Laura; Bour, Ruben; Kostense-Smit, Erica; Muller, Jennifer; Huibrechtse-Truijens, Anne; Hekkert, Marko (2018): Barriers to the Circular Economy: Evidence From the European Union (EU). In: *Ecological Economics* 150, S. 264–272. https://doi.org/10.1016/j.ecolecon.2018.04.028.

Lee, Kibaek; Yoo, Jaeheung (2019): How does open innovation lead competitive advantage? a dynamic capability view perspective. In: PLOS ONE, 14(11), e0223405. https://doi.org/10.1371/journal.pone.0223405.

Lewandowski, Mateusz (2016): Designing the Business Models for Circular Economy – Towards the Conceptual Framework. In: *Sustainability* 8 (1), S. 1–28. https://doi.org/10.3390/su8010043.

Leih, Sunyoung; Linden, Greg; Teece, David J. (2015): Business model innovation and organizational design. In: Oxford University Press eBooks, S. 24–42. https://doi.org/10.1093/acprof:oso/9780198701873.003.0002.

Linde, Lina; Sjödin, David; Parida, Vinit; Wincent, Joakim (2021): Dynamic Capabilities for Ecosystem Orchestration A capability-based framework for smart city innovation initiatives. In: Technological Forecasting and Social Change, 166, 120614, S. 1–12. https://doi.org/10.1016/j.techfore.2021.120614.

Liu, Along; Gu, Jibao; Liu, Hefu (2021): The fit between firm capability and business model for SME Growth: A resource Orchestration Perspective. In: R&D Management 52(4), S. 670–684. https://doi.org/10.1111/radm.12513.

Mast, Julian; Irrek, Wolfgang (2023): Dynamic capabilities and the implementation of circular economy in incumbent firms in Germany. Paper No. 241, Innovation and Product Development Management Conference (IPDMC), Lecco/Italy (im Erscheinen).

Moore, James F. (1993): Predators and prey: A new ecology of competition. In: *Harvard Business Review* (71), S. 75–86.

Neri, Alessandra; Cagno, Enrico; Trianni, Andrea (2021): Barriers and drivers for the adoption of industrial sustainability measures in European SMEs: Empirical evidence from chemical and metalworking sectors. In: *Sustainable Production and Consumption* 28, S. 1433–1464. https://doi.org/10.1016/j.spc.2021.08.018.

OECD (Hrsg.) (2019): Business Models for the Circular Economy. Paris.

Pieroni, Marina P. P.; McAloone, Tim C.; Pigosso, Daniela C. A. (2019): Business model innovation for circular economy and sustainability: A review of approaches. In: *Journal of Cleaner Production* 215, S. 198–216. https://doi.org/10.1016/j.jclepro.2019.01.036.

Potting, José; Worrell, Ernst; Hekkert, M. P. (2017): Circular Economy: Measuring innovation in the product chain. Hrsg. v. PBL Netherlands Environmental Assessment Agency. PBL Netherlands Environmental Assessment Agency. The Hague. Online verfügbar unter https://www.researchgate.net/publication/319314335_Circular_Economy_Measuring_innovation_in_the_product_chain, zuletzt geprüft am 11.05.2024.

Prieto-Sandoval, Vanessa; Jaca, Carmen; Santos, Javier; Baumgartner, Rupert J.; Ormazábal, Marta (2019): Key Strategies, Resources, and Capabilities for Implementing Circular Economy in industrial small and medium Enterprises. In: Corporate Social Responsibility and Environmental Management, 26(6), S. 1473–1484. https://doi.org/10.1002/csr.1761.

Radziwon, Agnieszka; Bogers, Marcel (2019): Open innovation in SMEs: Exploring inter-organizational relationships in an ecosystem. In: *Technological Forecasting and Social Change* 146 (4), S. 573–587. https://doi.org/10.1016/j.techfore.2018.04.021.

Santa-Maria, Tomas; Vermeulen, Walter J. V.; Baumgartner, Rupert J. (2021): How do incumbent firms innovate their business models for the circular economy? Identifying micro-foundations of dynamic capabilities. In: Business Strategy and the Environment, 31(4), S. 1308–1333. https://doi.org/10.1002/bse.2956.

Schepis, Daniel; Purchase, Sharon; Butler, Bella (2021): Facilitating open innovation processes through network orchestration mechanisms. In: Industrial Marketing Management, 93, S. 270–280. https://doi.org/10.1016/j.indmarman.2021.01.015.

Schmidt, Mario (2008): 3 – die Bedeutung der Effizienz für Nachhaltigkeit – Chancen und Grenzen. In: Ressourceneffizienz im Kontext der Nachhaltigkeitsdebatte. Nomos Verlagsgesellschaft mbH & Co. KG eBooks, S. 31–46. https://doi.org/10.5771/9783845207841-31.

Sjödin, David; Parida, Vinit; Visnjic, Ivanka (2021): How can large manufacturers digitalize their business models? a framework for orchestrating industrial ecosystems. In: California Management Review, 64(3), S. 49–77. https://doi.org/10.1177/00081256211059140.

Snihur, Yuliya; Thomas, Llewellyn D. W.; Burgelman, Robert A. (2018): An Ecosystem-Level process model of business model disruption: the disruptor's gambit. In: Journal of Management Studies, 55(7), S. 1278–1316. https://doi.org/10.1111/joms.12343.

Teece, David J. (2007): Explicating dynamic capabilities: the nature and microfoundations of (sustainable) enterprise performance. In: Strategic Management Journal, 28(13), S. 1319–1350. https://doi.org/10.1002/smj.640.

Teece, David J. (2010): Business models, business strategy and innovation. In: Long Range Planning, 43(2–3), S. 172–194. https://doi.org/10.1016/j.lrp.2009.07.003.

Teece, David J.; Pisano, Gary; Shuen Amy (1997): Dynamic Capabilities and Strategic Management. In: *Strategic Management Journal* 1997 (18), Artikel 7, S. 509–533.

Thomas, Llewellyn D. W.; Autio, Erkko (2020): Innovation ecosystems. In: Social Science Research Network. https://doi.org/10.2139/ssrn.3476925.

Tiemann, Irina; Breuer, Henning; Fichter, Klaus; Lüdeke-Freund, Florian (2018): Sustainability-oriented business model development: principles, criteria and tools. In: *IJEV* 10 (2), Artikel 10013801, S. 256. https://doi.org/10.1504/iJev.2018.10013801.

Valkokari, Katri; Seppänen, Marko; Mäntylä, Maria; Jylhä-Ollila, Simo (2017): Orchestrating Innovation Ecosystems: A Qualitative Analysis of Ecosystem Positioning Strategies. In: *Technology Innovation Management Review* 7 (3), S. 12–24. https://doi.org/10.22215/timreview/1061.

Qualifizierung für die Circular Economy – ein Train-the-Trainer-Konzept

Paul Szabó-Müller und *Uwe Handmann*

Inhaltsverzeichnis

12.1 Einleitung – 168

12.2 Analyse zum Train-the-Trainer-Konzept – 169
12.2.1 Erhebungsinstrument: Circular Economy Transformation Canvas – 169
12.2.2 Durchführung und Ergebnisauswertung der Analysephase – 171

12.3 Entwicklung des Train-the-Trainer-Konzepts – 172

12.4 Erprobung des Train-the-Trainer-Konzepts – 173
12.4.1 Modul 1: Informationsveranstaltung – 173
12.4.2 Modul 2: Einführung in die Circular-Economy-Transformation – 174
12.4.3 Modul 3: Potenzialcheck Circular Economy – 174
12.4.4 Begleitendes E-Learning-Angebot – 175
12.4.5 Randbedingungen und weitere Aspekte – 177

12.5 Evaluation – 177

12.6 Erkenntnisse und Ausblick – 178

Literatur – 180

© Der/die Autor(en), exklusiv lizenziert an Springer Fachmedien Wiesbaden GmbH, ein Teil von Springer Nature 2024
S. Büttner et al. (Hrsg.), *Transformation zur Circular Economy*, Sustainable Development Goals (SDG) – Umsetzung in Praxis, Lehre und Entscheidungsprozessen,
https://doi.org/10.1007/978-3-658-43338-3_12

12.1 Einleitung

Im Übergang zur Circular Economy sind vor allem kleine und mittlere Unternehmen (KMU) auf externe Unterstützung angewiesen. Diese erhalten sie häufig von Unternehmensberater*innen, die ihnen ihr spezifisches Know-how als Dienstleistung anbieten. Aus der Literatur ist bekannt, dass Unternehmensberater*innen, die zu den wissensintensiven unternehmensbezogenen Dienstleistungen (engl. KIBS – Knowledge Basis Business Services) zählen, allgemein eine wichtige Funktion für Innovationen haben und im Speziellen auch eine Rolle für die Circular Economy spielen können (Pereira und Vence 2021). Dieses Potenzial macht sich Nordrhein-Westfalen (NRW) unter anderem im Rahmen der Ressourceneffizienzberatung NRW zunutze, welche die Effizienz-Agentur NRW (EFA.NRW o. J.) koordiniert. Die EFA.NRW besitzt ein großes Netzwerk an Berater*innen und vermittelt diese gezielt an Unternehmen, die Maßnahmen im Bereich Ressourceneffizienz umsetzen wollen.

Wie die Erfahrungen des Prosperkollegs zeigen, ist die Circular-Economy-Transformation bereits jetzt ein relevantes Beratungsfeld und bildet als zentraler Baustein des *EU Green Deals* langfristig einen immer wichtigeren Markt für Berater*innen. Deshalb wurde im Rahmen des Prosperkolleg-Projekts ein sogenanntes Train-the-Trainer-Konzept entwickelt, mit dem Beratende aus dem Netzwerk der EFA.NRW und darüber hinaus zu Multiplikator*innen der Circular-Economy-Transformation in KMU qualifiziert werden können. Unter „Train-the-Trainer" versteht man (Weiter-)Bildungsangebote, welche die Teilnehmenden (hier: Berater*innen) dazu befähigen, Wissen und Fähigkeiten an eine bestimmte Zielgruppe (hier: KMU) zu vermitteln. Üblicherweise liegt der Schwerpunkt dabei nicht auf der Vermittlung von Inhalten, sondern von pädagogischen, methodischen und didaktischen Fähigkeiten der (angehenden) Trainer*innen (vgl. ZIB-Online 2023).

Die Entwicklung des Konzepts erfolgte entlang der vier Phasen der Aktionsforschung:

1) *Analyse*: Die Bedarfe der Zielgruppe wurden qualitativ und systematisch in Online-Sitzungen mit Mitarbeitenden der EFA.NRW erhoben, in denen das Tool *Circular Economy Transformation Canvas* (Prosperkolleg 2022a) genutzt wurde.
2) *Konzeptentwicklung*: Mit dem Canvas können zudem erste Schritte der Ideen- bzw. Konzeptentwicklung erfolgen. Auf Basis der Auswertung der Ergebnisse der Sitzungen wurde ein innovatives Weiterbildungskonzept entwickelt (zentrales Element ist der *Potenzialcheck Circular Economy*), das aus drei Modulen besteht, welche Berater*innen je nach Vorkenntnissen und Interessen unabhängig voneinander auswählen können. Es kombiniert Online-Workshops und ein E-Learning-Angebot.
3) *Konzepterprobung*: Die Konzepterprobung fand unter dem Namen „Gut beraten für die Circular Economy Transformation" statt und stieß auf große Resonanz. Mehr als 49 Personen nahmen an der Erprobung teil.
4) *Evaluation*: Am Ende jeder Veranstaltung wurde von den Teilnehmenden ein erstes Feedback eingeholt. Eine quantitative Befragung zur Evaluation der Zufriedenheit und Wirkungen ist angedacht.

Das Vorgehen und die einzelnen Schritte des Aktionsforschungsansatzes und das resultierende Train-the-Trainer-Konzept werden im Folgenden vorgestellt und diskutiert.

12.2 Analyse zum Train-the-Trainer-Konzept

Um die Bedarfe der Zielgruppe qualitativ und systematisch zu erheben, wurde zunächst ein Auftakttreffen mit Mitarbeitenden der EFA.NRW durchgeführt, um grundlegende Fragen zu klären, die Idee des Train-the-Trainer-Konzepts vorzustellen und sich themenbezogen auszutauschen. Darauf aufbauend wurden Online-Kreativsitzungen mit ausgewählten Mitarbeitenden der EFA.NRW mit dem Erhebungsinstrument *Prosperkolleg-Canvas* (▶ Abschn. 12.2.1) durchgeführt. Ziel dieser Termine war es, eine Einschätzung von Expert*innen hinsichtlich der Qualifizierungsbedarfe der externen Berater*innen zu erhalten, welche die EFA.NRW im Rahmen der Ressourceneffizienzberatung NRW an interessierte Unternehmen vermittelt (sog. Beratungspartner*innen). Ein weiteres Ziel der durchgeführten Canvas-Sessions war es, die Zielgruppe des Konzepts klarer zu definieren und besser zu verstehen sowie vorhandene Fragen zu klären:

– Wer genau sind die Berater*innen?
– Welche Kompetenzen haben sie und welche sollten sie in Bezug auf die Circular Economy haben bzw. entwickeln?

Auf dieser Basis wurde ein Qualifizierungskonzept entwickelt, mit dem Kompetenzen für die Circular Economy ausgebaut werden können. In den Canvas-Sitzungen fand deshalb „per Design" ein fließender Übergang von der Analyse hin zur konkreten Konzeptentwicklung statt bzw. beide Schritte wurden integriert. Das genaue Vorgehen wird nachfolgend vorgestellt.

12.2.1 Erhebungsinstrument: Circular Economy Transformation Canvas

Als Erhebungsinstrument kam der sogenannte *Circular Economy Transformation Canvas* (Prosperkolleg-Canvas) zum Einsatz, wobei die Treffen mit den EFA-Mitarbeitenden gleichzeitig der Erprobung und der Weiterentwicklung des Instruments dienten. Der Prosperkolleg-Canvas und eine Anleitung können kostenlos auf der Prosperkolleg-Website (Prosperkolleg 2022a) heruntergeladen werden. ◘ Abb. 12.1 zeigt den vereinfachten Aufbau des Canvas.

Der Zweck des Prosperkolleg-Canvas ist es, Veränderungsprozesse wie die Transformation zur Circular Economy strukturiert, zielführend, kreativ akteursorientiert und idealerweise gemeinsam mit der Zielgruppe zu initiieren. Er integriert Teilaspekte bekannter Canvas-Typen wie Business Model Canvas für die Geschäftsmodellentwicklung (vgl. Osterwalder und Pigneur 2010), Projekt-Canvas für die Projektentwicklung (vgl. projektmagazin o. J.) oder (E-)Learning-Canvas für die Entwicklung von Lehr-Lernkonzepten (vgl. alwaysbeta.de 2017).

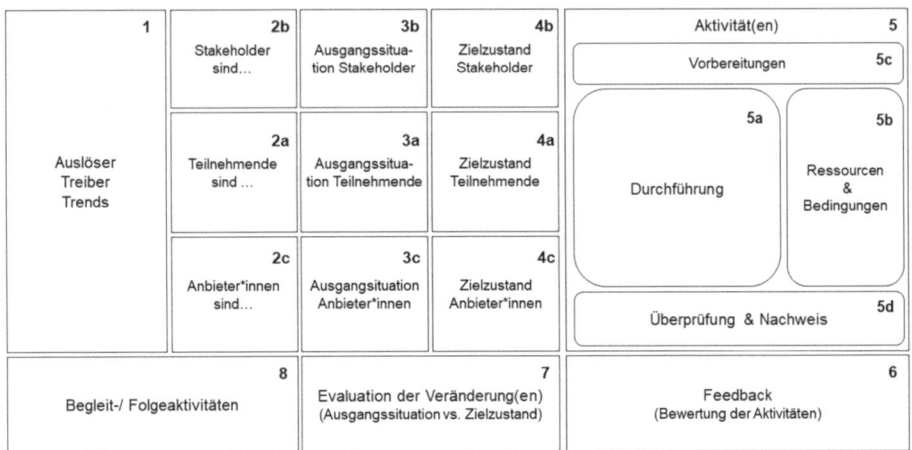

◘ **Abb. 12.1** Aufbau des Circular Economy Transformation Canvas (Stand: September 2022). (Quelle: eigene Darstellung)

Der Prosperkolleg-Canvas dient darüber hinaus der zielführenden Analyse von Rahmenbedingungen und der Gestaltung von Veränderungsprozessen im Bereich der Circular Economy. Dabei wird der Schwerpunkt auf die Handlungsfelder Information, Sensibilisierung und Qualifizierung gelegt. Das bedeutet, dass mit dem Canvas einzelne Aktivitäten bzw. Aktivitätsprogramme entwickelt werden, welche die betrachtete Zielgruppe für ausgewählte Themen der Circular Economy sensibilisieren und/oder qualifizieren sollen. Der Prosperkolleg-Canvas kann auch für andere Veränderungsprozesse eingesetzt werden. Er kann z. B. bei der Analyse und Ideenentwicklung in den folgenden Anwendungsbereichen helfen:

– Informationsangebote
– Sensibilisierungsmaßnahmen
– Angebote zur Qualifizierung, Weiterbildung etc.
– Prozess der Transformation zur Circular Economy in Unternehmen, Kommunen und anderen Organisationen

Die Struktur des Prosperkolleg-Canvas ist auf die Abbildung eines zu definierenden oder zu identifizierenden Veränderungsprozesses ausgerichtet, der beispielsweise durch eine Qualifizierungsmaßnahme unterstützt wird. Die dargestellte Version des Prosperkolleg-Canvas (Stand September 2022) besteht aus acht Themenblöcken mit 17 Feldern. Die Canvas-Felder sind durchnummeriert und werden in dieser Reihenfolge bearbeitet.

Einige Nummerierungen erhalten ergänzend einen Buchstaben. In Spalte 1 werden zunächst die übergeordneten Rahmenbedingungen und Trends festgehalten, die den Handlungsdruck bzw. -spielraum der betrachteten Circular-Economy-Akteure bestimmen, die eine Veränderung anstreben (sollen). Diese werden in den Spalten 2, 3 und 4 in den Fokus gerückt. In Spalte 3 wird zunächst der Ausgangszustand identifiziert und in Spalte 4 der angestrebte Zielzustand. Ziel bzw. Aufgabe der Aktivität ist schließlich, die Beteiligten vom Ausgangs- in den Zielzustand zu bringen, etwa durch Qualifizierungsmaßnahmen. Die Ideenfindung und Planung von Aktivitäten, welche dies ermöglichen sollen, findet in Spalte 5 statt. Dabei sollte auch das Einholen eines einfachen Feedbacks (Feld 6) oder gar eine systematische Evaluation (Feld 7) mitbedacht werden. Feld 8 kann zur Dokumentation weiterer Ideen oder Aktivitäten genutzt werden, die sich beispielsweise an die in Feld 5 skizzierten Aktivitäten anschließen könnten.

12.2.2 Durchführung und Ergebnisauswertung der Analysephase

In der Analysephase wurden sechs Online-Kreativsitzungen mit Mitarbeitenden der EFA.NRW durchgeführt. Auf eine Audio- bzw. Videoaufzeichnung wurde verzichtet, um eine ungezwungene Atmosphäre zu gewährleisten. Zudem standen die Mitarbeitenden der EFA.NRW persönlich im Nachgang für Fragen zur Verfügung. Für die Sitzungen wurde jeweils ein Bereich mit dem Prosperkolleg-Canvas auf einem Online-Whiteboard eingerichtet. Die wesentlichen mündlichen Aussagen der Teilnehmenden wurden durch die Moderation stichwortartig auf digitalen Metaplankarten festgehalten und in einem separaten Bereich eine Ergebnis- und Verlaufsdokumentation durchgeführt.

Hauptziel der Canvas-Sessions war das Schaffen einer Informationsbasis für die Entwicklung des Train-the-Trainer-Konzepts. Folglich diente die Ergebnisauswertung der zielgruppengerechten Entwicklung des Konzepts. Um den vielfältigen Erkenntnissen und neuen Ideen Rechnung zu tragen, wurde die Analyse in zwei Teile unterteilt:

1) *Einzelanalyse:* Die Einzelanalyse diente der Rekapitulation und Überprüfung der Stimmigkeit der Sitzungen. Durch die Einzelanalyse der Sitzungen ergab sich eine Vielfalt an Informationen über die Ausgangslage, zu Zielen und Zielgruppe sowie über die Inhalte und alternativen Vorgehensweisen bei der Qualifizierung.
2) *Synthese und Gesamtanalyse der Session-Ergebnisse*: Die Ergebnisse aller durchgeführten Veranstaltungen wurden zusammengeführt, um Gemeinsamkeiten und Unterschiede oder Widersprüche zu identifizieren. Ziel dieser Analyse war es, herauszufinden, ob ein Qualifizierungsangebot entwickelt werden kann, das die Bedarfe möglichst vieler Berater*innen deckt.

Die Ergebnisse der Einzel- und Gesamtanalyse führten zu den im Folgenden dargestellten Erkenntnissen bzw. Hypothesen zur Zielgruppe, die die Grundlage für die Konzeptentwicklung bildeten:
- *Diversität:* Berater*innen decken ein sehr breites Spektrum von Themenfeldern ab, etwa Design, Strategieberatung und Ingenieurwesen (z. B. Produktion).
- *Vorkenntnisse:* Die Vorkenntnisse im Bereich Circular Economy sind höchst unterschiedlich.
- *Anspruch bzw. Erfahrungen:* Aufgrund der teilweise jahrzehntelangen Berufserfahrung in der Ressourceneffizienzberatung ist ein Stufenkonzept gefordert, welches neben einer allgemeinen und niederschwelligen Kurzeinführung eine hohe inhaltliche Tiefe zum Thema abbildet.
- *Flexibilität:* Das Konzept muss eine hohe zeitliche Flexibilität des Trainings aufweisen, da die zeitliche Verfügbarkeit der potenziellen Teilnehmenden aufgrund gut gefüllter Auftragsbücher als sehr gering einzuschätzen ist.
- *Praxisrelevanz:* Die Berater*innen benötigen Informationen und Tools, die sie idealerweise unmittelbar in Beratungsprodukte überführen können.

12.3 Entwicklung des Train-the-Trainer-Konzepts

Auf Basis der Analyse wurde zunächst ein Rahmenkonzept entwickelt, in das die zielgruppenspezifischen Erkenntnisse eingeflossen sind. Es handelt sich dabei um eine vereinfachte Rohversion des Qualifizierungsangebots, die vorwiegend eine inhaltliche und didaktische Beschreibung sowie einen strukturellen Überblick über das vorgeschlagene Qualifizierungskonzept enthält.

Das Rahmenkonzept wurde sukzessive ausgearbeitet und weiterentwickelt, blieb aber grundsätzlich bis einschließlich der Erprobung bestehen. ◘ Abb. 12.2 zeigt die aktualisierte Struktur des Qualifizierungskonzepts zum Zeitpunkt der Erprobung (s. ▶ Abschn. 12.4).

Die in der Analysephase erlangten Erkenntnisse zur Zielgruppe wurden bei der Konzeptentwicklung wie folgt berücksichtigt. Um der großen Diversität der Zielgruppe gerecht zu werden, kommen moderne didaktische Ansätze des hybriden Lernens bzw. *Blended Learnings* zum Einsatz, indem
- Online-Veranstaltungen (Lernen in der Gruppe, synchrones Lernen) mit
- Methoden des E-Learning (Selbstlernen, asynchrones Lernen)

kombiniert werden. Dadurch wird eine hohe Flexibilität sichergestellt, welche die Berater*innen laut Bedarfserhebung benötigen. Bei Interesse können die Teilnehmenden einen Teilnahmenachweis erhalten, nachdem sie einen kurzen Selbsttest im flankierenden E-Learning-Angebot absolviert haben.

Das entwickelte Qualifizierungskonzept besteht aus drei Modulen, welche die Berater*innen je nach Vorkenntnissen und Interessen unabhängig voneinander auswählen können (Anspruch bzw. Erfahrungen):

Prosperkolleg Train-the-Trainer-Konzept:
„Gut beraten für die Circular Economy Transformation"

Einstieg in jeder Stufe möglich

Modul 1: Beratungstrends	Modul 2: Einführung	Modul 3: Potenzialcheck

• Kennenlernen Prosperkolleg u. untereinander
• Sensibilisierung: lineare vs. zirkuläre Wertschöpfung
• Gesellschaftlicher, wirtschaftlicher u. politischer Kontext der Transformation
• Erfahrungsberichte u. Beispiele aus der Beratungspraxis
	• Circular-Economy-Konzept u. Begriffe
	• Mehrwerte u. Herausforderungen von Circular Economy
	• Rahmenbedingungen (z.B. R-Strategien, EU CEAP)
	• Umsetzung der Circular Economy (z.B. R-Strategien, Geschäftsmodelle)
		• Angebote von Prosperkolleg
		• Schritte des Potenzialchecks:
		  1) Erstgespräch
		  2) Circularity Matrix
		  3) Circularity Workshop
		  4) Empfehlungen/ Roadmap
		• Handlungsfelder des Potenzialchecks

Online-Veranstaltung ~ 2 h	Online-Veranstaltung ~ 3 h	Online-Veranstaltung ~ 3 h

E-Learning (freiwillig, inhaltlich und zeitlich flexibel; Wiederholung, Vertiefung; Microlearnings etc.)

Teilnahmenachweis (optional)

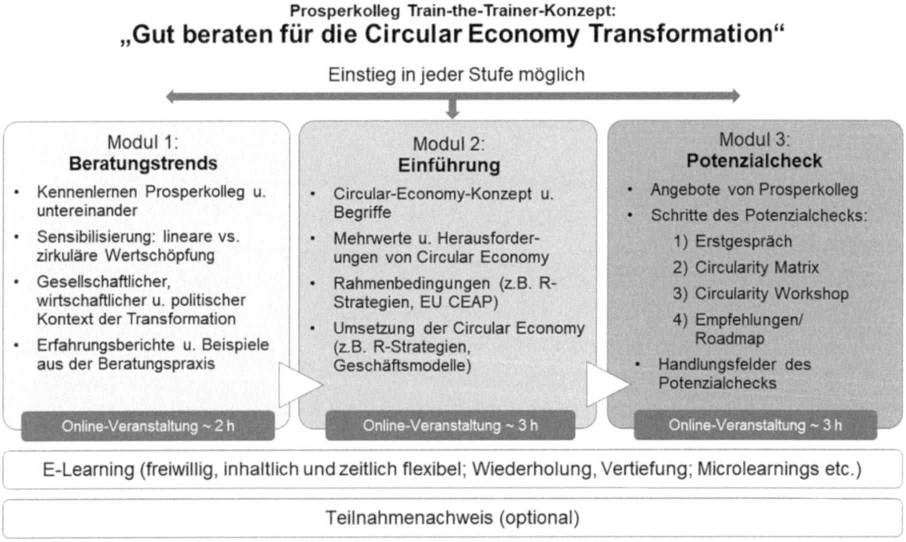

◘ **Abb. 12.2** Flexibles, modulares Train-the-Trainer-Konzept (Stand: Oktober 2022). (Quelle: eigene Darstellung)

- Modul 1 dient dazu, Teilnehmende zu akquirieren und zu motivieren, das angebotene Training mitzumachen. Erfahrene Berater*innen werden hier hinzugezogen, die authentisch aus ihrer Beratungspraxis zur Circular Economy berichten.
- Modul 2 beinhaltet eine Einführung in das Thema Circular Economy. Es werden die konzeptionellen Grundkenntnisse geschaffen sowie das „Circular Mindset" und das entsprechende Vokabular geschult, die für die eigene Beratungspraxis erforderlich sind.
- Zentraler Baustein in Modul 3 ist der *Potenzialcheck Circular Economy* (s. ▶ Kap. 6), welcher den Bedarf der Berater*innen an praxisnahen Unterstützungswerkzeugen adressiert (Praxisrelevanz).

Das entwickelte Rahmenkonzept wurde in einem Online-Status-Workshop von Prosperkolleg und EFA.NRW vorgestellt und diskutiert. Das Konzept wurde als sinnvoll erachtet und eine Ausarbeitung und Erprobung wurden befürwortet. Unter anderem aufgrund des Anspruchs der Zielgruppe und den damit einhergehenden differierenden Anforderungen an Umfang und Qualität wurden erst einmal einzelne Bausteine des Qualifizierungskonzepts entwickelt und in anderen Kontexten getestet. Die finale Ausarbeitung und Erprobung fand schließlich im Oktober 2022 statt. Die durchgeführte Konzepterprobung wird nachfolgend beschrieben.

12.4 Erprobung des Train-the-Trainer-Konzepts

Das folgende Kapitel stellt das Qualifizierungskonzept vor, welches unter dem Titel „Gut beraten für die Circular Economy Transformation" erprobt wurde. Alle Aktivitäten fanden online statt.

12.4.1 Modul 1: Informationsveranstaltung

Das Qualifizierungskonzept startete mit einer Informationsveranstaltung (Modul 1). In dieser Online-Veranstaltung mit dem Titel „Gut beraten für die Circular Economy Transformation – Was sind Beratungstrends und wie können Sie sich für Circular Economy ‚fit' machen?" lernten die Teilnehmenden ausgewählte Beratungsfelder der Circular Economy kennen, erhielten Orientierung, wie sie sich selbst in diesem Themenfeld verorten können, und erfuhren, wo Informationen und Unterstützung für den Aufbau einer eigenen Circular-Economy-Beratung erhältlich sind.

Das Prosperkolleg-Team gab zu Beginn der Informationsveranstaltung einen allgemeinen Einstieg in das Thema sowie grundlegende Informationen zum Qualifizierungskonzept. Durch Impulsvorträge von Berater*innen der Prognos AG, der innowise GmbH, Zero Waste Your Life sowie der EFA.NRW wurden authentische Einblicke in ausgewählte Beratungsfelder und -projekte im Bereich der Circular Economy vermittelt. Außerdem wurde Raum für den bi- und multilateralen Austausch zwischen den Teilnehmenden untereinander und mit den Vortragenden gegeben.

12.4.2 Modul 2: Einführung in die Circular-Economy-Transformation

Im zweiten Modul „Einführung in die Circular-Economy-Transformation: Grundlagen & Handlungsfelder in KMU" erhielten die Teilnehmenden einen konzeptionellen, aber praxisorientierten Einstieg ins Thema Circular Economy mit Fokus auf produzierende KMU. Auf der Basis ausgewählter Trends und Rahmenbedingungen lernten sie anhand von Unternehmensbeispielen Handlungsfelder und Strategien der Umsetzung kennen. Die Anwendung dieses Wissens wiurde in (Gruppen-)Übungen umgesetzt, die auf Fallstudien aus der Forschung des Prosperkollegs basieren. Das Modul besteht aus einem Online-Workshop sowie aus einem E-Learning-Angebot, in dem die Teilnehmenden ihr Wissen auffrischen, vertiefen und überprüfen können.

Während des Online-Workshops wurden beispielsweise Parallelsessions durchgeführt, in denen die Teilnehmer*innen in Gruppen die Geschäftsmodelle „echter" Beispielunternehmen anhand einer Recherche auf deren Websites analysierten. So konnte das zuvor theoretisch erarbeitete Wissen, unter anderem zu den R-Strategien (vgl. dazu ▶ Kap. 4) und zirkulären Geschäftsmodellen, aufgegriffen und angewendet werden. Es wurde für jedes betrachtete Unternehmen bzw. für jede Gruppe ein vorstrukturierter Bereich eines Online-Whiteboards genutzt, um in einem zweiten Schritt konkrete Aussagen zu den Elementen zirkulärer Geschäftsmodelle zu identifizieren und abzuleiten. Abschließend wurden die Ergebnisse im Plenum präsentiert und diskutiert.

12.4.3 Modul 3: Potenzialcheck Circular Economy

Im dritten Modul „Potenzialcheck Circular Economy" erlernten die Teilnehmer*innen die Durchführung des vom Prosperkolleg entwickelten Potenzialcheck Circular Economy. Mit dem Potenzialcheck werden Potenziale für Strategien der Circular Economy in produzierenden KMU identifiziert und erste Lösungsansätze entwickelt (s. ▶ Kap. 6). Die Teilnehmenden lernten insbesondere die vier Handlungsfelder des Potenzialchecks und das zugehörige Online-Tool *Circularity Matrix* kennen. Damit kann eine Reifegradmessung in vier Handlungsfeldern durchgeführt werden:
1) Zirkuläre Produktentwicklung
2) Lieferkette & Einkauf kreislauffähiger Materialien
3) Ressourceneffiziente Produktion
4) Rückholung und Wiederaufbereitung & Produkt-Service-Systeme

Anhand einer fiktiven Fallstudie eines Unternehmens wurde anschließend das Verständnis der Handlungsfelder vertieft. Auch dieses Modul besteht aus einem Online-Workshop sowie aus einem E-Learning-Angebot.

Neben der Vorstellung des Potenzialchecks und der Online-Demonstration der Circularity Matrix wurde auch in diesem Modul parallel in Gruppen gearbeitet. Nach einer kurzen Vorstellung des Vorgehens und des Beispielunternehmens brainstormten die Teilnehmer*innen dazu, welche Handlungsmöglichkeiten das Unternehmen in dem jeweiligen Handlungsfeld hat und welche Herausforderungen auftreten könnten (s. ◘ Tab. 12.1). Abschließend wurden die Gruppenergebnisse im Plenum vorgestellt und diskutiert.

Qualifizierung für die Circular Economy – ein Train-the-Trainer-Konzept

Tab. 12.1 Brainstorming zu den Handlungsfeldern des Potenzialchecks für ein Beispielunternehmen

Handlungsfeld	Dauer	Leitfragen
HF 1: Zirkuläre Produktentwicklung	10 min.	• Wie müsste das Produkt gestaltet sein, um Strategien der Circular Economy wie Reparatur, Refurbishment, Remanufacturing, Recycling etc. zu ermöglichen? • Welche Prinzipien des nachhaltigen bzw. zirkulären Designs wären zu berücksichtigen? • Wie könnten bspw. Modularität, Schadstofffreiheit, Langlebigkeit, Materialeinsparung sichergestellt werden?
HF 2: Ressourceneffiziente Produktion	10 min.	• Wie könnte das Unternehmen in der Produktion (Energie und) Ressourcen einsparen? • Wie könnten bspw. Produktionsprozesse effizient(er) gestaltet werden? • Wie könnte Material eingespart werden? • Wie könnte eventuell Digitalisierung helfen?
HF 3: Lieferkette & Einkauf kreislauffähiger Materialien	10 min.	• Welche kreislauffähigen bzw. nachhaltigen Materialien könnte das Unternehmen einkaufen? • Wo, wie bzw. von wem könnte das Unternehmen die Materialien bekommen? • Wie kann das Unternehmen sicherstellen, dass es sich um nachhaltige und kreislauffähige bzw. kreislaufgeführte Materialien handelt?
HF 4a: Rückholung & Wiederaufbereitung	15 min.	• Wie kann das Unternehmen die eigenen Produkte bzw. Materialien wiederbekommen? • Welche Möglichkeiten hat das Unternehmen, um die Produkte bzw. Materialien im Sinne der Circular Economy (wieder) zu verwerten?
HF 4b: Produkt-Service-Systeme		• Welche ‚zirkulären' Services kann das Unternehmen in Verbindung mit seinem Produkt anbieten (z. B. Reparatur, Wartung)? • Inwiefern könnte eine zeitweise Nutzung ‚verkauft' werden, bspw. über Vermietung oder Verleasen? • Welcher Nutzen steckt hinter dem Produkt? • Könnte das Unternehmen diesen ‚as a Service' anbieten, unabhängig vom Produktverkauf bzw. von den Produkteigenschaften?

12.4.4 Begleitendes E-Learning-Angebot

Trainingsbegleitend wurden Materialien online zur Verfügung gestellt. Dies diente der Vor- und Nachbearbeitung einzelner Themen bzw. einer entsprechenden Vertiefung. Die einzelnen Komponenten werden im Folgenden vorgestellt.
– *Lernmanagementsystem Moodle*: Als E-Learning-Plattform wurde das weitverbreitete Lernmanagementsystem Moodle eingesetzt. Das E-Learning-Angebot ließ sich zeitlich und räumlich flexibel nutzen. Damit konnten die Teilnehmenden Inhalte wiederholen, vertiefen oder sich selbst aneignen, falls sie nicht an den Veranstaltungen teilgenommen haben. Die Kursbereiche der einzel-

nen Module wurden sukzessive freigeschaltet. Die Selbsttests (s. unten) zu den Modulen 2 und 3 wurden zuletzt freigeschaltet.
- *Lernmaterialien*: Bereitgestellte Materialien unterschiedlicher Medientypen unterstützten den Lernprozess. Im Modul 2 sind beispielsweise ein Youtube-Video, die Präsentationen der Online-Workshops und die Links zu dem erarbeiteten Online-Whiteboard enthalten. Weiterhin unterstützten sogenannte „Microlearnings" und weitere Funktionen den Lernerfolg.
- *Microlearnings*: Microlearnings beschreiben kurze Lerneinheiten, in denen das Wissen eigenständig erworben, wiederholt, vertieft oder erweitert werden kann. Dies geschieht in der Regel interaktiv oder spielerisch. Im gezeigten Beispiel (◘ Abb. 12.3) wird der entsprechende Begriff durch Zuordnen der passenden Beschreibung (links) zur R-Strategie (rechts) per Drag-and-drop gelernt. Ausgewählte Microlearnings können auf der Prosperkolleg-Website ausprobiert werden (Prosperkolleg 2022b).
- *Selbsttest*: Zu den Modulen 2 und 3 wurde ein elektronischer Selbsttest entwickelt. Dieser diente zum einen als Voraussetzung für die Ausstellung des Teilnahmenachweises und ist zum anderen so aufgebaut, dass die wichtigsten Inhalte wiederholt werden konnten. Im Test kommen verschiedene Fragentypen wie Multiple-Choice, Drag-and-drop oder Auswahllisten zum Einsatz. Die Teilnehmer*innen erhielten zudem nach Abschluss des Testversuchs ein automatisiertes Feedback zu ihrem Testergebnis sowie die korrekten Antworten. Die Tests können mehrfach wiederholt werden, bis sie erfolgreich bestanden sind. Eine Beschränkung bzw. Vorgabe hinsichtlich der Bearbeitungszeit und -dauer ist gab es nicht.
- *Teilnahmenachweis*: Die Teilnehmer*innen konnten einen Teilnahmenachweis für die Module 2 und 3 erhalten, nachdem sie einen Selbsttest auf der Lernplattform erfolgreich absolviert haben.

◘ **Abb. 12.3** Beispiel eines Microlearnings zum Einüben der R-Strategien am Beispiel Kaffee kochen (Auswertungsansicht). (Quelle: eigene Darstellung)

12.4.5 Randbedingungen und weitere Aspekte

Bei der Erprobung bzw. Durchführung des vorgestellten Train-the-Trainer-Konzepts wurden unter anderem die folgenden Randbedingungen berücksichtigt:
- *Kosten*: Aufgrund des Pilotcharakters des Trainings und einer Förderung durch das Ministerium für Wirtschaft, Industrie, Klimaschutz und Energie des Landes Nordrhein-Westfalen (MWIKE.NRW) konnte die Konzepterprobung kostenlos angeboten werden.
- *Zielgruppe*: Das Angebot wurde auf selbstständige Unternehmensberater*innen sowie Beratungsgesellschaften ausgerichtet. Für Berater*innen in Kammern, Wirtschaftsförderung etc. entwickelte das Prosperkolleg eigene Formate.
- *Anmeldeverfahren*: Der Zugang zum Trainingsangebot wurde durch ein Anmeldeverfahren gesteuert. Dadurch wurde Planungssicherheit erreicht.
- Auf der Anmeldeseite wurde eine *ausführliche Angebotsbeschreibung* sowie eine Rubrik „Fragen & Antworten" integriert, um den Kommunikationsaufwand mit den potenziellen Teilnehmenden im Vorfeld zu reduzieren.
- *Vorausgesetztes Wissen*: Es bestanden keine formalen Voraussetzungen. Es wurde aber ein Grundverständnis im Bereich „Wirtschaft" vorausgesetzt.
- *Technische Randbedingungen*: Die Teilnehmenden mussten über ein Endgerät mit einer Internetverbindung verfügen. Eine Kamera und ein Headset waren von Vorteil, aber nicht zwingend erforderlich. Zudem wurden digitale Tools wie Webmeeting-Plattform (Online-Veranstaltungen), Online-Whiteboard (Gruppenarbeit), Moodle (E-Learning) und die Circularity Matrix (Prosperkolleg Potenzialcheck) eingesetzt, mit denen sich die Teilnehmenden bei Bedarf im Vorfeld vertraut machen konnten.
- *Laufende Kommunikation mit den Teilnehmenden*: Während der Trainingsphase fand eine kontinuierliche, inhaltlich und zeitlich zielgerichtete Kommunikation mit den Teilnehmenden per E-Mail statt. So erhielten diese beispielsweise einige Tage vor einer Veranstaltung alle benötigten Informationen zum geplanten Ablauf der Workshops, zur genutzten Technik sowie Zugangsdaten zum Webmeeting, Online-Whiteboard, E-Learning und zur Circularity Matrix.

12.5 Evaluation

Das entwickelte Train-the-Trainer-Konzepts wurde parallel zur Erprobung mehrstufig evaluiert. Am Ende jeder Veranstaltung konnten die Teilnehmenden ihr unmittelbares Feedback mit einer Umfrageapp im Webmeeting-Tool abgegeben. Die Leitfragen „Was nehmen Sie heute mit?" und „Was nehmen Sie sich vor?" strukturierten dieses Feedback. In ◘ Tab. 12.2 werden beispielhafte Feedback-Kommentare aufgelistet. Die ausgewählten Zitate zeigen, dass das Training die Teilnehmenden dazu motivierte, sich weiter mit dem Thema Circular Economy auseinanderzusetzen und das Gelernte in ihre Beratung zu integrieren.

Am Ende der Veranstaltungsreihe fand darüber hinaus eine mündliche Feedbackrunde zum Gesamtangebot statt, die genauso wie einzelne Gespräche und E-Mail-Rückmeldungen das Feedback zu den einzelnen Modulen bestätigt. Positiv hervorgehoben wurden unter anderem folgende Aspekte:

Tab. 12.2 Ausgewähltes Feedback der Teilnehmer*innen

Modul	Feedbackfragen: „Was nehmen Sie heute mit?" und „Was nehmen Sie sich vor?"
Modul 1	„Großes Interesse an Mehrwerten für Unternehmen und tatsächlicher Kreislaufführung."
	„Dass Circular Economy ein Zukunftsthema ist und bleibt."
	„[…] frei nehmen und die ganzen tollen Materialien und Tools anschauen."
Modul 2	„Ein besseres Verständnis, wie CE im Rahmen eines Produkt-Lifecycles noch besser in die Beratung zum Thema ‚Umweltneutralität' einfließen kann."
	„Circular Economy hat viele Facetten; kann in jedem Unternehmen andere Ausprägungen haben."
	„Rekapitulieren, R-Strategien nochmals [an]schauen, Strategien nochmals rekap[i-tulieren]"
Modul 3	„Die CE mehr in die Kundengespräche und Lösungsansätze implementieren."
	„Unterlagen noch einmal genau studieren und mich austauschen."
	„Circularity Matrix ausprobieren."

- praxisrelevante Informationen, Diskussionen und Tools (z. B. Circularity Matrix)
- zielgruppengerechte Strukturierung und Vermittlung des komplexen Themas (z. B. mit Praxisbeispielen)
- Eignung sowohl für Fortgeschrittene als auch für Neueinsteiger
- Interaktivität z. B. mit dem Online-Board
- Referent*innen bzw. das Team

Ergänzend zur Auswertung des Feedbacks ist eine schriftliche Evaluation des Konzepts per Online-Fragebogen angedacht, die sowohl die Zufriedenheit mit dem Angebot als auch Informationen zur tatsächlichen Umsetzung und die Wirkung in der Beratung erheben soll.

12.6 Erkenntnisse und Ausblick

Das entwickelte Qualifizierungskonzept stieß durchweg auf positive Resonanz. Durch direkte Kontakte des Prosperkollegs, die Bewerbung im Newsletter der EFA.NRW, über Social Media und weitere Kanäle wurde ein Verteiler von ca. 140 Berater*innen aufgebaut. Davon haben 49 Personen an den Veranstaltungen teilgenommen. Eine sehr geringe Rate des Nichterscheinens lässt auf die Attraktivität des Angebots und die Zufriedenheit der Teilnehmenden schließen. Darauf deutet auch das Feedback zu den jeweiligen Online-Veranstaltungen und zum Gesamtangebot hin, das ausschließlich positiv ausfällt. Vereinzelte Rückmeldungen zum später bereitgestellten E-Learning-Angebot gehen in die gleiche Richtung.

Die Erprobung des Train-the-Trainer-Konzepts führte darüber hinaus zu wertvollen Erkenntnissen, die bei einer Wiederholung oder Planung weiterer Angebote berücksichtigt werden. Beispielsweise ist für das interaktive Lernformat die Anzahl der Teilnehmenden zu beachten, um allen die Möglichkeit zur Beteiligung geben zu können. Eine maximale Größe von 30 Teilnehmenden wird im erprobten Format als günstig erachtet. Die angesetzte Zeit für die Online-Veranstaltungen ist angemessen bzw. eher zu kurz (zwei Stunden im Modul 1, jeweils drei Stunden in den Modulen 2 und 3). Diese Zeit ist gerade ausreichend, um einen fundierten und interaktiven Einstieg bzw. Überblick zum Thema Circular Economy zu geben und zudem Methodenwissen für die Praxis zu vermitteln. In Zukunft könnte ein sogenanntes Flipped-Classroom-Konzept ausprobiert werden, in dem sich die Teilnehmenden das Grundlagenwissen im Vorfeld selbst aneignen, etwa per E-Learning, und die gemeinsame Zeit der (Online-)Präsenz nahezu ausschließlich für die Interaktion genutzt wird. Ebenso können umfangreichere Aufgaben wie Fallstudienbearbeitungen zur Vertiefung sowohl individuell als auch in Gruppen zur Vertiefung selbstständig von zu Hause bearbeitet werden.

Konkrete Anwendungskontexte des Gelernten könnten für die Berater*innen Beratungsprogramme wie die Ressourceneffizienz- oder Transformationsberatung NRW sein, die von verschiedenen Ministerien gefördert werden. Das vorgestellte Train-the-Trainer-Konzept wurde in Kooperation mit der EFA.NRW vor allem mit Blick auf die Ressourceneffizienzberatung NRW (EFA.NRW o. J.) entwickelt, welche die EFA.NRW koordiniert. Die Transformationsberatung (G.I.B. NRW o. J.) verbindet eine Potenzialberatung bzw. Strategieentwicklung mit Aspekten der Beteiligung und Qualifizierung von Mitarbeitenden im Themenfeld Green Economy, wozu auch die Circular Economy gehört.

Das Prosperkolleg hat mit dem *Potenzialcheck Circular Economy* und dem vorgestellten Qualifizierungskonzept Vorarbeiten für die Integration beider Beratungsinstrumente geleistet. Es ist angedacht, Qualifizierungselemente und -inhalte direkt in den Potenzialcheck bzw. in die Circularity Matrix zu integrieren, um damit ein „Check & Learn"-Tool bereitzustellen, das weiteren Akteuren und insbesondere Mitarbeiter*innen in Unternehmen zur Verfügung stehen soll. Dadurch würden diese einerseits qualifiziert und könnten andererseits ihre Einschätzung zum Status quo und zu Potenzialen ihres Unternehmens im Hinblick auf Circular-Economy-Strategien auf einer fundierten Wissensgrundlage treffen. Ziel ist es, die Verbreitung des Potenzialchecks noch weiter zu steigern und eine Hilfestellung für Akteure der Circular Economy in NRW und darüber hinaus zu bieten.

Kernbotschaften

- Ein Baustein der Transformation zur Circular Economy sind Qualifizierungsangebote für Multiplikator*innen, die ihrerseits das notwendige Wissen in die Breite tragen.
- Mit dem Prosperkolleg-Canvas können Bildungs- und Qualifizierungskonzepte sowie weitere Transformationsaktivitäten (co-)kreativ entwickelt werden. Der Canvas integriert die Bedarfserhebung und Konzeptentwicklung.

- Das Train-the-Trainer-Konzept des Prosperkollegs ist durch den modularen Aufbau und die Kombination von Online-Workshops und E-Learning inhaltlich, räumlich und zeitlich flexibel nutzbar. Es vermittelt praxisrelevante Inhalte wie Fallbeispiele und -studien, Vorgehensweisen wie den Prosperkolleg-Potenzialcheck und Tools wie die Circularity Matrix.
- Der Potenzialcheck Circular Economy von Prosperkolleg ist ein nützliches Instrument für die Unternehmensberatung. Er eignet sich etwa für die Anwendung im Rahmen von geförderten Beratungsprogrammen wie der Ressourceneffizienz- oder Transformationsberatung NRW, die in ähnlicher Form auch andernorts existieren.

Literatur

alwaysbeta.de (2017): E-Learning Model Canvas – In 10 Schritten zum E-Learning Konzept. Online verfügbar unter https://alwaysbeta.de/2017/06/22/e-learning-model-canvas-in-10-schritten-zum-e-learning-konzept/, zuletzt geprüft am 16.06.2023.

EFA.NRW (o. J.): Beratung mit Mehrwert. Effizienz-Agentur NRW. Online verfügbar unter https://www.ressourceneffizienz.de/leistung/ressourceneffizienz-beratung, zuletzt geprüft am 16.06.2023.

G.I.B. NRW (o. J.): Transformationsberatung. Gesellschaft für innovative Beschäftigungsförderung mbH. Online verfügbar unter https://www.gib.nrw.de/themen/arbeitsgestaltung-und-sicherung/programmfamilie_potentialberatung/transformationsberatung, zuletzt geprüft am 16.06.2023.

Osterwalder, Alexander; Pigneur, Yves (2010): Business Model Generation. A Handbook for Visionaries, Game Changers, and Challengers. Hoboken, New Jersey: Wiley.

Pereira, Ángeles; Vence, Xavier (2021): The role of KIBS and consultancy in the emergence of Circular Oriented Innovation. In: *Journal of Cleaner Production* 302, S. 127000. https://doi.org/10.1016/j.jclepro.2021.127000.

projektmagazin (o. J.): Project Canvas. Online verfügbar unter https://www.projektmagazin.de/glossarterm/project-canvas, zuletzt aktualisiert am 13.05.2015, zuletzt geprüft am 16.06.2023.

Prosperkolleg (2022a): Circular Economy Transformation Canvas. Online verfügbar unter https://prosperkolleg.de/betriebliche-umsetzung/qualifizierung/ce-transformation-canvas/, zuletzt geprüft am 16.06.2023.

Prosperkolleg (2022b): Microlearning: Was ist zirkuläre Wertschöpfung? Online verfügbar unter https://prosperkolleg.de/wissen-publikationen/microlearning-was-ist-zirkulaere-wertschoepfung/, zuletzt geprüft am 16.06.2023.

ZIB-Online (2023): 10 effektive Tipps für ein erfolgreiches Train-the-Trainer Seminar! Online verfügbar unter https://www.zib-online.de/train-the-trainer/, zuletzt geprüft am 16.06.2023.

Transformations-
prozess

Inhaltsverzeichnis

Kapitel 13   Politische Steuerung der Transformation –
              Beispiel Zirkuläres NRW – 183
              Reinhold Rünker und Florian Klein

Kapitel 14   Kompetenzzentrum Circular Economy
              mit regionaler Hub-Struktur – 199
              *Sabine Büttner, Wolfgang Irrek
              und Uwe Handmann*

Kapitel 15   Regionale Transformation zur Circular
              Economy – 219
              Paul Szabó-Müller und Julian Mast

Politische Steuerung der Transformation – Beispiel Zirkuläres NRW

Reinhold Rünker und Florian Klein

Inhaltsverzeichnis

13.1 Einführung – 184

13.2 Möglichkeiten von Landespolitik – 185
13.2.1 Strategische Fokussierung vornehmen – 185
13.2.2 Netzwerke aufbauen – 187
13.2.3 Förderprogramme gestalten – 187
13.2.4 Leuchtturmprojekte und Einzelmaßnahmen fördern – 189
13.2.5 Gesetze als Hebel für Innovationen nutzen – 190
13.2.6 Kooperationen mit Vorreitern schließen – 191
13.2.7 Beratungs- und Transfereinrichtungen schaffen – 191

13.3 Grenzen von Landespolitik – 192
13.3.1 Entscheidungshoheit der Unternehmen – 192
13.3.2 Entscheidungshoheit der Verbraucher*innen – 193
13.3.3 Entscheidungshoheit von Wissenschaft – 194
13.3.4 Entscheidungshoheiten von EU, Bund und Kommunen – 194

13.4 Fazit – 195

Literatur – 196

© Der/die Autor(en), exklusiv lizenziert an Springer Fachmedien Wiesbaden GmbH, ein Teil von Springer Nature 2024
S. Büttner et al. (Hrsg.), *Transformation zur Circular Economy*, Sustainable Development Goals (SDG) – Umsetzung in Praxis, Lehre und Entscheidungsprozessen,
https://doi.org/10.1007/978-3-658-43338-3_13

13.1 Einführung

Die Herausforderung „Strukturwandel" begleitet Nordrhein-Westfalen seit mehr als fünfzig Jahren. Kohle und Stahl als Markenzeichen der Industrie in NRW haben an Bedeutung für Beschäftigung und Wertschöpfung signifikant verloren. Vergleichbar tiefgreifende Änderungen sind durch die digitale Revolution und damit einhergehende disruptive Innovationen zu beobachten. Auch das Zielbild, als global vernetztes Industriezentrum Netto-Null-Emissionen zu erreichen, wird ein wesentlicher Transformationstreiber sein.

In einer Studie der Prognos AG (2021) wurden die Transformationsthemen der nordrhein-westfälischen Wirtschaft analysiert und hinsichtlich ihrer Bedeutung bewertet. Für die zehn umsatzstärksten Branchen und die industrienahen Dienstleistungen ist davon auszugehen, dass die folgenden acht Transformationsfelder eine herausragende Relevanz haben (Prognos AG 2021: 119):

- Digitale Verkehrswende
- Resiliente & sichere Infrastruktur
- Resiliente Wertschöpfungsketten
- Net-Positive Mobility (Mobilität mit positiver CO_2-Gesamtbilanz)
- Net-Positive Industry (Industrie mit positiver CO_2-Gesamtbilanz)
- Zirkuläres Wirtschaften in (globalen) Wertschöpfungsketten
- 4-fache Transformation der chemischen Industrie (*Quadruple Transformation*)
- Ernährungssicherheit

„Zirkuläres Wirtschaften in (globalen) Wertschöpfungsketten" wird als das umfassendste Transformationsfeld für die NRW-Industrie charakterisiert, da es alle Branchen betrifft (Prognos AG 2021: 128). Damit bestätigt die Untersuchung die Potenzialanalyse, die das Wirtschaftsministerium NRW bereits 2016 beauftragt hat (Scheelhaase und Zinke 2016).

Doch welche Akteure nehmen bei einer zirkulären Transformation zentrale Rollen ein? Übertragen von „typischen" Transformationsprozessen, lassen sich vier Akteursgruppen skizzieren: (1) Wirtschaft & Unternehmen, (2) Wissenschaft & Bildung, (3) Zivilgesellschaft & Verbraucher*innen sowie (4) Kommunen, Länder, Bund & EU. Während eine Transformation klassischerweise anfangs eher aus Zivilgesellschaft und Unternehmen getrieben wird, kommt den staatlichen Institutionen im Transformationsverlauf eine gestaltende Rolle zu, beispielsweise durch finanzielle Unterstützung und neue Gesetze (Grieshammer und Brohmann 2015: 14 f.). ◘ Abb. 13.1 zeigt die Akteursgruppen einer zirkulären Transformation.

Grieshammer und Brohmann (2015) verweisen darauf, dass es in jeder dieser Akteursgruppen Treiber und Bremser einer Transformation gibt und dass sich deren Rolle im Laufe der Transformation in beide Richtungen ändern kann (Grieshammer und Brohmann 2015: 16).

Im weiteren Verlauf dieses Beitrages wird die Landesebene am Beispiel des bevölkerungsreichsten Bundeslandes Nordrhein-Westfalen betrachtet. Zentrale Forschungsfragen sind dabei, welche Möglichkeiten und welche Grenzen es bei der Gestaltung der zirkulären Transformation gibt.

Abb. 13.1 Akteure bei der zirkulären Transformation. (Quelle: eigene Darstellung, in Anlehnung an Grieshammer und Brohmann (2015), S. 15)

13.2 Möglichkeiten von Landespolitik

Die Möglichkeiten, mit denen die Landespolitik in NRW die zirkuläre Transformation positiv beeinflussen kann, lassen sich in sieben Handlungsfelder einteilen.

13.2.1 Strategische Fokussierung vornehmen

Die nordrhein-westfälische Landesregierung hat das Bekenntnis zu einer Circular Economy in mehreren zentralen Strategien verankert. Dieser Schritt hat deshalb besondere Relevanz, weil alle anderen, nachfolgend aufgeführten Handlungsfelder dadurch legitimiert werden. Exemplarisch werden hier das Industriepolitische Leitbild, die Nachhaltigkeitsstrategie und die Innovationsstrategie Nordrhein-Westfalens aufgeführt.

- **Industriepolitisches Leitbild**

Das Industriepolitische Leitbild ist ein von allen Ressorts der Landesregierung mitgetragenes Bekenntnis zum Industriestandort Nordrhein-Westfalen (MWIDE 2019: 3). Die darin enthaltene Vision für das Jahr 2030 sieht insbesondere folgende Entwicklung vor: „*NRW ist im Jahr 2030 ein Industriestandort mit bestmöglichen Rahmen- und Wettbewerbsbedingungen. Diese optimalen Voraussetzungen ermöglichen der Industrie über alle Wertschöpfungsketten hinweg international wettbewerbsfähig zu sein, in innovative Produkte und Prozesse zu investieren sowie Wachstum und Arbeitsplätze zu schaffen. Die Industrie leistet damit einen wichtigen Beitrag, dass Nordrhein-Westfalen bei den Transformationsprozessen hin zu einem nachhaltigen Wirtschaften gut vorangekommen ist.*" (MWIDE 2019: 14)

Dies wird unter anderem dadurch konkretisiert, dass die Rohstoffversorgung aufgrund optimaler Rahmenbedingungen und einer Ausrichtung auf eine Circular Economy dauerhaft gesichert und die Ressourceneffizienz der nordrhein-westfälischen Industrie deutlich gesteigert sein soll (MWIDE 2019: 15). Es wird hervorgehoben, dass der Entwicklung zirkulärer Produkte und dem Kunststoffrecycling wachsende Bedeutung zukommen und dass sich der Industriestandort Nordrhein-Westfalen durch industrielle und wissenschaftliche Kompetenzträger für alle Schritte einer zirkulären Wertschöpfung auszeichnet (MWIDE 2019: 33).

- **Nachhaltigkeitsstrategie**

Die Nachhaltigkeitsstrategie NRW bietet Orientierung für die ökonomische, ökologische und soziale Entwicklung des Landes. Sie greift die *Agenda 2030* für nachhaltige Entwicklung der Vereinten Nationen und die *Sustainable Development Goals* (SDG) landespolitisch auf (Landesregierung NRW 2020: 8 f.). Circular Economy ist in der Nachhaltigkeitsstrategie sowohl mit Bezug zu SDG 8 (Dauerhaftes breitenwirksames und nachhaltiges Wirtschaftswachstum, produktive Vollbeschäftigung und menschenwürdige Arbeit für alle fördern) als auch mit Bezug zu SDG 12 (Nachhaltige Konsum- und Produktionsmuster sicherstellen) verankert.

Das bei SDG 8 aufgeführte Postulat „Ressourcen sparsam und effizient nutzen" sieht den effizienten und sparsamen Einsatz von Ressourcen als wichtigen Beitrag für ein nachhaltiges Wirtschaftswachstum und verweist auf den Ansatz der zirkulären Wirtschaft, der durch geschlossene Materialkreisläufe sowohl zum Klima- als auch zum Ressourcenschutz wesentlich beitragen kann (Landesregierung NRW 2020: 42). Das bei SDG 12 aufgeführte Postulat „Anteil nachhaltiger Produkte stetig erhöhen" beinhaltet die Transformation zu einer Circular Economy, in der Produkte und Dienstleistungen so gestaltet werden, dass sie langlebig, reparierbar, wieder- und weiterverwertbar und recyclefähig sind (Landesregierung NRW 2020: 61–63).

- **Innovationsstrategie**

Die Innovationsstrategie gestaltet vor dem Hintergrund von *Agenda 2030*, den *Sustainable Development Goals* und dem *Europäischen Green Deal* nachhaltige wirtschaftliche Entwicklung gemeinsam mit allen gesellschaftlichen und wirtschaftlichen Akteuren. Sie nimmt eine ganzheitliche Perspektive auf das Innovationssystem in Nordrhein-Westfalen ein und berücksichtigt dabei die Anforderungen des Europäischen Fonds für Regionale Entwicklung (EFRE). Im Fokus der Innovationsstrategie stehen die intelligente Spezialisierung und die konsequente Zukunftsorientierung (MWIDE 2021a: 4 f.).

Insgesamt werden in der Innovationsstrategie sieben Innovationsfelder herausgearbeitet, die für den Standort Nordrhein-Westfalen als besonders wichtig erachtet werden. Dazu gehört auch das Innovationsfeld „Umweltwirtschaft & Circular Economy" (MWIDE 2021a: 5). Es wird herausgehoben, dass die Herausforderungen einer Circular Economy die Wirtschafts- und Industriepolitik in ihrer Gesamtheit betreffen. Der Transformationsprozess soll mit Förder- und Unterstützungsmaßnahmen begleitet werden, *„auch um die Implementierung nachhaltiger, ressourcenschonender und zirkulärer bzw. kreislauforientierter Produkte und Dienstleistungen sowie Konsum- und Nutzungsformen in der Gesellschaft zu stärken."* (MWIDE 2021a: 40)

Politische Steuerung der Transformation – Beispiel Zirkuläres NRW

13.2.2 Netzwerke aufbauen

Zirkuläre Wertschöpfung ist ein Transformationsthema, mit dem sich, wie in ◘ Abb. 13.1 herausgestellt, zahlreiche Akteure beschäftigen. Ein zweites Handlungsfeld für Landespolitik besteht daher darin, eine Plattform zum Austausch für diese Akteure zu schaffen, damit sich ein „Netzwerk der Willigen" bilden kann.

Vor diesem Hintergrund wurde von den Ministerien für Wirtschaft, Innovation, Digitalisierung und Energie sowie Umwelt, Landwirtschaft, Natur- und Verbraucherschutz des Landes Nordrhein-Westfalen im Jahr 2018 ein *Runder Tisch Zirkuläre Wertschöpfung NRW* initiiert, um die Aktivitäten im Bereich der zirkulären Wertschöpfung zu bündeln. Die dort vereinten Akteure repräsentieren unterschiedliche Positionen der Wertschöpfungskette und kommen am Runden Tisch mit dem Ziel zusammen, einen Austausch und eine Abstimmung von Aktivitäten herzustellen und gemeinsame Projekte und Strategien zu entwickeln.

Im Netzwerk werden Akteure aus Forschungseinrichtungen, Hochschulen, Verbänden, Kammern, Kommunen, Institutionen des Landes Nordrhein-Westfalen, regionalen Zusammenschlüssen, lokalen Initiativen und Ministerien der Landesregierung Nordrhein-Westfalen versammelt. Die konkreten Aufgaben des Runden Tisches sind (Runder Tisch Zirkuläre Wertschöpfung NRW o. J.)

- der gleichberechtigte Austausch der Mitglieder über Ziele, Probleme und Lösungen zirkulärer Herausforderungen,
- der Anstoß von gemeinsamen Projekten und Kooperationen,
- die Bündelung und Abstimmung von Forschungs- und Netzwerkinitiativen,
- die Unterstützung bei Erarbeitung und Umsetzung zirkulärer Wertschöpfungskonzepte,
- die Schaffung und Unterstützung von Leuchtturm- und Transferprojekten, mit denen zirkuläre Wertschöpfungskonzepte erfahrbar werden und
- abgestimmte Positionierungen zum Thema zirkuläre Wertschöpfung im Land NRW sowie der Rolle NRWs als Vorreiter innerhalb der EU.

13.2.3 Förderprogramme gestalten

Förderprogramme bieten einen wichtigen Hebel, um Anreize für Unternehmen bei der zirkulären Transformation zu schaffen. Die Circular Economy ist entsprechend als Schwerpunkt zu integrieren, was ein drittes Handlungsfeld ergibt. Exemplarisch wird dies an drei Förderprogrammen skizziert, die unterschiedliche Ausrichtungen haben, aber allesamt für die zirkuläre Transformation in Nordrhein-Westfalen relevant sind.

▪ Regio.NRW – Transformation

Im Zuge des EFRE-Förderprogramms 2021–2027 ist der Projektaufruf *Regio. NRW – Transformation* ein Instrument, mit dem die Regionen beim Ausbau und bei der Weiterentwicklung ihrer spezifischen Stärken unterstützt werden sollen. Es werden insofern regionalwirksame Projekte gesucht, die Kooperationsstrukturen stärken und durch Wissens- und Technologietransfer auf Wettbewerbsfähigkeit und Innovationskraft der Regionen einzahlen (Landesregierung NRW 2022a: 1).

Die in Maßnahme 8.3 verankerte Circular Economy ist ein zentraler Bestandteil des Projektaufrufs: „*Gefördert werden soll die Umstellung der wirtschaftlichen Aktivität hin zu einer Zirkulären Wirtschaft durch innovative Ansätze zu Produktgestaltung, Wieder- und Weiterverwendung, Reparatur und Recycling, die Innovationsimpulse in die gesamte Wertschöpfungskette geben sowie durch Produktdesign-Ansätze und neue Geschäftsmodelle, die dazu beitragen, systemische Kreislaufinnovationen hervorzubringen.*" (Landesregierung NRW 2022a: 4) Es wird die Absicht verfolgt, dass die Vorhaben zur Etablierung zirkulärer Geschäftsmodelle, zur Ressourceneinsparung, zur Abfallvermeidung oder zur Schließung von Stoffkreisläufen und zur Aktivierung lokaler und regionaler Potenziale beitragen (Landesregierung NRW 2022a: 4).

- **ETZ-Interreg-Programme (Europäische Territoriale Zusammenarbeit)**

Internationale Kooperationsprojekte mit dem Ziel der sozial-ökologischen Transformation werden im Rahmen der ETZ-Interreg-Programme gefördert. Beispielhaft wird hier auf *Interreg Deutschland – Nederland VI (Kooperationsprogramm 2021–2027)* eingegangen. Dieses Programm befasst sich mit den Herausforderungen und Chancen der deutsch-niederländischen Grenzregion, wie Klimaschutz, Innovationsfähigkeit und Zusammenarbeit. Herausgestellt werden auch die verschiedenen Transitionen: von fossiler zu erneuerbarer Energie (Klima), von linear zu zirkulär (Wirtschaft) und von Intervention zu Prävention (Lebensqualität) (Interreg Deutschland – Nederland 2022: 5 f.).

Im Rahmen von Priorität 2 „Ein grüneres Programmgebiet" von *Interreg Deutschland – Nederland VI* besteht das spezifische Ziel „Förderung des Übergangs zu einer ressourcenorientierten Kreislaufwirtschaft". Dazu gibt es zwei Aktionslinien: Aktionslinie 1 beinhaltet die Entwicklung von grenzübergreifenden Innovations- und Demonstrationsprojekten zwischen KMU und Wissenseinrichtungen, zwischen KMU untereinander oder zwischen KMU und größeren Unternehmen mit Schwerpunkt auf Kreislaufwirtschaft. Aktionslinie 2 beinhaltet die Entwicklung von umweltfreundlichen Produktionsprozessen und Ressourceneffizienz in KMU, wozu insbesondere die Entwicklung neuer Kreislaufprozesse und zirkulärer Geschäftsmodelle in KMU gehört (Interreg Deutschland – Nederland 2022: 35 f.).

- **Rheinisches Revier**

Trotz des stetigen Wandels der Industrieregionen in Nordrhein-Westfalen ist die Transformation des Rheinischen Reviers einzigartig. Der Anspruch ist zugleich sehr hoch: Es soll gezeigt werden, wie der *Europäische Green Deal* vorbildlich umgesetzt werden kann. Die Förderprogramme von Bund und Land sollen zu Investitionen in Innovationen, Bildung, Mobilität, Energiesysteme und Landschaft führen, womit nachhaltige Wertschöpfung und gute Arbeits- und Ausbildungsplätze in einer klimaneutralen Zukunft generiert werden können (Zukunftsagentur Rheinisches Revier 2021: 6). Die Wirtschafts- und Strukturinvestitionen konzentrieren sich auf vier Zukunftsfelder: Energie und Industrie, Ressourcen und Agrobusiness, Innovation und Bildung sowie Raum und Infrastruktur (Zukunftsagentur Rheinisches Revier 2021: 11).

Im Zukunftsfeld „Ressourcen und Agrobusiness" findet sich unter anderem der Themenschwerpunkt „Ressourceneffizienz und zirkuläre Wirtschaft" (Zukunftsagentur Rheinisches Revier 2021: 69). Diese Systematik wird auch in den einzelnen

Förderprogrammen aufgegriffen, z. B. in REVIER.GESTALTEN. Dieser Aufruf richtet sich an strukturwirksame Projektideen, die einen Beitrag zur Umsetzung des Transformationsprozesses im Rheinischen Braunkohlerevier leisten (Landesregierung NRW 2022b: 5). Im Bereich der Circular Economy sollen Projekte und Vorhaben beispielsweise einen der folgenden Aspekte adressieren: Innovative Ansätze für eine kreislauforientierte Gestaltung von Produkten (Entwicklung und Design) und Produktionsprozessen sowie Entwicklung und Erprobung von zirkulären Geschäftsmodellen entlang der Wertschöpfungskette (Landesregierung NRW 2022b: 25).

13.2.4 Leuchtturmprojekte und Einzelmaßnahmen fördern

Leuchtturmprojekte und Einzelmaßnahmen haben eine wichtige Funktion, da sie Vorbildcharakter haben und für eine Verbreitung des zirkulären Konzeptes sorgen. Deren Förderung stellt daher ein viertes Handlungsfeld dar. Wichtig für die Landespolitik ist dabei: Die Regionen des Landes haben unterschiedliche Industrien, Schwerpunkte und auch Mentalitäten. Eine gute Lösung für eine Region muss noch keine gute Lösung für eine andere Region sein. Im Folgenden werden verschiedene Leuchtturmprojekte und Einzelmaßnahmen aus NRW vorgestellt, die in der Regel landesseitig gefördert wurden oder werden.

- **Leuchtturmprojekt Prosperkolleg**

Die Besonderheit der Emscher-Lippe-Region ist der mit dem Ende des Kohleabbaus einhergehende Strukturwandel. „Transformation" ist für die Unternehmen jahrzehntelang gelebte Praxis (s. ▶ Kap. 2). Die Förderung des Prosperkollegs startete 2019 (s. ▶ Kap. 1). Ziel war es, die Emscher-Lippe-Region beim Übergang hin zu einer zirkulären Wertschöpfung zu unterstützen. Beim Umbauprozess der Region vom Kohle- zum Chemiestandort sollte diese eine zentrale Rolle spielen. Dem Prosperkolleg kam dabei die Rolle eines Knotenpunkts zu, der die Unternehmen dabei unterstützt, ihre Geschäftsmodelle stärker auf die Circular Economy auszurichten. Vor dem Hintergrund der Forschungskompetenzen der Hochschule Ruhr West im Bereich Digitalisierung und nachhaltige Businessmodelle war es das Ziel, durch Netzwerkarbeit und Qualifizierungsangebote ein Zentrum mit überregionaler Bedeutung aufzubauen (MWEIMH 2017).

- **Leuchtturmprojekt Circular Valley**

Die Besonderheiten der Region Rhein-Ruhr lassen sich damit charakterisieren, dass hier der Geburtsort der industriellen Revolution in Deutschland liegt, dass es sich um eine weltoffene Metropolregion mit führenden Wissenschaftseinrichtungen handelt und Weltmarktführer aus allen Industrien angesiedelt sind. Das Projekt *Circular Valley* ist aus einer zivilgesellschaftlichen Organisation entstanden, der Wuppertalbewegung e.V. Ziel des Projektes ist es, dass die Region Rhein-Ruhr zu einem weltweiten Zentrum für die Circular Economy wird – so wie es das Silicon Valley für die digitale Wirtschaft geworden ist. Im Zentrum des Projektes steht der Aufbau eines Akzelerators am Standort Wuppertal, in dem Start-ups aus aller Welt mit Unternehmen und Wissenschaftseinrichtungen aus der Region an ihren zirkulären Produkten, Prozessen und Geschäftsmodellen arbeiten (MWIDE 2021b).

- **Leuchtturmprojekt CirQuality OWL**

Ostwestfalen-Lippe (OWL) zeichnet sich durch viele *Hidden Champions*, einen Produktionsschwerpunkt und starke Netzwerke wie *it's OWL* aus. Im Projekt *CirQuality OWL* haben sich fünf etablierte Innovationsnetzwerke der Region zusammen mit dem VDI OWL und der Fachhochschule Bielefeld zusammengeschlossen. Im Mittelpunkt der Zusammenarbeit steht die Befähigung von Unternehmen, die Potenziale der zirkulären Wertschöpfung nutzbar zu machen. Den Unternehmen soll es damit erleichtert werden, Ideen für die nächsten Produktgenerationen zu generieren. Hierbei werden alle Prozessbausteine betrachtet, die für die Integration von Zirkularität relevant sind, wie Technologien und Konstruktionsprozesse, aber auch Mentalitäten der beteiligten Mitarbeitenden. Dabei sichern die fünf Innovationsnetzwerke die gezielte Adaption in den spezifischen Wirtschaftsbereichen (CirQuality OWL o. J.).

- **Einzelmaßnahmen**

Neben den Leuchtturmprojekten können eher kurzfristig angelegte Einzelmaßnahmen gefördert bzw. ausgeschrieben werden, von denen jeweils ein Schub für das Thema Circular Economy erwartet werden kann. In Nordrhein-Westfalen erfolgte dies dadurch, dass die Stadt Bottrop mit inhaltlicher Unterstützung des Prosperkollegs und finanzieller Unterstützung durch das Wirtschaftsministerium NRW den *Circular Economy Hotspot 2022* erstmals in Deutschland austragen konnte. An drei Tagen wurde einem internationalen Fachpublikum die sozial-ökologische Transformation im Ruhrgebiet greifbar gemacht (Stadt Bottrop 2021). Als weitere spezifische Einzelmaßnahme kann das vom Wirtschaftsministerium NRW vergebene Projekt *Zirkel.Training* genannt werden. In dessen Rahmen entwickelte der Prosperkolleg e.V. gemeinsam mit Hochschulpartnern aus NRW eine Veranstaltungsreihe, in der Studierende frühzeitig dazu motiviert werden sollten, zu Akteuren der zirkulären Transformation zu werden. Insgesamt erfolgten sieben virtuelle Veranstaltungen zu Themen wie „Zirkuläre Wertschöpfung in der Produktentwicklung – Ist-Stand, Herausforderungen und Lösungsansätze" oder „Mit R-Beton zur zirkulären Wertschöpfung" (Prosperkolleg e.V. o. J.). Auch die Übernahme von Schirmherrschaften bzw. Schirmfrauschaften ist eine mögliche Einzelmaßnahme. So hat Landeswirtschaftsministerin Mona Neubaur die Schirmfrauschaft für den *Circulus* übernommen, den bundesweit ersten Preis für nachhaltige öffentliche Beschaffung. Mit diesem werden 2023 erstmalig Städte und Landkreise ausgezeichnet, die den Einsatz von Kunststoff-Rezyklat beim Einkauf von Produkten und Dienstleistungen ausdrücklich berücksichtigen (geTon o. J.).

13.2.5 Gesetze als Hebel für Innovationen nutzen

Mit gezielter Nachfrage kann die öffentliche Hand durch ihre Marktmacht einen Innovationsschub anregen, der zu nachhaltigeren Produkten oder Dienstleistungen führt – allein das Beschaffungsvolumen der Landesverwaltung Nordrhein-Westfalen beträgt jährlich ca. 50 Mrd. €. Ein fünftes Handlungsfeld besteht insofern darin, Gesetze als Hebel für zirkuläre Innovationen zu nutzen.

Vor diesem Hintergrund ist am 19.02.2022 ein neues Landeskreislaufwirtschaftsgesetz in Kraft getreten, das den Wandel zu einer ressourcenschonenden Kreislaufwirtschaft weiter vorantreiben soll. Es beinhaltet, dass öffentliche Ausschreibungen

Nachhaltigkeitskriterien berücksichtigen müssen und der Einsatz von Rezyklaten anstelle von Primärmaterialien deutlich erhöht wird. Das Landeskreislaufwirtschaftsgesetz legt einen besonderen Fokus auf den Baubereich, da in diesem erhebliche Mengen an natürlichen Ressourcen genutzt werden und beim Abbruch von Bauwerken die mit Abstand größten Abfallmengen anfallen. Aufgrund dieses enormen Potenzials zur Ressourcenschonung wurden die Pflichten der öffentlichen Hand bei Bauvorhaben neu definiert. Ausdrücklich sollen bei öffentlichen Vorhaben solche Baustoffe eingesetzt werden, die die natürlichen Ressourcen schonen (Landesregierung NRW 2022c).

13.2.6 Kooperationen mit Vorreitern schließen

Auch auf Landesebene sind der intensive Austausch und Kooperationen mit Partnern wichtig für eine erfolgreiche Transformation, weshalb dies als sechstes Handlungsfeld angeführt werden kann. Für Nordrhein-Westfalen sind die Niederlande und Flandern nicht nur angesichts der geografischen Lage natürliche Partner. „*Sie zählen in vielen Bereichen zu den Pionieren des zirkulären Wirtschaftens, zeigen sich offen für Kooperationen und sind mit der Wirtschaft in NRW bereits heute in vielfältigen Strukturen eng verflochten.*" (Wilts et al. 2022: 81) Fragestellungen und Lösungsansätze werden etwa regelmäßig mit den niederländischen Kolleginnen und Kollegen (z. B. Ministerie van Infrastructuur en Waterstaat) sowie mit dem Arbeitskreis Circular Economy der BeNeLux-Union diskutiert.

Darüber hinaus bieten themenspezifische Veranstaltungen Anlass zum gemeinsamen Austausch. Im Rahmen des *Circular Economy Hotspots 2022* wurde etwa ein Side-Event zum chemischen Recycling organisiert. Der Fokus lag dabei auf den neuesten Entwicklungen und Innovationen und der Frage, wie grenzüberschreitende Kollaborationen den Wandel zu einem zirkulären Kunststoffsektor beschleunigen können. Hierzu kamen bedeutende Stakeholder von niederländischer und nordrheinwestfälischer Seite zusammen.

Austausch gibt es auch über die gemeinschaftliche Begleitung der Interreg-Projekte, zum Beispiel des *Healthy Building Networks*, das durch *Interreg Deutschland – Niederland*, die Provinz Limburg und das Wirtschaftsministerium NRW gefördert wird. Hierbei handelt es sich um ein auf gesundes Bauen spezialisiertes Innovationsnetzwerk (Healthy Building Network o. J.).

13.2.7 Beratungs- und Transfereinrichtungen schaffen

Auf Landesebene besteht die Möglichkeit, Beratungs- und Transfereinrichtungen zu schaffen und damit wichtige Ansprechpersonen für Unternehmen zu installieren, was das siebte Handlungsfeld darstellt. Drei derartige Beratungs- und Transfereinrichtungen in NRW, die an der zirkulären Transformation mitwirken, sollen exemplarisch aufgeführt werden.

Das *Zentrum für Innovation und Technik in Nordrhein-Westfalen*, die ZENIT GmbH, hat mit dem Zenit e.V., einer Interessengemeinschaft mittelständischer Unternehmen aus NRW, dem Land NRW (vertreten durch das Wirtschaftsministerium) und einem Bankenkonsortium drei gleichberechtigte Gesellschafter. In deren Auftrag unterstützt ZENIT kleine und mittlere Unternehmen sowie die öffentliche Hand bei der Entwicklung neuer Produkte, Prozesse oder Geschäftsmodelle, auch im Bereich Circular Economy. Beispielhaft wurde die „Marke" *ReNewTex – Nachhaltige Kreislaufwirtschaft für faserbasierte Werkstoffe* als Netzwerk unter der Leitung der Zenit GmbH gegründet und durch das Zentrale Innovationsprogramm Mittelstand (ZIM) gefördert (ZENIT o. J.).

Die *Effizienz-Agentur NRW* ist mit dem Ziel der wirtschaftlichen Steigerung der Ressourceneffizienz in produzierenden Unternehmen im Auftrag des nordrhein-westfälischen Umweltministeriums tätig. Das Leistungsangebot besteht in der Ermittlung von Einsparpotenzialen beim Rohstoff- und Energieverbrauch, bei der Begleitung von Ressourceneffizienz-Maßnahmen sowie Veranstaltungen und Schulungen. Mit Blick auf die Circular Economy bietet die Effizienz-Agentur beispielsweise CIRCO-Workshops an, in denen Unternehmen insbesondere beim zirkulären Design von Produkten unterstützt werden (Effizienz-Agentur NRW o. J., s. auch ▶ Kap. 7).

Die 2022 gegründete Landesgesellschaft *NRW.Energy4Climate* bündelt nordrhein-westfälische Aktivitäten in den Bereichen Klimaschutz und Energiewende und beschleunigt damit die Transformation. Grundlage ist das Ziel, dass NRW vollständig klimaneutral wird und Deutschlands Industrieland Nummer eins bleibt. *NRW.Energy4Climate* unterstützt Unternehmen der Rohstoff- und Kreislaufwirtschaft sowie Produktionsbetriebe bei der Umstellung der Rohstoffbasis sowie der Anpassung der Wertschöpfungsketten. Zentral ist dabei der Wissenstransfer in die Praxis, etwa bei innovativen Rückführsystemen oder bei der Überwindung von Hemmnissen im chemischen Recycling durch das Projekt *NRW.Zirkulär* (NRW.Energy4Climate o. J.).

13.3 Grenzen von Landespolitik

Nachdem die Möglichkeiten von Landespolitik anhand von sieben konkreten Handlungsfeldern aufgezeigt wurden, sollen nachfolgend die Grenzen von Landespolitik erörtert werden. Dabei werden die Entscheidungshoheiten der in ◘ Abb. 13.1 genannten Akteure aufgezeigt und aktuelle Entwicklungen in den jeweiligen Bereichen exemplarisch skizziert.

13.3.1 Entscheidungshoheit der Unternehmen

Die öffentliche Hand kann insbesondere mit Förderprogrammen Anreize schaffen, aber Unternehmen müssen die zirkuläre Transformation aus eigener Überzeugung und auch mit eigenen finanziellen Mitteln angehen. Köhler-Geib (2022) weist darauf hin, dass die Investitionstätigkeit in Deutschland ins Stocken gekommen ist, obwohl die Investitionsbedarfe dringlicher denn je sind. In Relation zur Wirtschaftsaktivität haben sich die Unternehmensinvestitionen in den vergangenen Jahrzehnten rückläufig entwickelt (2021: 12,0 % des BIP, zu Beginn der 1990er-Jahre: 15,8 %) (Köhler-Geib 2022: 1). Der Beginn der 2020er-Jahre zeichnet sich zudem durch eine hohe Unsicherheit bei den Unternehmen infolge von Corona-Pandemie, Ukraine-Krieg und Energie-Krise aus, welche sich negativ auf die Investitionstätigkeit auswirkt (Köhler-Geib 2022: 7 f.). Der Schlüssel zukünftigen Wohlstandes liegt allerdings in einer hohen Innovations- und damit auch Investitionsbereitschaft. Als ressourcenarmes Land ist Deutschland auch bei der digitalen und grünen Transformation zwingend auf Innovationen angewiesen (Köhler-Geib 2022: 2). Ohne die Unternehmen kann der notwendige Investitionsschub aber nicht gelingen, da im langjährigen Durchschnitt knapp 90 % des gesamten Investitionsvolumens von privaten Akteuren erbracht werden, davon rund zwei Drittel von den Unternehmen. Sie spielen daher eine zentrale Rolle bei der grünen und digitalen Transformation (Köhler-Geib 2022: 7).

Ein wichtiges Signal für die Unternehmen ist, dass entsprechend einer Studie von Garcia Schmidt und Schilcher (2022) auch Mitarbeitende die Transformation zu einer Circular Economy befürworten. Erwerbstätige in Industrie, Produktion und Verarbeitung in Deutschland wurden danach gefragt, was sie über konkrete zirkuläre Wertschöpfungsstrategien denken. Knapp 88 % der Befragten wünschen sich eine Wirtschaft, bei der die Produkte möglichst bis zur maximalen Nutzungsdauer verwendet werden, anstatt diese nach kurzer Zeit zu entsorgen. Dass Unternehmen einen größeren Anreiz haben, Produkte zirkulär zu gestalten, wenn sie diese nicht verkaufen, sondern beispielsweise vermieten, wird schon seit Jahren unter dem Stichwort „Product as a service" diskutiert. Mehr als 57 % der Befragten denken, dass Teilen, Mieten oder Leasen in Zukunft zunehmen werden (Garcia Schmidt und Schilcher 2022: 4 f.). Die Autoren kommen zu dem Schluss, dass Deutschland auf dem Feld der Circular Economy zum Vorreiter werden und Technologieführerschaft für sich beanspruchen kann, wenn politische Orientierung und Rahmung mit der Veränderungsmotivation in den Unternehmen übereinstimmen (Garcia Schmidt und Schilcher 2022: 7).

13.3.2 Entscheidungshoheit der Verbraucher*innen

Die zirkuläre Transformation kann nur erfolgreich sein, wenn sich Verbraucher*innen in ihrem Konsumverhalten aktiv für zirkuläre Produkte entscheiden. Entsprechend einer Forsa-Befragung haben allerdings nur 13 % der Befragten angegeben, den Begriff „Circular Economy" schon einmal gehört oder gelesen zu haben. Immerhin 61 % der Befragten haben den Begriff „Kreislaufwirtschaft" schon gelesen oder gehört (Forsa 2021: 4). Rund drei Viertel der Befragten geben an, sich nicht so gut oder schlecht informiert zu fühlen, welche Rohstoffe für die Herstellung der Produkte, die sie im Alltag nutzen, im Herstellungsprozess benötigt werden (Forsa 2021: 6). Die Verantwortung für die Reduzierung des Rohstoffverbrauchs bei der Herstellung von Produkten sehen die Befragten bei den Hersteller*innen (87 %) und bei der Politik (62 %). 45 % sehen in erster Linie die Verbraucher*innen in der Verantwortung (Forsa 2021: 12).

Es lässt sich insofern Handlungsbedarf dahingehend konstatieren, die Informationsbasis für Verbraucher*innen bezüglich eingesetzter Ressourcen und Reparaturfähigkeit von Produkten zu erhöhen. Ein digitaler Produktpass kann ein Schlüssel dafür sein, alle relevanten Daten über verwendete Stoffe transparent darzustellen. Wichtig ist dabei, dass Informationen so einfach abgerufen werden können, dass Verbraucher*innen in ihre Kaufentscheidungen Nachhaltigkeitsaspekte einbeziehen können. Für die Akzeptanz von zirkulären Produkten durch Verbraucher*innen ist auch eine gezielte öffentliche Kommunikation und die Schaffung von Beteiligungsformaten zielführend (Rat für Nachhaltige Entwicklung 2021: 16 f.). Dass dies erfolgversprechend sein kann, zeigt sich auch daran, dass Verbraucher*innen inzwischen wieder häufiger Reparaturen bevorzugen und weniger als früher Wert auf Eigentum legen, wenn stattdessen Dienstleistungen genutzt werden können (Haberland 2019: 16).

13.3.3 Entscheidungshoheit von Wissenschaft

Für die Entwicklung von zirkulären Produkten, Prozessen und Geschäftsmodellen sind qualifizierte Mitarbeitende erforderlich, die diese entwickeln. Circular Economy sollte also stark in die Curricula von dualer Ausbildung, betrieblicher Weiterbildung und Hochschullehre integriert werden (Rat für Nachhaltige Entwicklung 2021: 17). Am Beispiel der Hochschullehre lassen sich diesbezügliche Grenzen von Landespolitik sehr gut aufzeigen – die Lehre ist nach Art. 5 (3) GG frei. Insofern ist es wichtig, dass die Hochschulen das Angebot intrinsisch motiviert ausbauen.

Zirkuläre Wertschöpfung ist in Nordrhein-Westfalen zunehmend Bestandteil von Lehre. In einer empirischen Analyse konnten 144 Studieninhalte identifiziert werden (Wilts et al. 2022: 52 f.). Diese setzen sich zusammen aus 16 Studiengängen (z. B. Energie- und Ressourcenmanagement), 22 Hochschulen, die Abschlussarbeiten im Themenbereich zirkuläres Wirtschaften anbieten (z. B. Innovationsmanagement in der Kreislaufwirtschaft), 41 Lehrveranstaltungen mit einem starken Fokus auf zirkuläres Wirtschaften (z. B. Circular Economy and Sustainable Development) sowie 65 Lehrinhalten, in denen unter anderem die Ansätze des zirkulären Wirtschaftens vermittelt werden (z. B. Eisen- und Stahlerzeugung). Der Großteil der vermittelten Kompetenzen ist verfahrenstechnisch bzw. ingenieurwissenschaftlich (22 %) sowie wirtschaftlich (21 %) zu kategorisieren. Darauf folgen abfallwirtschaftliche sowie materialwissenschaftliche/architektonische Kompetenzen (je 13 %). Geringe Anteile zeigen sich bei sozialwissenschaftlichen Kompetenzen (11 %), beim Design (10 %) sowie bei rechtlichen und informationstechnischen Kompetenzen (je 5 %) (Wilts et al. 2022: 54).

Mit Blick auf das Lehrangebot an den Hochschulen Nordrhein-Westfalens lässt sich zusammenfassend eine sehr dynamische Entwicklung konstatieren (Wilts et al. 2022: 57). Für eine zirkuläre Transformation scheint es jedoch dringend erforderlich, dass diese Entwicklung weiter voranschreitet und das Angebot konsequent ausgebaut wird, insbesondere in Bezug auf Circular Design.

13.3.4 Entscheidungshoheiten von EU, Bund und Kommunen

Die Regionalpolitik für die Bundesrepublik Deutschland wird im Rahmen eines Vier-Ebenen-Systems gestaltet: EU-Ebene, Nationalstaaten (Bund), Bundesländer und Kommunen haben unterschiedliche Kompetenzen und damit auch jeweils Grenzen der Gestaltungsmöglichkeiten (Zdrowomyslaw und Bladt 2009: 68). Für die regionale Wirtschaftsförderung sind in erster Linie die Gemeinden (Artikel 28 GG) und die Länder (Artikel 30 GG) zuständig. Die Mitwirkung des Bundes lässt sich aus Artikel 91a GG bzw. hinsichtlich der Verteilung von Ausgaben und damit einhergehender Kompetenzen aus Artikel 104a GG ableiten (Zdrowomyslaw und Bladt

2009: 74). Darüber hinaus wird die Wirtschafts- und Strukturpolitik sowie Wirtschaftsförderung zunehmend durch EU-Bestimmungen ergänzt und überlagert. Ziel ist die Festigung des wirtschaftlichen und sozialen Zusammenhalts sowie die Förderung von Wachstum und Beschäftigung in unterentwickelten Regionen (Zdrowomyslaw und Bladt 2009: 75 f.).

Diese Ebenen haben jeweils bestimmte Kompetenzen und können damit sowohl Treiber als auch Bremser einer zirkulären Transformation sein. Exemplarisch wird dies am Beispiel des *Circular Economy Action Plans* verdeutlicht, der als wichtigster politischer Treiber für Unternehmen wahrgenommen wird, sich der Circular Economy anzunehmen (Stiftung Familienunternehmen 2021: 47). Der *Circular Economy Action Plan* ist eine zentrale Säule des *Europäischen Green Deals*, Europas neuer Agenda für ein nachhaltiges Wachstum. Der Aktionsplan verfolgt das Ziel, nachhaltige Produkte zum Standard in der EU zu machen. Ein wichtiger Bestandteil ist, Verbraucher*innen sowie die öffentliche Hand zu befähigen. Der Aktionsplan fokussiert sich auf die Sektoren, die einen hohen Ressourcenverbrauch haben, und in denen das Potenzial für Zirkularität sehr hoch ist: Elektronik und IKT, Batterien und Fahrzeuge, Verpackungen, Kunststoffe, Textilien, Bauwirtschaft und Gebäude sowie Lebensmittel. Die Bedeutung des Aktionsplans wird in folgendem Zitat klar herausgestellt: *„The transition to the circular economy will be systemic, deep and transformative, in the EU and beyond. It will be disruptive at times, so it has to be fair. It will require an alignment and cooperation of all stakeholders at all levels – EU, national, regional and local, and international."* (European Commission 2020)

13.4 Fazit

NRW hat heute mit Blick auf die Circular Economy ein spezifisches und in Deutschland einzigartiges Profil. Wilts et al. (2022) heben hervor, dass Nordrhein-Westfalen über eine räumliche Konzentration vieler Schlüssel-Akteure in zentralen Wertschöpfungsketten sowie hochinnovative Unternehmen und bestehende Best-Practice-Beispiele verfügt. Neben exzellenter Forschungslandschaft und Transfereinrichtungen heben die Autoren heraus, dass zirkuläre Wertschöpfung in einer Vielzahl von Strategien verankert ist, z. B. der Nachhaltigkeits- oder der Innovationsstrategie. Schwächen bestehen u. a. darin, dass häufig ein zu starker Fokus auf Abfall und Abfallentsorgung gelegt wird, dass zu wenig private Investitionen in zirkuläre Produkte und Geschäftsmodelle getätigt werden und dass zirkuläre Wertschöpfung noch zu wenig als Querschnittsthema wahrgenommen wird (Wilts et al. 2022: 75).

Diese Position gilt es durch alle Akteure im Rahmen ihrer jeweiligen Möglichkeiten und auch Grenzen konsequent weiterzuentwickeln. Dabei wird der geplanten Kreislaufwirtschaftsstrategie, die dem in diesem Beitrag skizzierten Verantwortungsbereich der Landespolitik zuzuordnen ist, eine zentrale Rolle zukommen, auch mit Blick auf das Zielbild der klimaneutralen Industrie (CDU und Grüne 2022: 19 f.). Mögliche Maßnahmen, die die Kreislaufwirtschaftsstrategie beinhalten kann, wurden durch Wilts et al. (2022) erarbeitet. Diese beziehen sich darauf, wie Investitionen und Finanzierung gestärkt werden können, wie die Umsetzung in Unternehmen gefördert werden kann, wie Circular Economy als Querschnittsthema etabliert werden kann, wie Innovationen unterstützt werden können und wie ganz NRW auf dem Weg der zirkulären Transformation mitgenommen werden kann (Wilts et al. 2022: 77).

Kernbotschaften

- Akteure der zirkulären Transformation stammen aus dem politischen, wirtschaftlichen, zivilgesellschaftlichen und wissenschaftlichen Bereich und haben jeweils individuelle Entscheidungshoheiten.
- Die Politik hat auch auf Bundeslandebene zahlreiche Möglichkeiten, die zirkuläre Transformation voranzutreiben, zum Beispiel durch Förderung von Leuchtturmprojekten, durch strategische Fokussierung sowie durch Gesetze, die zu Innovationen führen.
- Neben den richtigen politischen Rahmenbedingungen sind insbesondere eine entsprechende Investitionstätigkeit der Unternehmen, ein nachhaltiges Konsumverhalten der Verbraucher*innen sowie eine Verankerung im Bildungssektor für eine zirkuläre Transformation erforderlich.

Literatur

CDU; Grüne (2022): Zukunftsvertrag für Nordrhein-Westfalen. Online verfügbar unter https://gruene-nrw.de/dateien/Zukunftsvertrag_CDU-GRUeNE_Vorder-und-Rueckseite.pdf, zuletzt geprüft am 07.07.2023.

CirQuality OWL (o. J.): Projekt. Online verfügbar unter https://www.cirqualityowl.de/projekt/, zuletzt geprüft am 07.07.2023.

Effizienz-Agentur NRW (o. J.): Übersicht. Online verfügbar unter https://www.ressourceneffizienz.de/effizienz-agentur-nrw, zuletzt geprüft am 07.07.2023.

European Commission (2020): A new Circular Economy Action Plan. Online verfügbar unter https://eur-lex.europa.eu/legal-content/EN/TXT/?qid=1583933814386&uri=COM:2020:98:FIN, zuletzt geprüft am 07.07.2023.

Forsa (2021): Repräsentative Bevölkerungsbefragung zum Thema „Circular Economy". Online verfügbar unter https://www.dbu.de/media/270621100108orea.pdf, zuletzt geprüft am 07.07.2023.

Garcia Schmidt, Armando; Schilcher, Christian (2022): Circular Economy – Zielbild, Chance und Herausforderung. Ergebnisse einer Befragung. In: Nachhaltige Soziale Marktwirtschaft, Policy Brief 2022 | 03. Online verfügbar unter https://www.bertelsmann-stiftung.de/de/publikationen/publikation/did/policy-brief-2022-03circular-economy-zielbild-chance-und-herausforderung-ergebnisse-einer-befragung, zuletzt geprüft am 07.07.2023.

geTon (o. J.): Circulus – der Preis. Online verfügbar unter https://get-on.org/, zuletzt geprüft am 07.07.2023.

Grießhammer, Rainer; Brohmann, Bettina (2015): Wie Transformationen und gesellschaftliche Innovationen gelingen können. Online verfügbar unter https://www.umweltbundesamt.de/sites/default/files/medien/376/publikationen/wie_transformationen_und_gesellschaftliche_innovationen_gelingen_koennen.pdf, zuletzt geprüft am 07.07.2023.

Haberland, Lukas (2019): Circular Society: Gemeinsam tüfteln und teilen. In: Prognos AG (Hrsg.): Zirkulär statt linear, S. 16-17. Online verfügbar unter https://www.prognos.com/sites/default/files/2021-03/2019_01_trendletter_DE_0.pdf, zuletzt geprüft am 07.07.2023.

Healthy Building Network (o. J.): Über HBN. Online verfügbar unter https://healthybuildingnetwork.com/de/ueber-hbn, zuletzt geprüft am 07.07.2023.

Interreg Deutschland – Nederland (2022): Kooperationsprogramm 2021-2027. Online verfügbar unter https://deutschland-nederland.eu/wp-content/uploads/2022/04/220303-DE-NL-OP-2021-2027_DE.pdf, zuletzt geprüft am 07.07.2023.

Köhler-Geib, Fritzi (2022): Ein Investitionsschub für die Transformation – was ist konkret nötig? Online verfügbar unter https://www.kfw.de/PDF/Download-Center/Konzernthemen/Research/PDF-Dokumente-Studien-und-Materialien/KfW-Research-Positionspapier-November-2022.pdf, zuletzt geprüft am 07.07.2023.

Landesregierung NRW (2020): Die globalen Nachhaltigkeitsziele konsequent umsetzen. Online verfügbar unter https://nachhaltigkeit.nrw.de/fileadmin/Dokumente/NRW_Nachhaltigkeitsstrategie_2020.pdf, zuletzt geprüft am 07.07.2023.

Landesregierung NRW (2022a): Förderbekanntmachung Regio.NRW – Transformation. Online verfügbar unter https://www.efre.nrw.de/fileadmin/00_Foerderungen_2021-2027/02.11.2022_Regio.NRW-Transformation_Foerderbekanntmachung.pdf, zuletzt geprüft am 07.07.2023.

Landesregierung NRW (2022b): Projektaufruf REVIER.GESTALTEN. Online verfügbar unter https://www.rheinisches-revier.de/wp-content/uploads/2022/08/final_aufruf_reviergestalten_2022-03-04.pdf, zuletzt geprüft am 07.07.2023.

Landesregierung NRW (2022c): Neues Kreislaufwirtschaftsgesetz verabschiedet. Online verfügbar unter https://www.land.nrw/pressemitteilung/neues-kreislaufwirtschaftsgesetz-verabschiedet, zuletzt geprüft am 07.07.2023.

Ministerium für Wirtschaft, Energie, Industrie, Mittelstand und Handwerk (2017): Land unterstützt Prosperkolleg für Zirkuläre Wertschöpfung in der Emscher-Lippe-Region. Online verfügbar unter https://www.wirtschaft.nrw/pressemitteilung/land-unterstuetzt-prosperkolleg-fuer-zirkulaere-wertschoepfung-der-emscher-lippe, zuletzt geprüft am 07.07.2023.

Ministerium für Wirtschaft, Innovation, Digitalisierung und Energie des Landes Nordrhein-Westfalen (2019): Industrie ist Zukunft. Online verfügbar unter https://www.wirtschaft.nrw/sites/default/files/documents/190925_industriepolitisches_leitbild_finale_fassung.pdf, zuletzt geprüft am 07.07.2023.

Ministerium für Wirtschaft, Innovation, Digitalisierung und Energie des Landes Nordrhein-Westfalen (2021a): Regionale Innovationsstrategie des Landes Nordrhein-Westfalen. Online verfügbar unter https://www.wirtschaft.nrw/sites/default/files/documents/21-0924_mwide_broschuere_regionale_innovationsstrategie_des_landes_nrw-web2.pdf, zuletzt geprüft am 07.07.2023.

Ministerium für Wirtschaft, Innovation, Digitalisierung und Energie des Landes Nordrhein-Westfalen (2021b): Wirtschaftsministerium fördert Circular Valley mit rund 3,6 Millionen Euro. Online verfügbar unter https://www.wirtschaft.nrw/pressemitteilung/wirtschaftsministerium-foerdert-circular-valley-mit-rund-36-millionen-euro, zuletzt geprüft am 07.07.2023.

NRW.Energy4Climate (o. J.): Industrie in NRW. Online verfügbar unter https://www.energy4climate.nrw/industrie-produktion/uebersicht, zuletzt geprüft am 07.07.2023.

Prognos AG (2021): Studie zur Leistungsfähigkeit der NRW-Industrie und ihrer Transformation, im Auftrag des Ministeriums für Wirtschaft, Innovation, Digitalisierung und Energie des Landes NRW. Online abrufbar unter https://www.wirtschaft.nrw/system/files/media/document/file/nrw-industrie-studie.pdf, zuletzt geprüft am 07.07.2023.

Prosperkolleg e.V. (o. J.): Zirkel.Training. Online verfügbar unter https://prosperkolleg.ruhr/themen-projekte/zirkel-training/, zuletzt geprüft am 07.07.2023.

Rat für Nachhaltige Entwicklung (2021): Zirkuläres Wirtschaften: Hebelwirkung für eine nachhaltige Transformation. Online verfügbar unter https://www.nachhaltigkeitsrat.de/wp-content/uploads/2021/10/20211005_RNE_Stellungnahme_zirkulaeres_Wirtschaften.pdf, zuletzt geprüft am 07.07.2023.

Runder Tisch Zirkuläre Wertschöpfung NRW (o. J.): Über den Runden Tisch. Online verfügbar unter https://www.zirkulaere-wertschoepfung-nrw.de/netzwerk/, zuletzt geprüft am 07.07.2023.

Scheelhaase, Tanja; Zinke, Guido (2016): Potenzialanalyse einer zirkulären Wertschöpfung im Land Nordrhein-Westfalen. Online verfügbar unter https://broschuerenservice.nrw.de/files/download/pdf/potenzialanalyse-mweimh-2016-web-pdf_von_potenzialanalyse-bericht_vom_mwide_2361.pdf, zuletzt geprüft am 07.07.2023.

Stadt Bottrop (2021): Circular Economy Hotspot: 2022 erstmalig in Bottrop. Online verfügbar unter https://www.bottrop.de/guiapplications/newsdesk/publications/Stadt_Bottrop/113010100000239356.php.media/239257/Pressemitteilung-Circular-Economy-Hotspot-2022-in-Bottrop.pdf, zuletzt geprüft am 07.07.2023.

Stiftung Familienunternehmen (Hrsg.) (2021): Circular Economy in Familienunternehmen – Herausforderungen, Lösungsansätze und Handlungsempfehlungen, erstellt von der Stiftung 2°, Fraunhofer CeRRI, Fraunhofer IMW und Fraunhofer UMSICHT, München 2021. Online verfügbar unter https://www.fraunhofer.de/content/dam/zv/de/forschung/artikel/2021/kreislaufwirtschaft/Circular-Economy-in-Familienunternehmen_Studie_Stiftung-Familienunternehmen.pdf, zuletzt geprüft am 07.07.2023.

Wilts et al (2022): NRW 2030: Von der fossilen Vergangenheit zur zirkulären Zukunft. Online verfügbar unter https://wupperinst.org/fa/redaktion/downloads/projects/NRW2030_Zirkulaere_Zukunft.pdf, zuletzt geprüft am 05.07.2023.

Zdrowomyslaw, Norbert; Bladt, Michael (Hrsg.) (2009): Regionalwirtschaft, Gernsbach: Deutscher Betriebswirte-Verlag.

ZENIT (o. J.): Projekte. Online abrufbar unter https://www.zenit.de/projekte/, zuletzt geprüft am 07.07.2023.

Zukunftsagentur Rheinisches Revier (2021): Wirtschafts- und Strukturprogramm für das Rheinische Zukunftsrevier 1.1 (WSP 1.1.). Online verfügbar unter https://www.rheinisches-revier.de/wp-content/uploads/2022/04/wsp_1.1.pdf, zuletzt geprüft am 07.07.2023.

Kompetenzzentrum Circular Economy mit regionaler Hub-Struktur

Sabine Büttner, *Wolfgang Irrek* und *Uwe Handmann*

Inhaltsverzeichnis

14.1	**Transformationsprozess zur Circular Economy in NRW – 201**	
14.1.1	Status quo der Circular Economy in NRW – 201	
14.1.2	Modelle der Transformationsforschung – 202	
14.1.3	Geografischer Rahmen – 202	
14.2	**Pilotprojekte und Initiativen der Transformationsunterstützung – 203**	
14.3	**Bedarfe von Unternehmen und weiteren Zielgruppen – 204**	
14.3.1	Kleine und mittlere Unternehmen (KMU) – 204	
14.3.2	Verbraucher*innen – 206	
14.3.3	Kommunen – 207	
14.4	**Das Modell der Kompetenzzentren – 207**	
14.4.1	Zweck und Charakteristika von Kompetenzzentren – 208	
14.4.2	Inhaltliche Schwerpunkte und Aktivitäten – 208	
14.4.3	Wirkungsradius, Struktur und Bezeichnung – 209	
14.4.4	Finanzierungsmodelle und Trägerschaft – 209	

© Der/die Autor(en), exklusiv lizenziert an Springer Fachmedien Wiesbaden GmbH, ein Teil von Springer Nature 2024
S. Büttner et al. (Hrsg.), *Transformation zur Circular Economy*, Sustainable Development Goals (SDG) – Umsetzung in Praxis, Lehre und Entscheidungsprozessen,
https://doi.org/10.1007/978-3-658-43338-3_14

14.5 **Kompetenzzentrum Circular Economy NRW – 210**
14.5.1 Vorteile – 210
14.5.2 Struktur – 211
14.5.3 Aufgaben und Leistungen – 213

14.6 **Fazit und Ausblick – 215**

Literatur – 216

14.1 Transformationsprozess zur Circular Economy in NRW

Es besteht mittlerweile ein breiter Konsens darüber, dass das Konzept der Circular Economy ein zentraler Baustein auf dem Weg zu einer klimaneutralen und nachhaltigen Wirtschafts- und Gesellschaftsform ist (vgl. auch ▶ Kap. 3 und 4). Dennoch ist es ein langer Weg von der theoretischen Erkenntnis bis zur Umsetzung. Dahinter steht ein umfassender Transformationsprozess, der zwar angestoßen ist, aber noch in die Breite getragen werden muss. Die Herausforderungen werden mit Blick auf die Bundesrepublik greifbar: Deutschland tut sich eher schwer mit der Umsetzung und kommt mit einer Quote von 13,4 % zirkulärer Rohstoffnutzung im Jahr 2020 kaum über den europäischen Durchschnitt hinaus (Eurostat 2021). Während die nachsorgende Kreislaufwirtschaft, also die Verwertung von Abfällen, zuverlässig funktioniert, gelingt es nicht, deren Entstehung zu vermeiden – das Abfallaufkommen in Deutschland steigt sogar (Wilts 2021: 7).

14.1.1 Status quo der Circular Economy in NRW

Die Studie *NRW 2030: Von der fossilen Vergangenheit zur zirkulären Zukunft* bescheinigt dem Land Nordrhein-Westfalen (NRW) grundsätzlich gute Voraussetzungen, die Transformation hin zu einer zirkulären Wertschöpfung zu meistern (Wilts et al. 2022: 8). Danach zeichnet sich das bevölkerungsreichste Bundesland durch eine starke industrielle Struktur aus, die aufgrund ihrer bisherigen Ausrichtung allerdings einem großen Veränderungsdruck ausgesetzt sei. Zahlreiche Pilotprojekte und Vorreiter der Industrie hätten inzwischen exemplarisch gezeigt, wie sich die Potenziale der Circular Economy nutzen ließen. Die Perspektive habe sich dabei geweitet von Optimierungsansätzen in einzelnen Betrieben hin zur integrierten Betrachtung ganzer Wertschöpfungsketten (Wilts et al. 2022: 19). Ein einheitliches Bild der Umsetzung von zirkulärer Wertschöpfung in den Industrien in NRW lässt sich aufgrund der Heterogenität der Branchen allerdings nicht zeichnen. Während besonders ressourcenintensive Industriezweige und große Unternehmen tendenziell schon weiter seien, fiele es kleinen und mittleren Unternehmen (KMU) und Handwerksbetrieben häufig schwer, regulatorische Vorgaben umzusetzen und die abstrakten Strategien der Circular Economy auf die eigene Praxis zu übertragen.

Zu den in der Studie identifizierten Schwächen im Transformationsprozess gehören die noch ausbaufähige Kooperation und Vernetzung unter den Hochschulen, die Koordination der Förderinitiativen und eine einheitliche Kommunikation. Trotz unterschiedlichster Bemühungen blieben messbare Effekte, etwa beim Rohstoffverbrauch, bislang aus. Ferner schränke die starke Einbindung von KMU in Wertschöpfungsketten, häufig als Zulieferer der Industrie, deren Handlungsspielraum deutlich ein (Wilts et al. 2022: 73). „*Bislang sind also Grundlagen und Modelle entwickelt worden, die jetzt in die Breite getragen werden müssen*", so die Einschätzung der Studie zum Status quo der Circular-Economy-Transformation in NRW (Wilts et al. 2022: 68).

14.1.2 Modelle der Transformationsforschung

Eine abstraktere Perspektive auf den Transformationsprozess und seine Erfolgsbedingungen bieten Modelle der interdisziplinären Transformationsforschung. Ein Teilgebiet dieser Forschungsrichtung beschäftigt sich mit der Analyse und Beschreibung von Transformationspfaden. Im Zentrum des Interesses steht hier der Versuch, Regelmäßigkeiten im längerfristigen Ablauf von Transformationsprozessen zu identifizieren. Das Vier-Phasen-Modell nach Rotmans et al. kennt etwa eine Vorentwicklungsphase mit vielen Innovationen, eine Take-off-Phase mit ersten Veränderungen, eine Durchbruchphase mit strukturellem Wandel und eine Stabilisierungsphase, in der ein neues Gleichgewicht entsteht (Wittmeyer und Hölscher 2017: 60–61). Der niederländische Transition-Management-Ansatz unterscheidet hingegen drei Phasen (*Predevelopment*, *Take-off* und *Acceleration*) im zeitlichen Ablauf und beschreibt darüber hinaus drei Ebenen, auf denen Veränderungen stattfinden: Nischen (technologische Innovationen, Netzwerke von unterstützenden Akteuren), sozio-technische Regime (z. B. Märkte, Industrien, Wissenschaft) und sozio-technische „Landschaften" (Institutionen, Entwicklungen), die den höchsten Grad an Stabilität des Systems aufweisen (Kristof 2020: 18). Beiden Modellen gemeinsam ist die Unterscheidung von Phasen, die sich im Wirkungsradius, in der Stabilität der Veränderung und den jeweils dominanten Akteuren unterscheiden. Bezogen auf die Situation der Circular Economy in NRW lässt sich der notwendige nächste Schritt als Übergang in die Take-off-Phase, also eine Verbreiterung des Konzepts nach einer ersten Entwicklungs- und Experimentierzeit, charakterisieren.

14.1.3 Geografischer Rahmen

Die breite Verankerung von Circular-Economy-Konzepten in Wirtschaft und Gesellschaft ist eine Querschnittsaufgabe über Wertschöpfungsketten und Politikfelder hinweg. Sowohl die wirtschaftlichen Verflechtungen als auch die politischen Rahmensetzungen reichen von der kommunalen bis zur internationalen Ebene. Wichtige Impulse und Vorgaben zur Circular Economy in Europa kommen von der Europäischen Kommission (vgl. EU Green Deal). Diese müssen jedoch auf den nationalen, regionalen und lokalen Rahmen heruntergebrochen und vermittelt werden, wo der „Take-off" erfolgen muss. Welcher geografische Rahmen ist also das geeignete Handlungsfeld für welche Aktivitäten? Während europäische Vorgaben direkt oder in Form nationaler Gesetzgebung als Regularien wirksam werden, stecken die Bundesländer den Handlungsrahmen für Wissenschaftstransfer, Förderinitiativen und den Aufbau lokal oder regional wirkender Strukturen. In NRW kommt aufgrund seiner Fläche und Bevölkerungszahl den Regionen des Landes eine große Bedeutung zu, da – so die These dieses Beitrags – KMU wie auch weitere Akteursgruppen „vor Ort" erreicht werden müssen (s. auch ▶ Kap. 2 und 15).

14.2 Pilotprojekte und Initiativen der Transformationsunterstützung

Der politische Wunsch, die Circular Economy voranzutreiben, manifestiert sich auf EU-Ebene seit 2015 im *Circular Economy Action Plan* und hat seitdem Eingang in die nationalen und regionalen Strategien und Förderprogramme gefunden. Nicht zuletzt diese Impulse haben auch in NRW dazu geführt, dass eine vielgestaltige Landschaft an Projekten und Initiativen rund um die zirkuläre Wertschöpfung und verwandte Themenfelder entstanden ist.

Die Initiativen unterscheiden sich in ihrer inhaltlichen Schwerpunktsetzung, ihrem geografischen Wirkungsradius, in den adressierten Zielgruppen wie auch in ihrer Zielsetzung (vgl. auch Wilts et al. 2022: 20 ff.). So stehen bei einem Teil der Projekte Wertschöpfungsketten wie die Bauwirtschaft (Regionale Ressourcenwende in der Bauwirtschaft ReBAU) oder Kunststoffe (Fraunhofer Umsicht mit dem Forschungscluster *Circular Plastics Economy*) im Fokus oder es werden Themenfelder wie das Batterierecycling (IWARU Institut), die Bioökonomie (RIN Stoffströme) oder die Abfallwirtschaft (Bergischer Abfallwirtschaftsverband) bearbeitet. Andere Initiativen sind inhaltlich breiter aufgestellt, definieren sich aber über eine Region innerhalb NRWs wie *CirQuality OWL* für die Region Ostwestfalen-Lippe (bis Ende 2022) oder das *Prosperkolleg* für die Region Emscher-Lippe (s. ▶ Kap. 1), wobei auch ein doppelter Fokus auf Thema und Region möglich ist (Bioökonomie im Rheinland, Abfallwirtschaft im Bergischen). Auch Handwerkskammer sowie Industrie- und Handelskammer sind regional, aber auch NRW-weit in Circular-Economy-Projekten initiativ.

Unterschiede sind darüber hinaus in den Zielgruppen und der Zielsetzung festzustellen: Während sich beispielsweise die Initiative *Circular Valley* an Start-ups richtet und sie mit Großunternehmen vernetzt, adressiert das Prosperkolleg vor allem KMU, die Kammern wiederum ihre Mitglieder, also Handwerks-, Industrie- und Handelsbetriebe. Der Kontakt zu Unternehmen findet teilweise in Form von Pilotprojekten mit Forschungscharakter statt, in denen einzelne Verfahren (weiter-)entwickelt werden, teilweise steht die Breitenwirkung über Wissensvermittlung rund um das Thema Circular Economy, die Vernetzung der Unternehmen untereinander und die praktische Unterstützung der Betriebe, etwa durch individuelle Potenzialanalysen oder Förderberatung, im Zentrum der Aktivitäten. Häufig arbeiten in den Projekten unterschiedliche Organisationen wie wissenschaftliche Einrichtungen, Verbände, Kommunen und Unternehmen als Praxispartner zusammen (s. ▶ Kap. 2).

Neben diesen Initiativen, die meist über Förderprogramme finanziert sind und deren Laufzeit begrenzt ist, haben auch etablierte Institutionen eigene Forschungsschwerpunkte zur Circular Economy eingerichtet (Wuppertal Institut) oder Unterstützungsleistungen ausgebaut (Effizienz-Agentur NRW). Auch NRW.Energy4Climate, als Landesgesellschaft 2022 gegründet, hat das Thema im Portfolio, ist jedoch in erster Linie auf die zirkuläre Wertschöpfung als Beitrag zum Klimaschutz in der Grundstoffindustrie ausgerichtet.

Als weitere Akteure sind die Hochschulen wie auch Unternehmen zu nennen. Hochschulen sorgen sowohl im Lehrbetrieb als auch in Forschungsprojekten oder breiter angelegten Initiativen mit Unternehmen für Wissens- und Technologietransfer. Eine Übersicht des Lehrangebots zum Themenkomplex Circular Economy in NRW bietet die Studie *NRW 2030: Von der fossilen Vergangenheit zur zirkulären Zukunft* (Wilts et al. 2022: 49 ff.). Neben den institutionellen, überwiegend öffentlich geförderten Akteuren spielen einzelne Unternehmen als Vorreiter und Leuchttürme in der Industrie durch ihre Vorbildfunktion eine wichtige Rolle. Initiativen wie *TTZ – Transform to Zero*, ein Zusammenschluss von Unternehmen im nördlichen Ruhrgebiet, wollen darüber hinaus explizit eine regionale Anlaufstelle und Unterstützer für andere Unternehmen sein (TTZ – Transform to Zero 2022).

Insgesamt entsteht der Eindruck, dass Unternehmen sowie andere gesellschaftliche Akteure, die Unterstützung im Transformationsprozess suchen oder sich mit dem Konzept der Circular Economy vertraut machen möchten, mit einem Panorama unterschiedlichster Angebote, Projekte und Initiativen konfrontiert sind. Das gilt nicht zuletzt auf sprachlicher Ebene: Vom „Klimaschutz" bis zur „Ressourceneffizienz", von der „Kreislaufwirtschaft" bis zur „Umweltwirtschaft", von der „zirkulären Wertschöpfung" über das „Circular Design" bis zum „Recycling" – ein Bündel an Begriffen ist in Verwendung, die sich inhaltlich teilweise mit dem der „Circular Economy" überschneiden, über die wiederum selbst kaum ein verfestigtes, einheitliches Verständnis besteht (s. ▶ Kap. 4).

Die beschriebenen Beobachtungen, insbesondere die Vielfalt der Angebote, stellen eine Hürde im Veränderungsprozess dar. Eine erfolgreiche Transformationsunterstützung muss jedoch nicht nur klar strukturiert, sondern auch auf die spezifischen Bedürfnisse der Adressaten ausgerichtet sein. Im Folgenden werden daher die Zielgruppen der Unterstützungsangebote und ihre Bedarfe dargestellt.

14.3 Bedarfe von Unternehmen und weiteren Zielgruppen

Große Unternehmen verfügen in der Regel über die finanziellen und personellen Ressourcen, Innovationen und Wandlungsprozesse systematisch zu planen und voranzutreiben. Häufig haben sie ein eigenes Nachhaltigkeitsmanagement oder betreiben Circular-Economy-Initiativen, Forschungslabore entwickeln die technischen Grundlagen für neue Produktionsweisen, Strategieabteilungen planen neue Geschäftsmodelle. KMU hingegen fällt es meist schwer, neben dem betrieblichen Alltag die strategische Weiterentwicklung wie auch technische Neuerungen voranzutreiben. Sie stehen daher im Fokus vieler öffentlicher Förderprogramme und waren auch Hauptzielgruppe des Prosperkollegs (s. ▶ Kap. 1).

14.3.1 Kleine und mittlere Unternehmen (KMU)

■ *Erfahrungen des Prosperkollegs*

Die Erfahrungen des Prosperkollegs im Austausch mit produzierenden Unternehmen der Region Emscher-Lippe und darüber hinaus haben gezeigt, dass KMU ohne vorherige Kenntnisse des Konzepts der Circular Economy Unterstützung bei der strategischen Weiterentwicklung wie auch der Implementierung benötigen.

Nach wie vor fehlt es ihnen in der Breite an Wissen. Häufig wird Circular Economy auf Recycling reduziert und nicht als umfassende Strategie verstanden. Damit geht einher, dass der Mehrwert zirkulärer Wertschöpfung für viele Unternehmen nicht ausreichend klar ist und somit der Handlungsanreiz für betriebliche Veränderungen fehlt. Dem kann mit niedrigschwelligen Informationsangeboten begegnet werden, die eine erste Auseinandersetzung mit dem Thema bequem möglich machen.

Die Theorie der Circular Economy, beispielsweise in Form der R-Strategien zusammengefasst, ist häufig zu abstrakt, um auf die eigene betriebliche Situation übertragen werden zu können. Unternehmen brauchen anschauliche Praxisbeispiele und Demonstrationslabore, um diesen Transfer leichter bewerkstelligen zu können.

Angesichts einer Vielzahl von Ansatzpunkten für zirkuläre Strategien von effizienzbasierten Optimierungen im Produktionsprozess bis hin zur Veränderung ganzer Geschäftsmodelle stehen viele Betriebe vor der Herausforderung, die ersten Schritte für sich zu definieren. Hilfestellungen zur Identifikation von Handlungsfeldern und die Begleitung im Prozess sind daher wichtige Unterstützungsleistungen. Sind Ansatzpunkte identifiziert, sind vertiefende Angebote wie F&E-Projekte mit Hochschulen und Forschungsinstituten, fachspezifische Beratung wie auch Beratungen zu Finanzierungsmöglichkeiten gefragt, welche die konkrete Umsetzung ermöglichen (s. dazu ausführlicher ▶ Kap. 5 und 6).

- *Machbarkeitsstudie der Handwerkskammer Münster*

Die Handwerkskammer Münster hat 2021 gemeinsam mit Partnern aus Hochschulen, Verwaltung und Wirtschaftsförderung die Bedingungen für eine stärker zirkuläre Ausrichtung der Prozesse, Produkte und Dienstleistungen in KMU im deutsch-niederländischen Grenzgebiet untersucht (HWK Münster 2022). Befragt wurden insgesamt 63 KMU aus den Branchen Metall- und Maschinenbau, Bau/Ausbau, Kunststoff und Elektro. Zu den zentralen Erkenntnissen der Studie gehört, dass zirkuläre Wertschöpfung bislang kaum eine Rolle bei den Entscheidungs- und Strategieprozesse in den befragten Unternehmen spielt, während die Notwendigkeit dazu von einer klaren Mehrheit erkannt wird: 85 % der Befragten sieht es als relevant an, erhöhten Zugang zu Verbesserungsstrategien zu erhalten, um zukünftig zirkulärer wirtschaften zu können.

Deutlich wird jedoch auch, dass die befragten Unternehmen dies nicht aus eigener Kraft können:

- 40 % fühlen sich mit ihrer Absicht, das Unternehmen umzugestalten, allein, und 60 % gaben an, dass sie externe Unterstützung benötigen.
- 79 % wünschen sich Unterstützung bei der Berechnung des Kostensenkungspotenzials von Maßnahmen der Kreislaufwirtschaft für ihr Unternehmen.
- 77 % benötigen Hilfe, um Entscheidungen zu treffen, welche die neue Komplexität ihrer sich verändernden Lieferketten berücksichtigen.

Die wichtigsten Investitionsbereiche sehen die befragten Unternehmen in der Zusammenarbeit in Unternehmensökosystemen (33 %), der Nutzung von Big Data (35 %), der zirkulären Entscheidungsfindung (37 %) und im Einsatz von künstlicher Intelligenz (44 %). Die Studie kommt darüber hinaus zu der Erkenntnis, dass die in den betrachteten Branchen stark vertretenen Klein- und Kleinstunternehmen in besonderem Maße auf niedrigschwellige und praxisnahe Instrumente angewiesen sind.

Die Ergebnisse der Machbarkeitsstudie weisen also in eine ähnliche Richtung wie die Erfahrungen des Prosperkollegs: Insbesondere kleine Unternehmen benötigen Unterstützung bei der Entwicklung von zirkulären Strategien und der Identifikation von Potenzialen für ihre individuelle Situation. Das Beispiel der Handwerkskammer Münster zeigt auch, dass Organisationen wie Handwerkskammern, Industrie- und Handelskammern, Berufsverbände und Wirtschaftsförderer wichtige Multiplikatoren für die Verbreitung des Konzepts und die Unterstützung der Unternehmen sind. Welche Rolle das Thema Circular Economy dort spielt, hängt jedoch stark von der jeweiligen lokalen oder regionalen Vertretung ab.

- **Die Initiative *Transform to Zero***

Unter dem Namen *TTZ – Transform to Zero im Prosperkolleg* haben sich Unternehmen des nördlichen Ruhrgebiets zusammengeschlossen, um sich gegenseitig auf dem Weg zum dreifachen Ziel „Zero Waste. Zero Pollution. Zero Carbon" zu unterstützen, mit einem klaren Fokus auf Strategien der zirkulären Wertschöpfung. Die Unternehmensinitiative hat bewusst den Schulterschluss mit den regionalen Hochschulen, Verbänden, kommunalen Akteuren und dem Projekt Prosperkolleg gesucht, um Wissenstransfer sicherzustellen und im Verbund mehr Schlagkraft zu entwickeln. Ihre Gründung ist auch eine Antwort auf den Bedarf von Unternehmen, die Austausch, inspirierende Beispiele und tiefer gehende Unterstützung auf dem Weg in eine zirkuläre und nachhaltig orientierte Wirtschaftsweise suchen (TTZ – Transform to Zero 2022).

14.3.2 Verbraucher*innen

Für eine umfassende zirkuläre Transformation müssen neben den Unternehmen weitere Akteure in den Wertschöpfungsnetzwerken bis hin zu den Endnutzer*innen von Produkten und Dienstleistungen in den Blick genommen und bedarfsgerecht unterstützt werden. Circular Economy als Konzept kann nur erfolgreich sein, wenn Konsumentinnen und Konsumenten bereit sind, Lebensstile und Routinen zu verändern. Denn ein großer Teil der zirkulären Strategien (vgl. ▶ Kap. 4) bezieht sich mittelbar oder unmittelbar auf die Nutzungsphase von Produkten und ist somit auf das Engagement der Nutzenden angewiesen. Diesen fehlen jedoch häufig die Anreize für verändertes Konsumverhalten wie auch konkretes Handlungswissen, um zirkuläre Kriterien in ihre Kaufentscheidung einzubeziehen, zu reparieren oder ausgediente Produkte nicht einfach wegzuwerfen (zur Rolle von Konsum in der Circular Economy vgl. Büttner und Hermandi 2022).

Die Studie *Behavioural Study on Consumers' Engagement in the Circular Economy* der Europäischen Kommission (European Commission 2018) zeigt beispielsweise, dass viele der Befragten zwar grundsätzlich bereit sind, ihr Konsumverhalten zu verändern, sich dies in ihrem Handeln jedoch kaum widerspiegelt. Durchgeführt wurde die EU-weite Studie in Form einer Online-Umfrage und eines Verhaltensexperiments (in 12 bzw. 6 Ländern mit 12.064 bzw. 6.042 Teilnehmenden). Dabei standen die Produktgruppen Staubsauger, Fernsehgeräte, Geschirrspüler, Smartphones und Kleidung im Fokus. Die Mehrheit der Befragten gibt an, Produkte zu reparieren bzw. reparieren zu lassen (64 %). Umgekehrt bedeutet dies, dass über ein Drittel noch kein Produkt repariert (36 %) hat. Sehr wenig verbreitet sind Erfahrung mit dem Mieten und Leasen sowie dem Kauf von gebrauchten Produkten: Rund 90 % geben an, damit noch keine Erfahrungen gemacht zu haben.

Ein Grund für das geringe Engagement für Praktiken der Circular Economy vermutet die Studie in fehlenden Informationen zur Haltbarkeit und Reparierbarkeit der Produkte und im Mangel an ausreichend entwickelten Angeboten auf dem Markt (z. B. für gebrauchte Produkte, Miet-, Leasing- oder Sharing-Dienste). Die Informationsdefizite ließen sich allgemein durch nachhaltigkeitsorientierte Produktinformationen lösen und auf lokaler sowie regionaler Ebene durch Aufklärung, Kursangebote zur Vermittlung von Handlungswissen und eine vereinfachte Infrastruktur vermindern.

14.3.3 Kommunen

Neben den Verbraucher*innen sind die Kommunen als weitere wichtige Akteursgruppe zu nennen, die mit Beschaffung, Investitionen und kommunalen Aufgaben wie der Abfallwirtschaft über große Hebel verfügen, zirkuläre Wertschöpfung voranzubringen. Kommunen sind selbst Verbrauchende und können mit eigenen Beschaffungen und Investitionen Vorbild sein, vom Einkauf von Verbrauchsmaterialien bis zum eigenen Fuhrpark. Den Verantwortlichen fehlt es aber häufig an Informationen und konkreten Entscheidungshilfen wie klare Siegel, praktische Handlungshilfen oder „zirkuläre" Beschaffungsplattformen. Eine Umfrage der Initiative NEW LIFE im Frühsommer 2021 zur Bedeutung von Sekundärrohstoffen für kommunale Projekte und öffentliche Ausschreibungen zeigte, dass nur bei der Hälfte der öffentlichen Auftragsvergaben der Einsatz von Sekundärrohstoffen eine Rolle spielt. Nur fünf Prozent der Befragten fühlen sich ausreichend über die Vor- und Nachteile von verfügbaren Sekundärrohstoffen in der öffentlichen Stadtplanung informiert (NEW LIFE 2021).

Kommunen haben darüber hinaus Planungs- und Erschließungsaufgaben, sei es für eigene Bauprojekte oder für neue oder zu sanierende oder umzugestaltende Wohn- oder Gewerbegebiete, für die sie zirkuläre Planungsvorgaben, Anreize in Kauf- oder Pachtverträgen und Prozesse beim Umgang mit den dabei entstehenden Stoffströmen entwickeln können. Sie betreiben Schulen, in denen Schüler*innen das Thema Zirkularität nahe gebracht werden kann, und sie haben eine Sensibilisierungs- und Informationsfunktion gegenüber ihren Bürger*innen, Verbänden und Unternehmen vor Ort. Im Rahmen zirkulärer Projekte können sie die lokalen Akteure motivieren und beraten. Zudem haben sie zwar beschränkte, aber doch vorhandene Möglichkeiten, zirkuläre Aktivitäten zu fördern oder zu regulieren. Und schließlich sind Kommunen oft auch ganz oder anteilig an kommunalen Ver- und Entsorgungsunternehmen beteiligt, deren Geschäftspolitik sie mitbestimmen können.

14.4 Das Modell der Kompetenzzentren

Der Überblick über die Akteure legt nahe, dass für die Integration unterschiedlichster gesellschaftlicher Gruppen und Handlungsfelder in einen gemeinsamen Transformationsprozess neben finanziellen Anreizen vor allem gut koordinierte Orientierungs-, Vernetzungs- und Moderationsleistungen benötigt werden. Die bestehenden Initiativen und Angebote rund um die Circular Economy allein können diesen Bedarf in NRW nur bedingt erfüllen. Ein Mittel, um als notwendig erkannte technologische, ökonomische oder gesellschaftliche Veränderungen politisch anzustoßen und zu unterstützen, ist die Einrichtung von Kompetenzzentren.

14.4.1 Zweck und Charakteristika von Kompetenzzentren

In den Förderprogrammen von Bund und Ländern sind Kompetenzzentren regelmäßig zu finden. Zu ihren Aufgaben gehören die Entwicklung und Verbreitung bestimmter Wissensinhalte als Basis für gesellschaftliche Entwicklungen ebenso wie für die Wirtschafts- und Innovationsförderung. Erreicht werden sollen diese Ziele durch das Zusammenführen verschiedener Akteure und Kompetenzträger aus Wissenschaft, Wirtschaft und Gesellschaft. Gerade bei Querschnittsthemen, die verschiedene Disziplinen und gesellschaftliche Bereiche betreffen, verspricht dieser Zusammenschluss einen Mehrwert.

Die Innovationsstrategie NRW listet allein 21 ausgewählte Cluster, Hubs und Kompetenzzentren/-netzwerke in NRW (MWIDE NRW 2021: 18). Zu den Kompetenzzentren heißt es dort: *„In Nordrhein-Westfalen konnten sich in den letzten Jahren Cluster- und Kompetenzzentren, Hubs und weitere Innovationsnetzwerke etablieren, welche die Stärken und Zukunftsfelder des Landes und seiner Regionen abbilden. Als Plattformen für Vernetzung und Austausch bringen sie die relevanten Akteure aus Wissenschaft, Wirtschaft und Gesellschaft zusammen und tragen so dazu bei, die Zusammenarbeit entlang von Wertschöpfungsketten und über Disziplinen- und Branchengrenzen hinweg zu intensivieren, gemeinsame Aktivitäten zu entfalten und das ganze regionale Entwicklungspotenzial zu realisieren."* (MWIDE NRW 2021: 55)

Zu den zentralen Akteuren werden die Hochschulen gezählt, die auch in der internen Organisation Kompetenzzentren nutzen, um interdisziplinäre Arbeit in thematischen Clustern zu fördern und ihr Forschungsprofil zu schärfen (vgl. etwa Technische Hochschule Mittelhessen o. J.). Unternehmen kennen das Modell der Kompetenzzentren ebenfalls, um Teilfunktionen des Betriebs an ausländische Niederlassungen zur übertragen oder um Verantwortlichkeiten und Fachwissen zu spezifischen Themen oder Produktionsteilen organisatorisch zu bündeln.

14.4.2 Inhaltliche Schwerpunkte und Aktivitäten

Ein Blick auf die zahlreichen Kompetenzzentren in Deutschland bzw. in NRW zeigt inhaltliche Schwerpunkte in den Bereichen Nachhaltigkeit (z. B. CSR, kommunaler Klimaschutz, Bildung für nachhaltige Entwicklung), Technologieforschung (z. B. Kompetenzzentrum für elektromagnetische Felder) und Digitalisierung (z. B. Digi-Hubs NRW, Kompetenzzentrum KI für die Arbeitswelt des industriellen Mittelstands, Mittelstand-Digital). Ansonsten sind es hauptsächlich soziale und gesundheitliche Aspekte sowie Bildungsthemen, die durch Kompetenzzentren befördert werden. Bei den Aktivitäten lassen sich zwei Richtungen unterscheiden: Zum einen beschäftigen sich die Kompetenzzentren mit der Forschung und Weiterentwicklung von Konzepten (vgl. etwa das Kompetenzzentrum Verbraucherforschung NRW), zum anderen bieten sie ihren Zielgruppen Wissensvermittlung und Unterstützungsleistungen an, die praxisnah ausgerichtet sind. Dazu zählen etwa die Fördermittelberatung, Hilfestellungen zur betrieblichen Umsetzung, Weiterbildungs- und Netzwerkveranstaltungen sowie Öffentlichkeitsarbeit.

14.4.3 Wirkungsradius, Struktur und Bezeichnung

Beim geografischen Wirkungsradius zeigt sich die Landschaft der Kompetenzzentren vielfältig: Während einige auf Bundesebene agieren, sind andere bewusst auf die Kompetenzvermittlung im regionalen Raum angelegt. Strukturell finden sich Zentren, die alleinige Anlaufstelle auf Bundes- oder Landesebene sind, und solche mit mehreren, regional verteilten Standorten, um so in die Fläche hinein zu wirken, teilweise auch, um unterschiedliche inhaltliche Schwerpunkte abzubilden. Auf sprachlicher Ebene sind die Bezeichnungen „Kompetenzzentrum/Kompetenzzentren" oder in jüngerer Zeit auch „Hub/Hubs" im Gebrauch. Der Begriff „Hub" (engl. für Knotenpunkt, Drehscheibe, Zentrum) stellt die Funktion der Einrichtung als koordinierende und vermittelnde Stelle heraus, während das „Zentrum" die Leistung als Anlaufstelle sprachlich stärker in den Vordergrund rückt. Diese Bezeichnungsvielfalt spiegelt auch – wie oben zitiert – die regionale Innovationsstrategie NRW.

> ▶ **Beispiel aus der Praxis**
>
> Ein Beispiel für eine verteilte Hub-Struktur sind die von Digitale Wirtschaft NRW (DWNRW) initiierten fünf *Digital Hubs* mit Zuständigkeiten für die Regionen Aachen, Bonn und Umland, Düsseldorf/Rheinland, Münsterland und Ruhrgebiet.
>
> Die Kompetenzvermittlung zum Thema Corporate Social Responsibility wird in Nordrhein-Westfalen durch sechs regionale Kompetenzzentren unterstützt (CSR NRW). ◀

14.4.4 Finanzierungsmodelle und Trägerschaft

Neben Größe und Struktur variieren auch die Finanzierungsmodelle und die Trägerschaft der Kompetenzzentren. Einzelne Institutionen sind dauerhaft von der öffentlichen Hand gefördert. So wird etwa das *Kompetenzzentrum Verbraucherforschung NRW* über die Verbraucherzentrale NRW als feste Einrichtung finanziert. Die häufigere Finanzierung im Rahmen von Förderprogrammen ist jedoch meist auf drei bis fünf Jahre angelegt, an die sich eine zweite Förderperiode anschließen kann. Grundsätzlich erschwert die beschränkte Förderdauer den Aufbau stabiler Strukturen und die Fortführung der Arbeit nach einer mehrjährigen Aufbauphase. Die Trägerschaft ist daher teilweise auf mehrere Organisationen verteilt, um die alleinige Abhängigkeit von temporären Förderprogrammen zu reduzieren. Häufig sind die Projektnehmer bereits mit der Antragstellung aufgefordert, Verstetigungskonzepte vorzulegen. Entsprechend finden sich unter den Trägern neben öffentlichen Institutionen auch die GmbH oder der Verein als Rechtsformen. Damit können Modelle der (Teil-)Finanzierung verbunden sein, wie über Mitgliedsbeiträge eines Vereins oder das Sponsoring durch größere Unternehmen. Diese Modelle verfolgt unter anderem der *digitalHUB Aachen e. V.*, dessen Gründung laut Website aus *„eine[r] echte[n] Bottom-Up Digitalisierungsbewegung aus Mittelstand, Industrie und Startups entstanden"* ist und durch Unternehmen mitfinanziert wird (DigitalHUB Aachen e.V. o. J.).

14.5 Kompetenzzentrum Circular Economy NRW

Da der Übergang zur zirkulären Wertschöpfung als tiefgreifender Veränderungsprozess zu verstehen ist, der viele Akteursgruppen und Wissensdomänen betrifft und integrieren muss, bietet sich das Modell des Kompetenzzentrums in regionaler Hub-Struktur für NRW an, um das Konzept in der Breite zu verankern. Dies soll im Folgenden begründet und detailliert werden.

14.5.1 Vorteile

Die oben beschriebene Vielfalt der bestehenden Initiativen in NRW führt nicht nur zur gegenseitigen Ergänzung, sondern auch zur Entwicklung konkurrierender oder redundanter Angebote. Dies kann in der Initialphase von Transformationsprozessen mit starkem Experimentalcharakter sinnvoll und gewünscht sein, sollte in der Rollout-Phase aber durch eine effektivere Vorgehensweise abgelöst werden. Die Bündelung von Kräften dient dazu, mehr Schlagkraft zu entfalten und nicht „das Rad immer wieder neu zu erfinden". Auch Forderungen an die Politik lassen sich im Verbund nachdrücklicher vertreten.

Circular Economy als komplexes Querschnittsthema setzt interdisziplinäre Zusammenarbeit in der Wissenschaft voraus, ebenso wie die Kooperation von Unternehmen über Wertschöpfungs- und Lieferketten hinweg und die Integration von Multiplikator*innen, Bürger*innen und weiterer Akteure. Das Thema verlangt also in besonderer Weise die Organisation und Moderation zwischen unterschiedlichen Gruppen und die Verknüpfung verschiedener Kompetenzen, was in Form eines Zentrums besser leistbar ist.

Insbesondere KMU benötigen Orientierung im Transformationsprozess. Eine Grundvoraussetzung dafür ist, dass unterstützende Angebote überhaupt wahrgenommen werden. Gut sichtbare, kommunikationsstarke Anlaufstellen, die ihre Leistungen wie auch das Konzept der Circular Economy auf den Punkt bringen, lassen sich im Rahmen eines ausgewiesenen Kompetenzzentrums leichter etablieren als in einem verstreuten und unverbundenen Akteursfeld.

Die Erfahrungen des Prosperkollegs haben gezeigt, dass sich die Kenntnis der Region (Emscher-Lippe) und der Rückgriff auf bestehende Netzwerke, insbesondere der Wirtschaftsförderer, als Erfolgsfaktor für die Erreichung der Zielgruppe KMU erweisen. Die „Nähe vor Ort" ist beispielsweise auch für den Projektpartner Effizienz-Agentur NRW, die mit Regionalbüros an acht Standorten in NRW vertreten ist, die zentrale Voraussetzung dafür, ein Vertrauensverhältnis mit Unternehmen aufbauen und zusammenarbeiten zu können. Ein weiterer Vorteil dezentraler Strukturen besteht darin, dass bereits vorhandenes Wissen über lokale und regionale Akteure und die spezifischen Kompetenzen der regionalen Change Agents gezielt in den Transformationsprozess eingebracht und weiterentwickelt werden können.

14.5.2 Struktur

- **Regionale Hubs**

Die regionale Hub-Struktur ist ein wesentliches Merkmal des vorgeschlagenen *Kompetenzzentrums Circular Economy NRW* (s. ◘ Abb. 14.1). Die Hubs sind Anlaufstellen in den jeweiligen Regionen und erschließen die Fläche, indem sie selbst auf bestehende Netzwerke zurückgreifen. Dies können die regionalen oder kommunalen Wirtschaftsförderungen sein, aber auch Institutionen wie die Industrie- und Handelskammern sowie die Handwerkskammern. Voraussetzungen für die Trägerschaft eines regionalen Hubs sind somit die eigene Vernetzung mit Unternehmen der Region oder die Zusammenarbeit mit bestehenden Netzwerken und die fachliche Kompetenz zur Vermittlung von Grundlagenwissen im Bereich der Circular Economy. Zusätzlich müssen die Hubs in der Lage sein, weitere regionale Akteure zu integrieren und unterschiedliche Zielgruppen anzusprechen. Als Träger der Hubs kommen damit bereits bestehende regional verankerte Circular-Economy-Initiativen wie auch die oben genannten Organisationen in Betracht.

Ein Basisangebot an Leistungen sollte in allen Hubs ähnlich ausgeprägt sein, beispielsweise Erstgespräche und Workshops zur Potenzialerschließung, die Weitervermittlung an Expert*innen und Förderberatungen für die Hauptzielgruppe KMU sowie der Austausch und die Vernetzung aller interessierten Gruppen. Überdies ist es sinnvoll und wünschenswert, wenn die Hubs eigene Schwerpunkte und thematische

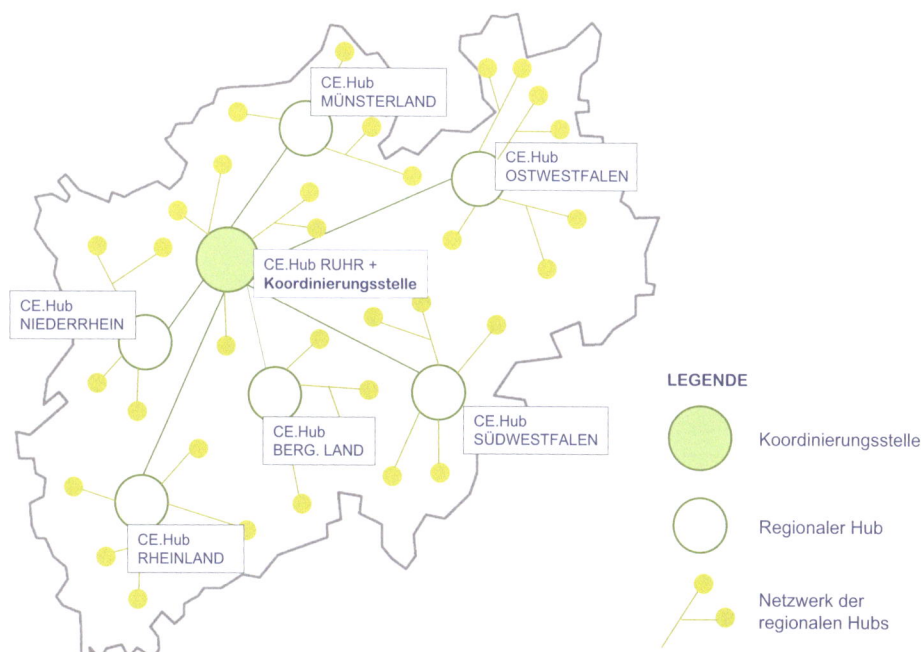

◘ Abb. 14.1 Exemplarische Hub-Struktur eines Kompetenzzentrums Circular Economy NRW. (Quelle: eigene Darstellung, nach Büttner et al. 2022b: 4)

Spezialisierungen entsprechend der Spezifika und Kompetenzen der jeweiligen Region mitbringen oder ausbilden.

Ziel der Hub-Struktur ist es einerseits, nah an den Adressaten vor Ort zu sein, andererseits aber über das Netzwerk der Hubs den Unternehmen Zugang zu allen Angeboten und Kompetenzen des gesamten Netzwerks zu eröffnen. Nimmt beispielsweise ein metallverarbeitender Betrieb am Niederrhein Kontakt zum regionalen Hub auf, um Lösungen für den Umgang mit verunreinigten Produktionsabfällen zu bekommen, kann dieser es an den Ruhr-Hub mit seiner Spezialisierung auf metallische Reststoffe vermitteln.

- **Koordinierender Hub als Service- und Kommunikationsstelle**

Die Analyse des Status quo und die Erfahrungen verteilter Kompetenzzentren haben gezeigt, wie wichtig ein gemeinsames Vorgehen und eine klare Außendarstellung sind. Ein Kompetenzzentrum in regionaler Hub-Struktur benötigt daher eine Koordinierungsstelle, die zentrale Aufgaben übernimmt und den Austausch der Hubs untereinander sicherstellt.

Zu den Verantwortlichkeiten gehört die externe Kommunikation und die Sicherstellung eines gemeinsamen Auftretens nach außen (Corporate Identity), um die Markenbildung zu befördern und damit Bekanntheit und Wiedererkennung herzustellen. Die Herausforderung besteht darin, die regionalen Hubs als solche sichtbar werden zu lassen und gleichzeitig die gemeinsame Zugehörigkeit zur Gesamtstruktur klar zu kommunizieren (vgl. Lundborg et al. 2020).

Die Koordinierungsstelle sorgt dafür, dass alle Hubs eine Basis an qualitativ hochwertigen Informationen, Angebotsformaten und Werkzeugen nutzen können. Dabei kann sowohl auf bestehende Arbeiten der Träger zurückgegriffen oder neue Elemente entwickelt werden. Zentrale Angebote wie Online-Seminare werden von der Koordinationsstelle organisiert und stehen den „Kundinnen und Kunden" aller Hubs offen. Denkbar ist die Ausrichtung einer regelmäßigen Konferenz zur Circular Economy, als Weiterführung des international besuchten *Circular Economy Hotspot 2022*, und damit auch als ein Mittel der grenzüberschreitenden Vernetzung. Dieser Austausch über NRW und Deutschland hinaus zählt ebenfalls zu den Aufgaben des koordinierenden Hubs.

Die Evaluation der breit angelegten Förderinitiative *Mittelstand-Digital* hat gezeigt, dass die Vernetzung der Hubs untereinander über Austausch- und Arbeitstreffen wie auch die digitale Kommunikation gerade in der Aufbauphase aktiv betrieben werden muss, um erfolgreich zu sein (Lundborg et al. 2020). Unabdingbar ist in diesem Kontext ein gut durchdachtes und digital gestütztes Wissensmanagement, das im Netzwerk erarbeitete Lösungen und Erkenntnisse für alle Beteiligten zugänglich und leicht auffindbar macht. Nicht zuletzt kann der koordinierende Hub die regionalen Stellen dabei unterstützen, Verstetigungskonzepte in Form von Organisations- und Finanzierungsmodellen zu entwickeln.

Das vorgestellte Modell eines Kompetenzzentrums in verteilter Hub-Struktur entspricht der Innovationsstrategie des Landes NRW, die regionale Netzwerkstrukturen gezielt fördern möchte, um den Forschungstransfer in den Feldern Digitalisierung sowie Nachhaltigkeit und Resilienz (u. a. Circular Economy) voranzutreiben (MWIDE NRW 2021: 56).

> **Beispiel aus der Praxis**
>
> Die Evaluation der koordinierenden Begleitung für die Kompetenzzentren *Mittelstand-Digital* gibt Aufschluss über Vorteile und Erfolgsfaktoren für eine verteilte Struktur (vgl. Lundborg et al. 2020):
>
> - Durch den Verbund mehrerer Zentren konnten gemeinsam erarbeitetes Wissen, Lösungen und Formate mehrfach verwertet und daher effizienter und effektiver genutzt werden. Diese Form der Zentren übergreifenden Zusammenarbeit bedurfte allerdings der Organisation und Forcierung der Vernetzung zwischen den Projekten durch die koordinierende Stelle.
> - Die Identifikation der Konsortialpartner der einzelnen Zentren mit der Corporate Identity „ihres" Zentrums und die gemeinsame Markenbildung als Dach erwiesen sich als kommunikative Erfolgsfaktoren sowohl nach innen als auch nach außen. Die Bündelung der Außenkommunikation erzielte eine Markenbildung auf nationaler Ebene; hier erwiesen sich die Koordination der Öffentlichkeitsarbeit und die Weiterbildung der Zentren als wesentliche Faktoren für das Gelingen.
> - Die stetigen Vernetzungsaktivitäten mit externen Partnern (Kammern, andere Förderinitiativen, Verbände, Wirtschaftsförderern) führten zu steigender Bekanntheit und zusätzlicher Reichweite der Kompetenzzentren bei den KMU.
> - Insbesondere in der Anfangszeit kam der koordinierenden Stelle große Bedeutung bei der Kompetenzentwicklung und Befähigung der Zentren zum zielgruppenorientierten Transfer zu. ◄

14.5.3 Aufgaben und Leistungen

Die bereits umrissenen Aufgaben und Angebote eines *Kompetenzzentrums Circular Economy NRW* sollen nun in vier zentralen Handlungsfeldern näher beschrieben werden (s. ◘ Abb. 14.2). Eine besondere Herausforderung bei der Konzeption des Leistungsportfolios besteht in der Adressierung unterschiedlicher Zielgruppen. Im Idealfall wird das Zentrum als zentrale Anlaufstelle und als Orientierungspunkt wahrgenommen. Um möglichst viele Interessierte zu erreichen, empfiehlt sich ein hybrides Angebot – vor Ort und digital. Enge Kooperationen mit Unternehmensnetzwerken wie *TTZ – Transform to Zero*, mit dem sich das Prosperkolleg zusammengeschlossen hat, sichern außerdem einen engen Praxisbezug.

Kommunikation & Vernetzung: Da das Konzept der Circular Economy nach wie vor vielen Unternehmen und Organisationen nicht ausreichend bekannt ist oder divergierende Vorstellungen darüber bestehen, bleibt die Sensibilisierung für das Thema und die Vermittlung des Mehrwerts zirkulärer Strategien über Öffentlichkeitsarbeit und Seminarangebote eine wichtige Aufgabe. Eine Anknüpfung an andere zentrale Veränderungsdiskurse wie Nachhaltigkeit, Klimaneutralität oder Digitalisierung erleichtert die Ansprache der Zielgruppen und verhindert die Fragmentierung der Herausforderungen in der Wahrnehmung der Adressaten. Neben der Information ist vorrangig die Vernetzung von Akteuren über Veranstaltungen und Kommunikationsplattformen gefragt, um gemeinsamen Lösungen und offenen Innovationsprozessen den Weg zu bahnen. Öffentliche Vortragsreihen und Mitmach-Angebote schließlich sind mögliche Instrumente, um die Kommunikation im Sinne eines gesamtgesellschaftlichen Transferverständnisses über den Kreis der Wirtschaft im engeren Sinne hinauszutragen.

◘ **Abb. 14.2** Handlungsfelder des Kompetenzzentrums Circular Economy NRW. (Quelle: eigene Darstellung, aufbauend auf Büttner et al. 2022a: 4)

Initiierung & Unterstützung: Aus der Bedarfsanalyse lässt sich ableiten, dass der Schwerpunkt des Kompetenzzentrums mit Blick auf die Kernzielgruppe KMU bei der individuellen Potenzialerschließung und Begleitung liegen muss. Durch Erstgespräche, Workshops und andere mittelstandsgerechte Transferformate werden fachliche Impulse vermittelt und konkrete Handlungsfelder für ein Unternehmen erschlossen. Wo spezifisches Fachwissen oder Forschungs- und Entwicklungsleistungen gefragt sind, kann das Kompetenzzentrum an externe Berater*innen und in die Hochschulen hinein vermitteln. Die Beratung zu Fördermöglichkeiten gehört ebenfalls ins Portfolio des Zentrums.

Qualifizierung & Bildung: Eine grundlegende Transformation, wie sie ein konsequenter Übergang zur zirkulären Wertschöpfung darstellt, erfordert neue Kompetenzen und eine ausreichende Zahl entsprechend qualifizierter Fachkräfte. Das Kompetenzzentrum kann hier einen Beitrag zur sozial verträglichen Umstrukturierungen des Arbeitsmarktes leisten, indem es Qualifizierungen für Multiplikator*innen und Unternehmen anbietet. Ein modulares System vom Basiskurs über spezifische Vertiefungen kommt unterschiedlichen Weiterbildungsbedürfnissen entgegen, ebenso wie hybride Formate, die Online- und Präsenzangebote sowie gemeinsames Lernen und eigenständige Erarbeitung verbinden (s. ▶ Kap. 12). Zumindest unterstützend kann das Kompetenzzentrum die Entwicklung von Bildungsangeboten zur Circular Economy in Hochschulen, Berufsschulen und allgemeinbildenden Schulen tätig werden.

Entwicklung & Demonstration: Eine weitere Säule des Kompetenzzentrums ist der praxisnahe Wissenstransfer und das gegenseitige Lernen der Akteure vor Ort. Dies zeigt sich in Pilotprojekten von Hochschulen und Unternehmen, die gemeinsam – finanziert durch Förderprogramme – technische Verfahren und organisatorische Lösungsansätze sowie ihre Anwendungen (weiter-)entwickeln. Technologie- und Demonstrationslabore ermöglichen darüber hinaus die prototypische Erprobung und die anschauliche Vermittlung von Verfahren und Konzepten. Ein

Beispiel hierfür ist das *Circular Digital Economy Lab* (CDEL) des Prosperkollegs (s. ▶ Kap. 8). Schließlich fördern Reallabore das gegenseitige Lernen in Kooperationen zwischen Wirtschaft, Wissenschaft und Zivilgesellschaft hinsichtlich technischer und weitergehender Systemlösungen und die Erprobung von Interventionen in einem experimentellen Umfeld in der Praxis.

- **Integration weiterer gesellschaftlicher Gruppen**

Mögliche Angebote für gesellschaftliche Akteure über die Kernzielgruppe der Unternehmen hinaus sind vielfältig: vom Repair-Café inklusive Reparaturkurse bis zum mobilen Demonstrationslabor für Schulen, von Handlungshilfen für kommunale zirkuläre Beschaffung bis zu gemeinsamen Projekten von Kommune und Hochschule. Hier gilt es, passende Partner wie etwa die Verbraucherzentralen zu finden und dort anzusetzen, wo sich Beispielhaftes anstoßen lässt und Multiplikatoreffekte erzielt werden können.

- **Wissenschaftliche Zielsetzung**

Neben dem Fokus auf die Umsetzungsunterstützung verfolgt das Kompetenzzentrum auch wissenschaftliche Ziele. Die zentrale Fragestellung aus dieser Perspektive lautet: Wie kann Wissen von Hochschulen und Forschungseinrichtungen, aber auch aus der Praxis, erfolgreich in die Breite getragen werden, um den wirtschaftlichen und gesellschaftlichen Transformationsprozess voranzutreiben? Methodisch eigenen sich hier praxisnahe Forschungsansätze, welche die umgesetzten Maßnahmen durch Fragebögen, Interviews und (Selbst-)Beobachtung evaluieren und auf dieser Basis iterativ verbessern. Diese Erkenntnisse werden im wissenschaftlichen Diskurs geteilt bzw. eingeordnet. Darüber hinaus fördert das Kompetenzzentrum selbst den wissenschaftlichen Austausch durch Vortrags- und Diskussionsformate wie es im Rahmen des Prosperkollegs erfolgreich durch die Web-Seminar-Reihe des virtuellen Forschungsnetzwerks geschehen ist (s. ▶ Kap. 1).

14.6 Fazit und Ausblick

Um eine systemische Transformation zu einer Circular Economy auf regionaler Ebene voranzutreiben, bedarf es vielfältiger begünstigender Faktoren. Dieser Beitrag hat versucht aufzuzeigen, dass die Institutionalisierung von niedrigschwelliger Unterstützung und Sensibilisierung in Form eines Kompetenzzentrums ein folgerichtiger Schritt im Anschluss an eine erste „Experimentierphase" ist. Ein Aspekt ist besonders hervorzuheben: Die Arbeit eines solchen Kompetenzzentrums muss sowohl räumlich als auch inhaltlich „nah an den Zielgruppen" erfolgen, das heißt, sie sollte lokal verankert und bedarfsgerecht ausgerichtet sein.

Die Prinzipien, die hier für ein bevölkerungsreiches Flächenland wie NRW mit unterschiedlich strukturierten Wirtschaftsregionen und einer Vielzahl an Akteuren im Feld der Circular Economy beschrieben wurden, lassen sich auch auf andere Regionen übertragen. Die Gegebenheiten mögen sich unterscheiden, die Bedarfe bei den Zielgruppen ähneln sich jedoch. Das Modell der Hubs mit Rückgriff auf bestehende lokale Strukturen ist besonders flexibel, da es auf verknüpften Netzwerken und Ebenen beruht und daher skalierbar ist.

Um ein *Kompetenzzentrum Circular Economy NRW* aufzubauen, empfiehlt sich ein schrittweises Vorgehen. Der Ausbau kann in verschiedenen Dimensionen, ausgehend von einem Nukleus, erfolgen: zum einen durch die Kooperation mit Netzwerken und die Vertiefung bestehender Kooperationen, zum anderen in der Erweiterung und Koordinierung des Leistungsangebots. Die dritte Dimension ist schließlich die institutionelle Verfestigung durch die Anbindungen an bestehende Organisationen sowie die Erschließung von Finanzierungsmodellen. Zu diesen gehören unter anderem der Verein mit Mitgliedsbeiträgen, das Stiftungsmodell, Spenden oder kostenpflichtige Angebote.

Förderprogramme der öffentlichen Hand werden aber zunächst weiter unabdingbar sein, solange der Markt und der regulatorische Druck die Änderung von Produktionsweisen und Geschäftsmodellen nicht stärker als bislang erzwingen. Idealerweise richten sie sich an übergreifenden Strategien aus und sind sorgfältig aufeinander abgestimmt. Da Transformationsprozesse Zeit brauchen (vgl. Kristof 2020), sollten Förderungen auch längerfristige Perspektiven eröffnen. Mit Blick auf NRW regt Dr. Peter Jahns, Leiter der Effizienz-Agentur NRW und Projektpartner im Prosperkolleg, dazu ein koordiniertes Vorgehen aller Ministerien an, die für das Querschnittsthema Circular Economy zuständig sind (Jost 2022; vgl. auch Wilts 2021: 15).

Kernbotschaften

- Eine Transformation zur Circular Economy, die in die Breite wirken soll, braucht stabile Strukturen und sichtbare Anlaufstellen.
- Kompetenzzentren sind ein Modell des Wissenstransfers gesellschaftlich relevanter Konzepte und Technologien zur Unterstützung von Transformationsprozessen.
- Zentrale Aufgaben eines Kompetenzzentrums Circular Economy NRW sind Wissensvermittlung, Koordination und Integration verschiedener Akteure.
- Verteilte Strukturen mit regionalen Hubs und Netzwerken sichern die Nähe vor Ort und verbessern damit die Erreichbarkeit der Zielgruppen.

Literatur

Büttner, Sabine; Hermandi, Carina (2022): Konsum in der Circular Economy. Zur Rolle von Verbraucher:innen und nutzerzentriertem Design. Prospektiven – Neues zur zirkulären Wertschöpfung 2022/05. Online verfügbar unter https://prosperkolleg.ruhr/wp-content/uploads/2022/08/prospektiven_2022-05_konsum-und-nutzerzentriertes-design.pdf, zuletzt geprüft am 05.07.2023.

Büttner, Sabine; Irrek, Wolfgang; Handmann, Uwe (2022a): Kompetenzzentrum CE.Hub.NRW. Den Wandel zu einer nachhaltigen und kreislauffähigen Wirtschaft voranbringen. RETHINK – Impulse zur zirkulären Wertschöpfung 2022/01. Online verfügbar unter https://prosperkolleg.ruhr/wp-content/uploads/2022/03/2022-01_rethink_kompetenzzentrum-zw.pdf, zuletzt geprüft am 05.07.2023.

Büttner, Sabine; Irrek, Wolfgang; Handmann, Uwe (2022b): Kompetenzzentrum CE.Hub.NRW. Den Wandel zu einer nachhaltigen und kreislauffähigen Wirtschaft voranbringen. RETHINK – Impulse zur zirkulären Wertschöpfung 2022/07. Online verfügbar unter https://prosperkolleg.ruhr/wp-content/uploads/2022/12/20221219_rethink_kompetenzzentrum-cehubnrw.pdf, zuletzt geprüft am 05.07.2023.

DigitalHUB Aachen e.V. (o. J.): Vision & Mission. Online verfügbar unter https://aachen.digital/digitalhub-aachen/, zuletzt geprüft am 10.01.2023.

European Commission (2018): Behavioural Study on Consumers' Engagement in the Circular Economy. Final Report. Unter Mitarbeit von LE Europe, VVA Europe, Ipsos, ConPolicy, Trinomics. Online verfügbar unter https://trinomics.eu/wp-content/uploads/2018/10/CHAFEA2018-Behavioural-study-on-consumer-engagement-in-the-circular-economy.pdf, zuletzt geprüft am 09.06.2022.

Eurostat (2021): EU's circular material use rate increased in 2020. Online verfügbar unter https://ec.europa.eu/eurostat/de/web/products-eurostat-news/-/ddn-20211125-1, zuletzt geprüft am 07.11.2022.

HWK Münster (Hrsg.) (2022): Machbarkeitsstudie Kreislaufwirtschaft/Zirkuläre Wertschöpfung. Unter Mitarbeit von EUREGIO – Saxion Hogeschool, Landkreis Grafschaft Bentheim, Wirtschaftsförderungsgesellschaft der Ost-Niederlande Oost NL, innerhalb des INTERREG V A – Rahmenprojektes. Online verfügbar unter https://www.hwk-muenster.de/adbimage/11678/asset-original//bericht-machbarkeitsstudie-de.pdf, zuletzt geprüft am 27.09.2022.

Jost, Tom (2022): *Jetzt kommt es auf die praktische Umsetzung an*. Interview mit Dr. Peter Jahns. Online verfügbar unter https://prosperkolleg.de/das-projekt/partner/interview-effizienz-agentur-nrw/, zuletzt geprüft am 10.01.2023.

Kristof, Kora (2020): Wie Transformation gelingt. Erfolgsfaktoren für den gesellschaftlichen Wandel, München: oekom.

Lundborg, Martin et al. (2020): Mittelstand-Digital. Abschlussbericht zur Begleitforschung 2016–2020, Bad Honnef. Online verfügbar unter https://www.mittelstand-digital.de/MD/Redaktion/DE/Publikationen/abschlussbericht-mittelstand-digital%202015-2020.pdf, zuletzt geprüft am 11.07.2023.

MWIDE NRW (2021): Regionale Innovationsstrategie des Landes Nordrhein-Westfalen. Online verfügbar unter https://www.wirtschaft.nrw/innovationsstrategie, zuletzt geprüft am 07.07.2023.

NEW LIFE (2021): Kommunen-Umfrage: Circular Economy – es ist noch viel Luft nach oben. Online verfügbar unter https://initiative-new-life.de/presse-und-medien/kommunen-umfrage-circular-economy-es-ist-noch-viel-luft-nach-oben/, zuletzt geprüft am 07.07.2023.

Technische Hochschule Mittelhessen (o. J.): Kompetenzzentren. Online verfügbar unter https://www.thm.de/site/forschung/forschung-an-der-thm/kompetenzzentren.html, zuletzt geprüft am 09.01.2023.

Wilts, Henning (2021): Zirkuläre Wertschöpfung – Aufbruch in die Kreislaufwirtschaft. In: *WISO Diskurs 15/2021*. Online verfügbar unter https://www.ressourcenwende.net/wp-content/uploads/2021/07/zirkulaere-wertschoepfung.pdf, zuletzt geprüft am 07.07.2023.

Wilts, Henning et al. (2022): NRW 2030: Von der fossilen Vergangenheit zur zirkulären Zukunft, Wuppertal Institut für Klima, Umwelt, Energie. Online verfügbar unter https://wupperinst.org/fa/redaktion/downloads/projects/NRW2030_Zirkulaere_Zukunft.pdf, zuletzt geprüft am 07.07.2023.

Wittmayer, Julia; Katharina Hölscher (2017): Transformationsforschung – Definitionen, Ansätze, Methoden, Berlin: UBA.

TTZ – Transform to Zero (2022): Willkommen bei transform to zero. Online verfügbar unter https://www.transform-to-zero.de/, zuletzt geprüft am 03.05.2023.

Regionale Transformation zur Circular Economy

Paul Szabó-Müller und *Julian Mast*

Inhaltsverzeichnis

15.1 Quintupel-Helix als konzeptioneller und praktischer Rahmen – 220

15.2 Online-Veranstaltung des Prosperkollegs am 27.10.2022 – 222

15.3 Impulsvortrag: Regionale Innovation und Nachhaltigkeitstransformation – 223

15.4 Circular Policy – 224

15.5 Circular Science – 226

15.6 Circular Society, Cities & Regions – 229

15.7 Circular Business – 230

15.8 Abschlussstatements – 233

15.9 Fazit – 234

Literatur – 235

© Der/die Autor(en), exklusiv lizenziert an Springer Fachmedien Wiesbaden GmbH, ein Teil von Springer Nature 2024
S. Büttner et al. (Hrsg.), *Transformation zur Circular Economy*, Sustainable Development Goals (SDG) – Umsetzung in Praxis, Lehre und Entscheidungsprozessen,
https://doi.org/10.1007/978-3-658-43338-3_15

15.1 Quintupel-Helix als konzeptioneller und praktischer Rahmen

Die Transformation zur Nachhaltigkeit und folglich auch diejenige zur Circular Economy sind als ein Kontinuum zahlreicher Innovationsprozesse zu verstehen, die in verschiedenen Dimensionen der Gesellschaft und Wirtschaft (z. B. Branchen, Sektoren, Technologien) zeitgleich ablaufen. Sie sind bewusst darauf ausgerichtet, den langfristigen und komplexen Übergang in eine nachhaltige Zukunft zu gestalten, um die großen gesellschaftlichen Herausforderungen zu bewältigen, die beispielsweise in den *Sustainable Development Goals* (SDGs) adressiert werden. Während die Nachhaltigkeitsforschung Regionen zunehmend bewusster und intensiver in den Blick nimmt (vgl. Hofmeister et al. 2021; GeoST 2022), ist die besondere Rolle von Regionen für Innovationen allgemein ein traditionelles Forschungsfeld z. B. der Wirtschaftsgeografie. Vielen raumorientierten Innovationskonzepten (vgl. Moulaert und Sekia 2003) ist gemein, dass sie Innovation als systemischen, sozialen und räumlich eingebetteten Prozess verstehen, der mehr als die reine Technologieentwicklung und -anwendung umfasst, sich von Region zu Region unterscheidet und die regionale Entwicklung von Gesellschaft, Wirtschaft und Umwelt mitbestimmt. Deshalb steht häufig das Zusammenspiel unterschiedlicher Akteursgruppen im Innovationsprozess im Zentrum der Betrachtung. So auch im *Quintupel-Helix-Modell*, das auf dem *Tripel- und Quadrupel-Helix-Modell* aufbaut, welche laut Cai und Lattu (2022: 258) zu den wichtigsten Konzepten der Innovationsforschung zählen. Das Quintupel-Helix-Modell integriert die drei Dimensionen der Tripel-Helix 1) Hochschulen, 2) Wirtschaft, 3) Politik/öffentliche Hand (ebd.: 264) sowie 4) die Gesellschaft (z. B. Nutzer*innen, Stakeholder oder die Zivilgesellschaft), die in der Quadrupel-Helix im Vordergrund steht (ebd.: 265, 274) und ergänzt diese um 5) eine sozial-ökologische Dimension (ebd.: 258).

Ein Quintupel-Helix-Modell für die regionale Circular Economy haben Arsova et al. (2021) entwickelt (vgl. ◘ Abb. 15.1). Es liefert einen Rahmen sowohl für die Analyse (z. B. Identifikation von Stakeholdern) als auch für die Planung (z. B. Design von Stakeholder-Plattformen für die Zusammenarbeit) regionaler Circular-Economy-Aktivitäten. Das Modell integriert unter anderem den akteurs- und raumorientierten Strategieansatz der *intelligenten Spezialisierung* (engl. *Smart Specialisation*). Dementsprechende regionale Strategien sollen diejenigen Wirtschaftsbereiche priorisieren, die das größte Potenzial für eine nachhaltige Wirtschaftsentwicklung bieten, und sind Voraussetzung für den Zugang zu Fördermitteln aus dem Europäischen Fonds für Regionale Entwicklung (EFRE) (EC 2023). Deshalb liegt dieser Ansatz auch der *Regionalen Innovationsstrategie des Landes Nordrhein-Westfalen (NRW)* (MWIDE.NRW 2021) sowie der *Strategie der intelligenten Spezialisierung für die Metropole Ruhr* (BMR 2022) zugrunde, die im Kontext des regionalen Strukturförderungsprogramms EFRE/JTF NRW 2021–2027 (MWIKE.NRW 2023) stehen. Das Programm ist mit ca. 4,2 Mrd. € ausgestattet und wird vom Land NRW und der EU kofinanziert. In beiden Strategien wird Circular Economy als eines der ausgewählten Innovationsfelder des Landes bzw. des Ruhrgebiets definiert, auf dessen Entwicklung im Sinne der intelligenten Spezialisierung fokussiert werden soll, weil darin besondere Stärken und Potenziale für die Regionalentwicklung liegen. Das Land NRW sieht im EFRE/JTF-Programm ein wichtiges Instrument für

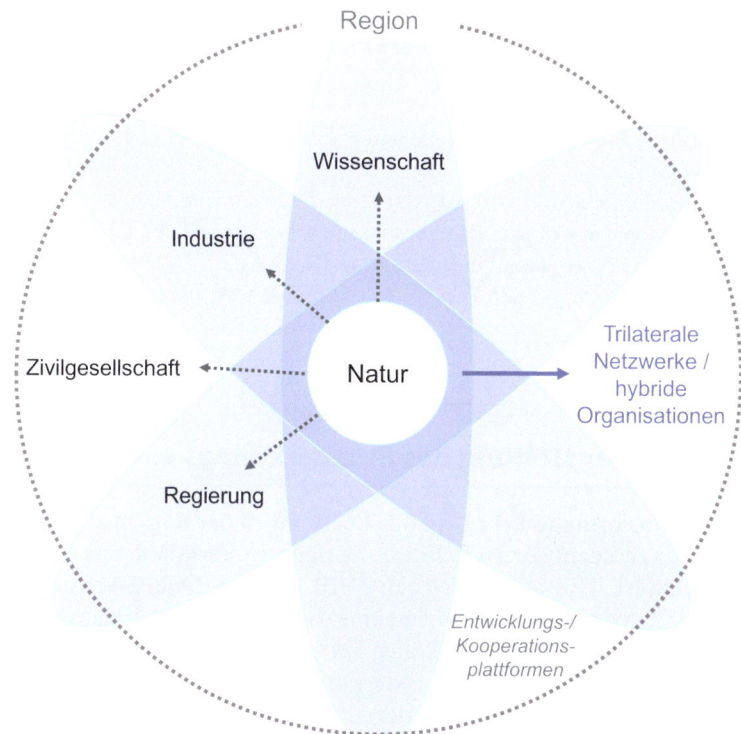

◘ **Abb. 15.1** Quintupel-Helix-Modell für die regionale Circular Economy. (Quelle: eigene Darstellung, nach Arsova et al. 2021: 9)

eine „transformative Strukturpolitik" (MULNV 2022: 12–13), d. h. für eine Strukturpolitik, in der Nachhaltigkeit gleichzeitig strategisches Ziel (Strukturwandel *für* Nachhaltigkeit) und Instrument (Strukturwandel *durch* Nachhaltigkeit) ist. Auch deshalb wird in diesem Beitrag unter „Region" diejenige Ebene verstanden, die wie die Emscher-Lippe-Region oberhalb der lokalen sowie unterhalb der Ebene des Landes NRW zu verorten ist, während in anderen Zusammenhängen wie der EU-Regionalförderung NRW selbst als Region unterhalb der Ebene der EU bzw. des Bundes betrachtet wird.

Letztlich stellt sich aber die Frage: Wie wird die Transformation zur Circular Economy in der Region zum Erfolg? Antworten darauf wurden vor dem Hintergrund des beschriebenen Regionsverständnisses und des Quintupel-Helix-Modells in einer Online-Veranstaltung des Prosperkollegs (▶ Kap. 1) gesucht, die der Beitrag nachfolgend zusammenfasst und reflektiert. Dies geschieht insbesondere auf Basis eines automatisiert erstellen und redaktionell überarbeiteten Transkripts der Veranstaltung.

Für die Lehre
Die folgenden Fragen sollen Anregungen für die Lektüre des Beitrags und eigene Recherchen geben:
- Welche Rolle spielen Regionen allgemein für Innovationen?

- Welche Möglichkeiten und Vorteile regionalen Handelns gibt es für die Circular-Economy-Transformation? Wo gibt es möglicherweise auch Grenzen bzw. Nachteile?
- Was ist das Quintupel-Helix-Modell und wie unterscheidet es sich von anderen Helix-Modellen?
- Welche Rolle können Forschung, Gesellschaft, öffentliche Hand und Wirtschaft bei der regionalen Circular-Economy-Transformation spielen? Welche konkreten Akteure fallen Ihnen jeweils in Ihrer eigenen Region ein?
- Was ist *intelligente Spezialisierung*? Wie könnte man Circular Economy in entsprechenden Strategien verankern? Welche Vor- und Nachteile könnte dies haben?

15.2 Online-Veranstaltung des Prosperkollegs am 27.10.2022

Wie wird die Transformation zur Circular Economy in der Region zum Erfolg? Dies ist keine einfach zu beantwortende Frage. Deshalb veranstaltete das Prosperkolleg-Forschungsnetzwerk *CEresearchNRW* am 27.10.2022 eine Online-Veranstaltung, um gemeinsam mit Expert*innen und Teilnehmer*innen Antworten darauf zu suchen. Auf dem Podium durfte das Prosperkolleg Vertreter*innen der vier Akteursgruppen Unternehmen, Gesellschaft, Politik sowie Forschung begrüßen, deren Zusammenspiel im Helix-Modell wie oben erläutert für das Gelingen von Nachhaltigkeitsinnovationen als essenziell angesehen wird:

- *Circular Policy*: Dr. Florian Klein (Referent des Ministeriums für Wirtschaft, Industrie, Klimaschutz und Energie des Landes Nordrhein-Westfalen, MWIKE.NRW)
- *Circular Science*: Prof. Dr. Christa Liedtke (apl. Professorin an der Bergischen Universität Wuppertal und Abteilungsleiterin Nachhaltiges Produzieren und Konsumieren am Wuppertal Institut für Klima, Umwelt, Energie GmbH)
- *Circular Society/Circular Cities & Regions*: Hanne Hagedorn (Projektleiterin bei der Prognos AG)
- *Circular Business*: Lars Baumgürtel (geschäftsführender Alleingesellschafter der ZINQ-Gruppe aus Gelsenkirchen)

Diese vier Personen beantworteten jeweils Leitfragen zu ihrem Themenfeld (▶ Abschn. 15.4, 15.5, 15.6 und 15.7), aber bezogen dabei sowie in der Diskussion mit dem Publikum und in ihren Abschlussstatements auch die anderen Dimensionen mit ein. Eingeleitet wurde die Veranstaltung durch den Moderator Paul Szabó-Müller (Hochschule Ruhr West), der die Herausforderungen der Transformation in der als strukturschwach geltenden Emscher-Lippe-Region (vgl. ▶ Kap. 2) vorstellte, sowie durch einen Impuls von Universitätsprof. Dr. Martina Fromhold-Eisebith vom Lehrstuhl für Wirtschaftsgeographie der RWTH Aachen, die das Zusammenspiel von Innovation und Transformation auf regionaler Ebene beleuchtete.

15.3 Impulsvortrag: Regionale Innovation und Nachhaltigkeitstransformation

Martina Fromhold-Eisebith erläuterte das komplexe Zusammenspiel von Region und Transformation anhand von drei Leitfragen:
1) Warum ist die Region eine geeignete „Arena" für die Transformation zu Nachhaltigkeit bzw. Circular Economy?
2) Welche Innovationsfelder sind besonders bedeutsam?
3) Wie können bei Innovationen regionale Synergien entstehen und in Gesellschaft und Wirtschaft getragen werden?

1) *Die Region als Arena der zirkulären Transformation*
Mit dieser Frage griff Martina Fromhold-Eisebith eine der Grundfragen der Wirtschaftsgeografie auf. Sie sieht in der regionalen Interaktion verschiedener Akteure einen Faktor, der die Transformation hin zu einer nachhaltigeren Gesellschaft befördern kann. In der Region sind die Akteure im unmittelbaren Kontakt und können mit verhältnismäßig geringem Aufwand einen Wissensaustausch betreiben, der für Innovationen erforderlich ist. Zusätzlich teilen sich die Akteure einer Region oftmals vorhandene Infrastruktur, Mindset und historisch bedingt auch spezifische regionale Merkmale, etwa durch den gemeinsamen geschichtlichen Hintergrund der Montanindustrie im Ruhrgebiet. So können die Akteure aufgrund gemeinsamer Zielstellungen und Wertevorstellungen verhältnismäßig einfach Synergien schaffen, Ideen operationalisieren und so gemeinsame Innovationen erzeugen. Diese sollten dabei nicht zwingend durch Hightech-Lösungen, sondern durch situativ am besten geeignete (einfache) Maßnahmen erreicht werden, z. B. durch sogenannte „frugale Innovationen". Solche Lösungen sind kostengünstig, auf Kernfunktionen reduziert, hinsichtlich der technologischen Leistung und Umweltauswirkung optimiert und deshalb zur Beförderung der Circular Economy interessant (vgl. Khan 2023: 9; Ezeudu et al. 2022).

2) *Regionale Innovationsfelder der Circular Economy*
Martina Fromhold-Eisebith stellte eine Auswahl „zirkulärer" Innovationsfelder vor, bei denen regionale Innovationsverbünde aus ihrer Sicht besonders gute Ansatzpunkte bieten (siehe auch Fromhold-Eisebith 2023):
- *Energie*: fossile Energieträger einsparen bzw. ersetzen durch regenerative, dezentrale Energieversorgung über Smart Grids und Smart Meters
- *Mobilität*: Smarte Mobilität mit Unterstützung durch digitale Möglichkeiten und die Hinwendung zu Mobility-as-a-Service
- *Bauen*: Gebäudetechnik, neue Materialien und umweltschonendes Bauen
- *Abfall- und Abwasserbehandlung im Siedlungsgebiet*
- *Produktion*: Industrie 4.0 zur ressourceneffizienten Produktion in verschiedenen Branchenfeldern
- *Nachhaltiges Ernährungssystemen*: systemische Innovationen vom Agrarsektor über die ganze Nahrungsmittelindustrie und den Handel bis hin zu den Kundinnen und Kunden
- *Sharing-Modelle* als Instrument und Wegweiser sozialer Innovationen
- *Digitalisierung* als übergreifendes Innovationsfeld zur Ermöglichung von Smart Mobility, Industrie 4.0 etc., dazu für digitale Vernetzung und Monitoring

Diese Innovationsfelder scheinen auch aus Sicht der Verfasser sinnvoll zu sein, da hier einige regionale Handlungsspielräume für Circular Economy bestehen und wie oben dargestellt Vorteile räumlicher, sozialer und kultureller Nähe genutzt werden können, etwa kurze Wege, persönliche Kontakte, Vertrauen in Menschen und Technologien, Akzeptanz sowie Flächenverfügbarkeit für Pilot- und Umsetzungsprojekte vor Ort. Die Auflistung zeigt zudem, dass Circular Economy ein Querschnittsthema ist, das mit vielen Innovationsfeldern interagiert, die schon länger Gegenstand regionaler Innovationstätigkeiten sind (z. B. Digitalisierung, Mobilität) bzw. oft eine große Bedeutung für die regionale Wirtschaft haben (z. B. Bauen, Landwirtschaft/Ernährung). Diese Innovationsfelder können einerseits „Türöffner" für die Circular Economy sein. Anderseits können durch kluge Kombinationen Querschnittsinnovationen wie z. B. eine „zirkuläre Industrie 4.0" entstehen. Dies ist auch ein wichtiges Ziel der regionalen Innovationsstrategie des Landes NRW (MWIDE.NRW 2021).

3) *Regionale Synergien in Gesellschaft und Wirtschaft*
Den Schlüssel zur Umsetzung von Circular Economy sieht Martina Fromhold-Eisebith in regionalen Kooperationen: Über den reinen Austausch von Stoffen hinaus erachtet sie gemeinsame Forschungsprojekte und die konkrete Umsetzung technischer und organisatorischer Neuheiten als elementar für eine erfolgreiche Transformation zu einer Circular Economy, die eine Vielzahl an unterstützenden und kollaborierenden Partnern der öffentlichen Hand, Bürger*innen, Hochschulen und Unternehmen erfordere.

Martina Fromhold-Eisebith sieht für eine gelungene Transformation zur Circular Economy in der Region drei Kernpunkte, auf die sie folgende zentrale Empfehlungen bezieht:
– Regionale Innovations-/Vernetzungspotenziale sind zielgerichtet zu suchen und zu aktivieren, mit Fokus auf Verbindung öffentlicher, hochschulischer, privatwirtschaftlicher und bürgerschaftlicher Akteure (vgl. Quadrupel-Helix).
– Anstelle immer der neuesten Hightech sollten auch sogenannte frugale Innovationen angestrebt werden (vgl. o.), d. h. solche, die besser auf regionale Belange angepasst, kostengünstiger und einfacher implementierbar sind.
– Regionale Wirkungsvorteile des sozialen Zusammenhalts etc. sind wahrzunehmen und innovationsbezogen einzusetzen.

15.4 Circular Policy

Die Gruppe „Circular Policy" vertrat Dr. Florian Klein. Er war von 2020 bis 2023 Referent und stellvertretender Referatsleiter in der Abteilung Wirtschaftspolitik im Ministerium für Wirtschaft, Industrie, Klimaschutz und Energie des Landes Nordrhein-Westfalen (MWIKE.NRW). Die Leitfrage zum Thema „Circular Policy" lautete:

Warum fördert das Land NRW bzw. das MWIKE.NRW Circular Economy und welche besondere Rolle spielen zum Beispiel die Regionen oder die Kommunen im Land NRW?

Schlüsselstrategie für nachhaltiges Wirtschaften: Florian Klein sieht in der Circular Economy eine Schlüsselstrategie zur Erreichung der Nachhaltigkeitsziele des

Landes NRW. Die Circular Economy schaffe langfristige Wettbewerbsfähigkeit, verringere die Abhängigkeit von Ressourcenimporten und führe zu innovativen Produkten und Geschäftsmodellen:

> „Allen ist klar, wenn wir die Wirtschaft nachhaltig transformieren wollen, dann ist die Circular Economy ein Schlüssel auf dem Weg. Das zahlt auf Klimaschutz ein. Das zahlt auf Wettbewerbsfähigkeit ein und das zahlt auf das Thema Ressourcenschonung ein. Wir lesen in diesen Tagen alle sehr viel von strategischen Abhängigkeiten, die vorhanden sind, die gegebenenfalls noch drohen."

Differenzierte Förderung von Innovationsregionen: Gleichzeitig betonte Florian Klein die regionale Unterstützung und Förderung des Landes NRW durch das MWIKE.NRW. Die stark ausgeprägten regionalen Unterschiede sind ihm zufolge eine Stärke des Landes NRW und ein Grund für die differenzierte Förderung von Circular Economy in den Innovationsregionen:

> „Wir haben hier im Ruhrgebiet transformationserprobte Unternehmen, das Prosperkolleg und die neue Initiative ‚Transform to Zero', von der wir uns viel erhoffen.
> In der Region Rhein-Ruhr haben wir seit knapp zwei Jahren das Projekt Circular Valley. Dort wird ein Schwerpunkt auf Gründerinnen und Gründer aus aller Welt gelegt, die nach Wuppertal kommen, um dort auch mit den Unternehmen aus der Region zusammenzuarbeiten. (…)
> In Ostwestfalen-Lippe (OWL) gibt es sehr viele Hidden Champions und ganz starke Netzwerke wie CirQuality OWL und InnoZent OWL. Mit der Bertelsmann Stiftung haben wir einen Akteur, der zukünftig starke Impulse für das Thema Circular Economy geben wird. (…)
> Dann haben wir als viertes Beispiel natürlich auch das Rheinische Revier, wo unglaublich viel passieren wird, was zum Beispiel das Stichwort zirkuläre Bioökonomie angeht."

Runder Tisch Zirkuläre Wertschöpfung NRW: Ein wichtiges Forum für die Governance der Circular-Economy-Transformation in NRW ist aus Sicht von Klein der *Runde Tisch Zirkuläre Wertschöpfung NRW*:

> „Sie sehen ganz unterschiedliche Regionen, wo extrem viel passiert. Wir versuchen diese Regionen alle am Runden Tisch Zirkuläre Wertschöpfung NRW zusammenzubringen. Das ist eine Plattform, die das Wirtschafts- und das Umweltministerium 2018 gemeinsam gegründet haben. Dort findet alle paar Monate ein Austausch statt und man versucht, zusammen zu kooperieren, sich gegenseitig auf dem Laufenden zu halten und neue Projekte anzustoßen. Das ist bundesweit einzigartig."

Für Florian Klein erfordert eine erfolgreiche Transformation Veränderungsprozesse bei allen regionalen Akteuren, nicht nur bei den Unternehmen. Darüber hinaus sind dies z. B. auch Mitarbeiter*innen, Kommunen und Konsument*innen.

> **Hinweis für Entscheidungsprozesse**
>
> Die Diskussion zum Thema Circular Policy zeigte am Beispiel des Landes NRW, dass in Deutschland die Bundesländer eine wichtige Schnittstellenfunktion zwischen den Regionen, dem Bund und der EU haben können. Deshalb sollten Aktivitäten zur Circular-Economy-Transformation auf diesen Ebenen aufeinander abgestimmt sein und sich keinesfalls gegenseitig blockieren. Gegenseitig Bezug nehmende Strategien und Roadmaps auf den unterschiedlichen Ebenen könnten hier Orientierung bieten und die Stränge zusammenfließen lassen.

15.5 Circular Science

Die Rolle „Circular Science" vertrat in der Podiumsdiskussion Prof. Dr. Christa Liedtke, außerplanmäßige Professorin an der Universität Wuppertal und Leiterin der Abteilung Nachhaltiges Produzieren und Konsumieren am Wuppertal Institut. Aus dieser Rolle heraus beleuchtete sie auch Aspekte aus den anderen Helix-Dimensionen Circular Business, Policy und Society. Die Leitfrage zum Thema „Circular Science" lautete:

Welche Rolle sehen Sie für Hochschulen und Forschung in diesem Prozess, zum Beispiel als Schnittstelle zwischen Wirtschaft und Politik oder aus Ihrer Erfahrung mit Reallaboren und Living-Lab-Ansätzen?

Aufgabe, Gehör und (Nicht-)Umsetzung der Forschung: Christa Liedtke betonte, dass es bereits grundlegende Beiträge der Forschung zur Transformation zu einer Circular Economy gebe und diese eine wissenschaftlich beratende und auch transformativ unterstützende Funktion innerhalb des Transformationsprozesses einnehme. So sei es Aufgabe der Forschung, Erkenntnisse zu gewinnen und diese für die relevanten Stakeholdergruppen zielgruppengerecht verfügbar zu machen, damit diese Wirkung entfalten könnten. Andererseits fände Forschung oft kein Gehör. Sie verdeutlichte dies am Beispiel des aktuellen Berichtes des Weltressourcenrates der Vereinten Nationen (International Resource Panel; vgl. IRP 2023), der aus ihrer Sicht zu wenig Aufmerksamkeit erhalte.

Christa Liedtke reflektierte aber auch selbstkritisch den Anteil der Forschung an der Umsetzung bzw. Nicht-Umsetzung derer Erkenntnisse. Die Nachhaltigkeitsforschung solle stärker die großen gesellschaftlichen und ökologischen Herausforderungen und regionalen Probleme adressieren, Handlungsspielräume mit „hohem Impact" identifizieren und ihre Ergebnisse zielgruppengerecht kommunizieren. So würden wesentliche Transformationsbereiche, wie eben beschrieben, kaum von der Forschung aufgegriffen, während „kleinere Stoffströme" bis ins Detail beforscht würden. Beides könne und sollte aber in einem systemischen Rahmen integriert werden:

» „Wir sind manchmal auf nicht prioritären Feldern unterwegs und gehen nicht auf die großen Fragestellungen ein, die die Hebel sind, und verlieren uns in Einzeldiskussionen und Einzelprozessen, die auch wichtig sind, die aber in einen systemischen Kontext gesetzt werden müssen, um ihr Wirkpotenzial für die Klimawende zu bewerten. Das können die Unternehmen nicht leisten, weil sie ihre Prozesse organisieren müssen. Das können wir aber als Forscher*innen analysieren und in einen systemischen Kontext setzen."

Rohstoffsicherheit ist nicht gewährleistet, Strategien notwendig: Wachsende Ökonomien, Digitalisierung, Automatisierung, Energie- und Ressourcenwende benötigen immer mehr Rohstoffe statt weniger, was die Rohstoffsicherheit gefährden und zu ökologischen und sozialen Verwerfungen in Lieferketten führen könne. Wolle man unser digitales Leben tatsächlich erhalten und ausbauen, so wäre eine Rohstoff- und insbesondere Funktionsmetallstrategie sowie eine Material- und Metalllogistik dringend notwendig. Zudem betonte Christa Liedtke nachdrücklich, dass es keine Dekarbonisierung ohne Dematerialisierung geben könne:

» „Wenn wir eine klare Strategie zur Kreislaufwirtschaft, d. h. zu einer absoluten Verringerung des Konsums primärer Rohstoffe haben, benötigen wir wesentlich weniger Energie, da nur noch ein wesentlich geringerer Anteil an Materialströmen bewegt werden muss. Dies bedeutet einen entscheidenden Beitrag zur Klimawende. Eine nationale Kreislaufstrategie muss hierauf einzahlen und nachhaltige Produkte und Dienstleistungen in Wert setzen, also konsumierbar machen."

Die inneren Kreisläufe befördern: Anstatt hauptsächlich Recyclingprozesse zu fokussieren, empfahl Christa Liedtke, durch *„ökointelligent gestaltete Produkte, die Nutzen stiften und nicht Nutzen verwehren oder zur Verschwendung aufrufen"* innere Kreisläufe mit höherer Zirkularität zu befördern, also längere Lebensdauer, Materialsubstitution, Sharing Economy, Reparatur, Wartung u. a. als Kreislaufstrategien zu nutzen und zu fördern. So lägen laut Stefan Ramesohl und Team in deutschen Haushalten Produkte im Wert von durchschnittlich ca. 50 Mrd. € bzw. 1200 € pro Haushalt ungenutzt herum.

Integration aller Fachdisziplinen: Für die breite Umsetzung einer Kreislaufwirtschaft benötige es eine Integration aller Fachdisziplinen, die Transformationskompetenzen besäßen, inklusive der Kompetenzen der Praxis, vor allem auch des Handwerks und des Mittelstands:

» „Wir haben Disziplinen und Fertigkeiten, die nicht im Fokus der Transformationsforschung stehen, die aber unbedingt in den Fokus gehören. Kunst- und Designdisziplinen, Kultur- und Sozialwissenschaften, die Verhaltensforschung, die psychologische Forschung sind ebenso notwendig wie die Praxis, um die gesamte Klaviatur der Kreislaufwirtschaft zu nutzen. Doch bisher spielen die inneren Kreisläufe kaum eine Rolle. Sie sind es aber, die letztlich eine Kreislaufwirtschaft in allen ihren Facetten und Möglichkeiten zusammen mit der technischen Entwicklung und Praxis ausgestalten können. Ihre Potenziale zu verschwenden, können wir uns nicht leisten."

Reallabore und Living Labs unterstützen Transformation: In den letzten Jahren wurden zunehmend experimentelle Ansätze wie Reallabore und Living Labs genutzt, um die Transformation zur Nachhaltigkeit in Städten und Regionen zu befördern (Nevens et al. 2013; Schneidewind 2014; Marvin et al. 2018). Auch das vorgestellte Quintupel-Helix-Model für die Circular Economy von Arsova et al. (2021) greift diesen Ansatz auf. Christa Liedtke sieht in Reallaboren und Living Labs ebenfalls ein geeignetes Setting, um alternative Konzepte zur Beförderung innerer Kreisläufe auf experimentelle Weise zu erproben, zu optimieren und in den Markt zu bringen und zu den Akteuren und in die Regionen. Entsprechende Geschäftsmodellentwicklungen und Rahmensetzungen hierzu seien notwendig.

» „Dafür haben das Bundesministerium für Wirtschaft und Klimaschutz (BMWK) und auch das Bundesministerium für Umwelt, Naturschutz, nukleare Sicherheit und Verbraucherschutz (BMUV) sogenannte regulative bzw. digitale Reallabore als Format aufgesetzt, damit wir Lösungen entwickeln und erproben können, ohne in rechtliche Konflikte laufen zu müssen. Diese können dadurch erkannt, behoben oder anderweitige Lösungen gesucht werden. Die Rechtswissenschaften wären hier ein wichtiger Partner, um Transformation zu gestalten und zu flankieren."

Zudem sei Experimentieren das geeignete Mittel, um vorhandene Technologien und Wissen so zu (re-)konfigurieren, dass Lösungen skaliert und die Transformation beschleunigt werden kann.

» „Das können wir nur, indem wir im Co-Design gestalten und erproben, was möglich ist, wo die jeweiligen Grenzen sind und was wie zusammenpasst. Deswegen, denke ich, ist dieses Experimentieren und die Offenheit, die Teilhabe aller systemrelevanten Gruppen und jegliche Expertise zu nutzen, wichtig. Dafür brauchen wir Formate, um die Systemsprünge vorzubereiten und auch die Menschen, die Forschenden und die Politik entsprechend mitnehmen zu können."

Hinweis für Entscheidungsprozesse

Für die Akteursgruppe Circular Science lässt sich unter anderem schlussfolgern, dass zwar bereits viele wissenschaftliche Grundlagen für die Circular-Economy-Transformation gelegt sind, aber sich die Wissenschaft durch bessere Kommunikation mehr Gehör verschaffen muss. Die Forschung kann Impulsgeber und Moderator der Transformation sein, wofür beispielsweise Reallabore und Living Labs geeignete Forschungssettings sein können. Nicht zuletzt zeigte die Publikumsdiskussion, dass neben der Forschung auch die (Hochschul-)Bildung ein wichtiger Schlüssel sein kann, wenn dort angehenden Fach- und Führungskräften der Region das Thema Circular Economy vermittelt wird.

15.6 Circular Society, Cities & Regions

Die Akteursgruppe „Circular Society" bzw. das Thema „Circular Cities and Regions", repräsentierte Hanne Hagedorn, die seit 2018 Beraterin bei der Prognose AG im Bereich Umwelt, Kreislaufwirtschaft und Klimawandel ist. Sie bestätigte ihre Vor- und Nachredner*innen darin, dass Kommunen und Regionen eine entscheidende Rolle bei der Transformation zur Circular Economy in Europa einnehmen und wichtige Reallabore dafür sind. Die Leitfrage lautete:
Wie möchte die EU im Rahmen des Circular Economy Action Plans Menschen, Städte und Regionen fördern?

Circular Cities and Regions Initiative (CCRI) unterstützt Städte und Regionen: Aus den oben genannten Gründen hat die EU im Rahmen des *Circular Economy Actions Plans* die *Circular Cities and Regions Initiative* (CCRI) in Leben gerufen. Die Prognos AG ist Partner des Koordinierungsbüros (*Coordination and Support Office*, CSO), das die Europäische Kommission bei der Umsetzung der CCRI unterstützt und in diesem Rahmen Städte und Regionen bei ihrer Transformation berät. Ansatz bzw. Ziel der CCRI ist es, gezielt Pilotregionen bei der Umsetzung von Circular Economy zu unterstützen, um deren Leuchtturmrolle zu festigen, wovon andere Regionen lernen sollen. Aus den Bewerbungen von mehr als einhundert Städten und Regionen wurden 12 Pilotregionen (Pilots) und 25 Mitmacher (Fellows) ausgewählt. Aus Deutschland sind die Stadt München als Pilot sowie die Region Südost-Niedersachsen und Berlin als Fellows vertreten.

Neben der strategischen Planung und Vernetzung geht es vor allem um die konkrete Umsetzung systemischer Veränderungen in den Städten und Regionen:

» „Es soll nicht nur geredet und geplant werden, es soll vor allem auch umgesetzt werden. Im Kern geht es um die Umsetzung systemischer Lösungen, sogenannte Circular Systemic Solutions, die vor allem im Rahmen von Horizon-Projekten entwickelt bzw. getestet werden sollen. Systemisch heißt: Es sollen immer mehrere Branchen und verschiedene Stakeholder involviert sein."

Hanne Hagedorn betonte die Bedeutung des Voneinander-Lernens und des Transfers für die Circular-Economy-Transformation in Europa:

» „Es geht vor allem auch um den Austausch von guter Praxis. Es ist schon vieles da, vieles wurde schon ausprobiert, aber natürlich in unterschiedlichen Teilen Europas."

» „Die Pilots werden in dieser Umsetzung gezielt vom Koordinationsbüro begleitet, um wirklich weiterzukommen und etwas umzusetzen. Danach wird es auch noch vier Arbeitsgruppen geben, mit den Pilots und Fellows, aber auch mit den anderen Stakeholdergruppen, die dabei sind und dazugehören."

Das Koordinierungsbüro stellt den Städten und Regionen Methoden und Tools zur Unterstützung ihrer Transformation zur Verfügung. Diese und weitere Informationen werden nach und nach auf der Website der CCRI bereitgestellt, die sich im Aufbau befindet:

> „Die Methode besteht aus den drei Prozessphasen Mapping des Metabolismus und des Policy Frameworks, Design der Circular Systemic Solutions sowie deren Implementierung. Zudem sind das Stakeholder-Engagement und Monitoring wichtige Bausteine, für die es ebenfalls Tools geben wird."

Potenzial der Circular Economy auch für die ländliche Entwicklung: Abschließend zeigte Hanne Hagedorn auf, dass Circular Economy nicht nur für urbane, sondern auch für ländliche Regionen Chancen bietet. Im Projekt *Potenzial der Kreislaufwirtschaft für die ländliche Entwicklung in Deutschland und Europa* (vgl. BBSR 2023), soll ebenfalls von Vorreiterregionen gelernt werden. So wurde in einem Interview in der niederländischen Provinz Friesland festgestellt, wie wichtig das Mindset in der Region ist. Dort ging es um ein neues, wirkungsvolles Storytelling für Circular Economy „aus der Peripherie", was man in NRW beispielsweise in Bezug zum Strukturwandel ähnlich tun könne:

> „Das neue Storytelling hat in Friesland (NL) zu einem regionalen Visionsprozess beigetragen, der gute Grundvoraussetzungen für die Circular Economy in der Region gebracht hat."

Hinweis für Entscheidungsprozesse

Hanne Hagedorn zeigte, wie die EU ausgewählte Städte und Regionen im Rahmen der Circular Cities and Regions Initiative (CCRI) bei der Transformation unterstützten möchte, die eine Maßnahme des EU Circular Economy Actions Plans ist. Dabei wurde deutlich, wie wichtig intra- und interregionales Lernen, Vernetzung und Transfer sind, um die systemischen Veränderungen anzugehen. Das heißt, diese sind nicht nur innerhalb der jeweiligen Städte und Regionen wichtig, sondern ebenso bedarf es eines horizontalen Austauschs zwischen den Regionen. Zudem können Städte (Circular Cities) und Regionen (Circular Regions) Orte sein, in denen sich an der Schnittstelle zwischen zirkulärer Wirtschaft (Circular Economy) und zirkulärer Gesellschaft (Circular Society) eine *„Circular Economy Society"* (MWIDE.NRW 2021: 25) herausbildet. Da die Anzahl der teilnehmenden Regionen in der CCRI begrenzt ist, könnte bzw. sollte der sinnvolle Ansatz auf nationaler bzw. regionaler Ebene adaptiert und flankiert werden.

15.7 Circular Business

Die Akteursgruppe „Circular Business" repräsentierte Lars Baumgürtel, geschäftsführender Alleingesellschafter der ZINQ-Gruppe aus Gelsenkirchen, die seit 1889 Stahl durch Verzinkung vor Korrosion schützt und dafür ein zirkuläres Geschäftsmodell entwickelt hat (vgl. ZINQ 2023). Dieses Beispiel zeigt, wie Unternehmer*innen als sogenannte Agenten bzw. Pioniere des Wandels (engl. Transition Agents) in ein lokales und regionales Umfeld eingebettet sein und die Circular-Economy-Transformation aktiv mitgestalten können, z. B. durch die Umgestaltung eigener Prozesse und des Standorts oder das Engagement in Initiativen und Netzwerken. Die Leitfragen lauteten:

Was benötigen Unternehmen, um zirkulär zu wirtschaften? Was können sie selbst tun? Was kann in der Region getan werden?
Effektivität bzw. zirkuläre Qualität entscheidend: Für Lars Baumgürtel stellt die alleinige Effizienzsteigerung keine ausreichende nachhaltige Handlungsalternative für Unternehmen dar, da dies die Müllentstehung und Umweltverschmutzung nicht eliminiere, sondern lediglich verringere. Dies zu erkennen war für ihn und sein Unternehmen ein wichtiger Lernprozess und maßgeblich für die Entscheidung über dessen Zukunft und folglich auch diejenige der Standorte:

» „Die Frage war: Ist das Unternehmen ZINQ mit seinem Energie- und Ressourceneinsatz zukunftsfähig? Es war der Widerspruch zwischen energieintensivem Herstellungsprozess und zirkulärem Produkt Zinkoberflächen, das Stahl extrem lange vor Korrosion schützt und sehr gut rezyklierbar ist, der mich umgetrieben hat. Mit Cradle-to-Cradle habe ich ein Kriterienset gefunden, mit dem ich für mich diese Entscheidung treffen und mit ‚Ja' beantworten konnte."

Energetische und stoffliche Transformation integrieren – „Race to Triple Zero": Lars Baumgürtel sieht in der späteren regulatorischen bzw. politischen Entwicklung wie dem *European Green Deal* und *EU Circular Economy Action Plan (CEAP)* eine Bestätigung seiner Entscheidung. Zudem sei es anzustreben, Umweltverschmutzung, Müllentstehung und CO_2-Ausstoß gleichzeitig und mit gleicher Priorisierung zu eliminieren. Damit sind sowohl globale als auch lokale und regionale Umweltauswirkungen angesprochen. Dieses „Race to Triple Zero" möchte die Unternehmensinitiative *Transform to Zero (TTZ)* angehen, deren Sprecher er ist und die eine enge Kooperation mit Prosperkolleg anstrebt:

» „Jeder Werkstoff und jedes Produkt, das ein Unternehmen herstellt, fängt im Grunde genommen dort an, wo es derzeit im Hinblick auf die Umweltgesamtauswirkungen während des Lebenszyklus steht, und dann geht es darum, im Unternehmen durch Innovationsprozesse die Zielsetzungen Zero Waste, Zero Carbon und Zero Pollution über die Produkte und über die Prozesse schrittweise umzusetzen und damit die zirkuläre Transformation entsprechend auf den Weg zu bringen."

Lars Baumgürtel nannte als Beispiel für Fehlentwicklungen Antriebsbatterien, die bisher nicht zirkulär gestaltet würden, sondern vor allem auf Effizienz ausgerichtet seien. Zudem kritisierte er die energetische Verwertung und Deponierung von Ressourcen. Abhilfe könne ein zirkuläres Produktdesign leisten, das im Rahmen des EU CEAP durch die sogenannte *Sustainable Products Initiative (SPI)* bzw. *Ecodesign for Sustainable Products Regulation (ESPR)* gestärkt werden soll.
Zusammenspiel in der Helix, Liefer- und Wertschöpfungskette wichtig: Unter anderem um Fehlentwicklungen im Umgang mit Rohstoffen wie energetische Verwertung und Deponierung von Ressourcen sowie bei der Gestaltung und Wiederverwertung von Produkten zu vermeiden, sei das Zusammenspiel zwischen Wissenschaft, Politik, der Gesellschaft, den Konsumenten und letztendlich den Unternehmen bei der Verknüpfung von Innovationen und Nachhaltigkeit sehr wichtig. Dabei stelle nicht nur das Einbeziehen des eigenen Unternehmensrahmens einen wichtigen Faktor dar, sondern das systematische Berücksichtigen der gesamten Liefer- bzw. Wertschöpfungskette unter Beibehaltung der „zirkulären Qualität":

> „Wir müssen ab sofort bei allen Dingen, die wir in den Markt bringen, darauf achten, dass wir die Rohstoffe, die wir dort hineinsetzen, auch wirklich so wiedergewinnen können, dass daraus wieder gleichwertige Produkte entstehen können. Dafür sind die Hersteller der Produkte verantwortlich, die auch die Werkstoffkreisläufe schließen müssen, um zukünftig an zirkuläre Rohstoffe heranzukommen."

Abhilfe könne ein zirkuläres Produktdesign leisten, das durch die *Sustainable Products Initiative (SPI)* bzw. *Ecodesign for Sustainable Products Regulation (ESPR)* gestärkt werden soll, die eine zentrale Maßnahme des EU CEAP ist. Die dort geplante Einführung digitaler Produktpässe könne dazu beitragen, externe Kosten zu internalisieren, um Wettbewerbsgerechtigkeit herzustellen, Konsument*innen bzw. Kundinnen und Kunden bei Entscheidungen zu unterstützen und zirkuläre Geschäftsmodelle wettbewerbsfähig zu machen.

Projekte und Initiativen in Emscher-Lippe: Lars Baumgürtel sieht die Emscher-Lippe-Region in einigen Bereichen als Vorreiter. Das Prosperkolleg lobte er als eines der ersten und sehr praxisnahen Forschungsprojekte zur Circular Economy in Deutschland. Das regionale Unternehmensnetzwerk *Transform to Zero (TTZ)* hat sich das erwähnte „Race to Tripple Zero" zur Mission gemacht. Ziel sei es, *„einen größeren Teil der Brutto-Wertschöpfung, für die die Unternehmen verantwortlich sind, zirkulär zu erwirtschaften"*. Die neue Initiative *„Transform to Zero im Prosperkolleg"* (TTZ – Transform to Zero 2022) möchte das Prosperkolleg und das genannte Unternehmensnetzwerk vereinen. Das internationale Event *Circular Economy Hotspot*, das die Stadt Bottrop im September 2022 für das Land NRW ausgerichtet hat, sieht er als Beispiel für Plattformen zum Austausch unter den relevanten Helix-Akteuren an. Auch die im Impulsvortrag genannten Industriesymbiosen seien mit dem Chemiepark Marl in der Emscher-Lippe-Region vorhanden, aber es sei letztlich zu hinterfragen, ob auch die hergestellten (End-)Produkte nachhaltig bzw. zirkulär seien.

Unterstützungsbedarf bei ersten Schritten, Ansiedlung und Fachkräfte: Lücken in regionalen zirkulären Wertschöpfungsketten könnten laut Lars Baumgürtel durch gezielte Ansiedlungen gefüllt werden, wobei die Wirtschaftsförderung unterstützen könne. Herausforderungen bestünden laut Lars Baumgürtel auch im Bereich Fachkräfte, für die ZINQ durch einen eigenen gewerblichen Ausbildungsgang teils selbst sorge. Wichtig sei auch die Heranführung und Begleitung von Unternehmen bei ihren ersten Schritten in Richtung Circular Economy sowie der Abbau von Ängsten. Dies fände beispielsweise durch das Prosperkolleg und dessen Projektpartner Effizienz-Agentur NRW statt. Besonders in langfristig denkenden Familienunternehmen sieht Lars Baumgürtel Bedarf bzw. Potenziale dafür:

> „Typisch für den Mittelstand und die Familienunternehmen ist: Wir denken nicht nur an das nächste Jahr. Wir denken auch in Zeiträumen von in fünf oder zehn Jahren, also an die Frage der Zukunftsfähigkeit, Enkelgerechtigkeit oder Generationengerechtigkeit, und ich glaube, in diesem Kontext müssen die Unternehmen an das Thema zirkuläre Transformation einfach herangeführt werden."

Erfolge geben Recht, machen Spaß und lassen positiv in die Zukunft blicken: Schließlich würden erzielte Erfolge motivieren, den Transformationsprozess weiter voranzutreiben:

» „Besonders Spaß an Zirkularität macht es, wenn Unternehmer*innen sagen können, ich habe mein Unternehmen so umgebaut, dass meine Produkte einen positiven Umweltfußabdruck haben. Wir sind nicht mehr Schädling, sondern wir sind tatsächlich Nützling. Das geht nicht alleine, sondern nur gemeinsam in den Lieferketten und in Netzwerken. Und deswegen macht es auch so unglaublich viel Spaß in NRW mit Transform to Zero und anderen Netzwerken."

Hinweis für Entscheidungsprozesse

Das Beispiel für *Circular Business* ZINQ aus Gelsenkirchen zeigt, wie Unternehmer*innen wie Lars Baumgürtel als Agenten bzw. Pioniere des Wandels in ein lokales und regionales Umfeld eingebettet sein und die Transformation zur Circular Economy aktiv mitgestalten können. Es empfiehlt sich, solche Pionierunternehmen in der eigenen Region zu identifizieren und als Türöffner und Treiber des Transformationsprozesses zu aktivieren und einzubeziehen.

15.8 Abschlussstatements

Zum Abschluss wurden die Podiumsgäste um ein Abschlussstatement geben. Beantwortet werden sollte die Frage:
Wie wird die Transformation zur Circular Economy in der Region zum Erfolg?
Hanne Hagedorn: *„Ich glaube, was ich heute auf jeden Fall noch mal gesehen haben, ist, dass alle Akteure der Quadrupel-Helix dazu beitragen können, zirkuläre Geschäftsmodelle wirtschaftlich und rentabel zu machen. Die öffentliche Hand kann schauen, dass die Barrieren abgebaut werden und die Rahmenbedingungen stimmen. Die Forschung kann neue Lösungen suchen. Und die Gesellschaft muss natürlich die Lösungen annehmen, was diese auch in den Unternehmen vorantträgt."*
Lars Baumgürtel: *„Was mir auffällt, ist: Wir müssen aufpassen, dass wir diese Diskussion nicht zu weit vor dem Feld führen, sondern wir müssen schauen, dass wir relativ schnell in der Wissenschaft, in der Politik und natürlich auch in der Gesellschaft eine kritische Masse erzeugen. Aber auch bei den Unternehmer*innen braucht es ein klares Bekenntnis und eine klare Haltung. Da gibt es durchaus Unterschiede zwischen dem Mittelstand und den größeren Unternehmensstrukturen. Wir brauchen schnell die kritische Masse, um in die Umsetzung zu kommen. Alle müssen mitmachen können: Der Transformationsprozess muss letztendlich auch so moderiert werden, dass auch für die KMUs Teilhabe an den Chancen der Circular Economy gesichert wird und sich die Umstellung auf zirkuläre Produkte am Markt wirtschaftlich lohnt."*
Florian Klein: *„Ergänzend möchte ich betonen, dass es sehr wichtig ist, das Thema nicht nur in der Hochschullehre weiter zu verankern, sondern auch in der dualen Ausbildung und in der betrieblichen Fortbildung. Das ist aus unserer Sicht ganz wichtig. Diesbezüglich sind wir im engen Austausch sowohl mit dem Arbeitsministerium als auch mit dem Wissenschaftsministerium. Und wir haben schon darüber gesprochen, wie wichtig es ist, die Verbraucher*innen für zirkuläre Produkte zu begeistern und dass wir noch mehr Unternehmer*innen wie Lars Baumgürtel brauchen. Lassen Sie mich noch eins hervorheben, was wir brauchen, was heute vielleicht ein bisschen untergegangen ist: Wir müssen auch die Kommunen für das Thema befähigen. Wir haben ein neues Landes-*

kreislaufwirtschaftsgesetz, das relativ klar definiert, was die öffentliche Hand zu leisten hat hinsichtlich der kreislauforientierten Vergabe bzw. Beschaffung. Aber dafür müssen wir die Kommunen natürlich auch befähigen und ich denke, dass unsere Landesgesellschaft Energy4Climate dabei eine wesentliche Rolle spielen könnte."

Christa Liedtke: *„Transformation ist machbar, wenn wir inter- und transdisziplinär an der Herausforderung und an Lösungsräumen arbeiten, diese gemeinsam ausgestalten, wissenschaftliche Erkenntnisse hierzu zur Verfügung stellen und die Prozesse auf Nachhaltigkeit ausrichten. Transformative, anwendungsorientierte Wissenschaft sollte Ergebnisse der Grundlagenforschung und technische Innovationen mit den Menschen als Systemexpert*innen vor Ort in die Praxis übersetzen. Sie sollte den notwendigen Systemsprüngen gestaltend, explorierend und erprobend näher kommen, Risiken erkennen und adressieren können, also Resilienz mit Innovation für Nachhaltigkeit in Wert setzen. Dafür sind Gestaltungskompetenzen notwendig, die disziplinär und transdisziplinär erlernt werden müssen. Universitäten und Hochschulen müssten also auch aktiv die Entwicklung von Transformationskompetenzen in Forschung und Lehre inter-/ disziplinär verankern. Dafür benötigen sie, wie die Kommunen und Unternehmen, regionale Lern- und Transformationsräume, die dieses Co-Design von Gegenwart und Zukünften konstruierend und dekonstruierend in iterativen Forschungs-, Lern- und Praxisschleifen ermöglichen."* [redaktioneller Hinweis: Christa Liedtke musste die Veranstaltung vorzeitig verlassen und hat ihr Abschlussstatement schriftlich nachgereicht.]

15.9 Fazit

Dieser Beitrag hat sich der komplexen Frage „Wie wird die Transformation zur Circular Economy in der Region zum Erfolg?" angenähert. Als konzeptioneller Rahmen und Inspiration für eine Online-Veranstaltung des Prosperkolleg-Forschungsnetzwerks #CEresearchNRW diente das akteursorientierte Quintupel-Helix-Modell, das in der (regionalen) Innovationsforschung etabliert ist und mittlerweile auch auf Circular Economy angewendet wird. In der Veranstaltung wurden mit Vertreter*innen der Akteursgruppen des Helix-Modells (Unternehmen, Gesellschaft, Politik, Forschung), weiteren Referent*innen und einem Fachpublikum gemeinsam Antworten auf die oben stehende Leitfrage gesucht. Ein solches Format könnte ein erster Schritt eines regionalen Dialog- und Transformationsprozesses in Regionen sein, die sich auf den Weg zur Circular Economy begeben möchten. Dabei können unter anderem die vielfältigen Aktivitäten in der Emscher-Lippe-Region (z. B. Pionierunternehmen wie ZINQ, Leuchtturmprojekte wie Prosperkolleg, regionale Initiativen wie Transform to Zero) und im Bundesland NRW (z. B. Runder Tisch Zirkuläre Wertschöpfung, EFRE/JTF-Programm NRW 2021–2027, Regionale Innnovationsstrategie NRW) Inspiration liefern. Grundsätzlich sollte die Transformation möglichst koordiniert und strategisch angegangen werden. Dabei sollten Möglichkeiten und Grenzen des regionalen Handelns beachtet und Aktivitäten auf unterschiedlichen Ebenen (z. B. Bund, Land, EU, Region, Kommune) so gestaltet werden, dass Ziele und Instrumente zueinander passen und sich gegenseitig unterstützen. Es bleibt zu hoffen, dass durch die gezielte Förderung der Circular Economy als zentraler Baustein einer transformativen Strukturpolitik auch und insbesondere in Regionen wie Emscher-Lippe Impulse für einen nachhaltigen Strukturwandel und die Transformation zur Nachhaltigkeit gegeben werden können.

Mit freundlicher Unterstützung durch die Expert*innen und Teilnehmer*innen der Online-Veranstaltung des Prosperkollegs am 27.10.2022.

Kernbotschaften

- Helix-Modelle können dabei helfen, die komplexen regionalen Innovations- und Transformationsprozesse im Bereich Circular Economy zu strukturieren und zu verstehen sowie relevante Akteursgruppen zu identifizieren, zu beteiligen und miteinander zu vernetzen.
- Die Region ist eine sehr wichtige Handlungsebene der Transformation zur Circular Economy, aber nicht die einzige. Aktivitäten in der Region, im Bundesland, in Deutschland, in der EU und darüber hinaus müssen aufeinander abgestimmt sein.
- Um den nachhaltigen regionalen Strukturwandel zu befördern, sollte Circular Economy strategisch angegangen werden und diejenigen Wirtschaftsbereiche priorisiert werden, die das größte Potenzial für eine nachhaltige Wirtschafsentwicklung bieten (intelligente Spezialisierung).
- Der Transformationsprozess muss dabei so gestaltet werden, dass die Akteure vor Ort befähigt werden, an den Chancen der Circular Economy teilzuhaben, damit sich die Umstellung auf eine zirkuläre Wirtschafts- und Lebensweise für sie lohnt.
- Anwendungsorientierte Wissenschaft kann in regionalen Lern- und Transformationsräumen dabei unterstützen, Ergebnisse der Grundlagenforschung sowie technische und organisatorische Innovationen vor Ort in die Praxis zu übersetzen und notwendigebzw. hilfreiche Schritte des Transformationsprozesses zur Circular Economy aufzuzeigen.

Literatur

Arsova, Sanja; Genovese, Andrea; Ketikidis, Panayiotis H.; Alberich, Josep Pinyol; Solomon, Adrian (2021): Implementing Regional Circular Economy Policies: A Proposed Living Constellation of Stakeholders. In: *Sustainability* 13 (9), 4916. https://doi.org/10.3390/su13094916.

BBSR – Bundesinstitut für Bau-, Stadt- und Raumforschung (BBSR) (Hrsg.) (2023): Potenzial der Kreislaufwirtschaft für die ländliche Entwicklung in Deutschland und Europa. Online verfügbar unter https://www.region-gestalten.bund.de/Region/DE/vorhaben/kreislaufwirtschaft/_node.html, zuletzt geprüft am 02.03.2023.

Business Metropole Ruhr GmbH (BMR) (Hrsg.) (2022): DIE STRATEGIE DER INTELLIGENTEN SPEZIALISIERUNG FÜR DIE METROPOLE RUHR. Online verfügbar unter https://www.business.ruhr/fileadmin/user_upload/Bilder/Presse/Verschiedenes/bmr_s3_strategie_220708.pdf, zuletzt geprüft am 07.07.2023.

Cai, Yuzhuo; Lattu, Annina (2022): Triple Helix or Quadruple Helix: Which Model of Innovation to Choose for Empirical Studies? In: *Minerva* 60 (2), S. 257–280. https://doi.org/10.1007/s11024-021-09453-6.

EC – European Commission (EC) (Hrsg.) (2023): What is Smart Specialisation? Smart Specialisation Platform. Online verfügbar unter https://s3platform.jrc.ec.europa.eu/what-we-do, zuletzt geprüft am 28.02.2023.

Ezeudu, Obiora B.; Agunwamba, Jonah C.; Ugochukwu, Uzochukwu C.; Oraelosi, Tochukwu C. (2022): Circular economy and frugal innovation: a conceptual nexus. In: *Environmental science and pollution research international* 29 (20), 29719–29734. https://doi.org/10.1007/s11356-022-18522-6.

Fromhold-Eisebith, Martina (2023): Circular Economy trifft urban-regionale Resilienz – Synergien für eine nachhaltig-anpassungsfähige Stadtentwicklung. In: *Standort* 47 (1), S. 33–39. https://doi.org/10.1007/s00548-022-00815-0.

Geography of sustainability transitions (GeoST) (Hrsg.) (2022): Geography of sustainability transitions. Online verfügbar unter https://geographyoftransitions.wordpress.com/, zuletzt geprüft am 10.07.2023.

Hofmeister, Sabine; Warner, Barbara; Ott, Zora (Hrsg.) (2021): Nachhaltige Raumentwicklung für die große Transformation. Herausforderungen, Barrieren und Perspektiven für Raumwissenschaften und Raumplanung. Akademie für Raumforschung und Landesplanung. Hannover: ARL – Akademie für Raumentwicklung in der Leibniz-Gemeinschaft (Forschungsberichte der ARL, 15). Online verfügbar unter https://shop.arl-net.de/media/direct/pdf/fb/fb_015/fb_015-gesamt.pdf, zuletzt geprüft am 10.07.2023.

International Resource Panel (IRP) (Hrsg.) (2023): Resource Panel. Online verfügbar unter https://www.resourcepanel.org/, zuletzt geprüft am 01.03.2023.

Khan, with Sana (2023): What frugal innovation is: defining frugal innovation and delineating its forms through cases studies. In: Le Bas, Christian (Hrsg.): The Economics of Frugal Innovation. Technological Change for Inclusion and Sustainability. Cheltenham: Edward Elgar Publishing Limited, S. 8–17.

Marvin, Simon; Bulkeley, Harriet; Mai, Lindsay; McCormick, Kes; Palgan, Yuliya Voytenko (Hrsg.) (2018): Urban living labs. Experimenting with city futures. London, New York NY: Routledge an imprint of the Taylor & Francis Group.

Ministerium für Umwelt, Landwirtschaft, Natur- und Verbraucherschutz des Landes Nordrhein-Westfalen (MULNV) (2022): Transformative Strukturpolitik in Nordrhein-Westfalen. EFRE-Projektförderung im Geschäftsbereich des MULNV in der Förderperiode 2014–2020. Online verfügbar unter https://www.umwelt.nrw.de/mediathek/broschueren/detailseite-broschueren?broschueren_id=15979&cHash=1f9d6348b9fa7bc2c7622a9874357c96, zuletzt geprüft am 29.06.2023.

Moulaert, Frank; Sekia, Farid (2003): Territorial Innovation Models: A Critical Survey. In: *Regional Studies* 37 (3), S. 289–302. https://doi.org/10.1080/0034340032000065442.

MWIDE.NRW – Ministerium für Wirtschaft, Innovation, Digitalisierung und Energie des Landes Nordrhein-Westfalen (MWIDE.NRW) (Hrsg.) (2021): Regionale Innovationsstrategie des Landes Nordrhein-Westfalen. Düsseldorf. Online verfügbar unter https://www.wirtschaft.nrw/innovationsstrategie zuletzt geprüft am 20.01.2023.

MWIKE.NRW – Ministerium für Wirtschaft, Industrie, Klimaschutz und Energie (MWIKE.NRW) (Hrsg.) (2023): EFRE/JTF-Programm Nordrhein-Westfalen 2021-2027. Online verfügbar unter https://www.efre.nrw.de/europaeische-kohaesionspolitik-ab-2021/efre/jtf-programm-nrw-2021-2027-1/, zuletzt geprüft am 28.02.2023.

Nevens, Frank; Frantzeskaki, Niki; Gorissen, Leen; Loorbach, Derk (2013): Urban Transition Labs: co-creating transformative action for sustainable cities. In: *Journal of Cleaner Production* 50, S. 111–122. https://doi.org/10.1016/j.jclepro.2012.12.001.

Schneidewind, Uwe (2014): Urbane Reallabore – ein Blick in die aktuelle Forschungswerkstatt (pnd online). Online verfügbar unter https://archiv.planung-neu-denken.de/images/stories/pnd/dokumente/3_2014/pndlonline_2014-3_ebook.pdf, zuletzt geprüft am 29.06.2023.

TTZ – Transform to Zero (2022): Willkommen bei transform to zero. Online verfügbar unter https://www.transform-to-zero.de/, zuletzt geprüft am 03.03.2023.

ZINQ GmbH & Co. KG (Hrsg.) (2023): Planet ZINQ® – ZINQ. Online verfügbar unter https://www.zinq.com/nachhaltigkeit/planet-zinq/, zuletzt geprüft am 02.03.2023.

Zusammenfassung

Inhaltsverzeichnis

Kapitel 16 **Transformation zur Circular Economy kompakt – 239**
Wolfgang Irrek, Uwe Handmann und Sabine Büttner

Kapitel 17 **English Summary – 245**
Wolfgang Irrek, Uwe Handmann und Sabine Büttner

Transformation zur Circular Economy kompakt

Wolfgang Irrek ⓘ, *Uwe Handmann* ⓘ *und Sabine Büttner* ⓘ

Inhaltsverzeichnis

16.1 Die Transformation zur Circular Economy als Teil einer nachhaltigen Entwicklung – 240

16.2 Der handlungsorientierte, regionale Forschungs- und Transferansatz des Prosperkollegs – 240

16.3 Unterstützung für Unternehmen auf dem Weg zur Circular Economy – 241

16.4 Innovationen für die Circular Economy und das Circular Digital Economy Lab – 242

16.5 Weitergehende Unterstützung des Transformationsprozesses zur Circular Economy – 243

© Der/die Autor(en), exklusiv lizenziert an Springer Fachmedien Wiesbaden GmbH, ein Teil von Springer Nature 2024
S. Büttner et al. (Hrsg.), *Transformation zur Circular Economy*, Sustainable Development Goals (SDG) – Umsetzung in Praxis, Lehre und Entscheidungsprozessen,
https://doi.org/10.1007/978-3-658-43338-3_16

16.1 Die Transformation zur Circular Economy als Teil einer nachhaltigen Entwicklung

Wie kann die Umsetzung einer nachhaltigen Entwicklung gelingen? Vor dieser Herausforderung stehen Wirtschaft und Gesellschaft, die gleichzeitig Megatrends wie eine rasche Digitalisierung, immer wieder neue globale Krisen und viele weitere Anforderungen bewältigen müssen. Der Übergang von einer linearen Wirtschaft zu einer Circular Economy stellt eine bedeutende Strategie im Umsetzungsprozess zu einer nachhaltigen Entwicklung dar. Circular Economy meint dabei eine Lebens- und Wirtschaftsweise, bei der Produkte und Dienstleistungen so konzipiert werden, dass der Materialeinsatz reduziert oder ganz vermieden wird. Ferner werden die hergestellten Produkte und Komponenten möglichst lange genutzt, repariert oder aufgewertet und am Ende ihres Lebenszyklus wiederverwendet oder recycelt. Roh- und Werkstoffe werden am Ende eines Wertschöpfungsprozesses zu wertvollen Inputs für neue, vielfältige, möglichst abfallfreie und schadstoffarme Wertschöpfungsnetzwerke. Zirkulär zu wirtschaften bedeutet also, Materialien, Produkte und Komponenten so lange wie möglich im Kreislauf zu führen (s. ▶ Kap. 4).

Warum ist die Transformation zu einer solchen Circular Economy wichtig? Auch wenn die Circular Economy in den Nachhaltigkeitszielen der Vereinten Nationen (*Sustainable Development Goals* – SDGs) nicht explizit benannt wird, zahlt sie als Handlungskonzept dennoch auf zahlreiche Ziele direkt oder indirekt ein, insbesondere auf das Ziel 12, Nachhaltiger Konsum und Produktion, das Ziel 9, Industrie, Innovation und Infrastruktur, sowie das Ziel 13, Maßnahmen zum Klimaschutz (s. ▶ Kap. 1). Strategien der Circular Economy, die darauf abzielen, den Stoffeinsatz zu verringern oder höhere Recyclingraten zu realisieren, vermindern in großem Umfang Treibhausgasemissionen. Wie Szenarien zeigen, können sie wahrscheinlich sogar den größten Emissionsminderungsbeitrag in den Grundstoffindustrien der Europäischen Union leisten (s. ▶ Kap. 3).

Allerdings ist das Konzept der Circular Economy bei vielen Akteuren in der Praxis noch kaum bekannt und der Mehrwert für sie unklar. Vielfältige Hemmnisse und Barrieren verhindern, dass die Chancen einer Transformation zur Circular Economy ergriffen werden. Eine Befragung unter 391 mittelständischen Unternehmen in Nordrhein-Westfalen ergab, dass etwa ein Drittel der Unternehmen, darunter viele kleine und mittlere Unternehmen (KMU), Unterstützung bei der Transformation zur Circular Economy benötigen. Ihnen fällt es häufig schwer, für sie passende Ansatzpunkte im Wertschöpfungsnetzwerk zu identifizieren und konkrete Handlungsschritte abzuleiten. Dies wird auch durch weitere wissenschaftliche Studien bestätigt (s. ▶ Kap. 5).

16.2 Der handlungsorientierte, regionale Forschungs- und Transferansatz des Prosperkollegs

Vor diesem Hintergrund hat das Forschungs- und Transferprojekt *Prosperkolleg – Transformationsforschung zur zirkulären Wertschöpfung* und *Roll-out der Erkenntnisse* (kurz: Prosperkolleg) in einem handlungsorientierten Forschungs- und Transferansatz untersucht und erprobt, wie der Transformationsprozess zu einer Circular

Economy insbesondere bei kleinen und mittleren Unternehmen in der Emscher-Lippe-Region und darüber hinaus gelingen kann. Die Ergebnisse dieses Projekts sind im vorliegenden Buch zusammengefasst. Gefördert wurde das von Juni 2019 bis März 2024 gelaufene Projekt vom Ministerium für Wirtschaft, Industrie, Klimaschutz und Energie des Landes Nordrhein-Westfalen (MWIKE.NRW). Projektpartner waren die Hochschule Ruhr West, der Verein Prosperkolleg e.V., die Effizienz-Agentur NRW und die Wirtschaftsförderungen der Stadt Bottrop und der WiN Emscher-Lippe GmbH (s. ▶ Kap. 1).

Regionaler Fokus des Projekts ist die Emscher-Lippe-Region. Die Region besitzt einen hochverdichteten, industriellen Ballungskern im Süden und einen eher ländlich geprägten Raum im Norden. Die Unternehmenslandschaft ist von KMU geprägt. Als Wirtschaftsstandort steht die Emscher-Lippe-Region vor großen Herausforderungen: Überdurchschnittlich hohe Arbeitslosenquoten bei gleichzeitig niedrigen Beschäftigungsquoten, stagnierende Bevölkerungszahlen, der Abbau von Arbeitsplätzen aufgrund des Kohlerückzugs bis 2018 und die sich wieder verschärfende Verschuldungssituation der kommunalen Haushalte werden die Region auch in Zukunft in ihrer Entwicklungsfähigkeit stark beeinflussen. Gleichzeitig verfügt die Emscher-Lippe-Region über spezifische Potenziale hinsichtlich der Voraussetzungen und Entwicklungsperspektiven der Umweltwirtschaft, insbesondere mit Blick auf die Circular Economy.

Wirtschaftsförderung kann für die Entwicklung der Region eine bedeutende Rolle spielen. Sie kann Transformationsprozesse in Richtung Circular Economy initiieren und durch Vernetzung von Wissenschaft und Wirtschaft in Kooperation mit Politik und Verwaltung den Wissenstransfer auf regionaler Ebene befördern sowie Impulse und Mehrwerte für die regionale Strukturentwicklung generieren (s. ▶ Kap. 2).

16.3 Unterstützung für Unternehmen auf dem Weg zur Circular Economy

Argumente für Unternehmen, sich mit dem Konzept der Circular Economy auseinanderzusetzen, sind die größere Unabhängigkeit von Schwankungen der Rohstoffpreise, die Reduzierung von Lieferengpässen und die bessere Verfügbarkeit zeitweise knapper Materialien. Nach einer Umfrage unter 391 mittelständischen Unternehmen in Nordrhein-Westfalen im Jahr 2022 sehen die Betriebe vor allem das verbesserte Image und die höhere Zufriedenheit von Kundinnen und Kunden, verbesserte Wirtschaftlichkeit und Wettbewerbsfähigkeit, z. B. mit neuen Geschäftsmodellen, sowie den Klimaschutz als Chancen der Umsetzung zirkulärer Strategien an.

Zu den größten Herausforderungen zählen die befragten Unternehmen die Preisbereitschaft der Kundinnen und Kunden, fehlende Kapazitäten, gesetzliche Hürden, fehlendes Know-how, finanzielles Risiko und die Beschaffung der notwendigen Materialien für eine ressourcenschonende Produktion. Zudem würden Beispiele guter Praxis fehlen. Etwa die Hälfte der befragten Unternehmen ist mit dem Konzept der Circular Economy noch gar nicht vertraut. Der Stellenwert dieses Themas in den meisten Betrieben ist eher gering (s. ▶ Kap. 5).

Die Erkenntnisse des Prosperkollegs zeigen: Es kommt darauf an, KMU die ersten Schritte in Richtung Circular Economy zu erleichtern und Einstiegshürden zu überwinden. Hier geht es um eine verständliche Kommunikation von Konzept, Vorteilen und Chancen, niedrigschwellige Einstiegsangebote und die Konkretisierung durch Good-Practice-Beispiele. Ein Schritt-für-Schritt-Vorgehen mit einer individuellen Potenzialerschließung mit Hilfe der im Prosperkolleg entwickelten *Circularity Matrix* hilft Unternehmen, für sie passende Ansatzpunkte zu identifizieren und konkrete Umsetzungsmaßnahmen abzuleiten (Potenzialcheck Circular Economy). Dabei sind die persönliche Ansprache und das Verständnis für die Unternehmen und deren Herausforderungen wichtige Voraussetzungen für eine erfolgversprechende Zusammenarbeit (s. ▶ Kap. 6).

Unternehmensberaterinnen und -berater und weitere Multiplikatorinnen und Multiplikatoren sollten darin geschult werden, Unternehmen entsprechende Unterstützung zu bieten. Das im Prosperkolleg erarbeitete Train-the-Trainer-Konzept besteht aus drei (Online-)Veranstaltungen und einem E-Learning-Angebot und wurde mit Beraterinnen und Beratern aus dem Netzwerk der Effizienz-Agentur NRW erfolgreich erprobt und evaluiert (s. ▶ Kap. 12).

Die Verwirklichung zirkulärer Maßnahmen ist stark auch von kontextuellen Faktoren, individuellen Ansätzen und Kooperationen im Wertschöpfungsnetzwerk abhängig. Daher sollte ein Fokus darauf liegen, die Bereitschaft und die Fähigkeiten von KMU zu fördern, Veränderungen in den zentralen Wertschöpfungsprozessen und in der Zusammenarbeit im Wertschöpfungsnetzwerk, beispielsweise mit Lieferanten, Kundinnen und Kunden, umzusetzen (s. ▶ Kap. 15).

Eine zentrale Rolle kommt dem Produktdesign zu und der Konzeption des Geschäftsmodells anhand zirkulärer Kriterien. Praxisorientierte Workshops und Beispiele guter Praxis helfen Unternehmen, Produkte und Produkt-Dienstleistungs-Kombinationen von Beginn an so zu gestalten, dass die eingesetzten Materialien auf ein Minimum reduziert, die Produktnutzung intensiviert und verlängert, die Materialien am Ende des Lebenszyklus sinnvoll wieder eingesetzt und der Einsatz von beispielsweise ungiftigem Material sowie erneuerbaren Energien ermöglicht werden (s. ▶ Kap. 7).

Am Ende sollte die zirkuläre Innovationsentwicklung und das hierfür benötigte Stakeholdermanagement als kontinuierlicher Verbesserungsprozess im Managementsystem eines Unternehmens verankert werden, beispielsweise in ein ohnehin existierendes Umweltmanagement (s. ▶ Kap. 11).

16.4 Innovationen für die Circular Economy und das Circular Digital Economy Lab

Inkrementelle, aber auch radikale Innovationen der Produkte, Prozesse und Geschäftsmodelle sind notwendig, um die Transformation hin zu einer Circular Economy in den Unternehmen zu vollziehen. Tendenziell setzen Unternehmen zirkuläre Strategien umfassender um, wenn sie generell über größere dynamische Fähigkeiten verfügen, Veränderungsnotwendigkeiten aufzuspüren, Chancen zu ergreifen und Umgestaltungen durchzuführen (s. ▶ Kap. 11).

Ein innovativer, interdisziplinärer Ansatz, Recyclingprozesse zu optimieren, wurde im *Circular Digital Economy Lab* (CDEL) des Prosperkollegs entwickelt. Hier wurden Informatik bzw. künstliche Intelligenz (KI) und Verfahrenstechnik für eine robotisierte Zerlegung von Elektroschrott kombiniert. Die Informatik spielt dabei eine wichtige Rolle bei der Erstellung von Datenmodellen und digitalen Plattformen zur Objekterkennung. Mit KI-Systemen, insbesondere durch die Strategie des Transferlernens, werden Klassifizierungsprobleme bei der Sortierung von Elektroschrott gelöst. Wenn der Elektroschrott klassifiziert ist, übernimmt die Verfahrenstechnik die Prozessplanung und -durchführung. Hier kommen robotisierte Zerlegeverfahren und chemisch-physikalische Analytik zum Einsatz, mit deren Hilfe sich Komponenten und Materialien aus dem Elektroschrott möglichst sortenrein trennen lassen.

Am Ende steht die Entwicklung wirtschaftlich tragfähiger Lösungen zur Wertstoffrückgewinnung und Abfallvermeidung. Dabei können auch Rückschlüsse auf das Produktdesign gezogen werden. Teilweise ermöglichen bereits kleinere Veränderungen im Produktdesign eine deutlich sortenreinere Fraktionierung. Derartige technischen Innovationen unter Nutzung der Möglichkeiten der Digitalisierung praxisgerecht zu erarbeiten und den Stand der Technik und dazugehörige Normierung entsprechend weiterzuentwickeln, sind wesentliche Elemente des Transformationsprozesses zur Circular Economy (s. ▶ Kap. 8, 9 und 10).

16.5 Weitergehende Unterstützung des Transformationsprozesses zur Circular Economy

Die Transformation zur Circular Economy kann nur im Zusammenspiel von Politik, Gesellschaft, Unternehmen und Wissenschaft gelingen. Die Transformation auf der regionalen Ebene kann auch nicht losgelöst vom Mehrebenensystem von Land, Bund, EU und internationalen Vereinbarungen erfolgen. Auf allen Ebenen werden in den nächsten Jahren Rahmenbedingungen für die Circular Economy weiterentwickelt (s. ▶ Kap. 15).

In Nordrhein-Westfalen hat das Wirtschaftsministerium des Landes mit dem Begriff der „Zirkulären Wertschöpfung" die industrie- und wirtschaftspolitische Bedeutung der Circular Economy hervorgehoben. Durch strategische Fokussierungen, den Aufbau von Netzwerken wie dem *Runden Tisch Zirkuläre Wertschöpfung* und die Gestaltung von Förderprogrammen mit der Förderung regional verteilter Leuchtturmprojekte wird der Wandel von einer linearen zu einer zirkulären Wirtschaft vorangetrieben (s. ▶ Kap. 13). Die Erarbeitung einer Kreislaufwirtschaftsstrategie des Landes ist ein weiterer Schritt im Transformationsprozess.

Ein Projekt wie das Prosperkolleg kann ein erster Schritt in Regionen sein, die sich auf den Weg in eine Circular Economy begeben möchten. Dies sollte strategisch erfolgen, z. B. wie in Nordrhein-Westfalen und im Ruhrgebiet, wo Circular Economy ein Baustein von Strategien der intelligenten Spezialisierung sowie der transformativen Strukturpolitik im Kontext des *Europäischen Fonds für Regionale Entwicklung* (EFRE) ist (s. ▶ Kap. 15).

Ein Kompetenzzentrum Circular Economy des Landes in regionaler Hub-Struktur könnte bereits vorhandene, vielfältige Unterstützungs- und Informationsangebote im Transformationsprozess koordinieren und als zentrale Anlaufstelle für Unternehmen und weitere Zielgruppen wie Kammern, Verbände, Bildungseinrichtungen, Kommunen und zivilgesellschaftliche Gruppen fungieren. Die Einbindung regionaler Hubs ermöglicht dabei die Vernetzung verteilter Kompetenzen, die Nähe vor Ort sowie die Berücksichtigung spezifischer regionaler Gegebenheiten (s. ▶ Kap. 14).

English Summary

Wolfgang Irrek ⓘ, *Uwe Handmann* ⓘ *und Sabine Büttner* ⓘ

Inhaltsverzeichnis

17.1 The Transformation to the Circular Economy as Part of Sustainable Development – 246

17.2 Prosperkolleg's Action-Oriented, Regional Research and Transfer Approach – 246

17.3 Support for Companies on the Way to the Circular Economy – 247

17.4 Innovations for the Circular Economy and the Circular Digital Economy Lab – 248

17.5 Further Support for the Transformation Process Towards the Circular Economy – 249

17.1 The Transformation to the Circular Economy as Part of Sustainable Development

How can sustainable development be successfully implemented? This is the challenge facing the economy and society, which at the same time have to cope with megatrends such as rapid digitalisation, ever emerging global crises and many other demands. The transition from a linear economy to a circular economy is an important strategy in the process of implementing sustainable development. Circular economy means a way of life and a way of doing business in which products and services are designed in such a way that the use of materials is reduced or avoided altogether. Furthermore, the manufactured products and components are used for as long as possible, repaired or upgraded and reused or recycled at the end of their life cycle. At the end of a value creation process, raw materials and components become valuable inputs for new, diverse value creation networks that are as waste-free and low-pollutant as possible. Circular management therefore means keeping materials, products and components in the cycle for as long as possible (see ▶ Chap. 4).

Why is the transformation to such a circular economy important? Even though the circular economy is not explicitly named in the *Sustainable Development Goals* (SDGs) of the United Nations, as a concept for action, it still directly or indirectly contributes to numerous goals, in particular Goal 12, Sustainable Consumption and Production, Goal 9, Industry, Innovation and Infrastructure, as well as Goal 13, Climate Action (see ▶ Chap. 1). Circular economy strategies that aim to reduce material use or realise higher recycling rates reduce greenhouse gas emissions to a large extent. As scenarios show, they can probably even make the largest contribution to reducing emissions in the basic industries of the European Union (see ▶ Chap. 3).

However, the concept of the circular economy is still hardly known by many agents in the practice and the added value is unclear to them. A variety of obstacles and barriers prevent the opportunities of a transformation to the circular economy from being seized. A survey of 391 SMEs in North Rhine-Westphalia showed that about one third of the companies, including many small and medium-sized enterprises (SMEs), need support in the transformation to the circular economy. They often find it difficult to identify suitable starting points in the value network and to derive concrete steps for action. This is also confirmed by further scientific studies (see ▶ Chap. 5).

17.2 Prosperkolleg's Action-Oriented, Regional Research and Transfer Approach

Against this background, the research and transfer project *Prosperkolleg – Transformation Research on Circular Value Creation* and *Roll-out of Findings* (Prosperkolleg for short) has used an action-oriented research and transfer approach to investigate and test how the transformation process to a circular economy can succeed, especially for small and medium-sized enterprises in the Emscher-Lippe region and beyond. The results of this project are summarised in this book. The project, which ran from June 2019 to March 2024, was funded by the Ministry of Economic Affairs, Industry, Climate Protection and Energy of the State of North Rhine-Westphalia

(MWIKE.NRW). The project partners were the Ruhr West University of Applied Sciences, the Prosperkolleg e.V. association, the Effizienz-Agentur NRW and the economic development agencies of the city of Bottrop and WiN Emscher-Lippe GmbH (see ▶ Chap. 1).

The regional focus of the project is the Emscher-Lippe region. The region has a highly dense industrial core in the south and a more rural area in the north. The business landscape is characterised by SMEs. As a business location, the Emscher-Lippe region faces major challenges: Above-average unemployment rates coupled with low employment rates, stagnating population figures, job losses due to the withdrawal of coal by 2018 and the worsening debt situation of municipal budgets will continue to have a strong impact on the region's ability to develop in the future. At the same time, the Emscher-Lippe region has specific potential regarding the prerequisites and development prospects of the environmental economy, especially with regard to the circular economy.

Economic development can play an important role in the development of the region. It can initiate transformation processes in the direction of the circular economy and promote knowledge transfer at regional level by networking science and business in cooperation with politics and administration, as well as generate impulses and added value for regional structural development (see ▶ Chap. 2).

17.3 Support for Companies on the Way to the Circular Economy

Arguments for companies to consider the concept of the circular economy include greater independence from fluctuations in raw material prices, the reduction of supply bottlenecks and better availability of materials that are temporarily in short supply. According to a survey of 391 SMEs in North Rhine-Westphalia in 2022, the companies above all see an improved image and higher customer satisfaction, improved profitability and competitiveness, e. g. with new business models, as well as climate protection from the implementation of circular strategies.

Among the greatest challenges, the companies surveyed cited the willingness of customers to pay prices, a lack of capacity, legal hurdles, a lack of know-how, financial risk and the procurement of the necessary materials for resource-efficient production. In addition, examples of good practice are lacking. About half of the companies surveyed are not yet familiar with the concept of the circular economy. The importance of this topic in most companies is rather low (see ▶ Chap. 5).

The findings of the Prosperkolleg show: It is important to make it easier for SMEs to take the first steps towards the circular economy and to overcome barriers to entry. This is a matter of communicating the concept, advantages and opportunities in a comprehensible way, offering low-threshold entry offers and concretising them through good-practice examples. A step-by-step approach with individual potential development with the help of the Circularity Matrix developed in the Prosperkolleg helps companies to identify suitable starting points and concrete implementation measures (Potential Check Circular Economy). Personal contact and an understanding of the companies and their challenges are important prerequisites for promising cooperation (see ▶ Chap. 6).

Management consultants and other multipliers should be trained to offer companies appropriate support. The train-the-trainer concept developed in the Prosperkolleg consists of three (online) events and an e-learning offer and was successfully tested and evaluated with consultants from the network of the Effizienz-Agentur NRW (see ▶ Chap. 12).

The realisation of circular measures is also strongly dependent on contextual factors, individual approaches and cooperation in the value network. Therefore, the focus should be on promoting the willingness and capabilities of SMEs to implement changes in the central value creation processes and in the cooperation in the value creation network, for example with suppliers and customers (see ▶ Chap. 15).

Product design and the conception of the business model based on circular criteria play a central role. Practice-oriented workshops and examples of good practice help companies to design products and product-service combinations from the outset in such a way that the materials used are reduced to a minimum, the use of the product is intensified and extended, the materials are sensibly reused at the end of the life cycle and the use of, for example, non-toxic materials and renewable energies is made possible (see ▶ Chap. 7).

In the end, circular innovation development and the necessary stakeholder management should be anchored as a continuous improvement process in the management system of a company, for example in an already existing environmental management (see ▶ Chap. 11).

17.4 Innovations for the Circular Economy and the Circular Digital Economy Lab

Incremental, but also radical innovations in products, processes and business models are necessary to complete the transformation towards a circular economy in companies. Companies tend to implement circular strategies more comprehensively if they generally have greater dynamic capabilities to detect the need for change, seize opportunities and implement transformations (see ▶ Chap. 11).

An innovative, interdisciplinary approach to optimising recycling processes was developed in the *Circular Digital Economy Lab* (CDEL) of the Prosperkolleg. Here, information technology or artificial intelligence (AI) and process engineering were combined for the robotised dismantling of e-waste. Computer science plays an important role in the creation of data models and digital platforms for object recognition. AI systems, especially through the strategy of transfer learning, are used to solve classification problems in the sorting of e-waste. Once the e-waste is classified, process engineering takes over process planning and execution. Robotised dismantling processes and chemical-physical analysis are used here, with the help of which components and materials from the e-waste can be separated as purely as possible.

The result is the development of economically viable solutions for recovering recyclable materials and avoiding waste. In the process, conclusions can also be drawn about product design. In some cases, even minor changes in the product design make it possible to fractionate waste in a much cleaner way. Developing such technical innovations in a practical manner using the possibilities of digitalisation and further developing the state of the art and the associated standardisation are important elements of the transformation process to the circular economy (see ▶ Chaps. 8, 9 and 10).

17.5 Further Support for the Transformation Process Towards the Circular Economy

The transformation to the circular economy can only succeed in the interaction of politics, society, companies and science. The transformation at the regional level cannot take place in isolation from the multi-level system of the state, federal government, EU and international agreements. In the coming years, framework conditions for the circular economy will be further developed at all levels (see ▶ Chap. 15).

In North Rhine-Westphalia, the state's Ministry of Economics has used the term "Zirkuläre Wertschöpfung" (circular value creation) to highlight the importance of the circular economy in terms of industrial and economic policy. Through strategic focussing, the establishment of networks such as the *Round Table Circular Value Creation* (Runder Tisch Zirkuläre Wertschöpfung) and the design of funding programmes with the promotion of regionally distributed lighthouse projects, the change from a linear to a circular economy is being driven forward (see ▶ Chap. 13). The development of a circular economy strategy for the country is a further step in the transformation process.

A project like the Prosperkolleg can be a first step in regions that want to move towards a circular economy. This should be done strategically, e. g. as in North Rhine-Westphalia and the Ruhr area, where circular economy is a building block of strategies of *smart specialisation* as well as transformative structural policies in the context of the *European Regional Development Fund* (ERDF) (see ▶ Chap. 15).

A competence centre for the circular economy with a regional hub structure in North Rhine-Westphalia could coordinate the diverse support and information services already available in the transformation process and act as a central contact point for companies and other target groups such as chambers, associations, educational institutions, municipalities and civil society groups. The integration of regional hubs enables the networking of distributed competences, proximity on site and the consideration of specific regional conditions (see ▶ Chap. 14).

Serviceteil

Stichwortverzeichnis – 253

© Der/die Herausgeber bzw. der/die Autor(en), exklusiv lizenziert an Springer Fachmedien Wiesbaden GmbH, ein Teil von Springer Nature 2024
S. Büttner et al. (Hrsg.), *Transformation zur Circular Economy*, Sustainable Development Goals (SDG) – Umsetzung in Praxis, Lehre und Entscheidungsprozessen, https://doi.org/10.1007/978-3-658-43338-3

Stichwortverzeichnis

A

Akkuschrauber 116
Akteur 184
Aktionsforschung 11, 168
Ambidextrie 155
Anlaufstelle, zentrale 213
Automatisierung 144

B

Befragung 240
Beratungsangebot Ressourceneffizienz 76
Beratungsprogramm 179
Bewegungspfad (Roboter) 126
Blended Learning 172
Breakthrough-Technologie 43

C

Carbon capture and storage 46
Check & Learn Tool 179
CIRCO-Methode 106
Circular Business 230
Circular Cities and Regions 229
Circular Design 100
Circular Economy Action Plan 195
Circular Economy (Definition) 53
Circular Policy 224
Circular Science 226
Circular Society 229
Circular Valley 189
Circular-Design-Praxisbeispiel 109
Circular-Design-Umsetzung 108
Circular-Economy-Initiative 203
Circularity Matrix 90
CirQuality OWL 190
CO_2-Emission 40
Cradle to Cradle 55

D

Demontage 124
Design 99
Designprozess 101
Digitalisierung 138

E

Effizienz-Agentur NRW 95
Einstiegshürde 242
Elektrokleingerät 114

Elektroschrott 114, 120, 136
Emscher-Lippe-Region 11, 20, 241
Energie
– erneuerbare 43
– regenerative 43
Energie- und Rohstoffintensität 25
Energieeinsatz in der Grundstoffindustrie 40
Energiequelle, fossile 42
Energieträgerwechsel 43
Entwicklung
– nachhaltige 4, 53, 240
– wirtschaftlich-raumbezogene 27
Entwicklungsperspektive der Region 24
Entwicklungspotenzial 90
E-Schrott 136
exploitativ 154
explorativ 154

F

Fachkräftemangel 23
Fähigkeit
– dynamische von Unternehmen 158
Flipped Classroom 179
Förderprogramm 187
Forschung 8
Forschungs- und Transferansatz, handlungsorientierter 9, 240
Forschungsnetzwerk *CEresearchNRW* 12, 222
Fraktionierung 125
– robotisierte 132
Fraktionierungsstrategie 129

G

Generationenverantwortung 73
Geräteaufbau 127
Geschäftsmodell 70, 103
Gesundheit 59
Good-Practice-Beispiel 78
Greifposition (Roboter) 126
Grundstoff 41
Grundstoffindustrie 40

H

Handlungsfelder 86
Handlungspotenzial 90
Helix-Modell 220
Herausforderung für KMU 71
Hochschule 204
Hub-Struktur 211

I

Indikator 6
Industrial Ecology 56
Informatik 115
Infrarot 145
Innovation 61, 152, 242
Innovationsdynamik 30
Innovationsfähigkeit 24
Innovationskonzept, raumorientiertes 220
Innovationsmonitoring 27
Innovationsstrategie 186, 224
Instrument
– der Wirtschaftsförderung 32
– und Hilfsmittel 76
Interview, standardisiertes 72
Investitionstätigkeit 192, 196

K

Klima-Industrie-Politik, integrierte 46
Kollisionsberechnung (Roboter) 126
Kommunen 207
Kompetenzzentrum 208
– Circular Economy 244
– *Circular Economy NRW* 211
Konsument*innen 206
Konsumverhalten 193
Kooperationen 191
Koordinierung 28
Koordinierungsstelle 212
Kreativsitzung 171
Kreislauf
– biologischer 55
– technischer 55
Kreislaufstrategie, nationale 227
Kreislaufwirtschaft 54
Kreislaufwirtschaftsstrategie 195
Künstliche Intelligenz (KI) 115, 139

L

Landeskreislaufwirtschaftsgesetz 190
Lebensdauer eines Produkts 44
Lebensmittelverpackung 80
Lehre 194
Leitbild, industriepolitisches 185
Lernmanagementsystem 175
LiDAR 125

M

Managementsystem 160
Maßnahmenentwicklung 94
Materialeinsatz 44
Materialzusammensetzung 120

Materialzyklus 41
Megatrend 26
Messbarkeit Nachhaltigkeitsziel 6
Microlearning 176
Modell, vortrainiertes 143

N

Nachhaltigkeit 52
Nachhaltigkeitsstrategie 186
Netz, neuronales 141
– tiefes 141
Netzwerk für Unternehmen 76, 79

O

Objektklasse 142
Ökosystem 153
Orchestration 157
Organisationsstruktur 22

P

Potenzialcheck Circular Economy 86, 174
Potenzialworkshop 94
Primärrohstoff 40, 41, 58
Primärrohstoffentnahme 58
Product-as-a-Service (PAAS) 105
Produktdesign 101, 117, 231, 242
Produktpass, digitaler 193
Projektaktivität Prosperkolleg 12
Prosperkolleg 9, 189

Q

Qualifizierungskonzept 169, 173
Querschnittsthema 195

R

Reallabor 228
Recycling 41
– automatisiertes 136
Recyclingkreislauf 41
Recyclingmethode 121
Recyclingprozess 243
Recyclingquote 114, 123
Reduzierung der Servicebedarfe 44
Robotersystem 115
Rohstoffabhängigkeit 60
Röntgensensor 146
Röntgentechnik 128
R-Strategie 62
Runder Tisch Zirkuläre Wertschöpfung 225
– *NRW* 187

S

Schneidstrategie (Wasserstrahl) 130
Scrum 11
SDGs und Circular Economy 5
Sekundärrohstoff 41, 63
Sensor 145
Smartphone 116
Soll-Ist-Analyse 90
Sortierung von Wertstoffen 140
Stakeholder-Management 27
Stand der Technik 139
Strategie
– zirkuläre 159
– zur Treibhausgasminderung 45
Strukturförderungsprogramm 220
Substitution von Materialien 46
Sustainable Development Goals 4, 186
Symbiose, industrielle 56
Synergie, regionale 224

T

Telefonakquise 78
Training KI 141
Train-the-Trainer-Konzept 168, 242
Transfereinrichtung 191
Transferlernen 142
Transformation 243
– *Canvas* 169
– zirkuläre 223
Transformationsfeld 184
Transformationsforschung 13, 202
Transformationskompetenz 227
Transformationsprozess 152

U

Umsetzungsmaßnahme 73
Umweltschaden 58

Unabhängigkeit von Rohstoffpreisen 70
Unternehmensansprache 78
Unternehmensberater*in 168
Unternehmenslandschaft 22
Unternehmensstruktur 21
Unternehmensstudie 87
Unterstützungsbedarf 76, 232
Unterstützungsinstrument 88

V

Value Hill 98, 100, 104
Veränderung, systemische 229
Verbesserungsprozess, kontinuierlicher 160
Verfahrenstechnik 115
Verringerung des Ressourcenbedarfs 43
Vorsortierung 124

W

Wasserstoff 46
Wasserstrahlschneiden 131
Wertschöpfung
– inländische 61
– zirkuläre 9
Wertschöpfungskette 44, 70
Wettbewerbsvorteil 61
Wirtschaftsförderung 25, 241
Wirtschaftsstandort 22
Wirtschaftssystem, lineares 98
Wissens- und Technologietransfer 29

Z

Zero Waste 231
Zielkonflikt 7
Zirkularitätsindikator 160
Zukunftsatlas 22

MIX
Papier aus verantwortungsvollen Quellen
Paper from responsible sources
FSC® C105338

If you have any concerns about our products,
you can contact us on
ProductSafety@springernature.com

In case Publisher is established outside the EU,
the EU authorized representative is:
**Springer Nature Customer Service Center GmbH
Europaplatz 3, 69115 Heidelberg, Germany**

Printed by Libri Plureos GmbH
in Hamburg, Germany